自动控制原理答疑解惑与典型题解

杨万扣　郭丽红　朱国春　编著

北京邮电大学出版社
www.buptpress.com

内容简介

本书深入浅出、系统全面地介绍了最新的各大高校自动控制原理练习题与考研题。全书共分10章，内容包括自动控制的一般概念、控制系统的数学模型、线性系统的时域分析法、线性系统的根轨迹法、线性系统的频域分析法、线性系统的校正方法、线性离散系统的分析与校正、非线性控制系统分析、线性系统的状态空间分析与综合、课程测试及考研真题等。

本书以常见答疑解惑—实践解题编程—考研真题讲解为主线组织编写，每一章的题型归纳都进行了详细分析评注，以便于帮助读者掌握本章的重点及迅速回忆本章的内容。本书结构清晰、易教易学、实例丰富、学以致用、注重能力，对易混淆和历年考题中较为关注的内容进行了重点提示和讲解。

本书既可以作为复习考研的练习册，也可以作为自动控制原理学习的参考书，更可以用作各类培训班的培训教程参考书。此外，本书也非常适于教师的自动控制原理教学以及自学人员参考阅读。

图书在版编目（CIP）数据

自动控制原理答疑解惑与典型题解 / 杨万扣，郭丽红，朱国春编著．-- 北京：北京邮电大学出版社，2014.8

ISBN 978-7-5635-4006-8

Ⅰ．①自… Ⅱ．①杨… ②郭… ③朱… Ⅲ．①自动控制理论－高等学校－题解 Ⅳ．①TP13-44

中国版本图书馆 CIP 数据核字（2014）第 124899 号

书　　名：自动控制原理答疑解惑与典型题解
著作责任者：杨万扣　郭丽红　朱国春　编著
责 任 编 辑：满志文
出 版 发 行：北京邮电大学出版社
社　　址：北京市海淀区西土城路10号（邮编：100876）
发 行 部：电话：010-62282185　传真：010-62283578
E-mail：publish@bupt.edu.cn
经　　销：各地新华书店
印　　刷：北京鑫丰华彩印有限公司
开　　本：787 mm×1 092 mm　1/16
印　　张：15.75
字　　数：393 千字
版　　次：2014年8月第1版　2014年8月第1次印刷

ISBN 978-7-5635-4006-8　　定　价：38.00元

· 如有印装质量问题，请与北京邮电大学出版社发行部联系 ·

前　　言

为适应高等院校人才的考研需求，本书本着厚基础、重能力、求创新的总体思想，着眼于国家发展和培养造就综合能力人才的需要，着力提高大学生的学习能力、实践能力和创新能力。

1. 关于自动控制原理

自动控制原理是在自动控制、电气工程、信息工程以及计算机技术学科发展基础上建立起来的一门理论与实践相结合的课程，是一门实践性很强的课程。

2. 本书阅读指南

本书针对自动控制原理知识点的常见的问题进行了讲解，同时分析了近几年的考研题目，并给出了翔实的参考答案，读者可以充分的了解各个学校考研题目的难度，查缺补漏，有针对性地提高自己的水平。本书共分 10 章。

第 1 章是“自动控制的一般概念”，主要讲解自动控制、自动控制系统的基本概念，自动控制系统的自动控制方式、分类等。

第 2 章是“控制系统的数学模型”，主要讲解控制系统的数学模型，结构图及其等效变换，信号流图及梅森增益公式，系统开环传递函数、闭环传递函数和误差传递函数等。

第 3 章是“线性系统的时域分析法”，主要讲解一阶系统、二阶系统的时域分析法，控制系统的稳定性分析和稳态误差分析等。

第 4 章是“线性系统的根轨迹法”，主要讲解根轨迹的基本概念和绘制根轨迹的基本方法等。

第 5 章是“线性系统的频域分析法”，主要讲解频率特性的概念，典型环节及系统开环频率特性的绘制，频率域线性系统的稳定性分析和相对稳定性分析等。

第 6 章是“线性系统的校正方法”，主要讲解系统校正的基本概念、校正方式，串联超前、串联滞后、串联滞后一超前校正的方法等。

第 7 章是“线性离散系统的分析与校正”，主要讲解离散系统的概念，Z 变换，线性常系数差分方程、脉冲传递函数，离散系统的稳定性、动态性分析等。

第 8 章是“非线性控制系统分析”，主要讲解非线性系统的基本概念、描述函数分析法和相平面分析法等。

第 9 章是“线性系统的状态空间分析与综合”，主要讲解线性系统的状态空间描述、线性系统的可控性与可观性、线性定常系统的线性变换、线性定常系统的反馈结构及状态观测器、李雅普诺夫稳定性等。

第 10 章是“课程测试及考研真题”，提供了两套模拟题，为读者提供一个自我分析解决问题的过程。

3. 本书特色与优点

(1) 结构清晰，知识完整。内容翔实、系统性强，依据高校教学大纲组织内容，同时覆盖最新版本的所有知识点，并将实际经验融入基本理论之中。

(2) 内容翔实，解答完整。本书涵盖近几年各大高校的大量题目，示例众多，步骤明确，讲解细致，读者不但可以利用题海战术完善自己的弱项，更可以有针对性地了解某些重点院校的近年考研题目及解题思路。

(3) 学以致用，注重能力。一些例题后面有与其相联系的知识点详解，使读者在解答问题的同时，对基础理论得到更深刻的理解。

(4) 重点突出，实用性强。

4. 本书读者定位

本书既可以作为复习考研的练习册，也可以作为自动控制原理学习的参考书，更可以作为各类培训班的培训教程。此外，本书也非常适于教师的自动控制原理教学以及自学人员参考阅读。

本书由杨万扣、郭丽红、朱国春编著，全书框架结构由何光明、吴婷拟定。另外，感谢王珊珊、陈智、陈海燕、吴涛涛、李海、张凌云、陈芳、李勇智、许娟、史春联等同志的关心和帮助。

限于作者水平，书中难免存在不当之处，恳请广大读者批评指正。任何批评和建议请发至：bjbaba@263.net。

编　者

目　　录

第 5 章 线性系统的频域分析法

第 6 章 线性系统的校正方法

第 7 章 线性离散系统的分析与校正

第1章 自动控制的一般概念

【基本知识点】自动控制的基本概念;控制系统框图;自动控制系统的基本控制方式及特点;自动控制系统的分类;对自动控制系统的基本要求等。

【重点】控制系统原理图;控制系统框图;自动控制的基本控制方式及特点。

【难点】控制系统框图。

1.1 答疑解惑

1.1.1 什么是自动控制?

所谓自动控制,是指在没有人直接参与的情况下,使其被控量按照预定的规律(即给定量)运行。

自动控制的基本概念:

(1) 被控对象:要求实现自动控制的机器、设备或生产过程。

(2) 控制装置:对被控对象起控制作用的设备总体。

(3) 输出量:位于控制系统输出端,并要求实现自动控制的物理量。也称为被控量。

(4) 输入量:作用于控制系统输入端,并使系统具有预定功能或预定输出的物理量。也称给定量或控制量。

(5) 扰动:破坏系统输入量和输出量之间预定规律的信号。

1.1.2 什么是自动控制系统?

1. 控制系统的任务

减小或消除扰动量的影响,使被控对象的被控量始终按给定量规定的运行规律去变化。

2. 自动控制系统

能够实现自动控制任务的系统,由控制装置与被控对象组成。

控制装置包括:

(1) 给定元件(提供控制量);

(2) 测量元件(测量被控量);

(3) 比较元件(比较控制量与反馈量,给出偏差信号);

(4) 放大元件(放大偏差信号);

(5) 执行机构(对被控对象施加控制);

(6) 校正元件(也叫补偿元件,用以改善系统性能)。

一个典型的自动控制系统的基本组成可用图 1.1 来表示。

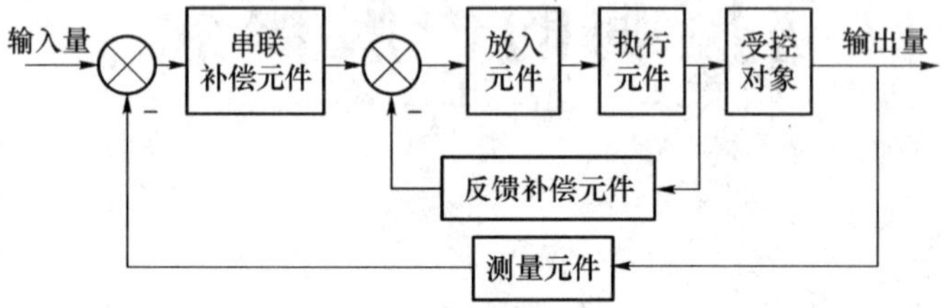

图 1.1 自动控制系统的基本组成

3. 对自动控制系统的性能要求

(1) 稳 指动态过程的平稳性。

(2) 快 指动态过程的快速性。

(3) 准 指动态过程的最终精度。

注意:同一控制系统,稳、快、准相互制约。受控对象不同,对稳、快、准的技术要求也有所侧重。

1.1.3 自动控制系统的基本控制方式有哪些?

1. 开环控制方式

控制装置与被控对象之间只有顺向作用而没有反向联系的控制。分为按给定值操纵和按扰动补偿两种形式。其典型框图如图 1.2(a)和(b)所示。

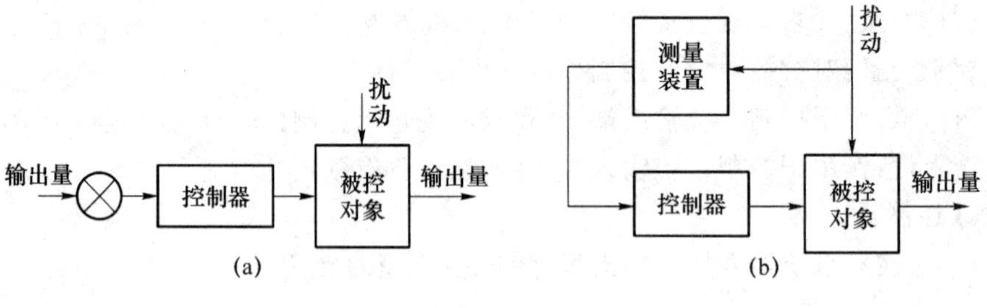

图 1.2 开环控制系统的典型方框图

开环控制系统特点:

① 结构简单,所用元器件少。

② 系统没有抗扰动功能,因而大大限制了系统的应用范围。

(1) 按给定值操纵

信号由给定值至输出量单向传递。一定的给定值对应一定的输出量。系统的控制精度取决于系统事先的调整精度。对于工作过程中受到的扰动或特性参数的变化无法自动补偿。结构简单，成本低廉，多用于系统结构参数稳定和扰动信号较弱的场合。

(2) 按扰动补偿

利用对扰动信号的测量产生控制作用，以补偿扰动对输出量的影响。对于不可测扰动以及对象、各功能部件内部参数变化给输出量造成的影响，系统自身无法控制。因此，控制精度有限。

2. 闭环控制

又称反馈控制。是指控制器与控制对象之间既有顺向作用又有反向联系的控制过程。其典型框图如图 1.3 所示。

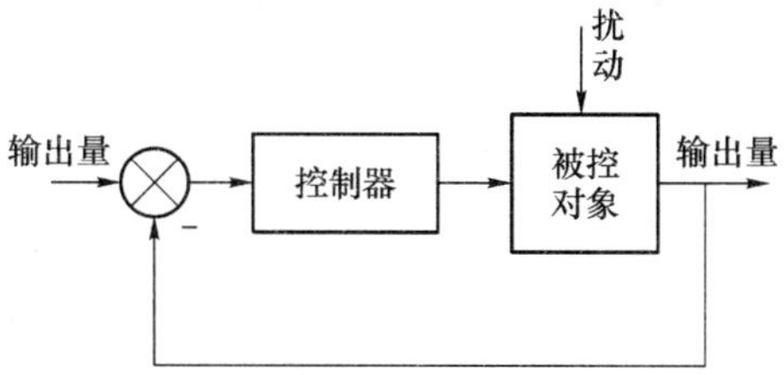

图 1.3 闭环控制系统的典型框图

闭环控制系统特点：

(1) 闭环负反馈控制，即按偏差调节；

(2) 抗扰性好，控制精度高；

(3) 系统参数应适当选择，否则可能不能正常工作。

3. 复合控制

是开环控制和闭环控制相结合的一种控制方式。分为按偏差控制＋按给定量补偿和按偏差控制＋按扰动补偿两种形式。其典型框图如图 1.4(a)和(b)所示。

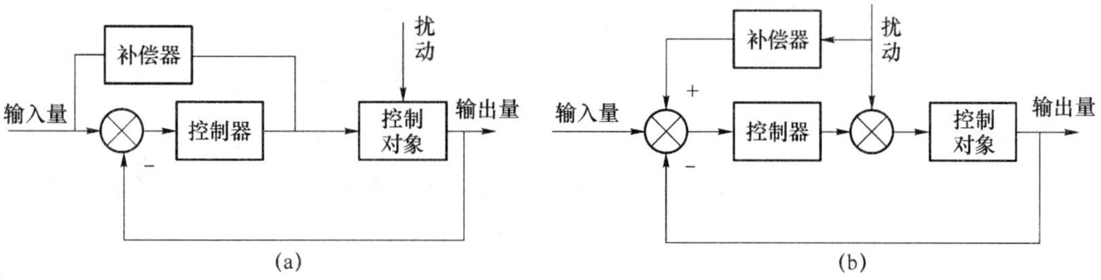

图 1.4 复合控制系统的典型框图

复合控制系统特点：

(1) 具有很高的控制精度；

(2) 可以抑制几乎所有的可量测扰动，其中包括低频扰动；

(3) 补偿器的参数要有较高的稳定性。

1.1.4 自动控制系统的分类有哪些？

1. 按输入信号的特征分类

①恒值控制系统；②程序控制系统；③位置随动控制系统（又称伺服系统）。

2. 按信号传输过程是否连续分类

①连续控制系统；②离散控制系统。

3. 按系统构成元件是否线性分类

①线性控制系统；②非线性控制系统。

4. 按系统参数是否随时间变化分类

①定常控制系统；②时变控制系统。

1.2 典型题解

题型 1 自动控制与自动控制系统

【例 1.1.1】 热处理炉温控系统的工作原理如图 1.5 所示，试简要分析系统的控制原理，并画出系统原理框图。

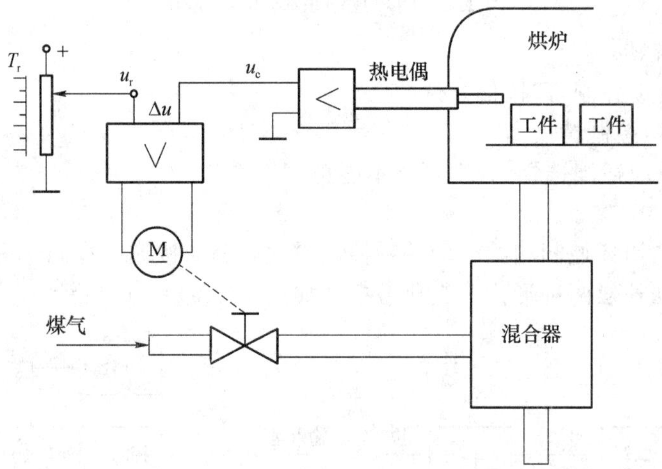

图 1.5 热处理炉温控系统的工作原理框图

答：

(1) 热处理炉温控系统的工作原理分析：

控制任务：控制炉温 T_c° 使其等于给定温度 T_r°。

被控对象——热处理炉。

被控量——炉温 T_c°。

给定输入——给定温度 T_r°。

干扰输入——煤气压力和环境干扰。

测量原件——热电偶。

比较元件——有 u_c、u_r 两电压的反接来实现，电压 $\Delta u=u_r-u_c$，相当于炉温的偏差。

执行元件——直流电动机及传动装置。

工作原理：假定实际炉温＝给定炉温，则经事先整定，使 $u_c=u_r$，即 $\Delta u=0$，故电动机不动，阀门保持一定开度，供气量一定，热处理炉处于平衡工作状态。

如果管道煤气压力下降，而阀门开度一时没变，则供气量减少，炉温下降。致使热电偶的输出减弱，

$u_c<u_r$、$\Delta u>0$，电动机正转开大阀门，从而使供气量增加，炉温回升，直至又恢复到给定值，$T_c''=T_r'$、$u_c=u_r$、$\Delta u=0$，电动机停转，系统重新进入平衡状态，在煤气压力下降的情况下又能按规定的炉温运行。

如果根据工艺要求，从某时刻开始需要将炉温调整到另一数值，则可将给定电位计的温标联同电刷移到相应的新的位置，T_r'、u_r 变了，而供气量一时没变、炉温没变，致使 u_c、u_r 不等，$\Delta u\neq 0$，电动机转动调整阀门开度，改变供气量、调整炉温，直至 $T_c''=T_r'$，系统进入平衡运行。

(2) 热处理炉温控系统原理框图

根据以上分析，热处理炉温控系统原理方框图如图 1.6 所示。

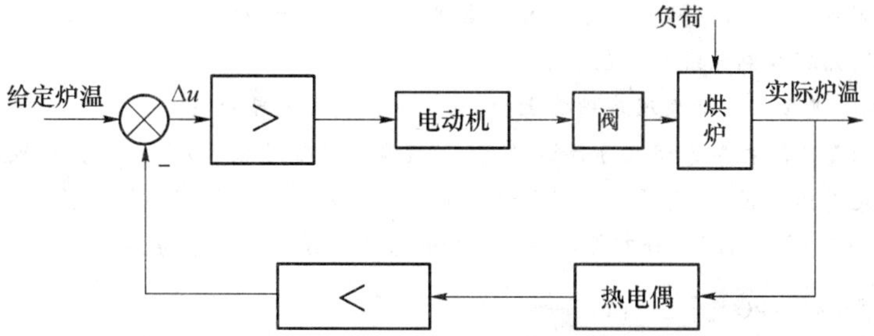

图 1.6 热处理炉温控系统原理框图

※**点评**：分析系统，首先要明确其控制任务，弄清楚被控对象、被控量、给定输入、干扰输入以及控制装置等。

【例 1.1.2★】(西安交通大学) 个液位控制系统的原理图如图 1.7 所示。试画出该控制系统的原理方框图，简要说明它的工作原理，并指出该控制系统的输入量，输出量及扰动量。

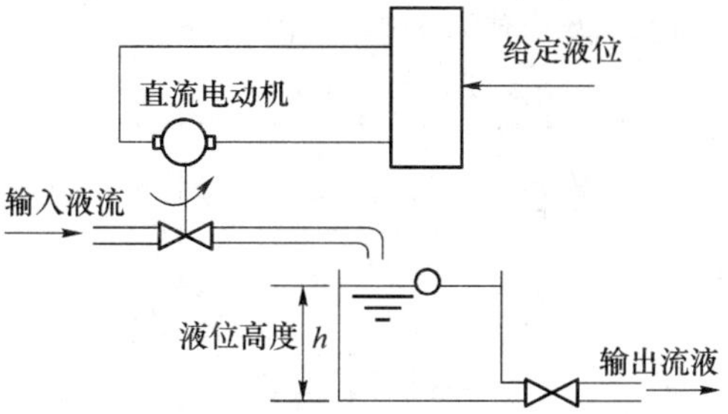

图 1.7 液位控制系统的原理图

答：本题考查液位控制系统。

当系统的工作原理为：浮标位置对应于电位计上一点，该点电压与设定液位对应的电压进行比较，如果没有达到设定的液位，将产生偏差电压，功率放大后驱动直流电动机转动，调节输入液流的阀门，改变进入水池的水流量，当输出液流发生改变，液面发生变化时，重复上述过程，使液面保持在给定高度。

该系统的输入量为给定液位，输出量为实际水位，扰动量为输出液流量，系统原理框图如图 1.8 所示。

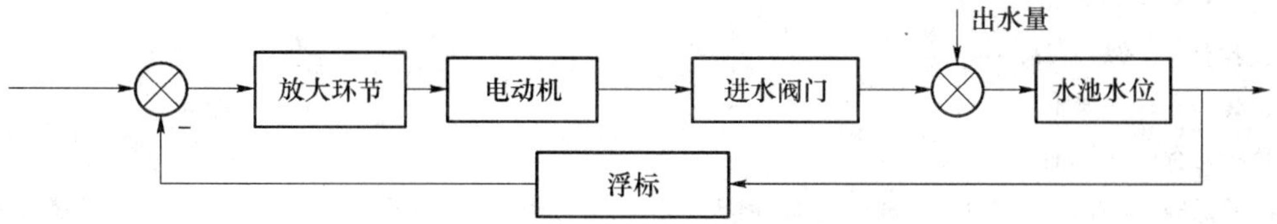

图 1.8 液位控制系统的原理方框图

题型 2　自动控制系统的基本控制方式与分类

【例 1.2.1】 什么是反馈控制原理？反馈控制系统的主要特点是什么？

答：反馈控制原理即是系统的输出通过反馈通道引入输入端，与给定的信号进行比较，利用所得的偏差信号产生控制作用调节被控对象，达到减小偏差或消除偏差的目的；反馈控制的特点是存在偏差，并且用偏差来消除偏差。

【例 1.2.2】 试比较闭环系统与开环系统的优缺点？

答：在开环控制系统中，系统输出只受输入的控制，控制精度和抑制干扰的特性都相对比较差，但是由于没有反馈的作用，开环控制系统反应较快。

闭环控制系统是建立在反馈原理基础之上的，利用输出量同期望值的偏差对系统进行控制，可获得比较好的控制性能，但是闭环控制系统由于反馈作用，一般有个调节过程，动态响应相对较慢，如果参数设计不合理，可能不稳定而出现振荡，通常大多数重要的自动控制系统都采用闭环控制的方式。

【例 1.2.3】 试判断下列用微分方程描述的系统是线性系统还是非线性系统？

(1) $\frac{d^2y}{dt^2}+3\frac{dy}{dt}+4y=e(t)$　　(2) $\frac{du}{dt}+u^2+u=\sin^2\omega t$

(3) $3\frac{d^2y}{dt^2}+y\frac{dy}{dt}+2y=5t^2$　　(4) $t\frac{d^2y}{dt^2}+5\frac{dy}{dt}+t^2y=e^{-t}$

答：(1)线性系统；(2)非线性系统；(3)非线性系统；(4)非线性系统

【例 1.2.4】 水箱液位控制系统如图 1.9 所示。运行中无论用水流量如何变化(由开关 l_2 操纵)，希望水面高度(液位)H 保持不变。

(1) 简述工作原理。

(2) 画出系统的原理框图，并指明被控对象、被控量、给定值和干扰。

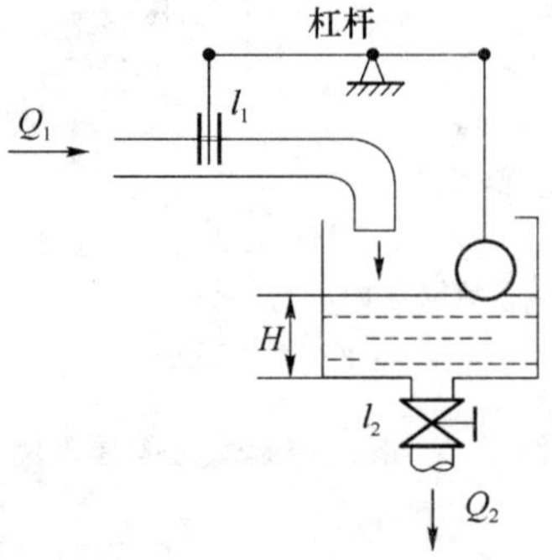

图 1.9　水箱液位控制系统图

答：

控制任务：保持液位 H 不变。

被控对象——水箱；

被控量——液位 H；

干扰——l_2 的变化；

执行元件——杠杆，开关 l_1。

工作原理：当开关 l_2 开大时，出水量 Q_2 增大，液位 H 下降，因此浮子下降，通过杠杆的作用使开关 l_1 开大，进水量 Q_1 增大，从而保持液位 H 不变。对其他的情况可作类似分析。

系统框图如图 1.10 所示。

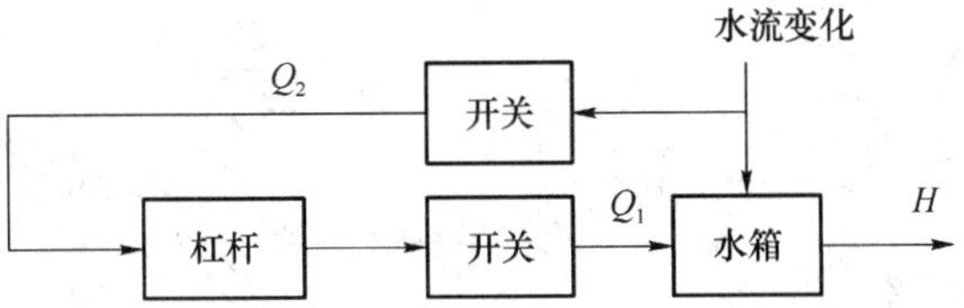

图 1.10 水箱液位控制系统框图

※点评：本题为按扰动补偿的开环控制系统。开关 l_1 是通过杠杆控制的。

【例 1.2.5*】(浙江大学) 电冰箱的制冷系统原理如图 1.11 所示。继电器的输出电压 U_R 为压缩机上的工作电压。绘制控制系统框图，简述工作原理。若出现压缩机频繁起动，请提出相应的改进措施。

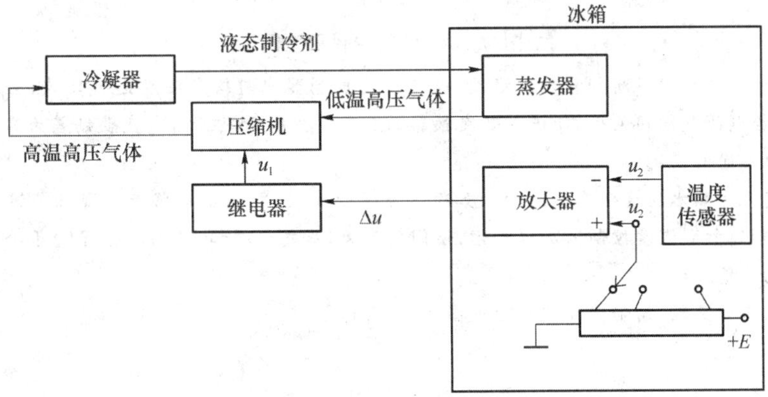

图 1.11 电冰箱的制冷系统原理图

答：系统的控制系统框图如图 1.12 所示。

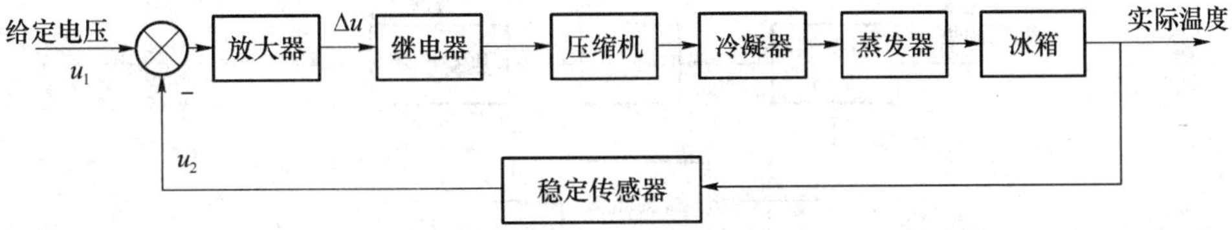

图 1.12 电冰箱的制冷系统控制系统框图

其工作原理为：设定温度 U_1 与温度传感器反馈回的温度 U_2 进行比较，偏差经放大器放大后传送给继电器，若偏差信号放大后能够使继电器闭合，则压缩机启动，驱动冷凝器进行制冷，温度传感器接受到的温度降低，直到压缩机停止工作，从而保证实际温度总在设定温度的小范围内。若出现压缩机频繁起动，说明实际温度与设定温度的很小偏差都会使继电器闭合，因此解决的办法是减小放大器的增益，或者增加继电器的闭环门限值。

【例 1.2.6】 图 1.13 水温控制示意图。冷水在热交换器中由通入的蒸气加热，从而得到一定温度的热水。冷水流量变化用流量计测量。试绘制系统框图，并说明为了保持热水温度为期望值，系统是如何工作的？系统的被控对象和控制装置是什么？

答：

控制任务：保持热水温度为期望值。

被控对象——热交换器；

被控量——热水温度；

干扰——冷水流量变化；

控制装置——阀门、温度传感器、流量计和温度控制器。

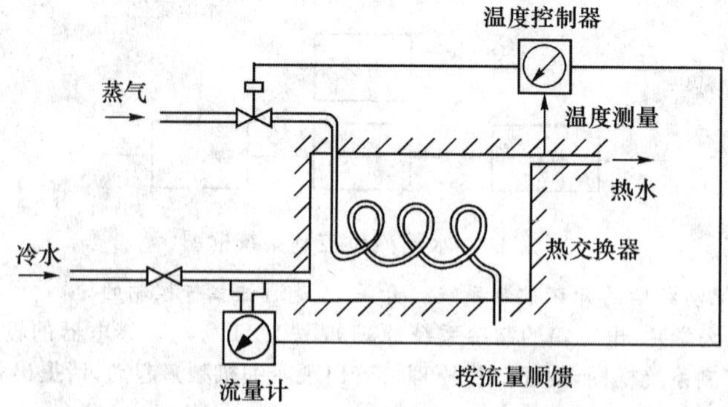

图 1.13　水温控制示意图

工作原理：温度传感器不断测量热水温度，并在温度控制器中与给定温度进行比较，若水温高于给定温度，则其偏差控制蒸气阀门关小，使进入热交换器的蒸气量减小，水温降低，直至偏差为零。同理可解释水温低于给定温度时的情况。

冷水流量变化对热水温度会产生影响。如冷水流量变大时，热水温度将有所降低。流量计测得冷水流量的变化，按顺馈加到温度控制器加以补偿，使阀门开大，蒸气量增加，从而补偿了由于冷水量变大而引起的热水温度的降低。

根据系统的工作原理，绘制其原理框图如图 1.14 所示。

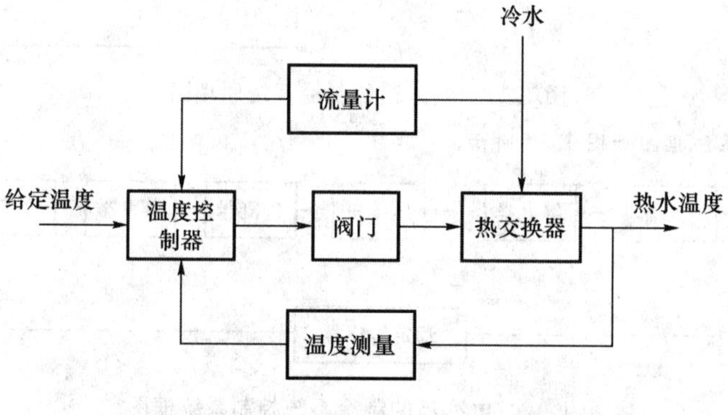

图 1.14　水温控制系统的原理框图

※点评：此题既有顺馈又有反馈，是复合控制。

【例 1.2.7】　图 1.15(a)与(b)所示的系统均为电压调节系统。假设空载时两系统的发动机端电压均为 110 V，试问带上负载后，图(a)、(b)中哪个系统能保持 110 V 不变，为什么？

答：带上负载后，图 1.15(a)与(b)所示的系统的端电压均下降，系统(a)的端电压能恢复到 110 V，而(b)的端电压则低于 110 V。

带上负载后，系统(a)的发电机端电压低于给定电压 110 V，其偏差电压经放大器放大后使电动机转动，经减速器带动变阻器使电阻变小，从而使励磁电流 i_f 增大，使其偏差减小，直至为零，电动机停止转动。所以其端电压能保持在 110 V。

系统(b)带上负载后，同样发电机端电压低于给定电压 110 V，其偏差电压经放大器直接使发电机励磁电流 i_f 增大，使其偏差减小，从而提高端电压。但偏差电压始终不能为零，否则发电机将无法工作。因此其端电压会低于 110 V。

※点评：两个系统励磁电流的提供者不同，(a)由单独的电源提供，而(b)是由发电机的端电压提供。

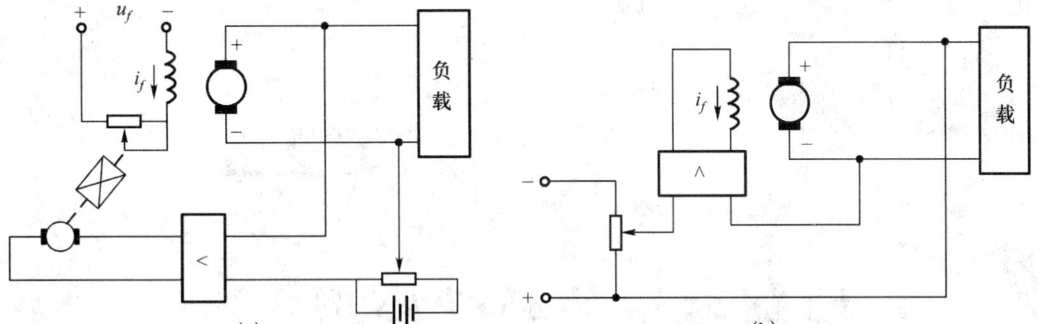

图 1.15 电压调节系统图

【例 1.2.8★】(华中科技大学) 炉温控制系统的工作原理如图 1.16 所示,指出系统的输入量,输出量,偏差信号和被控对象,画出系统的框图,并简单说明炉温的调节过程。

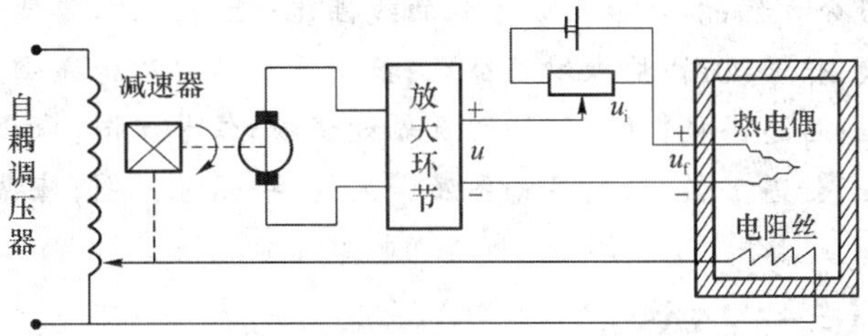

图 1.16 炉温控制系统的工作原理图

答:炉温的动态调节过程为:炉内温度经热电偶测量转变为电信号 u_f,当炉内温度小于设定的温度时,即 $u_f<u_i$,产生偏差信号 u,经放大环节后,驱动电动机正向转动,经减速器调整自耦变压器的动点位置,从而提高加热电压,使炉内温度升高,直到 $u_f=u_i$,此时电动机停止转动;反之亦然。

该系统的输入量为给定电压 u_i,输出量为炉温,偏差信号为 u,被控对象为电炉,框图如图 1.17 所示。

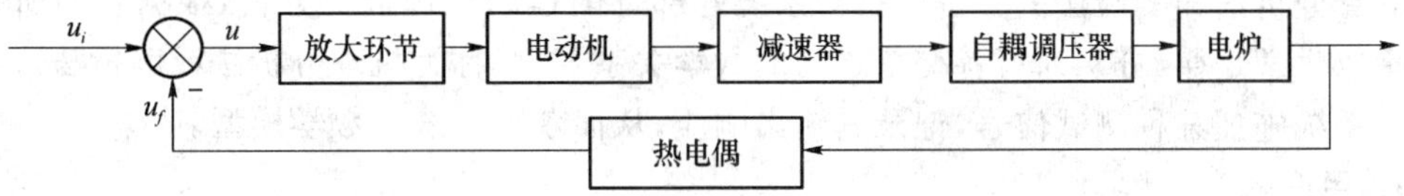

图 1.17 炉温控制系统的原理方块图

第2章

控制系统的数学模型

【基本知识点】微分方程;非线性微分方程的线性化;传递函数;典型环节的传递函数;动态结构图及等效变换;信号流图;梅森增益公式;控制系统的典型传递函数等。

【重点】微分方程;传递函数;动态结构图及等效变换;信号流图;梅森增益公式。

【难点】微分方程;传递函数;动态结构图及等效变换;信号流图;梅森增益公式。

2.1 答疑解惑

2.1.1 如何描述控制系统的数学模型?

控制系统的输入和输出之间动态关系的数学表达式即为数学模型。控制系统数学模型的建立有分析法和实验法。分析法是对系统各部分的运动机理进行分析,根据它们所依据的物理或化学定律,分别列写各变量之间的数学关系式,又称为机理分析法或解析法。实验法是对系统施加某种测试信号,记录其输出响应,从而获得系统的数学模型。

1. 用途

(1) 分析实际系统。

(2) 预测物理量。

(3) 设计控制系统。

2. 形式

(1) 时域:微分方程、差分方程、状态方程。

(2) 复域:传递函数、动态结构图。

(3) 频域:频率特性等。

注意:本章重点研究用分析法建立系统数学模型的方法。

2.1.2 什么是控制系统的时域数学模型?

1. 建立微分方程的一般步骤

(1) 确定系统或元件的输入量和输出量。

(2) 依据各个变量之间遵循的物理或化学定律,列出一组微分方程。

(3) 消去中间变量,写出系统输入和输出变量的微分方程。

(4) 对微分方程进行整理,写成标准形式,即输出量放左边,输入量放右边,按降幂排列。

2. 非线性微分方程的线性化

严格来说,实际物理系统或元件都有不同程度的非线性,所以输入变量和输出变量间的函数关系应以非线性动态方程描述。而非线性系统的分析和研究要比线性系统复杂,但在一定条件下,可将非线性方程近似转化为线性方程。

小偏差法(或叫切线法)是在一个很小的范围内,将非线性特性用一段直线来代替。具体来说就是将非线性方程在平衡状态附近展成泰勒级数,略去高次项后得到增量线性化方程。

注意:小偏差法应用条件:(1)输入/输出量围绕平衡点作小范围变化;(2)对于某些严重非线性,导数不存在,不能使用小偏差法,而要用非线性系统的处理方法。

2.1.3 什么是控制系统的复数域数学模型?

1. 传递函数

线性定常系统的传递函数是在零初始条件下输出量的拉普拉斯变换与输入量的拉普拉斯变换之比。

传递函数的主要性质如下:

(1) 传递函数是以复变量 s 为自变量的有理真分式,其分子多项式次数 m 低于或等于分母多项式次数 n,且所有系数均为实数。

(2) 传递函数与微分方程一一对应。

(3) 传递函数描述了系统的外部特性,不反映系统的内部物理结构的有关信息;传递函数只取决于系统本身的结构参数,而与输入和初始条件等外部因素无关。

(4) 传递函数原则上不能反映系统在非零初始条件下的全部运动规律。

(5) 传递函数的概念主要适用于单输入单输出系统。若系统有多个输入信号,在求传递函数时,除了一个有关的输入外,其他的输入量一概视为零。

(6) 传递函数一旦确定,系统在一定的输入信号下的动态特性就确定了。

2. 典型环节及其传递函数

表 2.1 列出了 6 种常见的基本典型环节的数学模型。由表可以得出以下结论:

(1) 典型环节传递函数是按数学模型的共性建立的,与系统元件不是一一对应的;

(2) 同一元件,取不同的输入/输出量,有不同的传递函数;

(3) 环节是相对的,一定条件下可以转化;

(4) 基本环节适合线性定常系统数学模型描述。

表 2.1 基本典型环节的数学模型

典型环节	传递函数	特点	实例说明
比例环节	$G(s)=\dfrac{Y(s)}{R(s)}=k$	输入/输出量成比例，无失真和时间延迟	电子放大器，齿轮，电阻(电位器)，感应式变送器等
惯性环节	$G(s)=\dfrac{Y(s)}{R(s)}=\dfrac{k}{Ts+1}$	含一个储能元件，对突变的输入，其输出不能立即发现，输出无振荡	RC 网络，直流伺服电动机的传递函数等
积分环节	$G(s)=\dfrac{Y(s)}{R(s)}=\dfrac{k}{s}$	输出量与输入量的积分成正比例，当输入消失，输出具有记忆功能	电动机角速度与角度间的传递函数，模拟计算机中的积分器等
微分环节	$G(s)=\dfrac{Y(s)}{R(s)}=\tau s$	输出量正比输入量变化的速度，能预示输入信号的变化趋势	测速发电机输出电压与输入角度间的传递函数
二阶振荡环节	$G(s)=\dfrac{Y(s)}{R(s)}=\dfrac{k}{T^2s^2+2\xi TS+1}$	环节中有两个独立的储能元件，并可进行能量交换，其输出出现振荡	地震仪、加速度计仪等
延迟环节	$G(s)=\dfrac{Y(s)}{R(s)}=e^{-\tau s}$	输出量能准确重现输入量，但须延迟一固定的时间间隔	管道压力、流量等物理量的控制等

2.1.4 什么是结构图？

1. 结构图

控制系统的结构图包含四种基本单元：信号线、引出点(或测量点)、比较点(或综合点)和方框(或环节)。系统结构图可按如下步骤绘出：

(1) 考虑负载效应，建立系统各元部件的微分方程；

(2) 对各微分方程进行拉普拉斯变换，写出其传递函数并画出响应的环节单元和比较点单元。

(3) 按系统中各变量的传递顺序，依次将各元件的结构图连接起来；置系统的输入变量于左端，输出变量于右端，得到系统的结构图。

2. 结构图的等效变换

结构图的等效变换应遵循变换前后系统输入/输出总的数学关系保持不变的原则。具体来讲有两条原则：①变换前后前向通路中传递函数的乘积应保持不变；②变换前后回路中传递函数的乘积保持不变。结构图的简化规则如表 2.2 所示。

表 2.2　结构图的简化规则

原框图	等效框图	等效运算关系
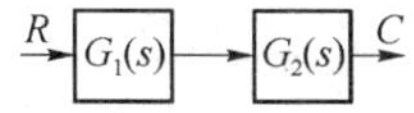	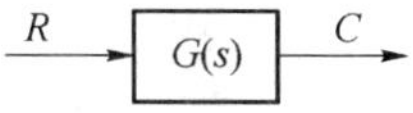	(1)串联等效 $C(S)=G_1(s)\cdot G_2(s)R(S)$
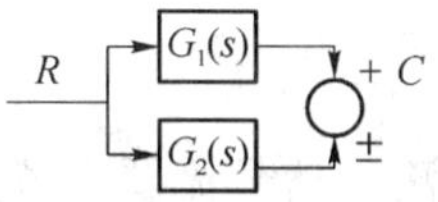	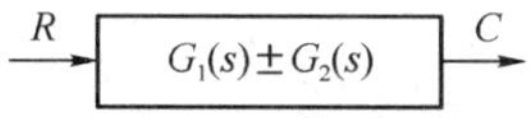	(2)并联等效 $C(S)=[G_1(s)\pm G_2(s)]R(S)$
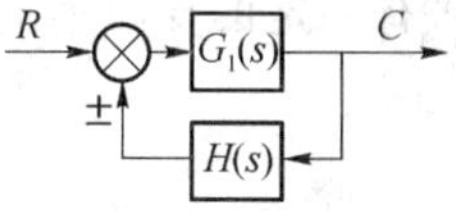	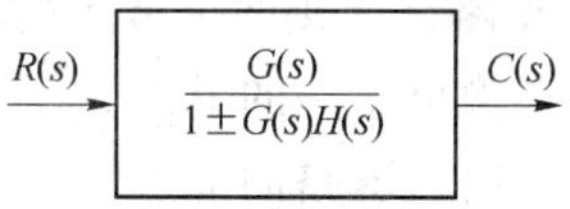	(3)反馈等效 $\frac{C(s)}{R(s)}=\frac{G(s)}{1\mp G(s)H(s)}$
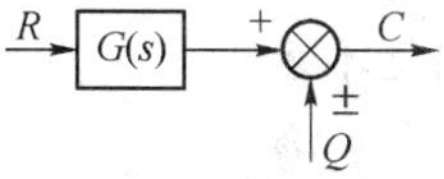	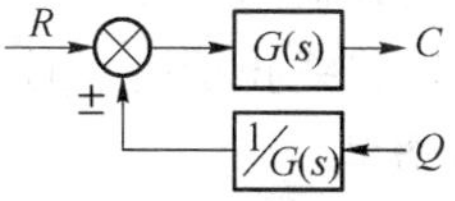	(4)比较点前移 $C=G(s)R(S)\pm Q(S)$ $=G(S)[R(S)\pm \frac{1}{G(s)}Q(S)]$
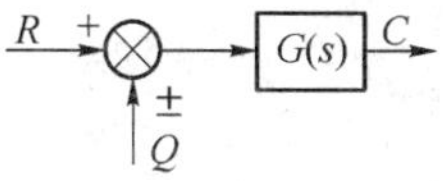	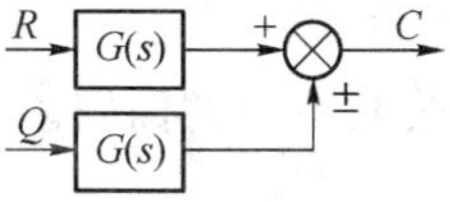	(5)比较点后移 $C=G(s)[R(S)\pm Q(S)$ $=G(S)]R(S)\pm G(S)Q(S)$
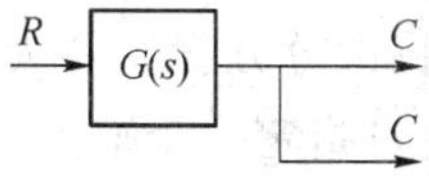	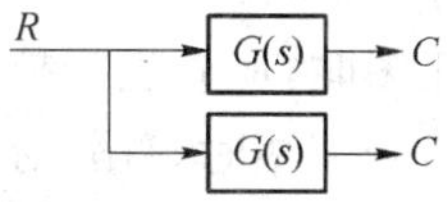	(6)引出点前移 $C=R(S)G(S)$
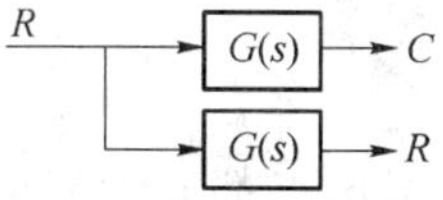	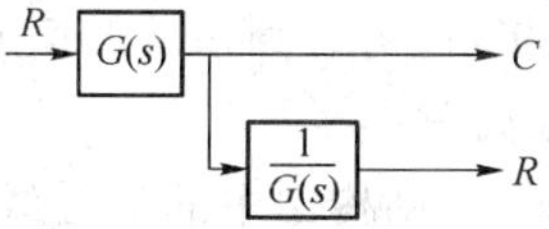	(7)引出点后移 $C=G(s)R(S)$ $R(S)=R(S)G(S)\frac{1}{G(S)}$
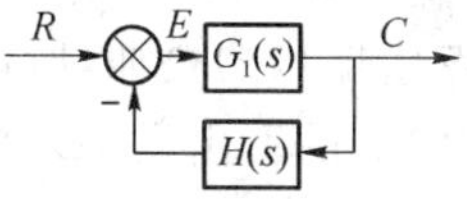	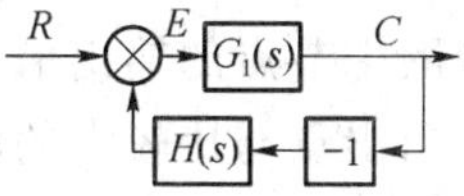	(8)负号在支路上移动 $E(S)=R(S)-H(S)C(S)$ $=R(S)+H(S)\times(-1)C(S)$

由表 2.2 可见，结构图中方框间的基本连接方式有串连、并联和反馈三种。其相应的基本运算法则为

(1) 串连方框的等效传递函数等于各个方框传递函数的乘积；

(2) 并联方框的等效传递函数等于各个方框传递函数的代数和；

(3) 反馈连接方框的等效传递函数为

$$\Phi(s)=\frac{G(s)}{1\mp G(s)H(s)}$$

(4) 当方框之间的连接较为复杂时，可通过结构图的等效变换，将结构图逐步化简为串连、并联和反馈三种基本连接方式，然后再用上述基本运算法则求得整个系统的传递函数。

结构图的等效变换主要是利用比较点和引出点的前移、后移和交换，以消除反馈回路之

间、信号支路之间的交叉。

注意：相邻综合点、相邻引出点之间可以随意调换位置。相邻引出点和综合点之间不能互换。

2.1.5 什么是信号流图？

1. 信号流图的基本概念

信号流图是一种表示线性化代数方程组变量间关系的图示方法。信号流图由节点和支路组成。节点标志系统的变量，支路是连接两个节点的定向线段并有一定的支路增益。

(1) 源节点(输入节点)：只有输出支路的节点。

(2) 阱节点(输出节点)：只有输入支路的节点。

(3) 混合节点：既有输入支点也有输出支点的节点称为混合节点。

(4) 前向通道：是指从源头开始并终止于阱点且与其他节点相交不多于一次的通道，该通道的各传输乘积，称为前向通道增益。

(5) 回路：起点和终点在同一节点，而且信号通过每一节点不多于一次的闭合通路。回路中各支路增益的乘积称为回路增益。

(6) 不接触回路：相互之间无公共节点的回路。

2. 信号流图的绘制

(1) 由系统的微分方程绘制信号流图。

由系统的微分方程绘制信号流图时，应先进行拉普拉斯变换，将微分方程变换为 s 的代数方程后再绘制信号流图。绘制信号流图时，首先对系统的每个变量指定一个节点，并按照系统中变量的因果关系，从左往右顺序排列；再把代数方程中变量之间的关系作为支路增益，用支路将各节点变量准确连接，便可得到系统的信号流图。

(2) 由系统结构图绘制信号流图。

由系统结构图绘制信号流图时，结构图中的信号线、比较点和引出点都成为节点，方框成为支路，方框中的传递函数成为相应支路的支路增益。于是结构图就变换成为相应的信号流图了。需要注意的是，信号流图中节点的输出信号等于该节点诸信号的叠加，所以在由结构图转化为信号流图时，要注意引出点与比较点的画法，比较点之前的引出点必须单独设置节点。

3. 梅森增益公式

信号流图的输入节点到输出节点之间的传递函数，可直接用梅森增益公式来求取。

梅森增益公式：$P=\frac{1}{\Delta}\sum p_k\Delta_k$

P——从输入到输出的传递函数(或总增益)；

n——从输入到输出的前向通路总数；

p_k——从输入到输出的第 k 条前向通路总增益；

$\Delta=1-\sum L_a+\sum L_bL_c-\sum L_dL_eL_f+\cdots$—— 流图特征式，其中

$\sum L_a$—— 所有单独回路增益之和。

$\sum L_bL_c$—— 在所有互不接触的单独回路中，每次取其中两个回路的回路增益的乘积

之和。

$\sum L_d L_e L_f$—— 在所有互不接触的单独回路中，每次取其中三个回路的回路增益的乘积之和。

Δ_k——流图余因子式，它等于流图特征式中除去与第 k 条前向通路相接触的回路增益项（包括回路增益的乘积项）以后的余项式。

注意：梅森公式不仅适用于信号流图，也适用于结构图。

2.1.6 什么是系统开环传递函数？

断开系统的主反馈通路，则前向通路传递函数与反馈通路传递函数的乘积 $G_1(s)G_2(s)H(s)$ 称为系统的开环传递函数。

需要指出的是，开环传递函数的概念是针对闭环控制系统来说的，而不是指开环控制系统的传递函数。

2.1.7 给定信号 $r(t)$ 作用下的系统闭环传递函数如何表示？

令 $n(t)=0$，输出 $c(t)$ 对输入 $r(t)$ 的传递函数为

$$\Phi(s)=\frac{C(s)}{R(s)}=\frac{G_1(s)G_2(s)}{1+G_1(s)G_2(s)H(s)}$$

称 $\Phi(s)$ 为 $r(t)$ 作用下的系统闭环传递函数。

2.1.8 扰动信号 $n(t)$ 作用下的系统闭环传递函数如何表示？

令 $r(t)=0$，输出 $c(t)$ 对输入 $n(t)$ 的传递函数为

$$\Phi_n(s)=\frac{C(s)}{N(s)}=\frac{G_2(s)}{1+G_1(s)G_2(s)H(s)}$$

称 $\Phi_n(s)$ 为 $n(t)$ 作用下的系统闭环传递函数。

2.1.9 如何描述系统的总输出？

根据线性叠加原理，线性系统的总输出为

$$\begin{aligned}C(s)&=\Phi(s)R(s)+\Phi_n(s)N(s)\\&=\frac{G_1(s)G_2(s)}{1+G_1(s)G_2(s)H(s)}R(s)+\frac{G_2(s)}{1+G_1(s)G_2(s)H(s)}N(s)\end{aligned}$$

2.1.10 如何求解闭环系统的误差传递函数？

令系统误差

$$e(t)=r(t)-b(t)$$

$$E(s)=R(s)-B(s)$$

(1) 给定信号 $r(t)$ 作用下闭环系统的误差传递函数 $\Phi_{er}(s)$

令 $n(t)=0$，可求得

$$\Phi_{er}(s)=\frac{E(s)}{R(s)}=\frac{1}{1+G_1(s)G_2(s)H(s)}$$

称 $\Phi_{er}(s)$ 为 $r(t)$ 作用下闭环系统的误差传递函数。

(2) 扰动信号 $n(t)$ 作用下闭环系统的误差传递函数 $\Phi_{en}(s)$。

令 $r(t)=0$,可求得

$$\Phi_{en}(s)=\frac{E(s)}{N(s)}=\frac{-G_2(s)H(s)}{1+G_1(s)G_2(s)H(s)}$$

称 $\Phi_{en}(s)$ 为 $n(t)$ 作用下闭环系统的误差传递函数。

(3) 系统总误差。

根据线性叠加原理,线性系统的总误差为

$$E(s)=\Phi_{er}(s)R(s)+\Phi_{en}(s)N(s)$$

2.2 典型题解

题型 1　控制系统的数学模型

【例 2.1.1】 如图 2.1 所示的 RLC 电路,试建立以电容上电压 $u_c(t)$ 为输出变量,输入电压 $u_r(t)$ 为输入变量的运动方程。

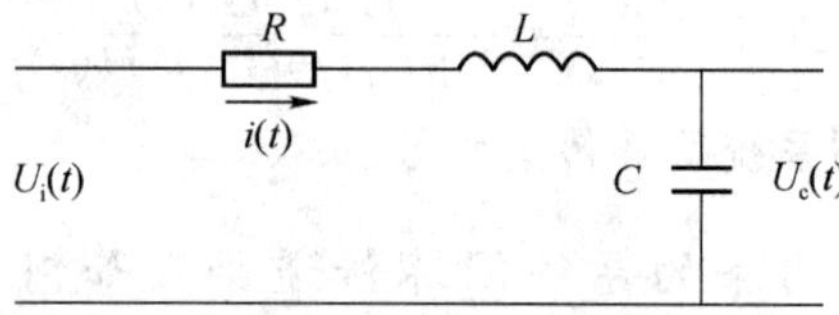

图 2.1　RLC 电路图

答:由基尔霍夫定律得

$$i(t)R+l\frac{\mathrm{d}i(t)}{\mathrm{d}t}+u_c(t)=u_r(t)$$

$$u_c(t)=\frac{1}{C}\int i(t)\mathrm{d}t,\quad 即\ i(t)=C\frac{\mathrm{d}u_c(t)}{\mathrm{d}t}$$

消去中间变量,则有

$$LC\frac{\mathrm{d}^2u_c(t)}{\mathrm{d}t^2}+RC\frac{\mathrm{d}u_c(t)}{\mathrm{d}t}+u_c(t)=u_r(t)$$

【例 2.1.2】 图 2.2 所示是弹簧-质量-阻尼器机械位移系统。试列写质量 m 在外力 $F(t)$ 作用下,位移 $x(t)$ 的运动方程。

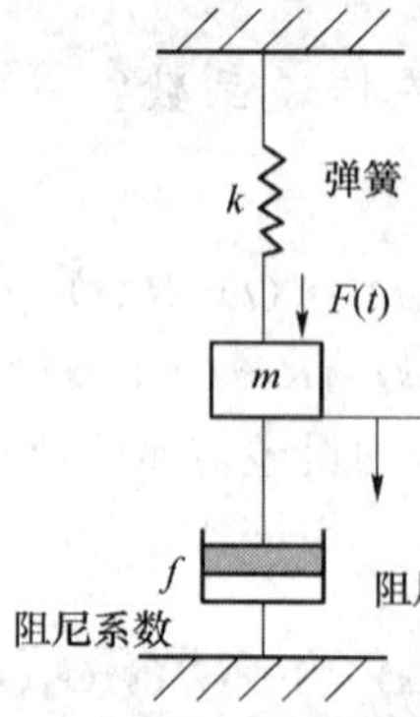

图 2.2　弹簧-质量-阻尼器机械位移系统

答：f——阻尼系数　　k——弹性系数

根据牛顿第二定律

$$F(t)-ky(t)-f\frac{\mathrm{d}y(t)}{\mathrm{d}t}=m\frac{\mathrm{d}^2y(t)}{\mathrm{d}t^2}$$

即

$$m\frac{\mathrm{d}^2y(t)}{\mathrm{d}t^2}+f\frac{\mathrm{d}y(t)}{\mathrm{d}t}+ky(t)=F(t)$$

式中，f——为阻尼系数；k——为弹簧的弹性系数、$k\,y(t)$——弹性拉力、$f\frac{\mathrm{d}y}{\mathrm{d}t}$——阻尼器阻力。

※**点评**：【例 2.1.1】与【例 2.1.2】可以用同一个数学表达式分析，具有相同的数学模型。

【例 2.1.3】 设齿轮系如图 2.3 所示。图中 J_1 和 J_2 为齿轮和轴的转动惯量，f_1 和 f_2 为齿轮轴与轴承的黏性摩擦系数，θ_1 和 θ_2 为各齿轮轴的角位移，T 为电动机的输出转矩，T_1 和 T_2 分别为轴 1 传送到齿轮上的转矩和传送到轴 2 上的转矩，齿轮 1 和齿轮 2 的减速比为 $i=\frac{\theta_1}{\theta_2}$。如果不考虑齿轮啮合间隙和变形，试求输入量是 T 转矩，输出是转角 θ_2 的运动方程。

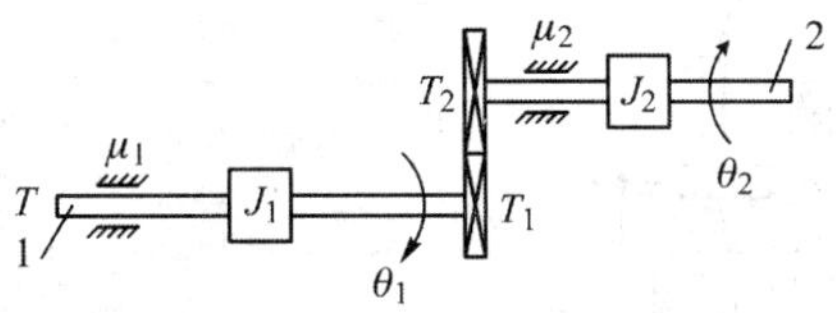

图 2.3　齿轮系图

答：由已知条件，齿轮 1 和齿轮 2 的减速比为

$$i=\frac{\theta_1}{\theta_2}$$

在齿轮传动中，两个啮合齿轮所做的功相同，因此有

$$T_1\theta_1=T_2\theta_2$$

$$T_2=\frac{\theta_1}{\theta_2}T_1=iT_1$$

根据牛顿第二定律，齿轮 1 的运动方程为

$$J_1\frac{\mathrm{d}^2\theta_1}{\mathrm{d}t^2}=T-T_1-f_1\frac{\mathrm{d}\theta_1}{\mathrm{d}t}$$

齿轮 2 的运动方程为

$$J_2\frac{\mathrm{d}^2\theta_2}{\mathrm{d}t^2}=T_2-f_2\frac{\mathrm{d}\theta_2}{\mathrm{d}t}$$

消去中间变量 T_1、T_2、θ_1，得系统的运动方程为

$$\left(J_1+\frac{J_2}{i^2}\right)\frac{\mathrm{d}^2\theta_2}{\mathrm{d}t^2}+\left(f_1+\frac{f_2}{i^2}\right)\frac{\mathrm{d}\theta_2}{\mathrm{d}t}=\frac{1}{i}T$$

【例 2.1.4】 求取图 2.4 所示电路的传递函数$\frac{U_3(s)}{U_1(s)}$。图中 K 为放大器的增益。

答：考虑放大器对 RC 电路的负载效应，即 RC 电路的输出端电阻应为 R_2 与 R_i 的并联。即

$$R_2'=\frac{R_2R_i}{R_2+R_i}$$

利用复阻抗的概念，RC 电路的传递函数为

$$\frac{U_2(s)}{U_1(s)}=\frac{R_2'}{R_2'+R_1//\frac{1}{sC}}=\frac{R_2'}{R_1+R_2'}\cdot\frac{R_1Cs+1}{\frac{R_1R_2'}{R_1+R_2}Cs+1}$$

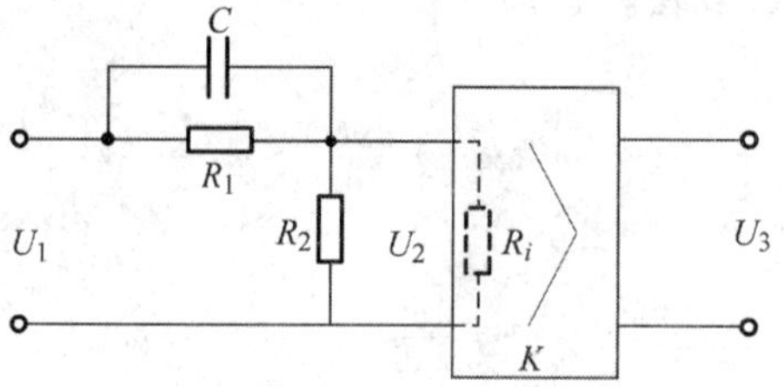

图 2.4　传递函数图

RC 电路与放大器串接后的传递函数为

$$\frac{U_3(s)}{U_1(s)}=\frac{U_3(s)}{U_2(s)}\cdot\frac{U_2(s)}{U_1(s)}=\frac{R_2'}{R_1+R_2'}\cdot\frac{R_1Cs+1}{\frac{R_1R_2'}{R_1+R_2}Cs+1}\cdot K$$

※**点评**：由于存在负载效应，系统的传递函数不简单等于两级电路传递函数的乘积。

【例 2.1.5★】(中科院)　由运算放大器组成的控制系统模拟电路如图 2.5 所示，求闭环传递函数$U_o(s)/U_i(s)$。

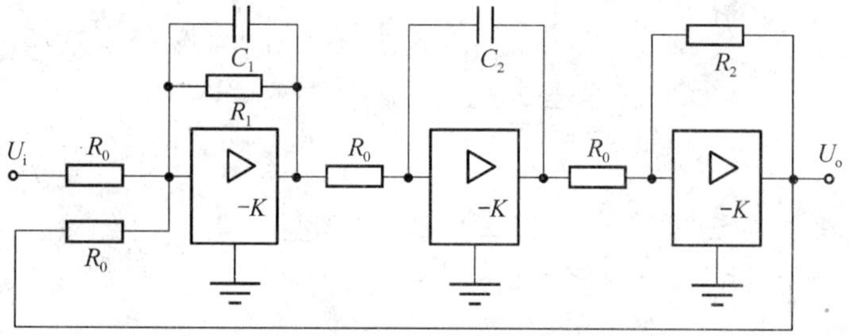

图 2.5　运算放大器组成的控制系统模拟电路

答：

设第一个运算放大器的输出电压为 U_1，第二个运算放大器的输出电压为 U_2，则可以得到

$U_1=-\dfrac{R_1\cdot\dfrac{1}{C_1s}}{R_1+\dfrac{1}{C_1s}}\left(\dfrac{U_i}{R_0}+\dfrac{U_o}{R_0}\right)$，又因为$\dfrac{0-U_2}{\dfrac{1}{C_2s}}=\dfrac{U_1}{R_0}$，得到 $U_1=-R_0C_2sU_2$；

$\dfrac{0-U_o}{R_2}=\dfrac{U_2-0}{R_0}$，得到 $U_2=-\dfrac{R_0}{R_2}U_o$，代入得到 $U_1=\dfrac{R_0^2}{R_2}C_2sU_o$

整理得

$$\frac{U_o(s)}{U_i(s)}=-\frac{R_1R_2}{R_0^3R_1C_1C_2s^2+R_0^3C_2s+R_1R_2}$$

【例 2.1.6★】(上海交通大学)　如图 2.6 所示小车上的弹簧一质量一阻尼器系统，假设 $t<0$ 时小车静止不动。在这系统中，$u(t)$是小车的位移，为系统的输入量，当 $t=0$ 时，小车以定常速度运动，质量为 m 物体相对于地面的位移量 $y(t)$为系统的输出量。在这个系统中，B 是黏性摩擦系数，k 是弹性系数。(1) 写出该系统的动态微分方程；(2) 求出该系统的传递函数模型。

答：(1) 对物体 m 进行受力分析，其在水平方向上受到弹簧弹力为 $k(u(t)-y(t))$，方向向右，受到阻尼器的力为 $B(\dot{u}(t)-\dot{y}(t))$，方向向右，由牛顿第二定律有

$$m\ddot{y}=k(u(t)-y(t))+B(\dot{u}(t)-\dot{y}(t))\qquad ①$$

整理可以得到

$$m\ddot{y}+B\dot{y}+ky=B\dot{u}+ku\qquad ②$$

即得到该系统的动态微分方程。

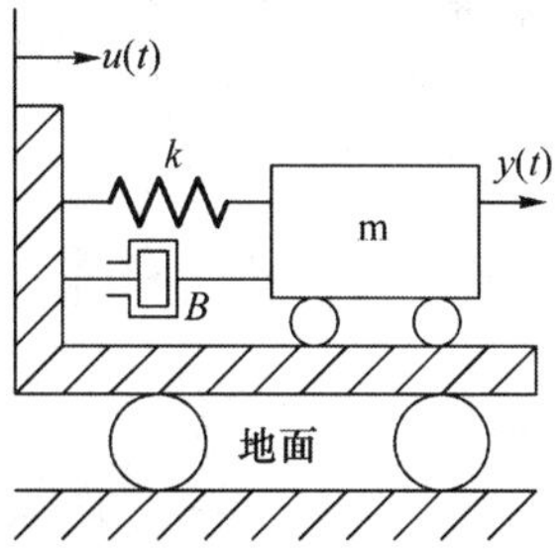

图 2.6 小车上的弹簧一质量一阻尼器系统

(2) 将式②在零初始条件下两边进行拉普拉斯变换可以得到

$$ms^2y(s)+Bsy(s)+ky(s)=Bsu(s)+ku(s)$$

即

$$(ms^2+Bs+k)y(s)=(Bs+k)u(s)$$

于是该系统的传递函数模型为

$$\frac{y(s)}{u(s)}=\frac{Bs+k}{ms^2+Bs+k}$$

【例 2.1.7★】(西安交通大学) 在图 2.7 所示的机电系统中,$u_i(t)$为输入电压;$y(t)$为输出位置,R_1 和 L_1 分别为电磁线圈的电阻与电感;M 为衔铁的质量;K 为弹簧的弹性系数;b 为阻尼器的阻尼系数;放大器的增益为 k_1。假设电磁线圈对衔铁 M 产生的作用力为 $f=k_f i(t)$;电磁线圈的反电动势为 $e=k_e\frac{\mathrm{d}y}{\mathrm{d}t}$。

(1) 画出系统原理框图,简要说明其工作原理;

(2) 建立系统的传递函数

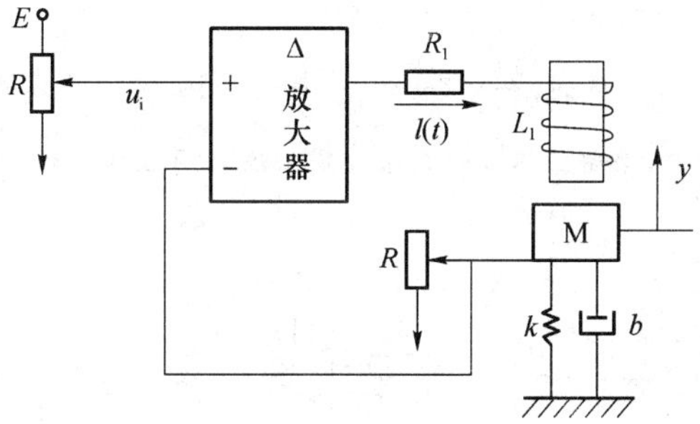

图 2.7 机电系统图

答:

(1) 系统的框图如图 2.8 所示。

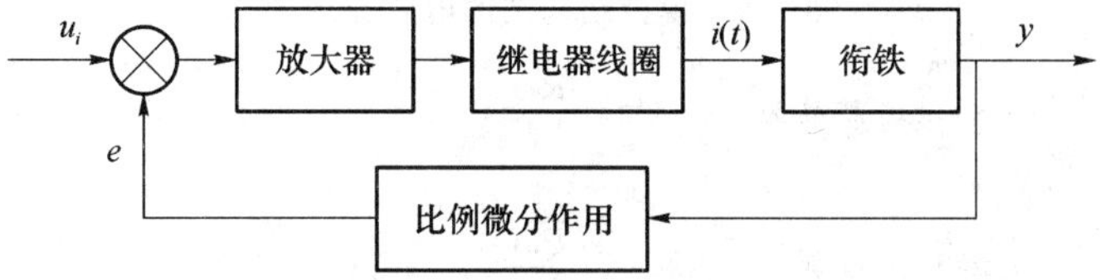

图 2.8 机电系统的框图

其基本工作原理为:输入电压 $u_i(t)$与电磁线圈的反电动势进行比较,得到偏差电压,经放大器放大后,通过电磁线圈的回路,产生电流 $i(t)$,由于存在电流 $i(t)$,线圈产生对衔铁的吸引力,使衔铁产生运动,衔铁位置的变化将使电磁线圈产生的感应电动势,反馈到放大器的输入端,从而实现反馈控制。

(2) 由题意，对衔铁根据牛顿第二定律有

$$M\ddot{y}=f-ky-b\dot{y}$$

对线圈回路有

$$k_1(u_i-e)=R_1 i+L_1\frac{\mathrm{d}i}{\mathrm{d}t}$$

由已知

$$e=k_e\frac{\mathrm{d}y}{\mathrm{d}t}$$

$$f=k_f i(t)$$

对以上式在零初始条件下进行拉普拉斯变换有

$$Ms^2y(s)=f(s)-ky(s)-bsy(s)$$

$$k_1(u_i(s)-e(s))=R_1 i(s)+L_1 si(s)$$

$$e(s)=k_e sy(s)$$

$$f(s)=k_f i(s)$$

由以上各式整理可以得到

$$\frac{y(s)}{u_i(s)}=\frac{k_1k_f}{ML_1s^3+(bL_1+MR_1)s^2+(kL_1+bR_1+k_1k_fk_e)s+R_1k}$$

※**点评**：本题为机电结合系统，分别对机、电部分列写微分方程，最后消除中间变量，即可得到所需的传递函数。

【例 2.1.8】 给定某系统的传递函数为$\frac{C(s)}{R(s)}=\frac{10}{s(0.1s+1)}$，如果用电阻、电容、运算放大器等元件构成系统的模拟装置，试画出该模拟结构图的电路原理图，并计算出电阻、电容的参数值。

答：

由$\frac{C(s)}{R(s)}=\frac{10}{s(0.1s+1)}$整理可以得到$\frac{C(s)}{R(s)}=\frac{1}{s}\times\frac{1}{0.1s+1}\times 10$，可以看成是比例环节、积分环节和惯性环节串联而成，由基本电路知识，上述三环节的电路实现依次如图 2.9 所示。

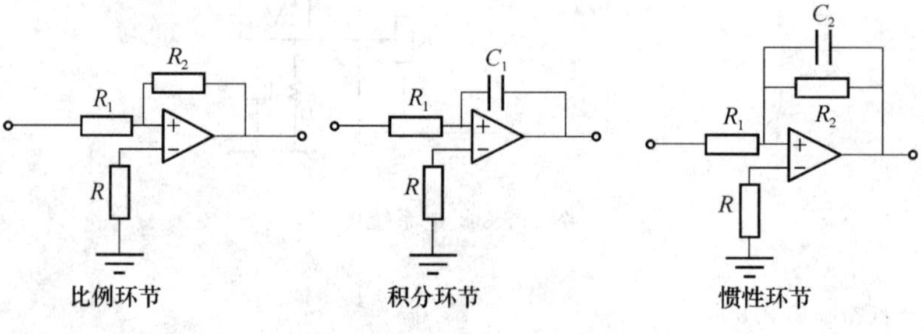

图 2.9　模拟结构图的电路原理图

对于比例环节，其相应的传递函数为 $G_1(s)=-\frac{R_2}{R_1}$；

对于积分环节，其对应的传递函数为 $G_2(s)=-\frac{\frac{1}{C_1s}}{R_1}=-\frac{1}{R_1C_1s}$；

对于惯性环节，其对应的传递函数为 $G_3(s)=-\frac{\frac{R_2\times\frac{1}{C_2s}}{R_2+\frac{1}{C_2s}}}{R_1}=-\frac{R_2}{R_1}\times\frac{1}{R_2C_2s+1}$；

系统的传递函数为

$$G(s)=G_1(s)G_2(s)G_3(s)G_4(s)=-\frac{R_2^2}{R_1^2}\times\frac{1}{R_1C_1s(R_2C_2s+1)}=\frac{10}{s(0.1s+1)}$$

其中 $G_4(s)$ 为增加的反相器，由上可以得到

$$\begin{cases}\dfrac{R_2^2}{R_1^2}\times\dfrac{1}{R_1C_1}=10\\ R_2C_2=0.1\end{cases}$$

实际上由比例环节的传递函数，为了省略一个反相器，我们不妨取 $R_1=R_2$，此时的比例环节相当于一个反相器，不妨取 $R_1=R_2=R=1\ \text{k}\Omega$，代入可以得到 $C_1=C_2=100\ \mu\text{F}$，由上面的计算过程，可以得到电路图如图 2.10 所示。

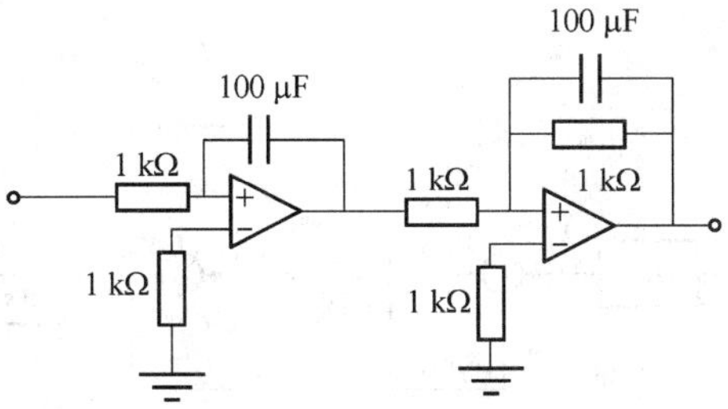

图 2.10　反相器的电路图

※点评：本题属于控制系统建模的逆问题，即已知控制系统的传递函数要求设计出控制系统。

题型 2　控制系统的结构图与信号流图

【例 2.2.1】　系统微分方程组如下：

$$x_1(t)=r(t)-c(t)-n_1(t)$$
$$x_2(t)=K_1x_1(t)$$
$$x_3(t)=x_2(t)-x_5(t)$$
$$T\frac{\mathrm{d}x_4(t)}{\mathrm{d}t}=x_3(t)$$
$$x_5(t)=x_4(t)-K_2n_2(t)$$
$$\frac{\mathrm{d}^2c(t)}{\mathrm{d}t^2}+\frac{\mathrm{d}c(t)}{\mathrm{d}t}=K_0x_5(t)$$

式中，K_0、K_1、K_2、T 均为常数。试建立以 $r(t)$、$n_1(t)$ 及 $n_2(t)$ 为输入量、$c(t)$ 为输出量的系统动态结构图。

答：

(1) 在零初始条件下，对微分方程组进行拉普拉斯变换，得到变换方程组

$$X_1(s)=R(s)-C(s)-N_1(s)$$
$$X_2(s)=K_1X_1(s)$$
$$X_3(s)=X_2(s)-X_5(s)$$
$$X_4(s)=\frac{X_3(s)}{Ts}$$
$$X_5(s)=X_4(s)-K_2N_2(s)$$
$$C(s)=\frac{K_0X_5(s)}{s(s+1)}$$

(2) 根据变换方程组画出各子方程结构图，如图 2.11 所示。

(3) 按照系统中各变量的传递顺序，把相同的量连起来，便可得到系统的结构图，如图 2.12 所示。

※点评：已知系统微分方程组建立系统结构图时，应通过拉普拉斯变换将微分方程组变换为代数方程组，根据代数方程组画出各子方程结构图，再用信号线依次将各方框连接起来，便得到系统的结构图。

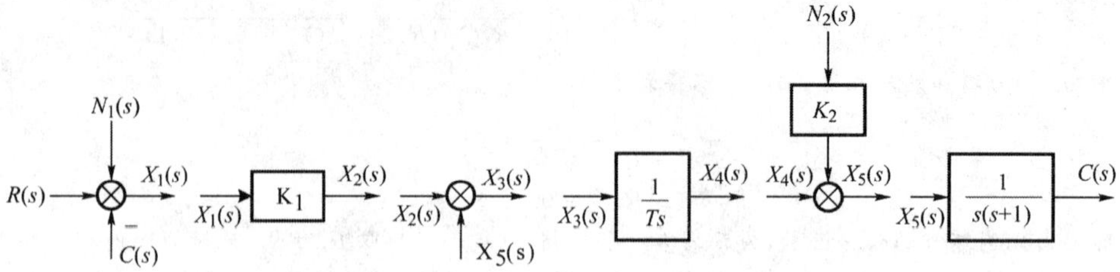

图 2.11　子方程结构图

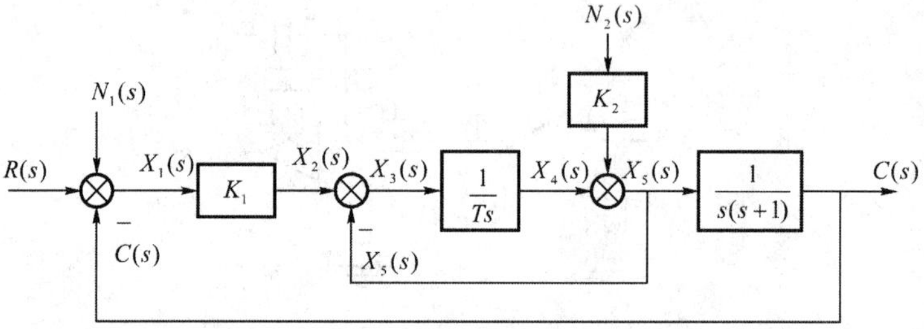

图 2.12　控制系统的结构图

【例 2.2.2】 控制系统的结构图如图 2.13 所示，求系统的传递函数$\dfrac{U_c(s)}{U_r(s)}$。

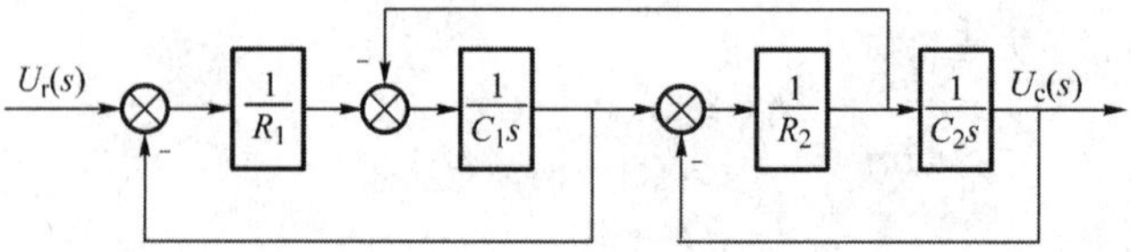

图 2.13　控制系统的结构图

答：系统方块图化简过程如图 2.14(a)、(b)、(c)所示。

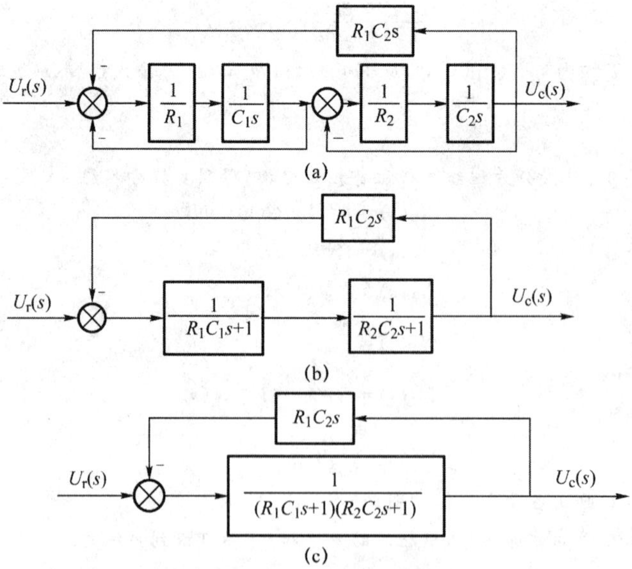

图 2.14　系统方块图化简过程

可以得到

$$\frac{U_c(s)}{U_r(s)}=\frac{\dfrac{1}{(R_1C_1s+1)(R_2C_2s+1)}}{1+\dfrac{R_1C_2s}{(R_1C_1s+1)(R_2C_2s+1)}}=\frac{1}{R_1C_1R_2C_2s^2+(R_1C_1+R_2C_2+R_1C_2)s+1}$$

※**点评**：注意引出点和比较点位置顺序不可改变。

【例 2.2.3】 系统的结构图如图 2.15 所示，试画出信号流图，用梅森公式求$\dfrac{C(s)}{R(s)}$。

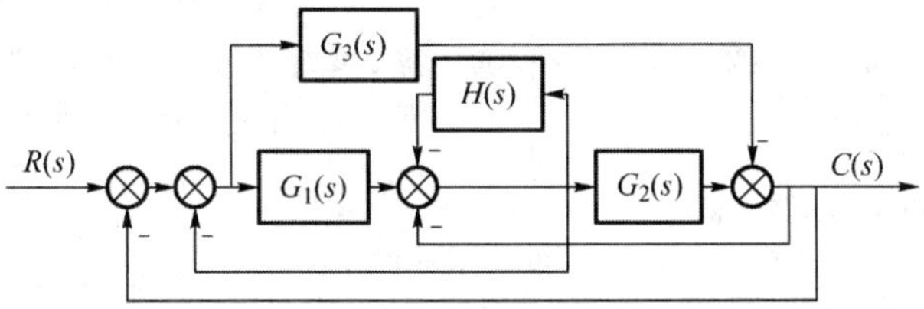

图 2.15　系统的结构图

答：由系统的结构图可以得到系统的信号流图如图 2.16 所示。

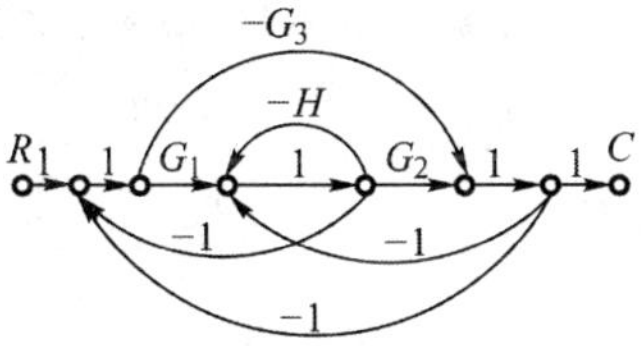

图 2.16　系统的信号流图

$$P_1=G_1G_2,\Delta_1=1;P_2=-G_3,\Delta_2=1+H$$

$$\Delta=1+G_1G_2-G_3+H+G_1+G_2+G_3-G_3H$$

于是可以得到

$$\frac{C(s)}{R(s)}=\frac{P_1\Delta_1+P_2\Delta_2}{\Delta}=\frac{G_1G_2-G_3(1+H)}{\Delta=1+G_1G_2-G_3+H+G_1+G_2+G_3-G_3H}$$

※**点评**：本题考查由系统的机构图转换成信号流图和梅森公式。

【例 2.2.4】 系统信号流图如图 2.17 所示，试求传递函数$\dfrac{y_6}{y_1}$、$\dfrac{y_2}{y_1}$和$\dfrac{y_5}{y_2}$。

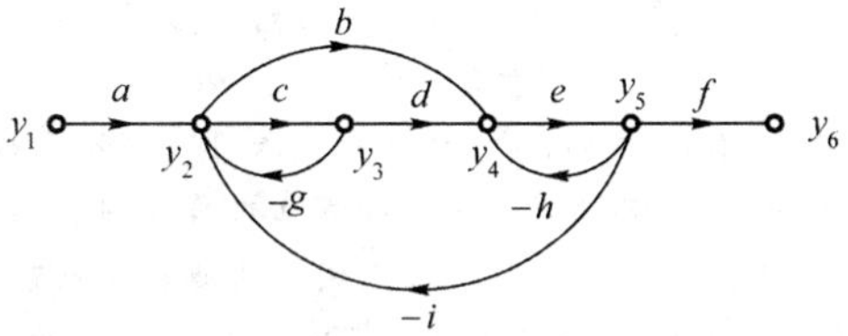

图 2.17　系统信号流图

答：

由图 2.17 可以看出，共有 4 个回路，一对两两不接触回路，故有

$$L_1=-cg,L_2=-eh,L_3=-cdei,L_4=-bei$$

$$\Delta=1-\sum L_a+\sum L_bL_c$$

$$=1-L_1-L_2-L_3-L_4+L_1L_2=1+cg+eh+cdei+bei+cgeh$$

(1) 求传递函数$\frac{y_6}{y_1}$。

从 y_1 到 y_6 的前向通路共 2 条,故有

$$p_1=acdef,\Delta_1=1$$

$$p_2=abef,\Delta_2=1$$

$$\frac{y_6}{y_1}=\frac{1}{\Delta}\sum_{k=1}^{2}p_k\Delta_k=\frac{acdef+abef}{1+cg+eh+cdei+bei+cgeh}$$

(2) 求传递函数$\frac{y_2}{y_1}$。

因 y_2 不是输出节点,而是混合节点,故可将 y_2 用一条支路增益为 1 的支路引出,使该混合节点变为输出节点,所以$\frac{y_2}{y_1}$可以直接利用梅森公式求出。

从 y_1 到 y_2 的前向通路共 1 条,故有

$$p_1=a,\quad \Delta_1=1+eh$$

$$\frac{y_2}{y_1}=\frac{1}{\Delta}p_1\Delta_1=\frac{a(1+eh)}{1+cg+eh+cdei+bei+cgeh}$$

(3) 求传递函数$\frac{y_5}{y_2}$。

因 y_2 不是输入节点,而是混合节点,故不能直接用梅森公式求传递函数。下面介绍两种方法。

① 用梅森公式先求出$\frac{y_5}{y_1}$和$\frac{y_2}{y_1}$。

从 y_1 到 y_5 的前向通路共 2 条,故有

$$p_1=acde,\Delta_1=1$$

$$p_2=abe,\Delta_2=1$$

$$\frac{y_5}{y_1}=\frac{1}{\Delta}\sum_{k=1}^{2}p_k\Delta_k=\frac{acde+abe}{1+cg+eh+cdei+bei+cgeh}$$

$$\frac{y_5}{y_2}=\frac{y_5/y_1}{y_2/y_1}=\frac{acde+abe}{a(1+eh)}$$

② 将反馈至 y_2 的支路全部断开,y_2 变为输入节点,直接利用梅森公式。这时新的信号流图只有一个回路,其回路增益为 eh,故有

$$\Delta=1+eh$$

从 y_2 到 y_5 的前向通路共 2 条,故有

$$p_1=cde,\Delta_1=1$$

$$p_2=be,\Delta_2=1$$

$$\frac{y_5}{y_2}=\frac{1}{\Delta}\sum_{k=1}^{2}p_k\Delta_k=\frac{cde+be}{1+eh)}$$

※**点评**:注意 y_2 不是输入节点,而是混合节点,故不能直接用梅森公式求传递函数。梅森公式只适用于求输出节点对输入节点的总增益,或求混合节点对输入节点的增益(将混合节点以一条支路增益为 1 的支路引出,使该混合节点变为输出节点),而对于混合节点之间的增益不能直接求出。

【例 2.2.5】 分别用结构图等效变换和梅森公式求图 2.18 所示系统的传递函数。

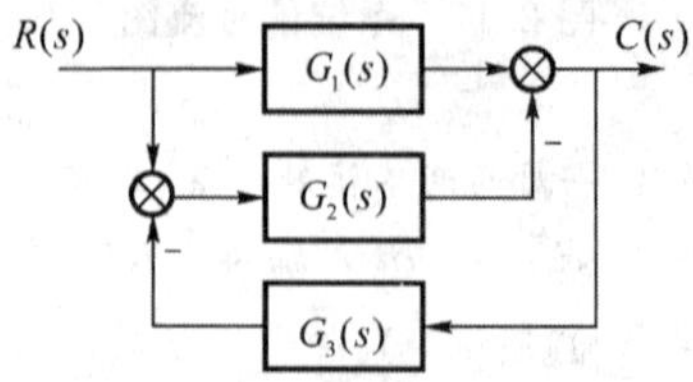

图 2.18 控制系统的结构图

答：

(1) 用结构图等效变换求取系统传递函数。

将比较点如图 2.19 箭头所示后移消除交叉，化简过程如图 2.20(a)、(b)、(c)所示。

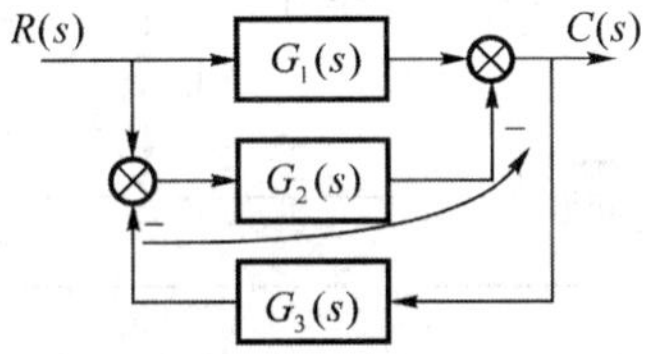

图 2.19 控制系统的结构图

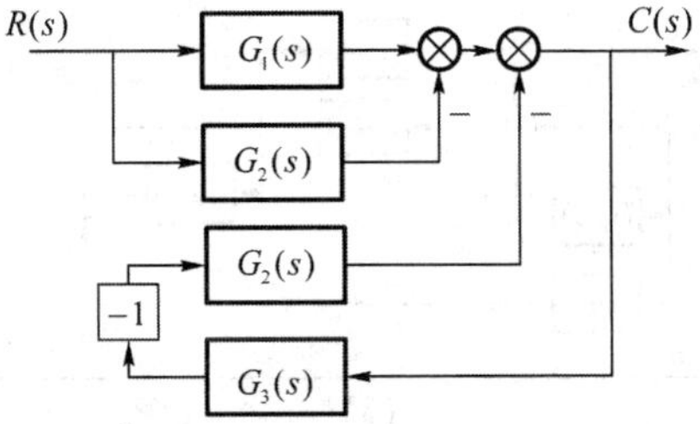

(a)

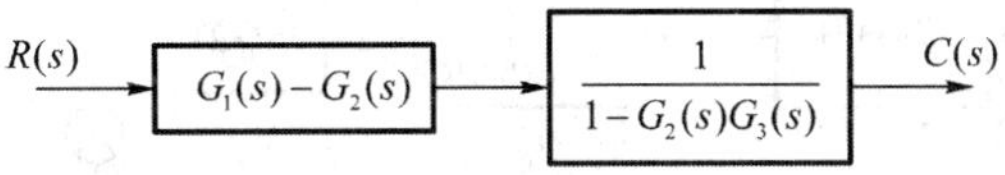

(b)

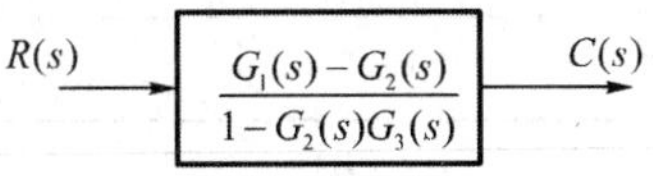

(c)

图 2.20 等效变换图

由图 2.20 得系统传递函数

$$\Phi(s)=\frac{C(s)}{R(s)}=\frac{G_1(s)-G_2(s)}{1-G_2(s)G_3(s)}$$

(2) 用梅森公式求取系统传递函数。

由图 2.18 知，系统有 1 个回路，有 2 条前向通路。因此有

$$L_1=G_2(s)G_3(s)$$

$$\Delta=1-\sum L_a=1-G_2(s)G_3(s)$$

$$P_1=G_1(s)\quad \Delta_1=1$$

$$P_2=-G_2(s)\quad \Delta_2=1$$

根据梅森公式，系统的传递函数为

$$\frac{C(s)}{R(s)}=\frac{\sum_{k=1}^{2}P_k\Delta_k}{\Delta}=\frac{G_1(s)-G_2(s)}{1-G_2(s)G_3(s)}$$

※**点评**：本题考查了两种求取系统传递函数的方法。题中前向通路和反馈回路共用 $G_2(s)$ 支路，形成交叉，可将比较点后移来消除交叉；在用梅森公式求取传递函数时，注意信号传递方向。

【例 2.2.6★】(浙江大学) 用方块图化简法,求图 2.21 所示系统的闭环传递函数。

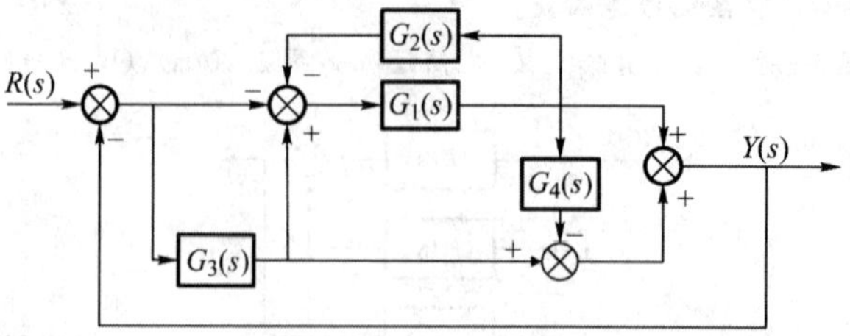

图 2.21 控制系统的结构图

答:变换过程如图 2.22(a)、(b)、(c)所示。

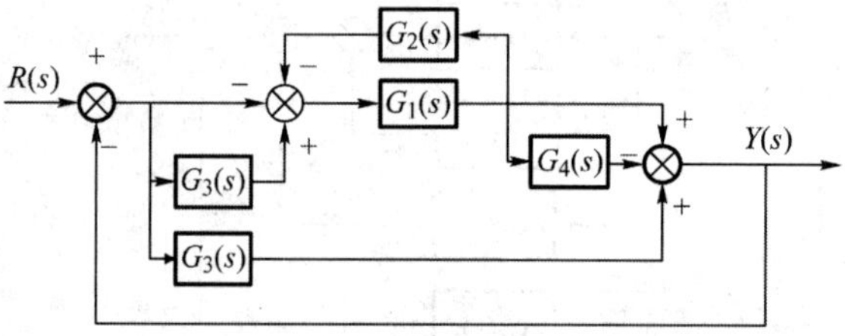

(a)

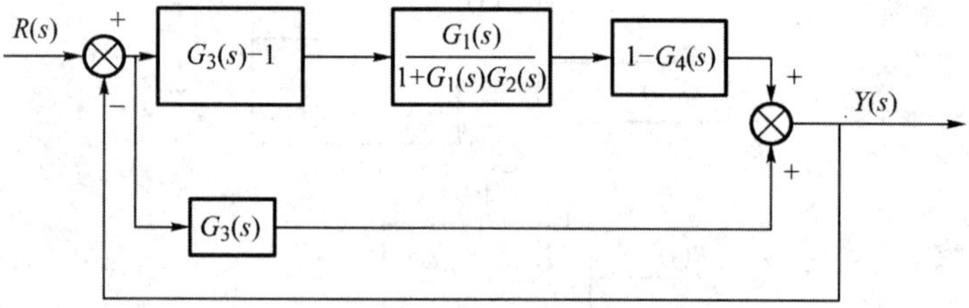

(b)

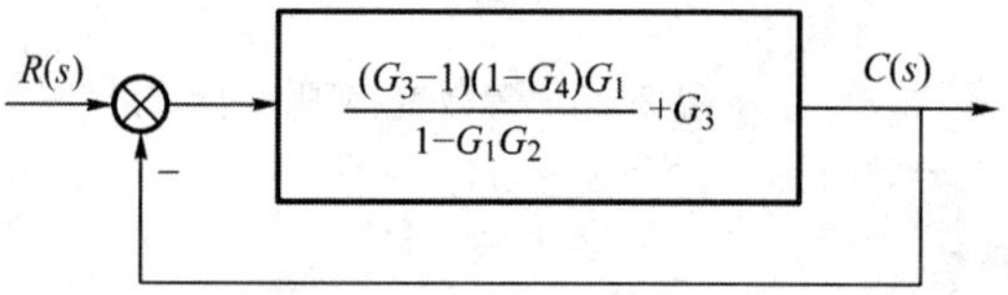

(c)

图 2.22 等效变换图

于是系统的闭环传递函数为

$$\frac{C(s)}{R(s)}=\frac{\dfrac{(G_3-1)(1-G_4)G_1}{1+G_1G_2}+G_3}{1+\dfrac{(G_3-1)(1-G_4)G_1}{1+G_1G_2}+G_3}=\frac{G_1G_3+G_1G_4-G_1-G_1G_3G_4+G_1G_2G_3+G_3}{1+G_1G_2+G_1G_3+G_1G_4-G_1-G_1G_3G_4+G_1G_2G_3+G_3}$$

※**点评:**比较点可以移动并合并。

【例 2.2.7★】(上海交通大学) 系统的信号流图如图 2.23 所示,求传递函数$\dfrac{Y_1(s)}{R_1(s)}$,$\dfrac{Y_2(s)}{R_1(s)}$

答:

对于$\dfrac{Y_1(s)}{R_1(s)}$,$P_1=G_1G_2$,$\Delta_1=1-G_5G_6H_2$,对于$\dfrac{Y_2(s)}{R_2(s)}$,$P_2=G_1G_4G_6$,$\Delta_1=1$;

$\Delta=1+G_1G_2H_1-G_5G_6H_2-G_3G_4G_5-G_1G_2H_1G_5G_6H_2$,代入可以得到

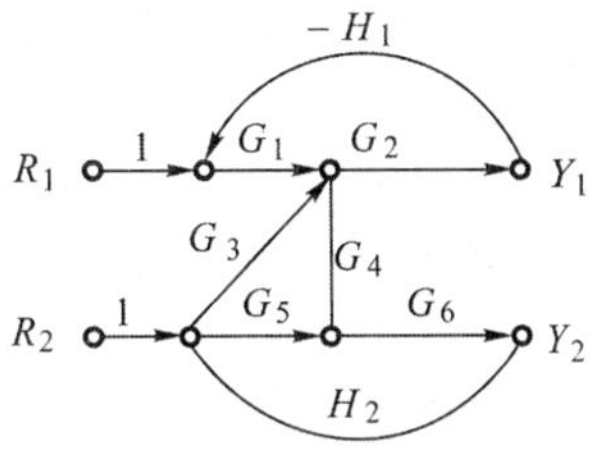

图 2.23 系统的信号流图

$$\frac{Y_1(s)}{R_1(s)}=\frac{G_1G_2(1-G_5G_6H_2)}{1+G_1G_2H_1-G_5G_6H_2-G_3G_4G_5-G_1G_2H_1G_5G_6H_2}$$

$$\frac{Y_2(s)}{R_2(s)}=\frac{G_1G_4G_6}{1+G_1G_2H_1-G_5G_6H_2-G_3G_4G_5-G_1G_2H_1G_5G_6H_2}$$

【例 2.2.8★】(西安交通大学) 控制系统如图 2.24 所示,试求传递函数$\frac{Y(s)}{U(s)}$和$\frac{Y(s)}{E(s)}$。

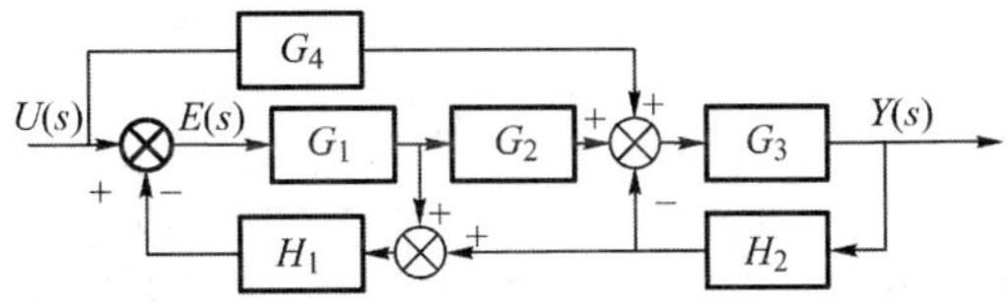

图 2.24 控制系统图

答:系统的信号流图,如图 2.25 所示。

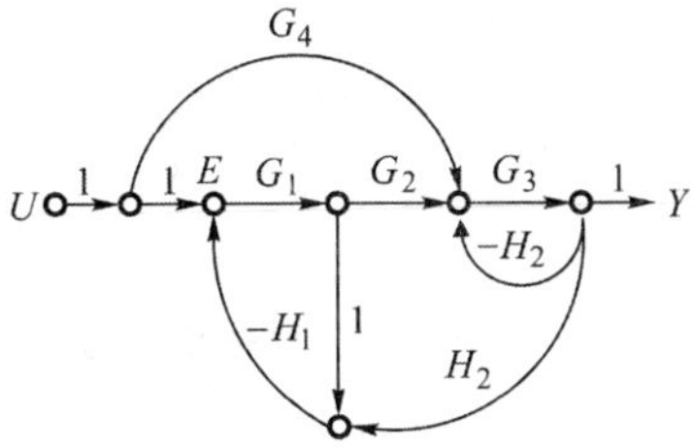

图 2.25 系统的信号流图

由图可以看出

$$\Delta=1+G_1H_1+G_3H_2+G_1G_2G_3H_2H_1+G_3H_2G_1H_1$$

对于

$$\frac{Y(s)}{U(s)},P_1=G_1G_2G_3,\Delta_1=1;P_2=G_4G_3,\Delta_2=1+G_1H_1,\frac{Y(s)}{U(s)}=\frac{P_1\Delta_1+P_2\Delta_2}{\Delta}$$

代入可得到

$$\frac{Y(s)}{U(s)}=\frac{G_1G_2G_3+G_3G_4(1+G_1H_1)}{1+G_1H_1+G_3H_2+G_1G_2G_3H_2H_1+G_3H_2G_1H_1}$$

对于

$$\frac{Y(s)}{E(s)},P_1=G_1G_2G_3,\Delta_1=1$$

代入可得到

$$\frac{Y(s)}{E(s)}=\frac{G_1G_2G_3}{1+G_1H_1+G_3H_2+G_1G_2G_3H_2H_1+G_3H_2G_1H_1}$$

【例 2.2.9★】(华中科技大学)　控制系统的结构图如图 2.26 所示,求系统的传递函数$\frac{U_c(s)}{U_r(s)}$。

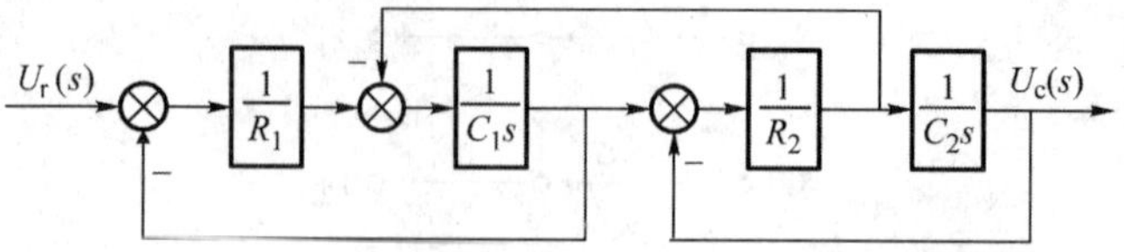

图 2.26　控制系统的结构图

答:系统方块图化简过程如图 2.27(a)、(b)、(c)所示。

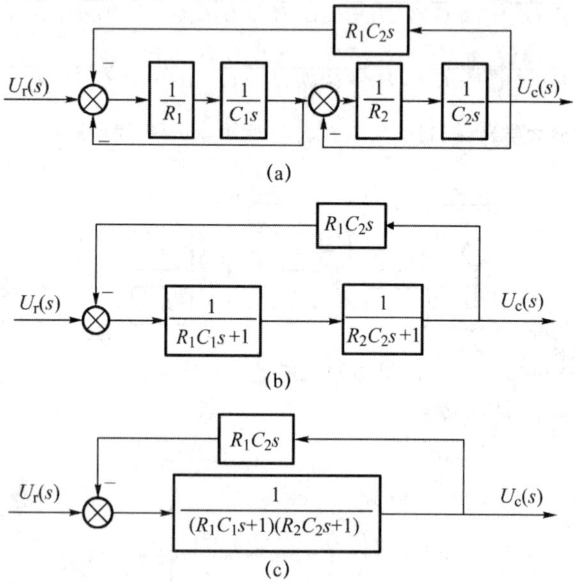

图 2.27　系统方块图化简图

可以得到$\frac{U_c(s)}{U_r(s)}=\frac{\frac{1}{(R_1C_1s+1)(R_2C_2s+1)}}{1+\frac{R_1C_2s}{(R_1C_1s+1)(R_2C_2s+1)}}=\frac{1}{R_1C_1R_2C_2s^2+(R_1C_1+R_2C_2+R_1C_2)s+1}$

【例 2.2.10★】(中科院)　已知某控制系统结构图如图 2.28 所示,试求:

(1) 用等效变换的方法化简结构图,求出系统的传递函数 $C(s)/R(s)$;

(2) 用梅森公式确定系统的传递函数 $C(s)/R(s)$。

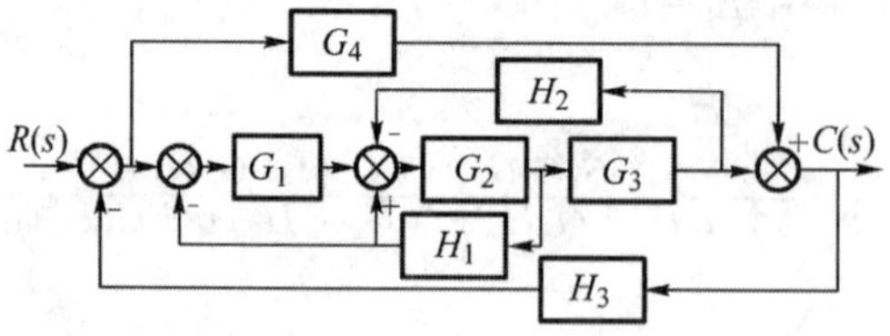

图 2.28　控制系统结构图

答:

(1) 系统等效变换的过程如图 2.29(a)、(b)、(c)、(d)、(e)所示。

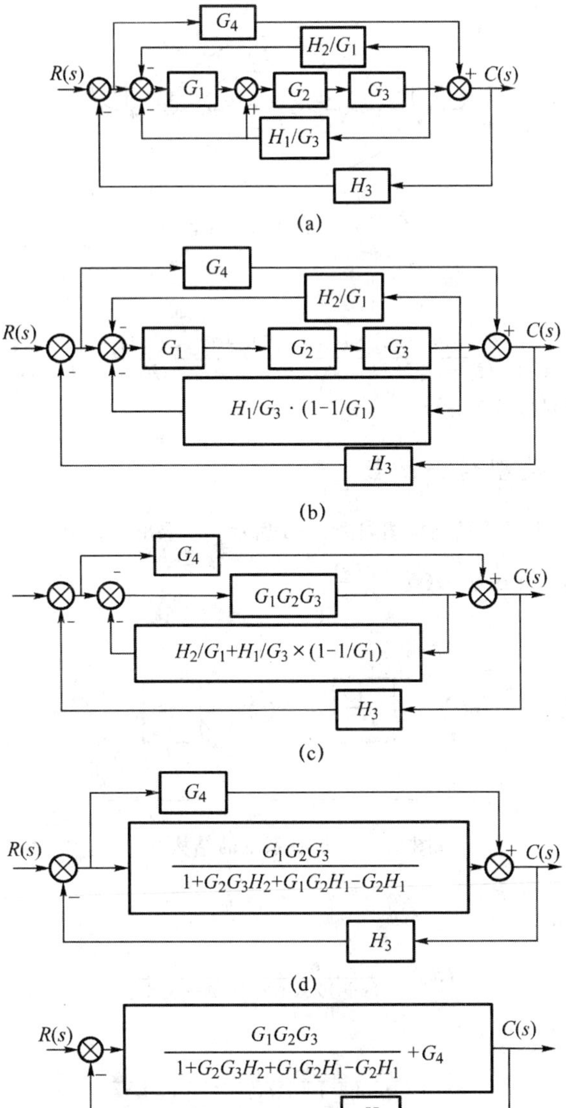

图 2.29　系统等效变换的过程图

于是前向通道的传递函数为

$$G(s)=\frac{G_1G_2G_3}{1+G_2G_3H_2+G_1G_2H_1-G_2H_1}+G_4=\frac{G_4+G_1G_2G_3+G_2G_3G_4H_2+G_1G_2G_4H_1-G_2G_4H_1}{1+G_2G_3H_2+G_1G_2H_1-G_2H_1}$$

可以得到

$$\frac{C(s)}{R(s)}=\frac{G_4+G_1G_2G_3+G_2G_3G_4H_2+G_1G_2G_4H_1-G_2G_4H_1}{1+G_2G_3H_2+G_1G_2H_1-G_2H_1+H_3(G_4+G_1G_2G_3+G_2G_3G_4H_2+G_1G_2G_4H_1-G_2G_4H_1)}$$

(2) 系统的信号流图如图 2.30 所示。

$$P_1=G_1G_2G_3,\Delta_1=1,P_2=G_4,\Delta_2=1+G_1G_2H_1-G_2H_1+G_2G_3H_2$$

$$\Delta=1+G_1G_2G_3H_3+G_4H_3+G_1G_2H_1+G_2G_3H_2-G_2H_1+G_4H_3(G_1G_2H_1+G_2G_3H_2-G_2H_1)$$

$$\frac{C}{R}=\frac{P_1\Delta_1+P_2\Delta_2}{\Delta}=\frac{G_1G_2G_3+G_4(1+G_1G_2H_1-G_2H_1+G_2G_3H_2)}{1+G_1G_2G_3H_3+G_4H_3+G_1G_2H_1+G_2G_3H_2-G_2H_1+G_4H_3(G_1G_2H_1+G_2G_3H_2-G_2H_1)}$$

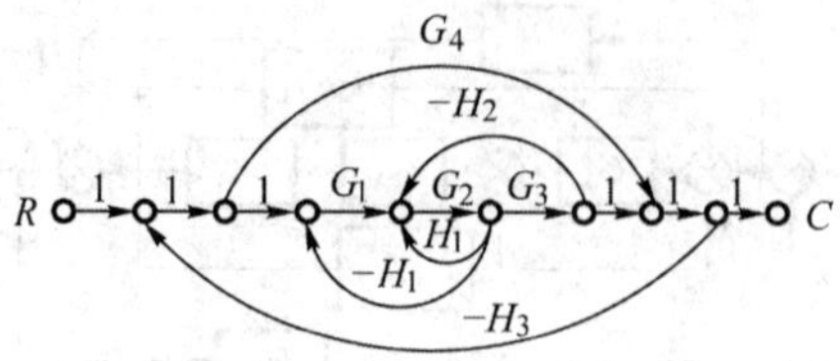

图 2.30　系统的信号流图

整理可以得到

$$\frac{C(s)}{R(s)}=\frac{G_4+G_1G_2G_3+G_2G_3G_4H_2+G_1G_2G_4H_1-G_2G_4H_1}{1+G_2G_3H_2+G_1G_2H_1-G_2H_1+H_3(G_4+G_1G_2G_3+G_2G_3G_4H_2+G_1G_2G_4H_1-G_2G_4H_1)}$$

与用方块图化简法得到的结果一致。

题型 3　控制系统的典型传递函数

【例 2.3.1】 已知一控制系统的结构图如图 2.31 所示。试求出该系统的开环传递函数 $G(s)$、闭环传递函数 $\varphi(s)=\frac{C(s)}{R(s)}$ 和误差传递函数 $\varphi_e(s)=\frac{E(s)}{R(s)}$。

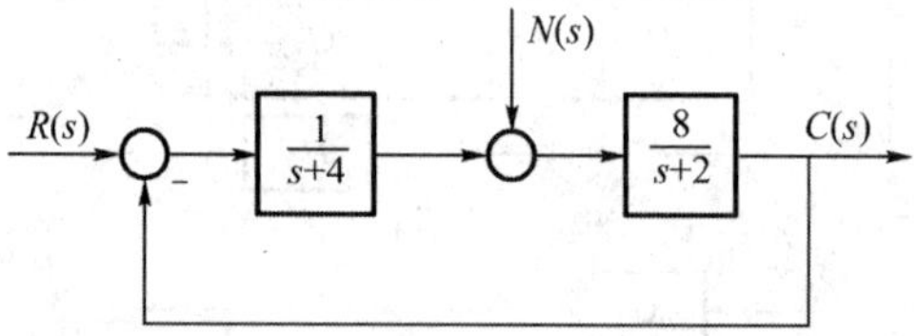

图 2.31　控制系统的结构图

答：

系统的开环传递函数为

$$G(s)=\frac{8}{(s+4)(s+2)}=\frac{8}{s^2+6s+8}$$

系统的闭环传递函数为

$$\varphi(s)=\frac{C(s)}{R(s)}=\frac{G(s)}{1+G(s)}=\frac{8}{s^2+6s+16}$$

系统的误差传递函数为

$$\varphi_e(s)=\frac{E(s)}{R(s)}=\frac{1}{1+G(s)}=\frac{1}{1+\frac{8}{s^2+6s+8}}=\frac{s^2+6s+8}{s^2+6s+16}$$

【例 2.3.2】 一复合控制系统如图 2.32 所示，试求出该系统的 $\frac{y(s)}{r(s)}$，$\frac{e(s)}{r(s)}$。图中 $W_c(s)=as^2+bs$，$W_g(s)=\frac{10}{s(1+0.1s)(1+0.2s)}$。

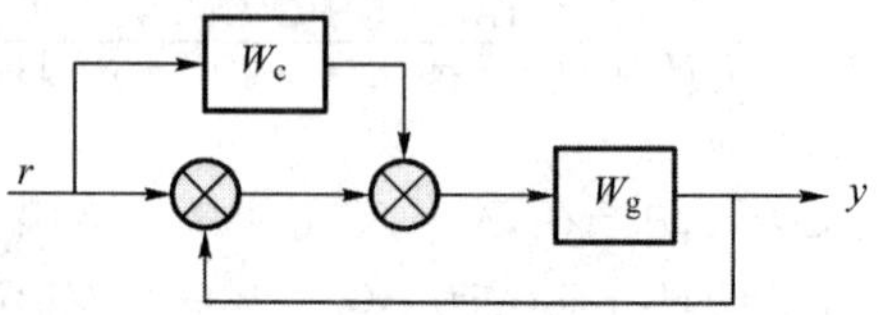

图 2.32　复合控制系统

答：

由题意

$$\frac{y(s)}{r(s)}=(1+W_c(s))\frac{W_g(s)}{1+W_g(s)}$$

代入整理可以得到

$$\frac{y(s)}{r(s)}=\frac{500(as^2+bs+1)}{s^3+15s^2+50s+500}$$

误差传递函数为

$$\frac{e(s)}{r(s)}=1-\frac{y(s)}{r(s)}=1-\frac{500(as^2+bs+1)}{s^3+15s^2+50s+500}$$

得到

$$\frac{e(s)}{r(s)}=\frac{s^3+(15-500a)s^2+(50-500b)s}{s^3+15s^2+50s+500}$$

【例 2.3.3】 试确定当负反馈环节 $h(t)=\delta(t)$，前向通道传递函数 $G(s)$ 分别为惯性环节 $G(s)=\frac{1}{Ts+1}$、微分环节 $G(s)=s$、积分环节 $G(s)=\frac{1}{s}$、二阶振荡环节 $G(s)=\frac{\omega_n^2}{s^2+2\xi\omega_n s+\omega_n^2}$ 时，系统的闭环传递函数

答：

$$H(s)=\frac{1}{1/s}=s,\Phi(s)=\frac{C(s)}{R(s)}=\frac{G(s)}{1+G(s)}$$

惯性环节时 $\Phi(s)=\frac{1}{(T+1)s+1}$

微分环节时 $\Phi(s)=\frac{s}{s^2+1}$

积分环节时 $\Phi(s)=\frac{1}{2s}$

二阶振荡环节时 $\Phi(s)=\frac{\omega_n^2}{s^2+(2\xi\omega_n+\omega_n^2)s+\omega_n^2}$

【例 2.3.4★】（中科院自动化所） 控制系统方块图如图 2.33 所示。

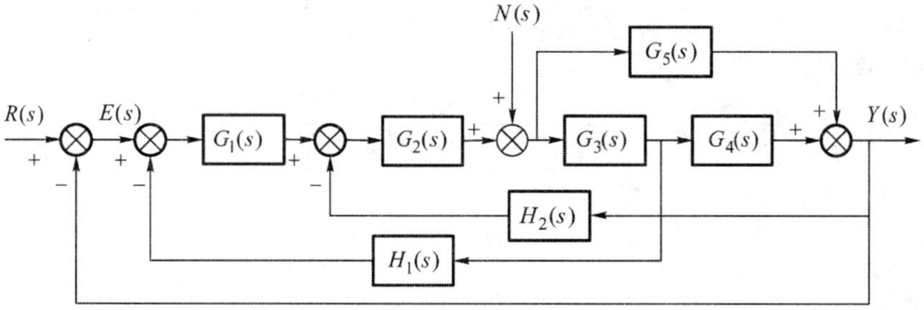

图 2.33 控制系统框图

(1) 用框图等效变换法，求系统的闭环传递函数 $Y(s)/R(s)$ 和 $E(s)/R(s)$。

(2) 欲使系统的输出 $Y(s)$ 不受扰动 $N(s)$ 的影响，应满足何条件？

答：

(1) 框图等效变换过程如图 2.34(a)、(b)、(c)所示。

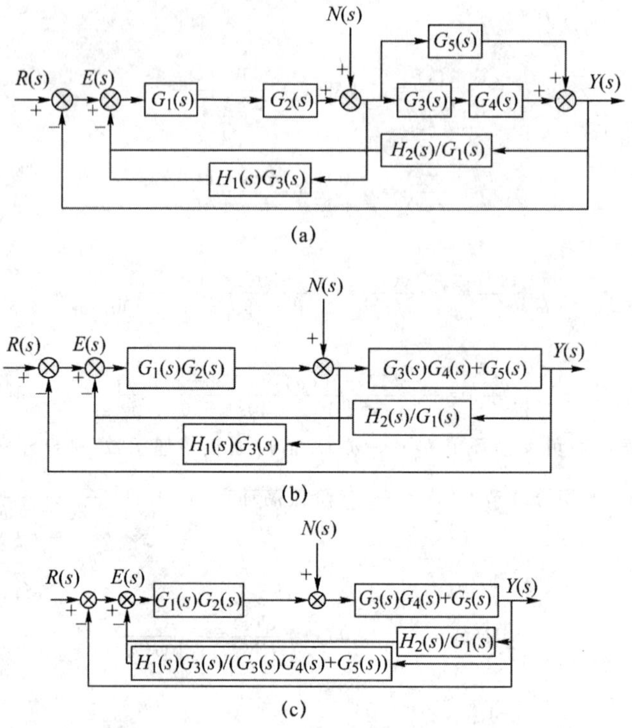

图 2.34　框图等效变换过程图

求$\dfrac{Y(s)}{R(s)}$和$\dfrac{E(s)}{R(s)}$时，令 $N(s)=0$，得到前向通道传递函数为 $G=G_1G_2(G_3G_4+G_5)$；

反馈通道传递函数为

$$H=\frac{H_2}{G_1}+\frac{G_3H_1}{G_3G_4+G_5}+1=\frac{G_3G_4H_2+G_5H_2+G_1G_3H_1+G_1G_3G_4+G_1G_5}{G_1(G_3G_4+G_5)}$$

$$\frac{Y(s)}{R(s)}=\frac{G(s)}{1+G(s)H(s)}=\frac{G_1G_2(G_3G_4+G_5)}{G_1(G_3G_4+G_5)+G_1G_2(G_3G_4H_2+G_5H_2+G_1G_3H_1+G_1G_3G_4+G_1G_5)(G_3G_4+G_5)}$$

(2) 由变换后的图可以得到

$$\frac{Y(s)}{N(s)}=\frac{G_3G_4+G_5}{1+G_1G_2H}=\frac{(G_3G_4+G_5)G_1(G_3G_4+G_5)}{G_1(G_3G_4+G_5)+G_1G_2(G_3G_4H_2+G_5H_2+G_1G_3H_1+G_1G_3G_4+G_1G_5)}$$

要使$\dfrac{Y(s)}{N(s)}=0$，必有 $G_3G_4+G_5=0$。

第3章

线性系统的时域分析法

【基本知识点】系统时间响应的性能指标；一阶、二阶系统的数学模型和典型响应特点；高阶系统的时域分析；系统稳定性及稳定的充要条件；代数稳定判据及有关的分析计算。稳态误差及其一般的计算方法；静态误差系数法、动态误差系数法等。

【重点】一阶、二阶系统的数学模型和典型响应特点；系统稳定的充要条件；代数稳定判据及有关的分析计算。稳态误差及其一般的计算方法；静态误差系数法。

【难点】一阶、二阶系统的数学模型和典型响应特点；系统稳定的充要条件；代数稳定判据及有关的分析计算。稳态误差及其一般的计算方法；静态误差系数法。

3.1 答疑解惑

3.1.1 什么是典型输入信号？

所谓典型输入信号，是指根据系统常遇到的输入信号形式，在数学描述上加以理想化的一些基本输入函数。控制系统中常用的典型输入信号有：单位阶跃函数、单位斜坡（速度）函数、单位加速度（抛物线）函数、单位脉冲函数和正弦函数，如表3.1所示。

表3.1 控制系统中常用的典型输入信号

名称	时域表达式	复域表达式
单位阶跃函数	$1(t), t\geqslant 0$	$\frac{1}{s}$
单位斜坡函数	$t, t\geqslant 0$	$\frac{1}{s^2}$
单位加速度函数	$\frac{1}{2}t^2, t\geqslant 0$	$\frac{1}{s^3}$
单位脉冲函数	$\delta(t), t\geqslant 0$	1
正弦函数	$A\sin\omega t$	$\frac{\omega}{s^2+\omega^2}$

3.1.2 什么是动态过程与稳态过程？

初始状态为零的系统，在典型输入信号作用下的输出，称为典型时间响应。典型时间响应由动态过程和稳态过程两部分组成。

1. 动态过程

动态过程又称过渡过程或瞬态过程，是指系统在典型输入信号作用下，系统输出由初始状态到达最终状态的响应过程。

2. 稳态过程

指系统在典型输入信号作用下，当时间 t 趋于无穷大时，系统输出量的表现形式。

3.1.3 动态性能与稳态性能有哪些？

1. 动态性能

描述稳定的系统在单位阶跃函数作用下，动态过程随时间 t 的变化状况的指标，称为动态性能指标。对于图 3.1 所示单位阶跃响应 $h(t)$，其动态性能指标通常为

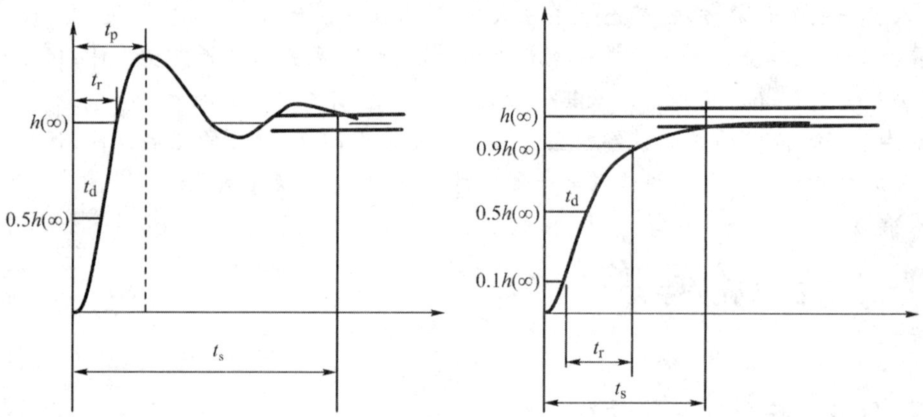

图 3.1 单位阶跃响应 $h(t)$

(1) 延迟时间 t_d 指响应曲线第一次达到其终值一半所需要的时间。

(2) 上升时间 t_r 指响应曲线从终值 10%上升到终值 90%所需要的时间；对于有振荡的系统，亦可定义为响应从零第一次上升到终值所需要的时间。上升时间是系统响应速度的一种度量。

(3) 峰值时间 t_p 指响应超过终值达到第一个峰值所需要的时间。

(4) 调节时间 t_s 指响应达到并保持在终值±5%(或±2%)内所需要的时间。

(5) 超调量 $\sigma\%$ 指响应的最大偏离量 $h(t_p)$ 与终值 $h(\infty)$ 之差的百分比，即

$$\sigma\%=\frac{h(tp)-h(\infty)}{h(\infty)}\times 100\%$$

注意：有振荡系统与无振荡系统的区别。

2. 稳态性能

稳态性能：稳态误差是描述系统稳态性能的一种性能指标，通常在阶跃函数、斜坡函数和加速度函数作用下进行测定或计算。若时间趋于无穷大时，系统的输出量不等于输入量

或输入量的确定函数，则系统存在稳态误差。稳态误差是系统控制精度或抗扰动能力的一种度量。

3.1.4 什么是一阶系统的数学模型？

一阶系统的结构图如图 3.2 所示。

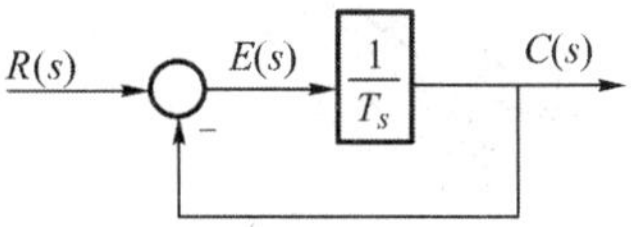

图 3.2 一阶系统的结构图

一阶系统的微分方程为

$$T\dot{c}(t)+c(t)=r(t)$$

传递函数表达式为

$$\frac{C(s)}{R(s)}=\frac{1}{T_s+1}$$

3.1.5 典型响应有哪些？

1. 单位阶跃响应

$$h(t)=1-\mathrm{e}^{-t/T}$$

响应曲线如图 3.3 所示。

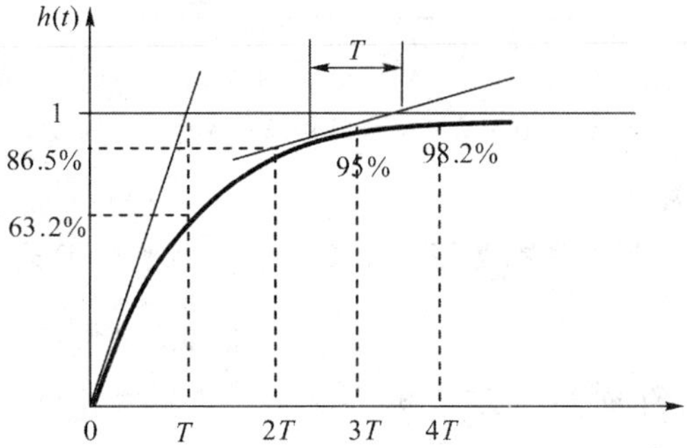

图 3.3 单位阶跃响应曲线

性能指标：$t_s=3T(\Delta=0.05)$，无超调；稳态误差 $e_{ss}=0$。

2. 单位斜坡响应

$$c(t)=(t-T)+T\mathrm{e}^{-t/T}$$

响应曲线如图 3.4 所示。

性能指标： 稳态误差 $e_{ss}=T$

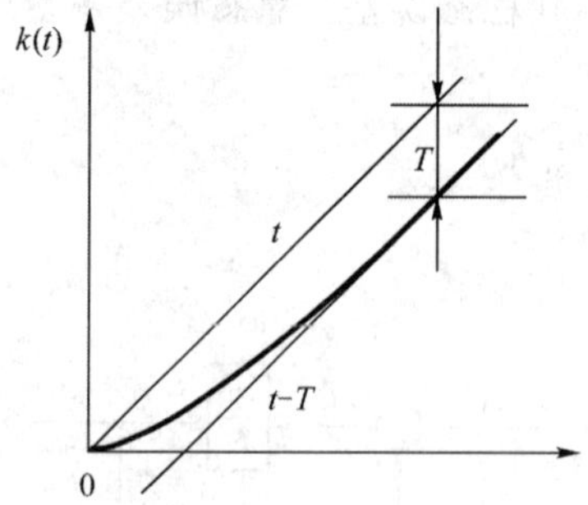

图 3.4 单位斜坡响应曲线

3. 单位脉冲响应

$$k(t)=\frac{1}{T}e^{-t/T}$$

响应曲线如图 3.5 所示。

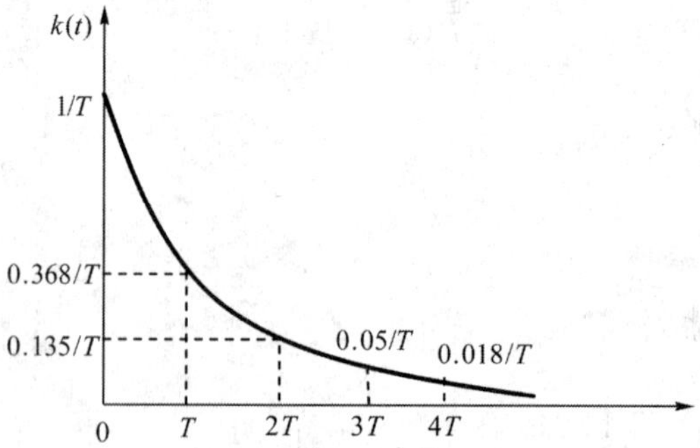

图 3.5 单位脉冲响应曲线

性能指标:稳态误差 $e_{ss}=0$

注意:一阶系统仅有一个特征参量 T—时间常数,调整时间为 $3T\sim4T$。T 越小,系统的动、静态性能越好。

3.1.6 线性定常系统的重要性质有哪些?

综合一阶系统对典型输入信号的响应,参考图 3.6,可以得出线性定常系统的重要性质:

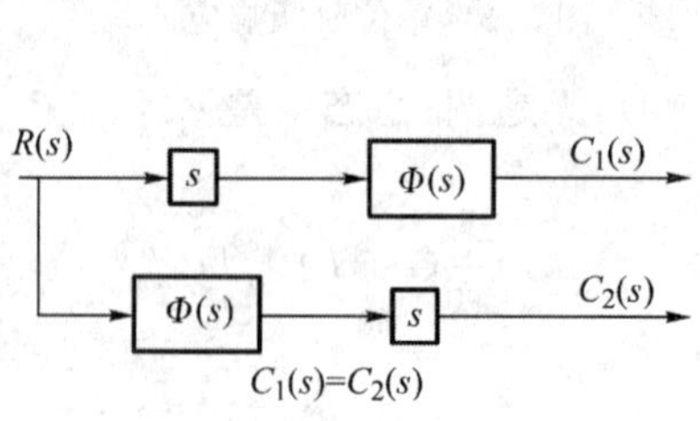

图 3.6 线性定常系统

(1) 一个输入信号导数的时域响应等于该信号时域响应的导数。

(2) 一个输入信号积分的时域响应等于该信号时域响应的积分。

3.1.7 如何描述二阶系统的数学模型?

二阶系统的结构图如图 3.7 所示。

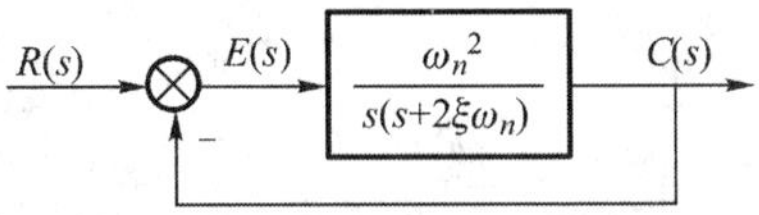

图 3.7 二阶系统的结构图

二阶系统的开环传递函数为

$$G(s)=\frac{\omega_n^2}{s(s+2\xi\omega_n)}=\frac{K}{s(Ts+1)}$$

闭环传递函数为

$$\Phi(s)=\frac{\omega_n^2}{s^2+2\xi\omega_n s+\omega_n^2}$$

式中,ξ 为阻尼比,ω_n 为自然频率。

根据 ξ 的取值,可把系统分为欠阻尼、临界阻尼和过阻尼三种情况进行分析。

3.1.8 二阶系统的单位阶跃响应有哪些?

二阶系统单位阶跃响应一览表如表 3.2 所示。

1. 欠阻尼情况($0<\xi<1$)

系统的特征方程为:$s^2+2\xi\omega_n s+\omega_n^2=0$

在欠阻尼的情况下,闭环极点为共轭复数:

$$s_{1,2}=-\xi\omega_n\pm \mathrm{j}\sqrt{1-\xi^2}\,\omega_n=\sigma\pm \mathrm{j}\omega_{\mathrm{d}}$$

式中,$\sigma=-\xi\omega_n$, $\omega_{\mathrm{d}}=\sqrt{1-\xi^2}\,\omega_n$。

极点分布如表 3.2 所示二阶系统单位阶跃响应一览表所示。图中:$\beta=\cos^{-1}\xi$。

若输入信号为单位阶跃信号,其单位阶跃响应表达式与响应曲线如表 3.2 所示。

表 3.2 二阶系统单位阶跃响应一览表

阻尼比	极点分布图	响应表达式	响应曲线
$0<\xi<1$ (欠阻尼)	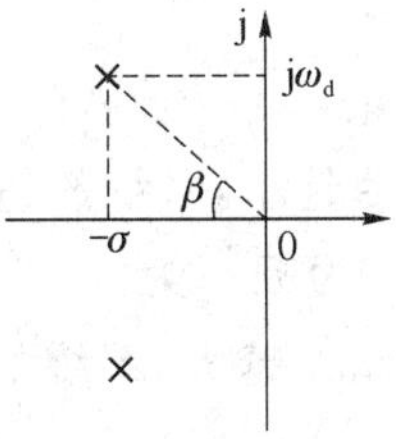	$h(t)=L^{-1}[C(s)]$ $=1-e^{-\xi\omega_n t}\cos\omega_{\mathrm{d}}t-\frac{\xi\omega_n}{\omega_{\mathrm{d}}}e^{-\xi\omega_n t}\sin\omega_{\mathrm{d}}t$ $=1-\frac{1}{\sqrt{1-\xi^2}}e^{-\xi\omega_n t}\sin(\omega_{\mathrm{d}}t+\beta)$	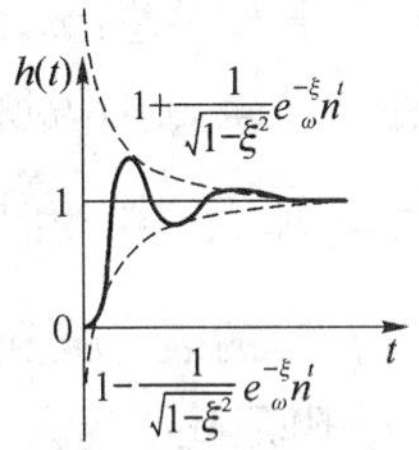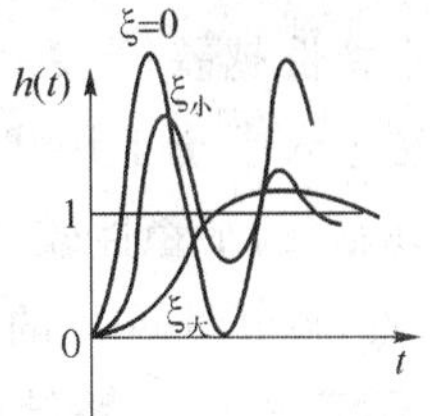

续 表

阻尼比	极点分布图	响应表达式	响应曲线
$\xi=1$ （临界阻尼）	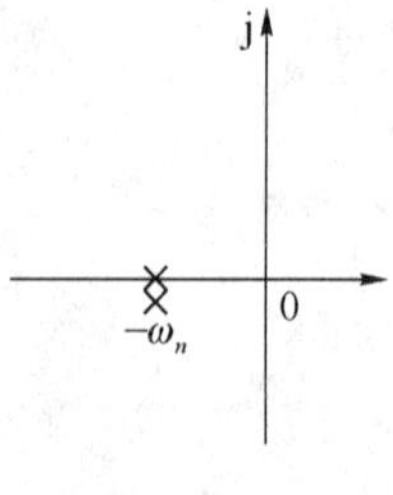 	$h(t)=L^{-1}[C(s)]$ $=1-(1+\omega_n t)\mathrm{e}^{\omega_n t}$	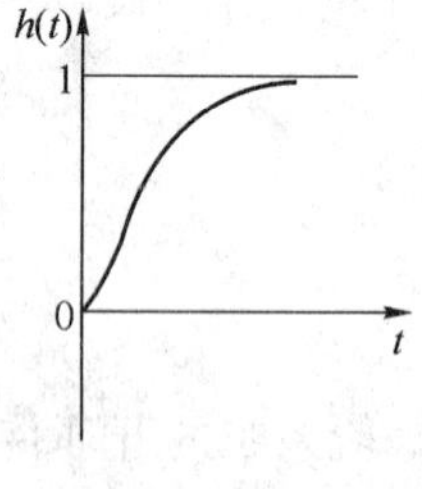
$\xi>1$ （过阻尼）	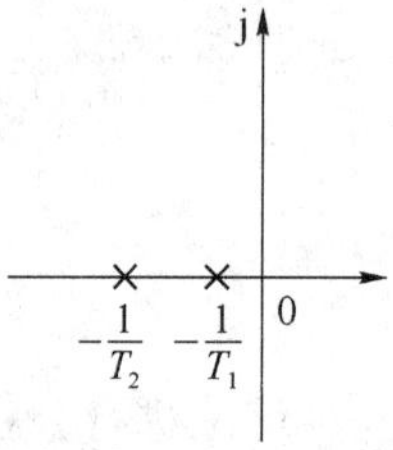 	$h(t)=L^{-1}[C(s)]$ $=1+\frac{1}{T_2/T_1-1}\mathrm{e}^{-1/T_1}+\frac{1}{T_1/T_2-1}\mathrm{e}^{-1/T_2}$	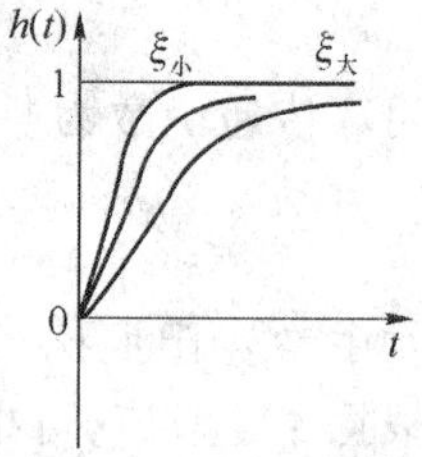

$h(t)$包含稳态分量和动态分量，其稳态分量为1，动态分量呈现振荡衰减特性，注意到$h(t)$的包络线为$1\pm\frac{1}{\sqrt{1-\xi^2}}\mathrm{e}^{-\xi\omega_n t}$，可以画出$h(t)$曲线如表3.2所示，根据动态性能指标的定义，可以求出性能指标为

(1) 上升时间：$t_r=\frac{\pi-\beta}{\omega_d}$。

(2) 峰值时间：$t_p=\frac{\pi}{\omega_d}$。

(3) 超调量：$\sigma\%=\mathrm{e}^{-\frac{\xi\pi}{\sqrt{1-\xi^2}}}\times100\%$。

(4) 调节时间：$t_s=\frac{3}{\xi\omega_n}$。

(5) 稳态误差：$e_{ss}=0$。

稳态误差为0，说明典型二阶系统跟踪阶跃输入信号时，无稳态误差，系统为无静差系统。在绘制$h(t)$曲线时，应注意到：$\frac{\mathrm{d}h(t)}{\mathrm{d}t}\big|_{t=0}=0$。

由$h(t)$的表达式和性能指标的计算公式可以得出以下结论：

(1) 阻尼比ξ越大，系统的超调量越小，响应平稳；阻尼比ξ越小，系统的超调量越大，响应的平稳性越差；当$\xi=0$时，系统的响应为：$h(t)=1-\cos\omega_n t$为频率为ω_n的等幅振荡，系统无法进入平衡工作状态，不能正常工作。另外，在ξ一定时，ω_n越大，系统的振荡频率ω_d越大，响应的平稳性较差。故ξ大、ω_n小，系统响应的平稳性好。

(2) 调节时间t_s的计算公式为近似表达式，事实上，ξ小，系统响应时收敛速度慢，调节时间长，若ξ过大，系统响应迟钝，调节时间也较长。因此ξ应取适当的数值，$\xi=0.707$时的典型二阶系统称为最佳二阶系统，此时超调量为4.3%，调节时间为$3/\omega_n$。

2. 临界阻尼情况(ξ=1)

系统的特征方程为 $s^2+2\xi\omega_n s+\omega_n^2=0$。

在临界阻尼的情况下,闭环极点为重极点:$s_{1,2}=-\xi\omega_n$。

系统的闭环传递函数为 $\Phi(s)=\dfrac{\omega_n^2}{s^2+2\omega_n s+\omega_n^2}$,当输入信号为阶跃信号时,若输入信号为单位阶跃信号,其单位阶跃响应表达式与响应曲线如表 3.2 所示。

响应具有非周期性,没有振荡和超调,其响应曲线如表 3.2 中的图所示。该响应曲线不同于典型一阶系统的单位阶跃响应,$\dfrac{dh(t)}{dt}\Big|_{t=0}=0$。动态性能指标为 $t_s=4.75/\omega_n$,稳态误差为 0,说明典型二阶系统跟踪阶跃输入信号时,无稳态误差,系统为无静差系统。

3. 过阻尼情况(ξ>1)

系统的特征方程为 $s^2+2\xi\omega_n s+\omega_n^2=0$。

在过阻尼的情况下,闭环极点为两个负实数极点:$s_{1,2}=-\xi\omega_n\pm\omega_n\sqrt{\xi^2-1}$ 若令 $T_1=\dfrac{1}{\xi\omega_n-\omega_n\sqrt{\xi^2-1}}$ $T_2=\dfrac{1}{\xi\omega_n+\omega_n\sqrt{\xi^2-1}}$,则 $s_1=-\dfrac{1}{T_1}$ $s_2=-\dfrac{1}{T_2}$。

响应具有非周期性,没有振荡和超调,其响应曲线如表 3.2 中的图所示。该响应曲线不同于典型一阶系统的单位阶跃响应,$\dfrac{dh(t)}{dt}\Big|_{t=0}=0$。动态性能指标为:$t_s=\dfrac{1}{\omega_n}(6.45\xi-1.7)$ $(\xi\geqslant 0.7)$,稳态误差为 0,说明典型二阶系统跟踪阶跃输入信号时,无稳态误差,系统为无静差系统。

注意:对于临界阻尼和过阻尼的二阶系统,其单位阶跃响应都没有振荡和超调,系统的调节时间随 ξ 的增加而变大。在所有无超调的二阶系统中,临界阻尼时,响应速度最快。

3.1.9 二阶系统性能的改善体现在哪些方面?

1. 比例-微分控制

比例-微分控制时系统结构图如图 3.8 所示。

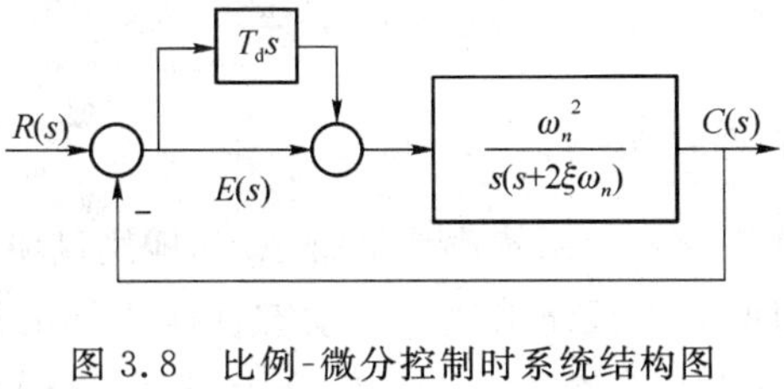

图 3.8 比例-微分控制时系统结构图

系统的开环传递函数为 $G(s)=\dfrac{\omega_n^2(T_d s+1)}{s(s+2\xi\omega_n)}$。

闭环传递函数为 $\Phi(s)=\dfrac{\omega_n^2(T_d s+1)}{s^2+2(\xi+\frac{1}{2}T_d\omega_n)\omega_n s+\omega_n^2}$。

系统的阻尼比为 $\xi_d=\xi+\dfrac{1}{2}T_d\omega_n$。

可见,采用比例一微分控制,增加了系统的阻尼比,使系统超调量下降,调节时间缩短,且不影响常值稳态误差及系统的自然频率。

注意：采用比例-微分控制后，系统为有零点的二阶系统，不再是典型二阶系统。

2. 测速反馈控制

测速反馈控制时系统结构图如图 3.9 所示。

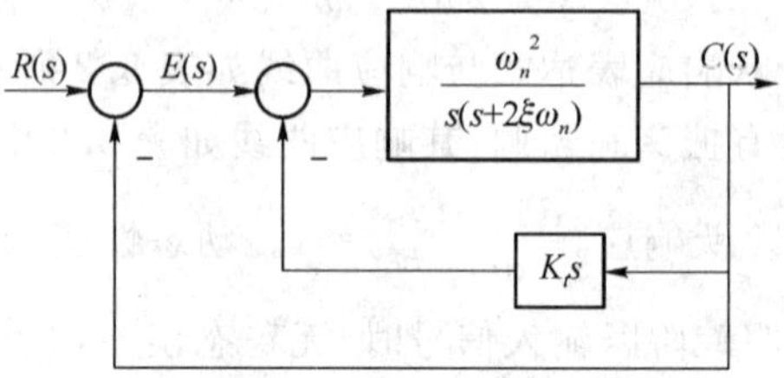

图 3.9 测速反馈控制时系统结构图

系统的开环传递函数为

$$G(s)=\frac{\dfrac{\omega_n^2}{s(s+2\xi\omega_n)}}{1+K_t s\cdot\dfrac{\omega_n^2}{s(s+2\xi\omega_n)}}$$

$$=\frac{\omega_n}{2\xi+K_t\omega_n}\cdot\frac{1}{s\left[\dfrac{1}{2\xi\omega_n+K_t\omega_n^2}s+1\right]}$$

闭环传递函数为

$$\Phi(s)=\frac{\omega_n^2}{s^2+2(\xi+\frac{1}{2}K_t\omega_n)\omega_n s+\omega_n^2}$$

系统的阻尼比为
$$\xi_t=\xi+\frac{1}{2}K_t\omega_n$$

可见，测速反馈控制不影响系统的自然频率，增大了系统的阻尼比，减小了系统的超调量，另外，测速反馈控制降低了系统的开环增益，从而加大了系统在斜坡信号作用下的稳态误差。采用测速反馈控制后，系统仍为典型二阶系统。

3.1.10 高阶系统的时域分析有哪些？

在控制工程中，几乎所有的控制系统都是高阶系统，即用高阶微分方程描述的系统。对于不能用一、二阶系统近似的高阶系统来说。其动态性能指标的确定十分复杂。工程上常采用闭环主导极点的概念来对高阶系统进行近似分析，从而得到高阶系统动态性能指标的估算公式。

对于稳定的高阶系统而言，如果在所有的闭环极点中，距虚轴最近的极点周围没有闭环零点，而其他极点又远离虚轴，那么距虚轴最近的闭环极点所对应的响应分量，随时间的推移衰减缓慢，无论从指数还是系数来看，在系统的时间响应过程中起主导作用，这样的闭环极点就称为闭环主导极点。闭环主导极点可以是实数极点，也可以是复数极点，或是它们的组合。除闭环主导极点外，其他闭环极点由于其对应的响应分量随时间的推移而迅速衰减，对系统的时间响应过程影响甚微，因而统称为非主导极点。另外，闭环极点附近有闭环零点，则该闭环极点所对应的响应分量系数很小，对系统的时间响应过程影响甚微，这样的一对闭环零、极点称为偶极子。在分析高阶系统的性能时，可以忽略偶极子的影响。

应用闭环主导极点的概念，可以用二阶系统的动态性能指标来估算高阶系统的动态性能。

3.1.11 什么是稳定性？

稳定性是控制系统的重要性能，也是系统能够正常工作的首要条件。控制系统在实际工作过程中，总会受到各种各样的扰动，如果系统受到扰动时，偏离了平衡状态，而当扰动消失后，系统仍能逐渐恢复到原平衡状态，则系统是稳定的，如果系统不能恢复或越偏越远，则系统是不稳定的。稳定性是扰动消失后系统自身的一种恢复能力，是系统的一种固有特性。这种固有的稳定性只取决于系统的结构和参数，与系统的输入以及初始状态无关。

线性系统稳定性的定义：若线性系统在初始扰动的影响下，其动态过程随时间推移逐渐衰减并趋于零，则称系统渐近稳定，简称稳定；反之，若在初始扰动的影响下，其动态过程随时间推移而发散，则称系统不稳定。

3.1.12 线性系统稳定的充分必要条件有哪些？

线性系统稳定的充分必要条件是：闭环系统特征方程的所有根均具有负实部；或者说，闭环传递函数的极点均严格位于左半 s 平面。

3.1.13 稳定判据有哪些？

1. 胡尔维茨判据

设线性系统的特征方程为

$$D(s)=a_0s^n+a_1s^{n-1}+\cdots+a_{n-1}s+a_n=0 \quad (a_0>0)$$

胡尔维茨判据：则线性系统稳定的充分必要条件是由系统特征方程各项系数所构成的主行列式

$$\Delta_n=\begin{vmatrix} a_1 & a_3 & a_5 & \cdots & 0 & 0 \\ a_0 & a_2 & a_4 & \cdots & 0 & 0 \\ 0 & a_1 & a_3 & \cdots & 0 & 0 \\ 0 & a_0 & a_2 & \cdots & 0 & 0 \\ 0 & 0 & a_1 & \cdots & 0 & 0 \\ 0 & 0 & a_0 & \cdots & 0 & 0 \\ \vdots & \vdots & \vdots & & \vdots & \vdots \\ 0 & 0 & 0 & \cdots & a_n & 0 \\ 0 & 0 & 0 & \cdots & a_{n-1} & 0 \\ 0 & 0 & 0 & \cdots & a_{n-2} & a_n \end{vmatrix}$$

及其顺序主子式 $\Delta_i(i=1,2,\cdots,n-1)$ 全部为正，即

$$\Delta_1=a_1>0$$

$$\Delta_2=\begin{vmatrix}a_1 & a_3\\ a_0 & a_2\end{vmatrix}>0$$

$$\Delta_3=\begin{vmatrix}a_1 & a_3 & a_5\\ a_0 & a_2 & a_4\\ 0 & a_1 & a_3\end{vmatrix}>0$$

$$\vdots$$

$$\Delta_n>0$$

2. 李纳德-戚帕特判据

设线性系统的特征方程为

$$D(s)=a_0s^n+a_1s^{n-1}+\cdots+a_{n-1}s+a_n=0\quad(a_0>0)$$

线性系统稳定的充分必要条件如下。

(1) 方程式所有系数为正；

(2) 所有奇数阶或偶数阶胡尔维茨行列式为正，即：$\Delta_{奇}>0$ 或 $\Delta_{偶}>0$。

根据李纳德-戚帕特判据，若系统特征方程式的各项系数中有负或零(缺项)，则系统是不稳定的。

3. 劳斯稳定判据

设线性系统的特征方程为

$$D(s)=a_0s^n+a_1s^{n-1}+\cdots+a_{n-1}s+a_n=0\quad(a_0>0)$$

根据特征方程式的系数，可建立劳斯表如下：

$$\begin{array}{lllll}
s^n & a_0 & a_2 & a_4 & a_6\ \cdots\\
s^{n-1} & a_1 & a_3 & a_5 & a_7\ \cdots\\
s^{n-2} & b_1=\dfrac{a_1a_2-a_0a_3}{a_1} & b_2=\dfrac{a_1a_4-a_0a_5}{a_1} & b_3=\dfrac{a_1a_6-a_0a_7}{a_1} & \\
s^{n-3} & c_1=\dfrac{b_1a_3-a_1b_2}{b_1} & c_2=\dfrac{b_1a_5-a_1b_3}{b_1} & & \\
\vdots & & & & \\
s^2 & p_1 & p_2 & & \\
s^1 & q_1 & 0 & & \\
s^0 & r_1 & & &
\end{array}$$

根据特征方程式各项系数列写劳斯表，如劳斯表第一列各值严格为正，则系统稳定；如果第一列中出现小于零的数值，系统就不稳定，且第一列各系数符号的改变次数，代表系统特征根的正实部根的数目。

在列写劳斯表时，有两种特殊的情况：一是劳斯表中某行的第一列项为零，而其余各项不全为零。此时以一小正数 ε 代替第一列项为零的元，继续劳斯表的计算。二是劳斯表中出现全为零的行。这种情况表明系统的特征根中存在有两个大小相同但符号相反的实根和(或)一对共轭纯虚根。此时可用全零行上面一行的系数构造一个辅助方程，并将辅助方程对 s 求导，用所得导数方程的系数取代全零行的元，继续劳斯表的计算。所有那些数值相同但符号相反的根，均可由辅助方程求得。

3.1.14 什么是误差与稳态误差？

1. 误差定义

控制系统的典型结构如图 3.10 所示。其误差的定义有两种：

(1) 从系统的输入端定义的误差 $e(t)=r(t)-b(t)$；

(2) 从系统的输出端定义的误差 $e(t)=r(t)-c(t)$。

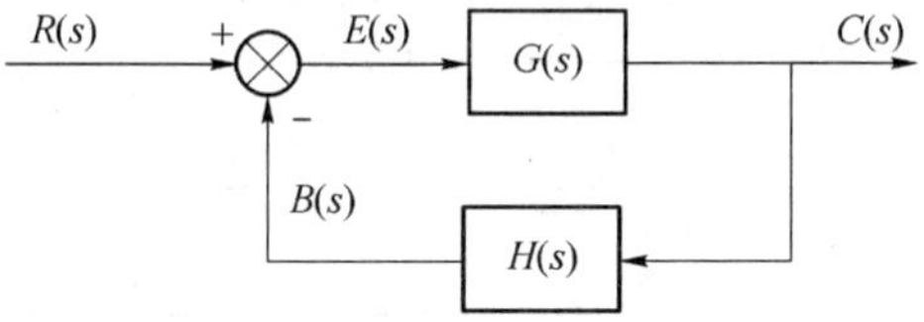

图 3.10 控制系统的典型结构

前者定义的误差，在实际系统中是可以测量的，具有一定的物理意义；而后者定义的误差，在实际中有时无法测量，一般只有数学意义。对于单位反馈系统来说，这两种定义是等价的。

注意：对于单位负反馈系统，两种定义方法是一致的。

2. 稳态误差定义

稳态误差定义为误差信号 $e(t)$ 的稳态分量 $e_{ss}(\infty)$，常以 e_{ss} 简单标志。即：$e_{ss}=\lim\limits_{t\to\infty}e(t)$

3.1.15 计算稳态误差的方法有哪些？

1. 给定输入作用下系统的稳态误差

(1) 直接计算法

直接计算法就是由稳态误差的定义直接计算，即

$$e_{ss}=\lim_{t\to\infty}e(t)$$

(2) 终值定理法

终值定理的应用条件为 $e(t)$ 的拉普拉斯变换 $E(s)$ 在 s 平面右半平面及虚轴上(除原点外)解析。

$$e_{ss}=\lim_{t\to\infty}e(t)=\lim_{s\to 0}sE(s)$$

(3) 静态误差系数法

设控制系统的开环传递函数为

$$G(s)H(s)=\frac{K\prod_{i=1}^{m}(\tau_i s+1)}{s^{\nu}\prod_{j=1}^{n-\nu}(T_j s+1)}$$

式中，K 称为系统的开环增益。$\upsilon=0$，系统称为 0 型系统，$\upsilon=1$，系统称为 1 型系统，$\upsilon=2$，系统称为 2 型系统，…

静态误差系数也是系统的稳态性能指标。其定义如下：

① 静态位置误差系数 $K_p=\lim\limits_{s\to 0}G(s)H(s)$

② 静态速度误差系数 $K_v=\lim\limits_{s\to 0}sG(s)H(s)$

③ 静态加速度误差系数 $K_a=\lim\limits_{s\to 0}s^2G(s)H(s)$

表 3.3 给出了在典型输入信号作用下系统的稳态误差、静态误差系数及系统参数之间的关系。

表 3.3 输入信号作用下系统的稳态误差

型别	静态误差系数			阶跃输入 $r(t)=R\cdot 1(t)$	斜坡输入 $r(t)=Rt$	加速度输入 $r(t)=\frac{1}{2}Rt^2$
v	K_p	K_v	K_a	$e_{ss}=\frac{R}{1+K_p}$	$e_{ss}=\frac{R}{K_v}$	$e_{ss}=\frac{R}{K_a}$
0	K	0	0	$\frac{R}{1+K}$	∞	∞
Ⅰ	∞	K	0	0	$\frac{R}{K}$	∞
Ⅱ	∞	∞	K	0	0	$\frac{R}{K}$
Ⅲ	∞	∞	∞	0	0	0

当系统输入信号为：$r(t)=R_0 1(t)+R_1 t+\frac{1}{2}R_2 t^2$ 时，系统的稳态误差为

$$e_{ss}=\frac{R_0}{1+K_p}+\frac{R_1}{K_v}+\frac{R_2}{K_a}$$

(4) 动态误差系数法

设 $\Phi_e(s)=\frac{1}{1+G(s)H(s)}=\Phi_e(0)+\dot{\Phi}_e(0)s+\frac{1}{2!}\ddot{\Phi}_e(0)s^2+\cdots$

则 $E(s)=\Phi_e(s)R(s)=\Phi_e(0)R(s)+\dot{\Phi}_e(0)sR(s)+\frac{1}{2!}\ddot{\Phi}_e(0)s^2R(s)+\cdots$

$$=c_0R(s)+c_1sR(s)+c_2s^2R(s)+\cdots$$

该级数收敛于 $s\to 0$ 的邻域，相当于 $t\to\infty$ 时成立。或者说，在 $t\to\infty$ 时有

$$e_{ss}(t)=c_0r(t)+c_1\dot{r}(t)+c_2\ddot{r}(t)+\cdots$$

上式即为稳态误差的计算公式，需要注意，上式中的输入信号，是指 $t\to\infty$ 时的表达式，在输入信号中，那些随时间增长而趋于 0 的分量应予以舍去。

定义 C_0 为动态位置误差系数，C_1 为动态速度误差系数，C_2 为动态加速度误差系数。他们与静态误差系数的关系为

0 型系统：$C_0=\frac{1}{1+K_p}$。

Ⅰ型系统：$C_1=\frac{1}{K_v}$。

Ⅱ型系统：$C_2=\frac{1}{K_a}$。

动态误差系数可以用下式计算：

$$c_i=\frac{1}{i!}\Phi^{(i)}(0)$$

实际计算时，常采用长除法计算，即令

$$\Phi_e(s)=\frac{b_0+b_1s+b_2s^2+\cdots+b_ms^m}{a_0+a_1s+a_2s^2+\cdots+a_{n-1}s^{n-1}+s^n}=c_0+c_1s+c_2s^2+\cdots$$

2. 扰动输入作用下系统的稳态误差

设有扰动作用的控制系统如图 3.11 所示。先令 $r(t)=0$，扰动引起的稳态误差的求取方法：

(1) 用终值定理计算。

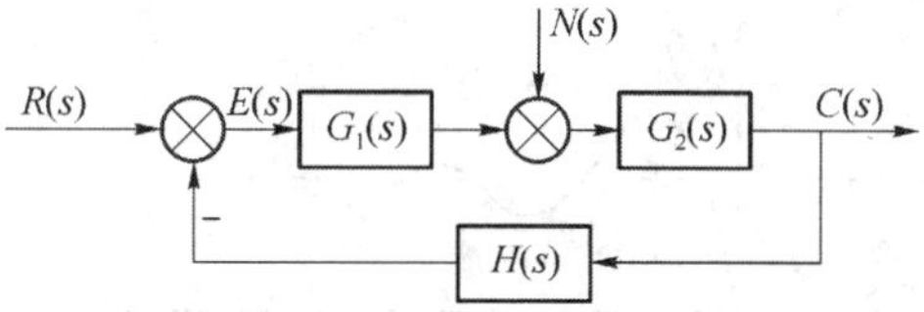

图 3.11 扰动输入作用下系统

对于图示系统，设 $r(t)=0$ 系统在扰动信号作用下的理想输出为 0，若按输入端定义扰动作用下的误差

$$E_n(s)=-\frac{G_2(s)H(s)}{1+G_1(s)G_2(s)H(s)}N(s)$$

若按输出端定义误差

$$E_n(s)=0-C(s)=-\frac{G_2(s)}{1+G_1(s)G_2(s)H(s)}N(s)$$

若 $E_n(s)$ 满足拉普拉斯变换终值定理条件，可利用终值定理求稳态误差

$$e_{sn}=\lim_{s\to 0}sE_n(s)$$

(2) 动态误差系数法

令
$$\Phi_{en}(s)=\frac{E_n(s)}{N(s)}=c_{0n}+c_{1n}s+c_{2n}s^2+\cdots$$

则可用动态误差系数法求扰动作用下的稳态误差

$$e_{sn}(t)=c_{0n}n(t)+c_{1n}\dot{n}(t)+c_{2n}\ddot{n}(t)+\cdots$$

注意：需要指出的是，无论用何种方法求取稳态误差，第一步都必须判别系统的稳定性，因为只有稳定的系统计算稳态误差才有意义。

3.1.16 减小或消除稳态误差的措施有哪些？

为了减小或消除系统在输入信号和扰动作用下的稳态误差，可以采用以下措施：

(1) 增大系统开环增益或扰动作用点之前系统的前向通道增益，可以减小稳态误差。

(2) 在系统前向通道或主反馈通道中设置串联积分环节，可以消除系统在特定输入信号形式和特定扰动作用形式下的稳态误差。

(3) 采用串级控制抑制内回路扰动。

(4) 采用复合控制的方法。即采用顺馈补偿(前馈补偿)方法，这一方法既可使系统有较高的稳态精度，又可有良好的动态性能。详细内容在第 6 章中进行介绍。

3.2 典型题解

题型1 系统时间响应的性能指标

【例3.1.1】 系统的单位阶跃响应曲线如图3.12所示,试确定系统的峰值时间 t_p 和超调量 $\sigma\%$。

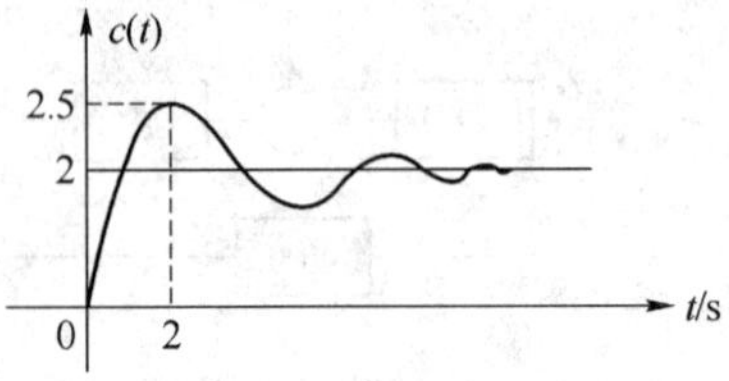

图3.12 系统的单位阶跃响应曲线图

答:根据动态性能指标定义

$$t_p=2$$

$$\sigma_p=\frac{2.5-2}{2}\times 100\%=25\%$$

【例3.1.2*】(中科院长春光机所) 列举反映系统动态性能的五项指标。如果单纯增大反馈控制系统的开环增益,这些指标将如何变化?

答:上升时间,峰值时间,超调量,调节时间,振荡次数。

增大开环增益后自然振荡频率增大,阻尼比变小,但阻尼比与自然振荡频率的乘积保持不变,动态响应变快,上升时间和峰值时间变小,超调量变大,振荡次数增多,调节时间保持不变。

题型2 一阶系统的数学模型和典型响应

【例3.2.1】 一阶系统如图3.13所示,试求系统单位阶跃响应的调节时间 t_s,如果要求 $t_s=0.1$ s,试问系统的反馈系数应如何调整?

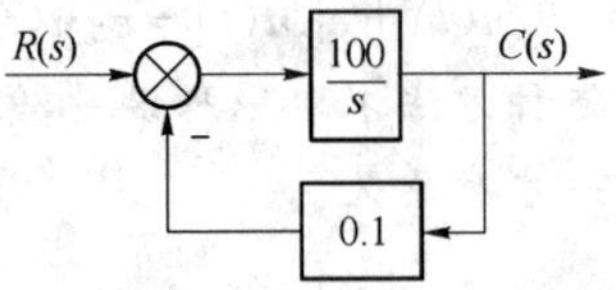

图3.13 一阶系统

答:系统的闭环传递函数为

$$\Phi(s)=\frac{100/s}{1+0.1\times 100/s}=\frac{10}{0.1s+1}$$

这是一个典型的一阶系统,调节时间 $t_s=3T=0.3$ s。

若要求调节时间 $t_s=0.1$ s,可设反馈系数为 α,则系统的闭环传递函数为

$$\Phi(s)=\frac{100/s}{1+\alpha\times 100/s}=\frac{1/\alpha}{\frac{1}{100\alpha}s+1}$$

$$t_s=3T=\frac{3}{100\alpha}=0.1 \quad \alpha=0.3$$

【例 3.2.2】 已知某元部件的传递函数为 $G(s)=\frac{10}{0.2s+1}$，采用图 3.14 所示方法引入负反馈，将调节时间减至原来的 0.1 倍，但总放大系数保持不变，试选择 K_H、K_0 的值。

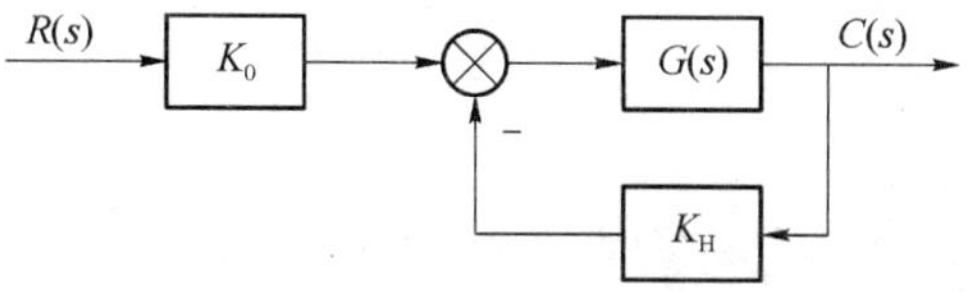

图 3.14 一阶系统

答：原系统的调节时间为

$$t_s=3\times0.2=0.6$$

引入负反馈后，系统的传递函数为

$$\frac{C(s)}{R(s)}=K_0\times\frac{G(s)}{1+G(s)\times K_H}=\frac{10K_0/(0.2s+1)}{1+10K_H/(0.2s+1)}$$

$$=\frac{\frac{10K_0}{1+10K_H}}{\frac{0.2}{1+10K_H}s+1}$$

若将调节时间减至原来的 0.1 倍，但总放大系数保持不变，则

$$\frac{10K_0}{1+10K_H}=10$$

$$\frac{0.2}{1+10K_H}=0.02$$

$$K_H=0.9$$

$$K_0=10$$

【例 3.2.3】 一个温度计插入 100℃水中测温，经 3 min 后，指示 95℃，如果温度计可视作一个一阶环节且 $K=1$，求：

(1) 时间常数 T；

(2) $t=1$ min 时，单位阶跃响应是多少？

答：

(1) 求时间常数 T。

解法 1：根据调节时间的定义，有

$$t_s=3T=3\text{min}$$

$$T=1\text{min}$$

解法 2：依题意 $K=1$，一阶环节的标准数学模型为

$$G(s)=\frac{C(s)}{R(s)}=\frac{K}{Ts+1}=\frac{1}{Ts+1}$$

输入信号为 $r(t)=100\cdot1(t)$，即 $R(s)=\frac{100}{s}$，故有

$$C(s)=\frac{1}{Ts+1}R(s)=\frac{1}{Ts+1}\cdot\frac{100}{s}=100\left(\frac{1}{s}-\frac{1}{s+\frac{1}{T}}\right)$$

对其进行拉普拉斯反变换，有

$$c(t)=100(1-e^{-\frac{t}{T}})$$

依题意

$$95=100(1-e^{-\frac{3}{T}})$$

解得

$$T=1\text{min}$$

(2) 输入信号为 $r(t)=1(t)$，即 $R(s)=\frac{1}{s}$，则有

$$C(s)=\frac{1}{s+1}R(s)=\frac{1}{s+1}\cdot\frac{1}{s}=\frac{1}{s}-\frac{1}{s+1}$$

$$c(t)=1-e^{-t}$$

$t=1\text{min}$ 时

$$c(t)=1-e^{-1}=0.632$$

【例 3.2.4】 水银温度计近似可以认为一阶惯性环节，用其测量加热器内的水温，当插入水中一分钟时可指示出该水温的 98% 的数值(设插入前温度计指示 0℃)。如果给加热器加热，使水温以 10 ℃/min 的速度均匀上升，问温度计的稳态指示误差是多少？

答：

一阶系统，对于阶跃输入，输出响应达 98%，费时 $4T=1$ min，则 $T=0.25$ min。

一价系统对于单位斜波信号的稳态误差是 T，故当水温以 10 ℃/min 作等速变换，稳态指示误差为 $10\times T=2.5$℃。

【例 3.2.5★】(浙江大学) 已知线性定常系统在零初始条件下的单位阶跃响应为 $y(t)=1+re^{-at}\sin(\beta t+\varphi)$，求系统的脉冲响应 $g(t)$，并简述理由。

答： 由题意，该系统的传递函数为 $\Phi(s)=\dfrac{y(s)}{\frac{1}{s}}=sy(s)$

其中 $y(s)$ 为阶跃输入时的动态响应

$$y(t)=1+re^{-at}\sin(\beta t+\varphi)=1+re^{-at}(\sin\beta t\cos\varphi+\cos\beta t\sin\varphi)$$

$$y(s)=L(y(t))=\frac{1}{s}+r\cos\varphi\frac{\beta}{(s+a)^2+\beta^2}+r\sin\varphi\frac{s+a}{(s+a)^2+\beta^2}$$

$$\Phi(s)=sy(s)=1+r\cos\varphi\frac{\beta s}{(s+a)^2+\beta^2}+r\sin\varphi\frac{s(s+a)}{(s+a)^2+\beta^2}$$

$$g(t)=L^{-1}(\Phi(s))=-are^{-at}\sin(\beta t+\varphi)+\beta re^{-at}\cos(\beta t+\varphi)$$

上面的计算量较大，实际上：

由 $\Phi(s)=\dfrac{C(s)}{R(s)}$，当输入单位阶跃响应时

$$R_1(s)=\frac{1}{s}\quad C_1(s)=\Phi(s)\times\frac{1}{s}$$

$$c_1(t)=L^{-1}(C_1(s))=L^{-1}(\frac{1}{s}\Phi(s))$$

当输入为单位脉冲时

$$R_2(s)=1, C_2(s)=\Phi(s), c_2(t)=L^{-1}(C_2(s))=L^{-1}(\Phi(s))$$

比较 $c_1(t)$ 和 $c_2(t)$，由拉普拉斯变换的性质有 $c_2(t)=\dot{c}_1(t)$

从而很容易得到 $g(t)=c_2(t)=\dot{y}(t)=-are^{-at}\sin(\beta t+\varphi)+\beta re^{-at}\cos(\beta t+\varphi)$

※**点评：** 本题考查的是两种动态响应之间的关系。

题型 3　二阶系统的数学模型和典型响应

【例 3.3.1】 设典型二阶系统的单位阶跃响应曲线，如图 3.15 所示，试确定系统的传递函数。

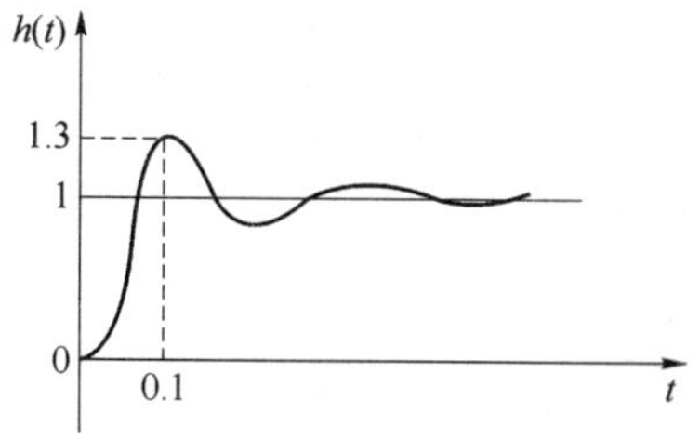

图 3.15 二阶系统的单位阶跃响应曲线

答:根据题意

$$\sigma\% = 30\% \quad t_p = 0.1$$

$$\sigma\% = e^{-\frac{\xi\pi}{\sqrt{1-\xi^2}}} \times 100\% = 30\%$$

$$\xi = 0.361$$

$$t_p = \frac{\pi}{\omega_d} = 0.1$$

$$\omega_d = 34.1 \quad \omega_n = 36.6$$

$$\Phi(s) = \frac{\omega_n^2}{s^2 + 2\xi\omega_n s + \omega_n^2} = \frac{1\,340}{s^2 + 26.4s + 1\,340}$$

【例 3.3.2】 如图 3.16 所示系统,要求单位阶跃响应无超调,调节时间不大于 1 s,求开环增益 K。

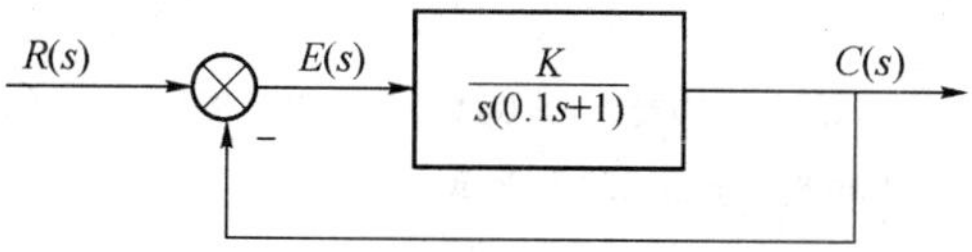

图 3.16 二阶系统的框图

答:该系统为典型二阶系统,根据题意,应选择 $\xi=1$,系统的开环传递函数为

$$G(s) = \frac{K}{s(0.1s+1)} = \frac{\omega_n^2}{s(s+2\xi\omega_n)}$$

$$K = \frac{\omega_n}{2\xi} \quad T = 0.1 = \frac{1}{2\xi\omega_n}$$

$$\omega_n = 5 \quad K = 2.5$$

【例 3.3.3】 已知二阶系统的单位阶跃响应为

$$h(t) = 10 - 12.5e^{-1.2t}\sin(1.6t + 53.1°)$$

试求系统的超调量 $\sigma\%$、峰值时间 t_p 和调节时间 t_s。

答:为便于计算,先求出正弦函数的拉普拉斯变换,有

$$\sin(1.6t + 53.1°) = 0.6\sin 1.6t + 0.8\cos 1.6t$$

$$L[\sin(1.6t + 53.1°)] = \frac{0.8(s+1.2)}{s^2 + 1.6^2}$$

对单位阶跃响应进行拉普拉斯变换,得

$$H(s) = \frac{10}{s} - 12.5 \times \frac{0.8(s+1.2+1.2)}{(s+1.2)^2 + 1.6} = \frac{10\times 4}{s(s^2 + 2.4s + 4)}$$

单位阶跃输入 $R(s) = \frac{1}{s}$,系统的传递函数为

$$\Phi(s) = \frac{H(s)}{R(s)} = \frac{10\times 4}{s^2 + 2.4s + 4}$$

典型二阶系统的传递函数为

$$\Phi(s)=\frac{\omega_n^2}{s^2+2\xi\omega_n s+\omega_n^2}$$

比较以上两式，有 $\xi=0.6, \omega_n=2, K=10$。则有

超调量
$$\sigma\%=\mathrm{e}^{-\frac{\xi\pi}{\sqrt{1-\xi^2}}}\times100\%=9.5\%$$

峰值时间
$$t_p-\frac{\pi}{\omega_n\sqrt{1-\xi^2}}=1.96\mathrm{s}$$

调节时间
$$t_s=\frac{3.5}{\xi\omega_n}=2.92\mathrm{s}$$

【例 3.3.4】 已知单位反馈系统的开环传递函数 $G(s)=\frac{10}{s(0.01s+0.2)}$，试分析：

(1) 系统是否满足超调量 $\sigma\%\leqslant5\%$ 的要求？

(2) 若不满足要求，可采用速度反馈进行改进，画出改进后系统的结构图，并确定速度反馈的参数。

答：

(1) 二阶系统的传递函数为

$$\Phi(s)=\frac{G(s)}{1+G(s)}=\frac{1\,000}{s^2+20s+1\,000}$$

所以有

$$\begin{cases}\omega_n^2=1\,000\\2\xi\omega_n=20\end{cases}$$

即 $\omega_n=31.6, \xi=0.3$。

$$\sigma\%=\mathrm{e}^{-\frac{\xi\pi}{\sqrt{1-\xi^2}}}\times100\%=37.2\%>5\%$$

(2) 采用速度反馈后系统的结构图，如图 3.17 所示。

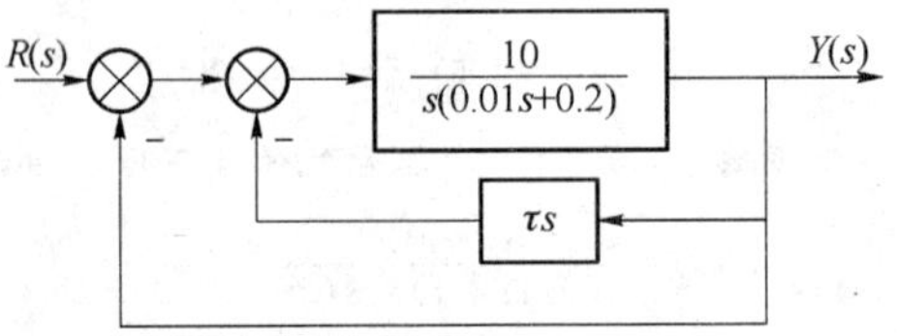

图 3.17 采用速度反馈后系统的结构图

系统开环传递函数为

$$G(s)=\frac{1\,000}{s(s+1\,000\tau+20)}$$

开环增益
$$K=\frac{1\,000}{1\,000\tau+20}$$

$$\Phi(s)=\frac{G(s)}{1+G(s)}=\frac{1\,000}{s^2+(1\,000\tau+20)s+1\,000}$$

有
$$\begin{cases}\omega_n^2=1\,000\\2\xi\omega_n=1\,000\tau+20\end{cases}$$

取 $\sigma\%=5\%$，则 $\xi=0.69$。将 $\omega_n=31.6, \xi=0.69$ 代入得

$$\tau=\frac{2\xi\omega_n-20}{1\,000}=0.023$$

※点评：二阶系统采用速度反馈可增大系统的阻尼比，从而降低系统的超调量。

【例 3.3.5★】(南京航空航天大学) 我们知道，若二阶系统闭环传递函数为 $\Phi(s)=\frac{1}{(s+1)^2}$，则调节时间 $t_s=4.75s$。若将其中一个极点向左移动(假设移到 −2)，使 $\Phi(s)=\frac{2}{(s+1)(s+2)}$，试问 t_s 是增大还是减

小？(不说明理由不得分)试求出此时的 t_s。

答：调节时间减小，不妨设 $\Phi_1(s)=\dfrac{1}{s+1}$，$\Phi_2(s)=\dfrac{1}{(s+1)^2}$，$\Phi_3(s)=\dfrac{1}{(s+1)(s+2)}$，$\Phi_2(s)$、$\Phi_3(s)$ 可以看作是 $\Phi_1(s)$ 分别增加极点 $p_1=-1$，$p_2=-2$ 的结果，增加极点后系统反应变慢，调节时间增加，而且增加的极点越靠近虚轴影响越大，故 $\Phi_2(s)$ 的调节时间大于 $\Phi_3(s)$ 的调节时间，$\Phi(s)=\dfrac{2}{(s+1)(s+2)}$ 为过阻尼系统，使用调节时间的定义来求调节时间，系统的单位阶跃响应应为

$$h(t)=L^{-1}\left(\frac{2}{s(s+1)(s+2)}\right)=L^{-1}\left(\frac{1}{s}-\frac{2}{s+1}+\frac{1}{s+2}\right)=1-2e^{-t}+e^{-2t},h(0)=1,h(\infty)=1$$

令 $h(t)=1-2e^{-t}+e^{-2t}=1-0.05$，求解得到 $t_s\approx3.68s$。

【例 3.3.6★】(华中科技大学) 控制系统的闭环传递函数为 $\Phi(s)=\dfrac{10}{(s+10)(s^2+2s+2)}$，计算系统的超调量 σ_p。

答：由题意，系统的闭环极点 $s_1=-10$，$s_{2,3}=-1\pm j$，显然 $s_1=-10$ 离虚轴距离比其他两个极点大好多，原系统可以近似为 $\Phi(s)=\dfrac{10}{(s+10)(s^2+2s+2)}=\dfrac{1}{(\frac{s}{10}+1)(s^2+2s+2)}\approx\dfrac{1}{s^2+2s+2}$

$$\omega_n^2=2,2\xi\omega_n=2,\omega_n=\sqrt{2}\approx1.414\text{rad/s},\xi=\frac{1}{\sqrt{2}}\approx0.707$$

系统的超调量为：$\sigma_p=e^{-\frac{\pi\xi}{\sqrt{1-\xi^2}}}\times100\%\approx4.3\%$。

※**点评**：本题考查的是高阶系统利用闭环主导极点进行简化。

【例 3.3.7】 已知某系统结构如图 3.18 所示。

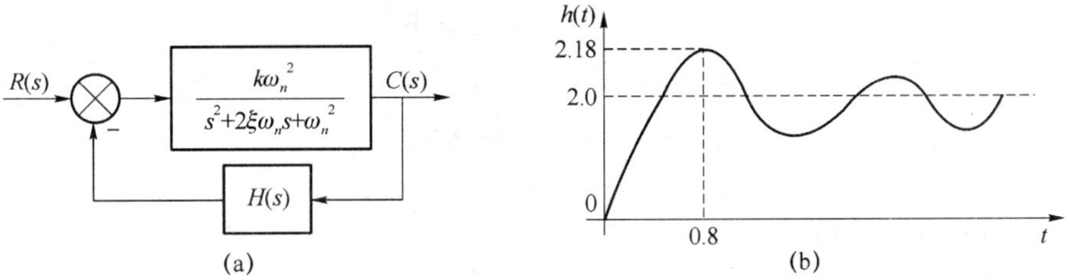

图 3.18 系统结构图及响应曲线

(1) 当反馈通道传递函数 $H(s)=1$ 时，其开环系统单位阶跃响应曲线如图 3.18(b)所示，试确定系统的增益 k，阻尼比 ξ 和自然频率 ω_n。

(2) 若要求系统阻尼比提高到 ξ'，而保持系统增益 k 和自然频率 ω_n 不变，试设计反馈通道的传递函数 $H(s)$。

答：(1) 由图可以看出

$$t_p=\frac{\pi}{\omega_d}=0.8s,\sigma=e^{-\frac{\pi\xi}{\sqrt{1-\xi^2}}}\times100\%=\frac{2.18-2}{2}$$

解得 $\omega_n=4.95$，$\xi=0.61$ 又 $h(\infty)=2$，则 $k=2$

(2) 可以通过微分反馈来实现，设 $H(s)=K_ts$，代入得此时的闭环传递函数为

$$\Phi(s)=\frac{k\omega_n^2}{s^2+(2\xi+kK_t\omega_n)\omega_n s+\omega_n^2}$$

此系统的自然频率和增益与原系统相同，阻尼比则为

$$\xi'=\xi+\frac{1}{2}kK_t\omega_n，得到\ K_t=\frac{2(\xi'-\xi)}{k\omega_n}$$

【例 3.3.8】 设系统闭环传递函数为 $\Phi(s)=\dfrac{1}{s+2}$，试求选取误差带 $\Delta=0.05$ 时的调节时间 t_s；若给系统增加一个零点，使 $\Phi(s)=\dfrac{s+a}{s+2}(a>0,a\neq2)$，试求系统在单位阶跃输入下的初值和终值，并证明此时的 t_s 不变。

答：

该系统为一阶系统，$\Phi(s)=\dfrac{1}{s+2}=\dfrac{0.5}{0.5s+1}$，时间常数 $T=0.5$，于是调节时间为 $t_s=3T=1.5s$

系统增加一个零点后 $\Phi(s)=\dfrac{s+a}{s+2}=\dfrac{C(s)}{R(s)}$，令 $R(s)=\dfrac{1}{s}$，得到 $c(t)=\dfrac{a}{2}-\dfrac{a-2}{2}e^{-2t}$

当 $a>2$ 时，$c(t)$ 随 t 单调上升，$c(0)=1$，$c(\infty)=\dfrac{a}{2}$，$c(t_s)=\dfrac{a}{2}-0.05\times(\dfrac{a}{2}-1)$

$c(t_s)=\dfrac{a}{2}-\dfrac{a-2}{2}e^{-2t_s}=\dfrac{a}{2}-0.05\times\dfrac{a-2}{2}$，得到 $e^{-2t_s}=0.05$，$t_s\approx1.5$

当 $a>2$ 时，$c(t)$ 随 t 单调上升，$c(0)=1$，$c(\infty)=\dfrac{a}{2}$，$c(t_s)=\dfrac{a}{2}-0.05\times(\dfrac{a}{2}-1)$

$c(t_s)=\dfrac{a}{2}+\dfrac{2-a}{2}e^{-2t_s}=\dfrac{a}{2}+0.05\times\dfrac{2-a}{2}$，得到 $e^{-2t_s}=0.05$，$t_s\approx1.5$

综上所述，增加零点后系统的 t_s 保持不变。

【例 3.3.9★】(东南大学) 控制系统如图 3.19 所示，其中 K_1，K_2 为正的常数，β 为非负常数。

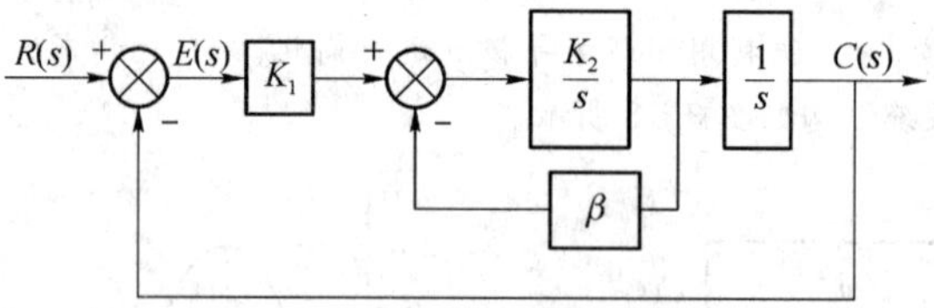

图 3.19　控制系统图

试分析：

(1) β 值对系统稳定性的影响；

(2) β 值对系统阶跃响应动态性能的影响；

(3) β 值对系统斜坡响应稳态性能的影响。

答：

(1) 系统的开环传递函数为

$$G(s)=K_1\frac{\dfrac{K_2}{s}}{1+\dfrac{\beta K_2}{s}}\frac{1}{s}=\frac{K_1K_2}{s(s+\beta K_2)}$$

闭环传递函数为

$$\Phi(s)=\frac{K_1K_2}{s^2+\beta K_2s+K_1K_2}$$

特征方程为

$$D(s)=s^2+\beta K_2s+K_1K_2=0$$

当 $\beta=0$ 时，系统临界稳定，$\beta>0$ 时，系统稳定。

(2) $\omega_n^2=K_1K_2$，$2\xi\omega_n=\beta K_2$，于是得到 $\xi=\dfrac{\beta}{2}\sqrt{\dfrac{K_2}{K_1}}$，令 $\xi=1$ 得到 $\beta=2\sqrt{\dfrac{K_1}{K_2}}$

当 $0<\xi<1$ 时，得到 $0<\beta<2\sqrt{\dfrac{K_1}{K_2}}$，欠阻尼，系统衰减振荡；

当 $\xi=1$ 时，得到 $\beta=2\sqrt{\dfrac{K_1}{K_2}}$，临界阻尼，系统等幅振荡；

当 $\xi>1$ 时，得到 $\beta>2\sqrt{\dfrac{K_1}{K_2}}$，过阻尼，系统无振荡衰减；

(3) 由系统的开环传递函数为 $G(s)=\dfrac{K_1K_2}{s(s+\beta K_2)}$ 可以得到

$$K_a=\lim_{s\to 0}s^2G(s)H(s)=\frac{K_1}{\beta}$$

$e_{ssa}=\dfrac{1}{K_a}=\dfrac{\beta}{K_1}$，即 e_{ssa} 与 β 成线性关系。

【例 3.3.10】 系统结构图如图 3.20 所示，$[e(t)=r(t)-b(t)]$。

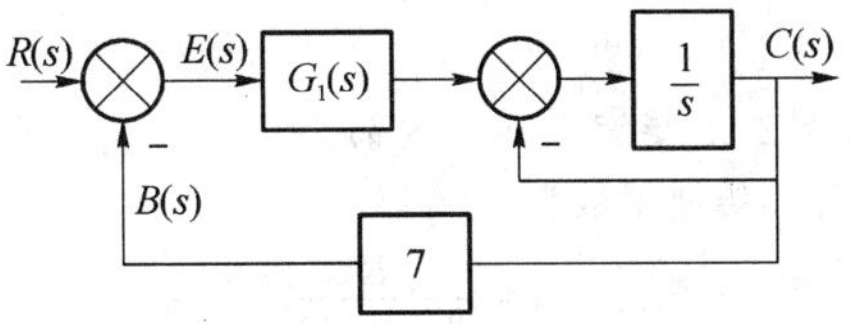

图 3.20 系统结构图

(1) 已知 $G_1(s)$的单位阶跃响应为 $1-e^{-2t}$，试求 $G_1(s)$；

(2) 利用求出的 $G_1(s)$，当 $r(t)=10\cdot 1(t)$时，试求：①系统的稳态输出；②系统的超调量、调节时间和稳态误差。

答：

(1) $G_1(s)=\dfrac{L(1-e^{-2t})}{\dfrac{1}{s}}=\dfrac{2}{s+2}$。

(2) 系统的前向通道传递函数为

$$G(s)=G_1(s)\frac{1/s}{1+1/s}=\frac{2}{(s+1)(s+2)}$$

系统的闭环传递函数为

$$\Phi(s)=\frac{G(s)}{1+7G(s)}=\frac{2}{s^2+3s+16}$$

$$\omega_n^2=16, 2\xi\omega_n=3, \omega_n=4, \xi=0.375$$

当 $r(t)=10\cdot 1(t)$时，$R(s)=\dfrac{10}{s}$，$C(s)=\dfrac{20}{s(s^2+3s+16)}$得到

$$c(t)=1-1.08e^{-1.5t}\sin(3.7t+68°), \sigma=e^{-\frac{\pi\xi}{\sqrt{1-\xi^2}}}\times 100\%\approx 28.1\%, t_s=\frac{3}{\xi\omega_n}=2s$$

$$\frac{E(s)}{R(s)}=1-\frac{C(s)}{R(s)}=\frac{s^2+3s+14}{s^2+3s+16}, e_{ss}=\lim_{s\to 0}s\frac{10}{s}\frac{s^2+3s+14}{s^2+3s+16}=8.75。$$

题型 4　线性系统的稳定性分析

【例 3.4.1】 设线性系统特征方程式为

$$D(s)=s^4+2s^3+3s^2+4s+5=0$$

试判断系统的稳定性。

答：方法一：赫尔维茨判据。

$$\Delta_1=a_1=2 \quad \Delta_2=\begin{vmatrix} a_1 & a_3 \\ a_0 & a_2 \end{vmatrix}=6 \quad \Delta_3=\begin{vmatrix} a_1 & a_3 & a_5 \\ a_0 & a_2 & a_4 \\ 0 & a_1 & a_3 \end{vmatrix}=-12$$

$$\Delta_4=\begin{vmatrix}2&4&0&0\\1&3&5&0\\0&2&4&0\\0&1&3&5\end{vmatrix}=-60$$

系统不稳定。

方法二：劳斯判据。

建立劳斯表：

$$\begin{array}{llll} s^4 & 1 & 3 & 5 \\ s^3 & 2 & 4 & 0 \\ s^2 & 1 & 5 & \\ s^1 & -6 & 0 & \\ s^0 & 5 & & \end{array}$$

劳斯表中第一列系数符号改变2次，系统是不稳定的。

【例3.4.2】 设线性系统的开环传递函数为

$$G(s)H(s)=\frac{K(s+1)}{s(Ts+1)(2s+1)}$$

试判断系统稳定时 K、T 应满足的条件。

答：系统特征方程式为

$$1+G(S)H(S)=0$$

$$s(Ts+1)(2s+1)+K(s+1)=0$$

$$2Ts^3+(2+T)s^2+(1+K)s+K=0$$

根据李纳德—戚帕特判据，$K>0$，$T>0$ 且

$$\Delta_2>0\quad \begin{vmatrix}2+T&K\\2T&1+K\end{vmatrix}>0$$

$$(2+T)(1+K)-2TK>0$$

$$2(1+K)>T(K-1)$$

系统稳定时，要求：$\begin{cases}T>0,K>0\\2(1+K)>T(K-1)\end{cases}$

【例3.4.3】 设线性系统特征方程式为

$$D(s)=s^4+2s^3+2s^2+4s+5=0$$

试判断系统的稳定性。

答：建立劳斯表

$$\begin{array}{llll} s^4 & 1 & 2 & 5 \\ s^3 & 2 & 4 & 0 \\ s^2 & 0 & 5 & \\ s^1 & & & \\ s^0 & & & \end{array}$$

若劳斯表某行第一列系数为零，则劳斯表无法计算下去，可以用无穷小的正数 ε 代替0，接着进行计算，劳斯判据结论不变。

$$\begin{array}{llll} s^4 & 1 & 2 & 5 \\ s^3 & 2 & 4 & 0 \\ s^2 & \varepsilon & 5 & \\ s^1 & \dfrac{4\varepsilon-10}{\varepsilon} & & \\ s^0 & 5 & & \end{array}$$

由于劳斯表中第一列系数有负，系统是不稳定的。

【例 3.4.4★】(华中科技大学) 闭环系统的特征方程为 $as^3+2s^2+s+2=0$，当系统的阶跃响应为等幅振荡时，试确定 a 值和振荡频率 ω_n。

答：(方法一)由系统的特征方程，要求系统的阶跃响应为等幅振荡，要求闭环极点中必有共轭虚根 $s_{1,2}=\pm\omega_n\mathrm{j}$。

不妨将 $s=\omega_n\mathrm{j}$ 代入系统的特征方程，可以得到

$$-a\omega_n^3\mathrm{j}-2\omega_n^2+\omega_n\mathrm{j}+2=0$$

于是可以得到 $\omega_n=1\mathrm{rad/s}$，$a=1$。

(方法二)应用劳斯判据，列写劳斯表如下所示：

$$\begin{array}{lll} s^3 & a & 1 \\ s^2 & 2 & 2 \\ s^1 & 1-a & 0 \end{array}$$

要使系统产生等幅振荡，s^1 应为全零行，即 $1-a=0$，$a=1$，$D(s)=2s^2+2=0$ 可以得到 $s=\pm\mathrm{j}=\pm\omega_n\mathrm{j}$，于是 $\omega_n=1\mathrm{rad/s}$。

【例 3.4.5】 设单位负反馈系统，开环传递函数为

$$G(s)=\frac{K}{s(0.05s^2+0.4s+1)}$$

试分析：

(1) 确定系统稳定时 K 的取值范围。

(2) 若要求闭环极点在 $s=-1$ 左边，试确定 K 的取值范围。

答：

(1)系统的特征方程式为

$$0.05s^3+0.4s^2+s+K=0$$

建立劳斯表：

$$\begin{array}{lll} s^3 & 0.05 & 1 \\ s^2 & 0.4 & K \\ s^1 & 0.4-0.05K & \\ s^0 & K & \end{array}$$

系统稳定时，要求 $0<K<8$。

(2) 系统的特征方程式为

$$0.05s^3+0.4s^2+s+K=0$$

令 $s=s_1-1$

$0.05(s_1-1)^3+0.4(s_1-1)^2+s_1-1+K=0$

$0.05s_1^3+0.25^2s_1+0.35s_1+K-0.25=0$

$$\begin{array}{lll} s_1^3 & 0.05 & 0.35 \\ s_1^2 & 0.25 & K-0.25 \\ s_1^1 & 0.1-0.05K & \\ s_1^0 & \dfrac{K-0.25}{0.1-0.05K} & \end{array}$$

$0.25<K<2$

【例 3.4.6】 已知系统结构图如图 3.21 所示。试用劳斯判据确定能使系统稳定的反馈参数 τ 的取值范围。

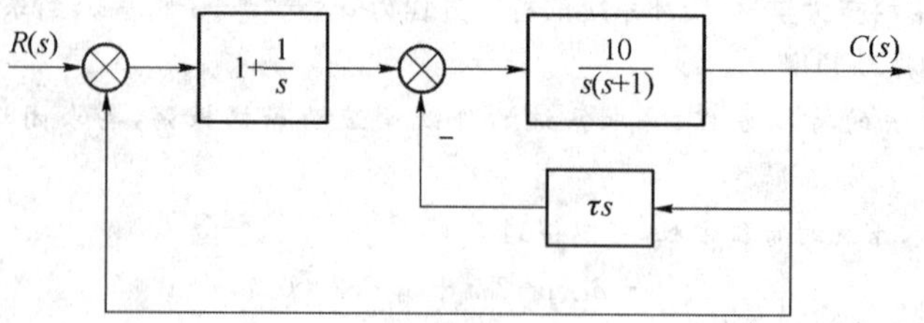

图 3.21　系统结构图

答：由图 3.21 所示结构图，系统有两个回路，根据梅森公式有

$$\Delta=1+\frac{10\tau s}{s(s+1)}+(1+\frac{1}{s})\cdot\frac{10}{s(s+1)}=0$$

即系统的特征方程为

$$s^3+(10\tau+1)s^2+10s+10=0$$

列写劳斯表

$$\begin{array}{lll} s^3 & 1 & 10 \\ s^2 & 10\tau+1 & 10 \\ s^1 & \dfrac{10(10\tau+1)-10}{10\tau+1} & \\ s^0 & 10 & \end{array}$$

令劳斯表中第一列元大于零

$$\begin{cases} 10\tau+1>0 \\ \dfrac{100\tau}{10\tau+1}>0 \end{cases}$$

解得 $\tau>0$。即使系统稳定的反馈参数 τ 的取值范围 $\tau>0$。

※**点评**：由结构图求出系统的特征方程，再用劳斯判据确定反馈参数 τ 的稳定域。

【例 3.4.7★】(浙江大学)　设单位反馈系统的开环传递函数为 $G_0(s)=\frac{K}{s(s^2+7s+17)}$，试确定：

(1) 系统产生等幅振荡的 K 值及相应的振荡角频率。

(2) 全部闭环极点位于 $s=-2$ 垂直线左侧时的 K 取值范围。

答：

(1) 由题意，系统的闭环传递函数为

$$\Phi(s)=\frac{G_0(s)}{1+G_0(s)}=\frac{K}{s(s^2+7s+17)+K}=\frac{K}{s^3+7s^2+17s+K}$$

系统的特征方程为 $D(s)=s^3+7s^2+17s+K=0$，当系统产生等幅振荡时，设振荡频率为 ω，则系统的特征方程应该有纯虚根 $s=\omega \mathrm{j}$，代入可以得到

$-\omega^3\mathrm{j}-7\omega^2+17\omega\mathrm{j}+K=0$，得到 $K=119$，$\omega=\sqrt{17}\approx4.12\mathrm{rad/s}$

(2) 令 $w=s+2$，可以得到 $s=w-2$，代入特征方程可以得到

$D(w)=w^3+w^2+w+K-14=0$，列写劳斯表如下所示：

$$\begin{array}{lll} w^3 & 1 & 1 \\ w^2 & K-14 & \\ w^1\ 15-K & 0 & \\ w^0\ K-14 & 0 & \end{array}$$

要使闭环系统稳定，即 w 位于虚轴左侧，则 s 位于 $s=-2$ 左侧，$K-14>0$，$15-K>0$，$14<K<15$。

【例 3.4.8】 单位负反馈系统得开环传递函数是由三个惯性环节串联而成，这三个惯性环节的时间常数分别是 $aT, T, T/a$，其中 $a>0, T>0$，试证明

(1) 当 $a=1$ 时，使闭环系统稳定的临界放大倍数等于 8，与 T 无关；

(2) 当 $T=1$ 时，且开环放大倍数为临界值时，闭环系统远离虚轴的极点为 $-(1+a+1/a)$；

(3) 求一般情况下临界开环放大倍数的表达式，并证明 8 是临界开环放大倍数的最小值。

答：

由题意，设系统的开环传递函数为

$G(s)=\dfrac{K}{(aTs+1)(Ts+1)(\frac{T}{a}s+1)}$，其中 K 为系统的开环增益

系统的闭环传递函数为

$$\Phi(s)=\frac{G(s)}{1+G(s)}=\frac{K}{(aTs+1)(Ts+1)\left(\frac{T}{a}s+1\right)+K}$$

系统的特征方程为 $D(s)=(aTs+1)(Ts+1)\left(\dfrac{T}{a}s+1\right)+K=0$ 整理可以得到

$$D(s)=T^3s^3+T^2\left(1+a+\frac{1}{a}\right)s^2+T\left(1+a+\frac{1}{a}\right)s+1+K=0$$

(1) 当 $a=1$ 时，代入可以得到 $D(s)=T^3s^3+3T^2s^2+3Ts+1+K=0$，列写劳斯表如下所示：

s^3	T^3	$3T$
s^2	$3T^2$	$1+K$
s^1	$3T-\dfrac{T}{3}(1+K)$	0
s^0	$1+K$	0

当系统稳定时 $3T-\dfrac{T}{3}(1+K)>0$ 可以得到 $K<8$。

故当 $a=1$ 时，使闭环系统稳定的临界放大倍数等于 8，与 T 无关。

(2) 当 $T=1$ 时，系统的特征方程为：$D(s)=s^3+\left(1+a+\dfrac{1}{a}\right)s^2+\left(1+a+\dfrac{1}{a}\right)s+1+K=0$

列写劳斯表如下所示

s^3		$1+a+\dfrac{1}{a}$
s^2	$1+a+\dfrac{1}{a}$	$1+K$
s^1	$1+a+\dfrac{1}{a}-\dfrac{1+K}{1+a+\frac{1}{a}}$	0
s^0		$1+K$

当闭环系统临界稳定时，有 $1+a+\dfrac{1}{a}-\dfrac{1+K}{1+a+\frac{1}{a}}=0$，$\left(1+a+\dfrac{1}{a}\right)^2=1+K$，此时劳斯表第一列将出现全零行，$\left(1+a+\dfrac{1}{a}\right)s^2+1+K=0$ 的解应为其闭环系统的特征根，即 $s^2+\dfrac{1+K}{\left(1+a+\frac{1}{a}\right)}=0$，比较此时 $D(s)$ 的表达式，由韦达定理，方程的另一根为 $-\dfrac{1+K}{\frac{1+K}{1+a+\frac{1}{a}}}=-\left(1+a+\dfrac{1}{a}\right)$。

即当 $T=1$ 时，且开环放大倍数为临界值时，闭环系统远离虚轴的极点为 $-(1+a+1/a)$。

(3) 在一般情况下，列写系统的劳斯表如下所示

$$\begin{array}{lll} s^3 & T^3 & T\left(1+a+\frac{1}{a}\right) \\ s^2 & T^2\left(1+a+\frac{1}{a}\right) & 1+K \\ s^1 & T\left(1+a+\frac{1}{a}\right)-\dfrac{T(1+K)}{1+a+\frac{1}{a}} & 0 \\ s^0 & 1+K & 0 \end{array}$$

系统临界稳定时 $T\left(1+a+\frac{1}{a}\right)-\dfrac{T(1+K)}{1+a+\frac{1}{a}}=0$，整理可以得到 $K=\left(1+a+\frac{1}{a}\right)^2-1$。

又因为 $a+\frac{1}{a}\geqslant 2\sqrt{a\times\frac{1}{a}}=2$，等号成立时 $a=\frac{1}{a}$，$a=1$，故 $K\geqslant(1+2)^2-1=8$，即 8 是临界开环放大倍数的最小值。

【例 3.4.9★】（中科院自动化所） 单位负反馈控制系统，如图 3.22 所示。

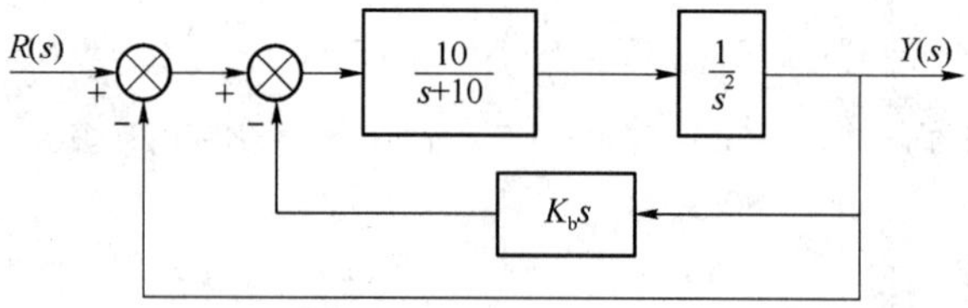

图 3.22 单位负反馈控制系统

(1) 试确定使系统闭环稳定的反馈系数的 K_b 取值范围；

(2) 若已确定系统的一个闭环极点为 -5，试求 K_b 的取值和其余的闭环极点；

(3) 根据第(2)题得到的系统配置，采用时域方法分析系统的瞬态性能和稳态性能。

答：

(1) 由题意，系统的开环传递函数为

$$G(s)=\frac{\frac{10}{s+10}\frac{1}{s^2}}{1+\frac{10}{s+10}\frac{1}{s^2}K_b s}=\frac{10}{s(s^2+10s+10K_b)}$$

系统的闭环传递函数为

$$\Phi(s)=\frac{Y(s)}{R(s)}=\frac{10}{s^3+10s^2+10K_b s+10}$$

特征方程为 $D(s)=s^3+10s^2+10K_b s+10=0$，列写劳斯表如下所示。

$$\begin{array}{lll} s^3 & 1 & 10K_b \\ s^2 & 10 & 10 \\ s^1 & 100K_b-10 & \\ s^0 & 10 & \end{array}$$

系统闭环稳定时 $100K_b-10>0$，即 $K_b>\frac{1}{10}$。

(2) 将 $s=-5$ 代入特征方程可以得到 $-125+250-50K_b+10=0$，得 $K_b=\frac{27}{10}$

得此时的特征方程为

$D(s)=s^3+10s^2+27s+10=0$

用常除法可以得到

$D(s)=s^3+10s^2+27s+10=(s+5)(s^2+5s+2)=0$

解得另两个根为 $s_{1,2}=\dfrac{-5\pm\sqrt{17}}{2}$

(3) 由(2)得到的结果，$G(s)=\dfrac{10}{s(s^2+10s+27)}$，$K_v=\lim\limits_{s\to0}sG(s)=\dfrac{10}{27}$，$e_{ss}=\dfrac{1}{K_v}=\dfrac{27}{10}$

$s_1=\dfrac{-5-\sqrt{17}}{2}\approx-4.56$，$s_2=\dfrac{-5+\sqrt{17}}{2}\approx-0.44$，于是得到 $s_2=-0.44$ 为闭环主导极点

化简后的闭环传递函数为

$$\Phi(s)=\frac{0.44}{s+0.44}$$

其单位阶跃响应为 $h(t)=1-e^{-0.44t}$，调节时间为 $t_s=3T=\dfrac{3}{0.44}\approx6.81s$。

题型 5 线性系统的稳态误差

【例 3.5.1★】(华中科技大学) 设单位反馈系统的开环传递函数为 $G(s)=\dfrac{3}{s(s+2)(s+3)}$，当输入信号为 $r(t)=4+5t$ 时，求系统的稳态误差。

答：

由题意 $K_p=\lim\limits_{s\to0}\dfrac{3}{s(s+2)(s+3)}=\infty$，$K_v=\lim\limits_{s\to0}s\times\dfrac{3}{s(s+2)(s+3)}=\dfrac{1}{2}$

故当输入为 $r(t)=4+5t$ 时，$e_{ss}=\dfrac{4}{1+K_p}+\dfrac{5}{K_v}=10$。

【例 3.5.2】 对于如图 3.23 所示系统，试求 $r(t)=t$，$n(t)=1(t)$时系统的稳态误差。

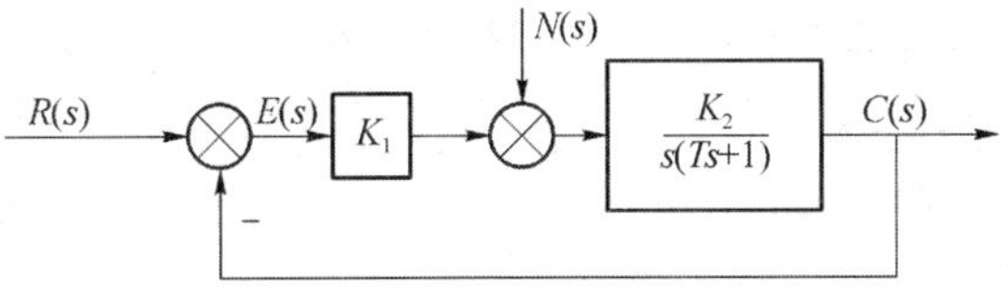

图 3.23 控制系统

答：系统的开环传递函数为

$$G(s)=\frac{K_1K_2}{s(Ts+1)}$$

为 1 型二阶系统，系统是稳定的，在 $r(t)=t$，稳态误差

$$e_{ss1}=\frac{1}{K_v}=\frac{1}{K_1K_2}$$

在扰动信号作用下的误差表达式为

$$E_n(s)=-\frac{\dfrac{K_2}{s(Ts+1)}}{1+K_1\dfrac{K_2}{s(Ts+1)}}\cdot N(s)=-\frac{K_2}{s(Ts+1)+K_1K_2}\cdot N(s)$$

$n(t)=1(t)$时，稳态误差为：$e_{ss2}=\lim\limits_{s\to0}sE_n(s)=-\dfrac{1}{K_1}$

系统总的稳态误差为 $e_{ss}=e_{ss1}+e_{ss2}=\dfrac{1}{K_1K_2}-\dfrac{1}{K_1}$

【例 3.5.3★】(西北工业大学) 某系统结构图如图 3.24 所示。

(1) 确定使系统稳定的参数 K_0-K_t 的取值范围，并在 K_0-K_t 平面上表示出来；

(2) 要求在 $r(t)=\frac{1}{2}t^2$ 作用下系统的稳态误差 $e_{ss}=0$，试确定 $G_c(s)$ 的表达式。

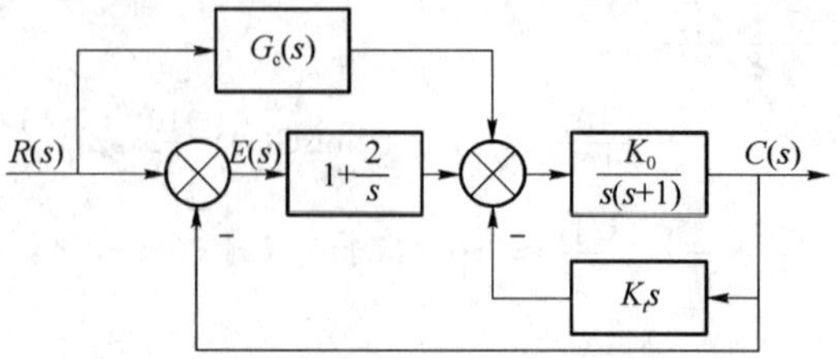

图 3.24　系统结构图

答：

(1) 由题意，系统的结构图可以简化成如图 3.25 所示。

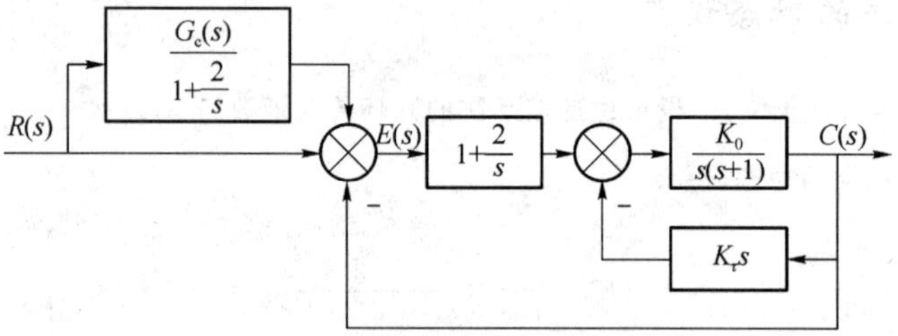

图 3.25　系统结构图简化

系统的误差传递函数为

$$\frac{E(s)}{R(s)}=\frac{1\times\left(1+\frac{K_0K_ts}{s(s+1)}\right)+\left(-\frac{K_0G_c(s)}{s(s+1)}\right)\times 1}{1+\frac{K_0K_ts}{s(s+1)}+\left(1+\frac{2}{s}\right)\frac{K_0}{s(s+1)}}=\frac{s^3+(K_0K_t+1)s^2-K_0G_c(s)s}{s^3+(K_0K_t+1)s^2+K_0s+2K_0}$$

系统的特征方程为

$$D(s)=s^3+(K_0K_t+1)s^2+K_0s+2K_0=0$$

列写劳斯表如下所示

$$\begin{array}{lll} s^3 & 1 & K_0 \\ s^2 & 1+K_0K_t & 2K_0 \\ s^1 & K_0-\frac{2K_0}{1+K_0K_t} & \\ s^0 & 2K_0 & \end{array}$$

系统稳定时 $K_0-\frac{2K_0}{1+K_0K_t}>0,K_0>0$，得到 $K_0K_t>1,K_0>0,K_t>0$，如图 3.26 所示。

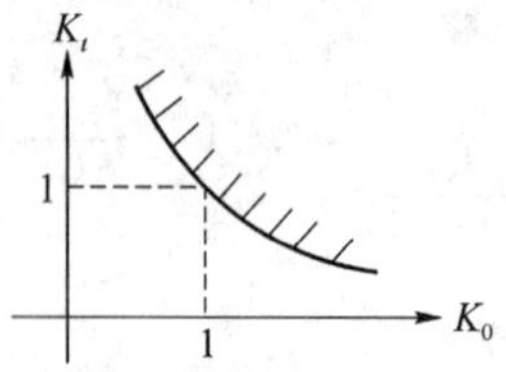

图 3.26　曲线图

稳定区域如图中阴影部分所示。

(2) $e_{ss}=\lim_{s\to 0} s\frac{1}{s^3}\frac{s^3+(K_0K_t+1)s^2-K_0G_c(s)s}{s^3+(K_0K_t+1)s^2+K_0s+2K_0}=\frac{K_0K_t+1-\frac{K_0G_c(s)}{s}}{2K_0}=0$

得到 $G_c(s)=\frac{(1+K_0K_t)}{K_0}s$

※**点评**:本题综合考查系统的稳定性、系统结构图的化简和系统的误差特性。

【例 3.5.4★】(东北大学;武汉大学;南京理工大学) 某控制系统如图 3.27 所示。

(1) $\tau=0$ 时,求系统的单位脉冲响应;

(2) 为使系统具有阻尼比 $\xi=0.5$,试确定 τ 的值。并计算单位阶跃输入及超调量 $\sigma\%$ 上升时间 t_r。调整时间 t_s(取 5% 误差带)和稳定误差 e_{ss}(定义)$e(t)=r(t)-y(t1)$。

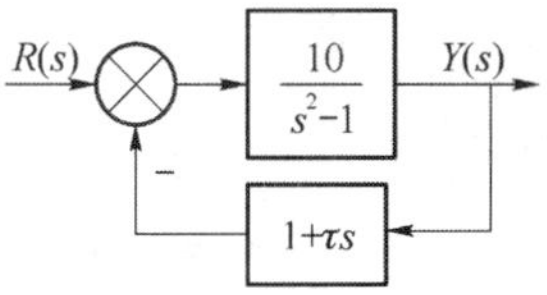

图 3.27 控制系统

答:

(1) 当 $\tau=0$ 时,单位脉冲响应为 $g(t)=L^{-1}\left(\frac{10}{s^2-1}\right)=5(e^t-e^{-t})$

(2) $\frac{Y(s)}{R(s)}=\frac{\frac{10}{s^2-1}}{1+\frac{10}{s^2-1}\times(1+\tau s)}=\frac{10}{s^2+10\tau s+9}$,$\omega_n^2=9$,$\omega_n=3\text{rad/s}$,$2\xi\omega_n=10\tau$

将 $\xi=0.5$ 代入可以得到 $\tau=0.3$,由 $\xi=0.5$ 可以得到 $\sigma\%=e^{-\frac{\pi\xi}{\sqrt{1-\xi^2}}}\times100\%=16.3\%$,调节时间 $t_s=\frac{3}{\xi\omega_n}=2s$,由 $e(t)=r(t)-y(t)$ 可以得到

$$\frac{E(s)}{R(s)}=1-\frac{Y(s)}{R(s)}=\frac{s^2+10\tau s-1}{s^2+10\tau s+9}$$

将 $\tau=0.3$ 代入可以得到

$$\frac{E(s)}{R(s)}=\frac{s^2+3s-1}{s^2+3s+9}$$

计算单位阶跃响应的稳态误差 $e_{ss}=\lim_{s\to 0} s\times\frac{s^2+3s-1}{s^2+3s+9}\times\frac{1}{s}=-\frac{1}{9}$。

【例 3.5.5★】(上海交通大学) 控制系统框图如图 3.28 所示,试求:

(1) 当 $K_1=25$ 和 $K_f=0$ 时系统的阻尼系统 ξ,无阻尼自然振荡频率 ω_n 以及系统对单位斜坡输入的稳态误差 e_{ss};

(2) 当 $K_1=25$ 和 $K_f=4$ 时重复(1)的要求;

(3) 要使系统的阻尼系数 $\xi=0.7$,单位斜坡输入信号作用下系统的稳态误差 $e_{ss}=0.1$,试确定 K_1 和 K_f 的值,并计算在此参数情况下,系统的单位阶跃响应的超调量,上升时间和调整时间。

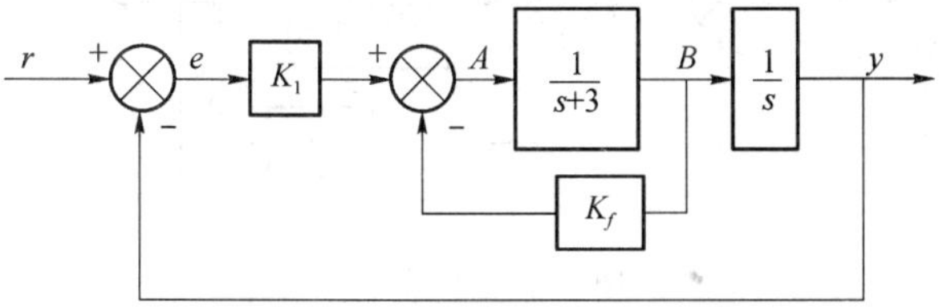

图 3.28 控制系统框图

答:

由题意,设图示两点分别为 A 和 B,则 $G_1(s)=\frac{B(s)}{A(s)}=\frac{\frac{1}{s+3}}{1+\frac{1}{s+3}\times K_f}=\frac{1}{s+3+K_f}$

于是整个系统的前向通道的传递函数为 $G(s)=K_1\times G_1(s)\times\frac{1}{s}$,代入可以得到

$G(s)=\frac{K_1}{s(s+3+K_f)}$,系统的闭环传递函数为

$G_b(s)=\frac{G(s)}{1+G(s)}=\frac{K_1}{s^2+(3+K_f)s+K_1}$

(1) 当 $K_1=25,K_f=0$ 时,$G(s)=\frac{25}{s^2+3s+25}$

则 $\omega_n^2=25,2\xi\omega_n=3$,可以得到 $\omega_n=5\text{rad/s},\xi=0.3$

速度误差系数 $K_v=\lim\limits_{s\to0}sG(s)H(s)=\lim\limits_{s\to0}s\frac{25}{s(s+3)}\times1=\frac{25}{3}$

于是稳态误差 $e_{ssv}=\frac{1}{K_v}=\frac{3}{25}=0.12$

(2) 当 $K_1=25,K_f=4$ 时,$G(s)=\frac{25}{s^2+7s+25}$,$\omega_n^2=25,2\xi\omega_n=7$

可以得到 $\omega_n=5\text{rad/s},\xi=0.7,K_v=\lim\limits_{s\to0}sG(s)H(s)=\lim\limits_{s\to0}s\frac{25}{s(s+7)}\times1=\frac{25}{7}$

于是稳态误差 $e_{ssv}=\frac{1}{K_v}=\frac{7}{25}=0.28$

(3) 由 $e_{ss}=0.1$ 可以得到 $K_v=\frac{1}{e_{ss}}=10$,又

因为 $K_v=\lim\limits_{s\to0}sG(s)H(s)=\lim\limits_{s\to0}s\frac{K_1}{s(s+3+K_f)}=\frac{K_1}{3+K_f}=10$

可以得到

$$K_1=10(3+K_f) \qquad ①$$

又由题意,$\omega_n^2=K_1,2\xi\omega_n=3+K_f$ 可以得到

$$2\times0.7\times\sqrt{K_1}=3+K_f \qquad ②$$

联立①、②两式可以得到

$$K_1=196,K_f=16.6$$

$\omega_n=\sqrt{K_1}=14\text{rad/s}$,超调量 $M_p=e^{\frac{-\pi\xi}{\sqrt{1-\xi^2}}}\times100\%=4.6\%$

$\omega_d=\omega_n\sqrt{1-\xi^2}\approx10\text{rad/s}\quad \beta=\arctan\frac{\sqrt{1-\xi^2}}{\xi}\approx\frac{\pi}{4}$

则上升时间 $t_r=\frac{\pi-\beta}{\omega_d}\approx0.24\text{s}$,调节时间 $t_s=\frac{3}{\xi\omega_n}\approx0.31\text{s}$(5%时)。

【例 3.5.6★】 (中科院自动化所)反馈系统如图 3.29 所示。

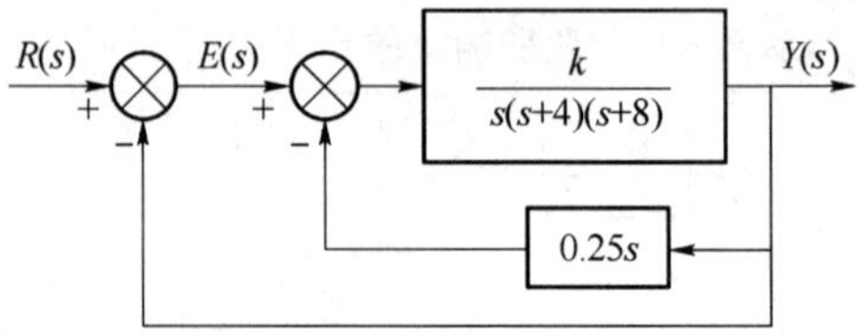

图 3.29 反馈系统

(1) 确定使系统的一对复根的阻尼比 $\xi=0.707$ 时的 k 值;

(2) 在题(1)条件下，求出系统的闭环极点；

(3) 在题(1)确定的 k 值下，求系统在单位斜坡输入信号作用下的稳态误差。

答：

(1) 系统的开环传递函数为

$$G(s)=\frac{\dfrac{k}{s(s+4)(s+8)}}{1+\dfrac{k}{s(s+4)(s+8)}\times 0.25s}=\frac{k}{s(s^2+12s+32+0.25k)}$$

系统的闭环传递函数为

$$\Phi(s)=\frac{G(s)}{1+G(s)}=\frac{k}{s^3+12s^2+(32+0.25k)s+k}$$

系统的特征方程为

$$D(s)=s^3+12s^2+(32+0.25k)s+k=0$$

由 $\xi=0.707$，$\beta=\arccos\xi=45^\circ$，可设此共轭复根为 $s_{1,2}=-a\pm a\mathrm{j}$

代入系统的特征方程可以得到：$k=128$，$a=4$。

(2) 将 $k=128$ 代入得到 $D(s)=s^3+12s^2+64s+128=0$，得 $s_{1,2}=-4\pm 4\mathrm{j}$，$s_3=-4$。

(3) $k=128$ 时，$G(s)=\dfrac{128}{s(s^2+12s+64)}$，$K_v=\lim\limits_{s\to 0}sG(s)=2$，$e_{ss}=\dfrac{1}{K_v}=\dfrac{1}{2}$。

【例 3.5.7★】(上海交通大学；北京航空航天大学)　设系统如图 3.30 所示，试求：

(1) 当 $a=0$，$K=8$ 时，确定系统的阻尼比，无阻尼自然振荡频率 ω_n 和 $r(t)=t$ 作用下系统的稳态误差；

(2) 当 $K=8$，$\xi=0.7$ 时，确定参数 a 值及 $r(t)=t$ 作用下系统的稳态误差；

(3) 在保证 $\xi=0.7$，$e_{sse}=0.25$ 的条件下，确定参数 a 和 K。

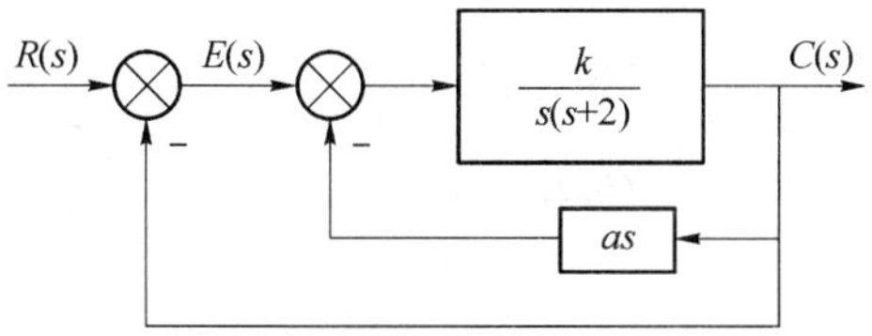

图 3.30　系统结构图

答：由题意，系统的开环传递函数为

$$G(s)H(s)=G(s)=\frac{\dfrac{K}{s(s+2)}}{1+\dfrac{K}{s(s+2)}\times as}=\frac{K}{s(s+2+aK)}$$

系统的闭环传递函数为

$$\Phi(s)=\frac{G(s)}{1+G(s)}=\frac{K}{s^2+(2+aK)s+K}$$

(1) 当 $a=0$，$K=8$ 时，代入可以得到 $\Phi(s)=\dfrac{8}{s^2+2s+8}$，可以得到：$\omega_n^2=8$，$\omega_n=2\sqrt{2}\approx 2.828\text{rad/s}$，

$2\xi\omega_n=2$，$\xi=\dfrac{1}{2\sqrt{2}}\approx 0.3536$，$K_v=\lim\limits_{s\to 0}sG(s)H(s)=4$，$r(t)=t$ 作用下系统的稳态误差 $e_{ss}=\dfrac{1}{K_v}=0.25$。

(2) 当 $K=8$，$\xi=0.7$，$\Phi(s)=\dfrac{8}{s^2+(2+8a)s+8}$，$\omega_n^2=8$，$\omega_n=2\sqrt{2}\approx 2.828\text{rad/s}$，$2\xi\omega_n=2+8a$，代入可得到 $a=0.2450$，$K_v=\lim\limits_{s\to 0}sG(s)H(s)=\dfrac{8}{3.96}$，$r(t)=t$ 作用下系统的稳态误差 $e_{ss}=\dfrac{1}{K_v}=0.4950$。

(3) $K_v=\lim\limits_{s\to 0}sG(s)H(s)=\dfrac{K}{2+aK}, e_{sse}=\dfrac{1}{K_v}=\dfrac{2+aK}{K}=0.25$

又由 $\xi=0.7$，可以得到 $2\xi\times\sqrt{K}=2+aK$。

由上面两式联立可以求解得到 $K=31.36, a=0.186\ 2$。

【例 3.5.8★】(中科院) 设控制系统的结构图如图 3.31(a)所示。

(1) 试确定系统的无阻尼自然振荡频率 ω，阻尼比 ξ 和最大超调量 σ；

(2) 欲希望系统成为临界阻尼状态，可利用局部速度反馈，如图 3.31(b)所示进行校正。试确定 b 的值；

(3) 试确定校正后系统对单位速度输入时的稳态误差。

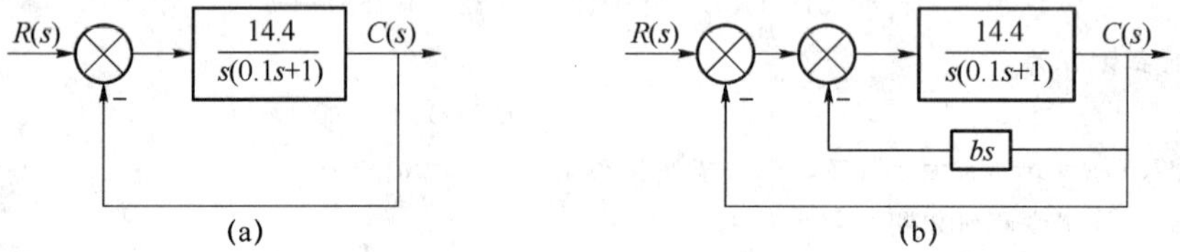

图 3.31　控制系统的结构图

答：

(1) 由题意，系统的开环传递函数为

$$G(s)=\frac{14.4}{s(0.1s+1)}=\frac{144}{s(s+10)}$$

$\omega_n^2=144, 2\xi\omega_n=10$ 于是有 $\omega_n=12, \xi=\dfrac{5}{12}$，最大超调量为 $\sigma=\mathrm{e}^{-\frac{\pi\xi}{\sqrt{1-\xi^2}}}\times 100\%\approx 23.7\%$

(2) 加入速度反馈后系统的开环传递函数为

$$G_n(s)=\frac{\dfrac{14.4}{s(0.1s+1)}}{1+\dfrac{14.4}{s(0.1s+1)}\times bs}=\frac{144}{s^2+(144b+10)s}$$

系统的闭环传递函数为

$$\Phi(s)=\frac{144}{s^2+(144b+10)s+144}$$

系统为临界阻尼时 $2\times 12=144b+10$，得到 $b=7/72$

(3) 校正后系统的开环传递函数为

$$G_n(s)=\frac{144}{s^2+(144b+10)s}$$

$K_v=\lim\limits_{s\to 0}sG_n(s)\dfrac{144}{144b+10}=\dfrac{72}{72b+5}, e_{ss}=\dfrac{1}{K_v}=\dfrac{72b+5}{72}$。

第4章

线性系统的根轨迹法

【基本知识点】根轨迹、根轨迹方程、幅值条件和相角条件、常规根轨迹及其基本绘制法则、0度根轨迹及其基本绘制法则、参数根轨迹、根据根轨迹定性分析系统性能等。

【重点】规根轨迹及其基本绘制法则、0度根轨迹及其基本绘制法则、参数根轨迹。

【难点】规根轨迹及其基本绘制法则、0度根轨迹及其基本绘制法则、参数根轨迹。

4.1 答疑解惑

4.1.1 什么是根轨迹概念?

所谓根轨迹是指当开环系统某一参数从零到无穷变化时,闭环特征根在 s 平面上变化的轨迹。

在根轨迹图中,存在如下一些约定:"×"表示开环极点;"。"表示开环有限零点;粗线表示根轨迹;箭头表示某一参数增加的方向;"·"表示根轨迹上的点。

4.1.2 什么是根轨迹增益?

假设系统的传递函数为 $G(s)$,并且 $G(s)$ 可表示成如下零极点形式:

$$G(s)=\frac{K^*\prod_{j=1}^{m}(s-z_j)}{\prod_{i=1}^{n}(s-p_i)}$$

我们称 K^* 为系统的根轨迹增益。如果 $G(s)$ 为系统的开环传递函数,则称 K^* 为系统的开环根轨迹增益;如果 $G(s)$ 为系统的闭环传递函数,则称 K^* 为系统的闭环根轨迹增益。

如果系统非零的零点和非零的极点分别为 $z_1,z_2,\cdots,z_{m1}$ 和 $p_1,p_2,\cdots,p_{n1}$,则系统的开环增益 K 与开环根轨迹增益 K^* 存在如下关系:

$$K=\frac{K^*\prod_{j=1}^{m}(-z_j)}{\prod_{i=1}^{n}(-p_i)}$$

注意:开环增益 K 与开环根轨迹增益 K^* 的区别。

4.1.3 闭环零、极点与开环零极点之间的关系有哪些?

(1) 系统开环根轨迹增益为前向通道根轨迹增益和反馈通道根轨迹增益之积,系统闭环根轨迹增益等于前向通路根轨迹增益;

(2) 系统的闭环零点由前向通道传递函数的零点和反馈通道传递函数的极点组成;

(3) 对于单位反馈系统,闭环根轨迹增益等于开环根轨迹增益,闭环零点等于开环零点;

(4) 系统的闭环极点与开环零点、开环极点以及根轨迹增益 K^* 增益均有关。

根轨迹法的基本任务在于:如何由已知的开环零、极点的分布及根轨迹增益,通过图解的方法找出闭环极点。

4.1.4 什么是根轨迹方程?

根轨迹上的点应满足根轨迹方程

$$G(s)H(s)=-1$$

若将开环传递函数表示为零、极点形式

$$G(s)H(s)=\frac{K^*\prod_{j=1}^{m}(s-z_j)}{\prod_{i=1}^{n}(s-p_i)}$$

则根轨迹方程为

$$\frac{K^*\prod_{j=1}^{m}(s-z_j)}{\prod_{i=1}^{n}(s-p_i)}=-1$$

其中 K^* 称为根轨迹增益(将传递函数写成“首 1”型)。为使用方便,根轨迹方程可用如下两个方程描述。

(1) 相角条件:$\sum_{j=1}^{m}\angle(s-z_j)-\sum_{i=1}^{n}\angle(s-p_i)=(2k+1)\pi \quad (k=0,\pm1,\pm2,\cdots)$

(2) 模值条件:$K^*=\dfrac{\prod_{i=1}^{n}|s-p_i|}{\prod_{j=1}^{m}|s-z_j|}$

根轨迹上的点应同时满足这两个条件。相角条件是确定 s 平面根轨迹的充要条件,模值条件可确定根轨迹上各点的 K^* 值。

4.1.5 根轨迹的分类有哪些？

（1）常规根轨迹：当变化的参数为开环增益时的根轨迹，称为常规根轨迹。因其相角遵循 $180°+2k\pi$ 的条件，又称为 180°根轨迹。

（2）参数根轨迹：当变化的参数为开环增益以外的参数时的根轨迹，称为参数根轨迹。

（3）零度根轨迹：对于有些非最小相位系统、正反馈系统以及参数变化是从 0 到负无穷时，不能采用常规根轨迹的绘制法则，因其相角遵循 $0°+2k\pi$ 的条件，故称为零度根轨迹。

4.1.6 常规根轨迹有哪些？

绘制常规根轨迹应遵循以下八条基本法则。

法则 1 根轨迹的起点和终点：根轨迹起于开环极点，终于开环零点。

法则 2 根轨迹的分支数和对称性：根轨迹的分支数与开环有限零点数 m 和有限极点数 n 中的大者相等，它们是连续的并对称于实轴。

法则 3 实轴上的根轨迹：实轴上的根轨迹区域右侧的开环零、极点个数之和为奇数。

法则 4 根轨迹的渐近线：当开环有限极点数 n 大于有限零点数 m 时，有 $n-m$ 条根轨迹分支沿着与实轴交角为 φ_a、交点为 σ_a 的一组渐进线趋向无穷远处，且有

$$\sigma_a=\frac{\sum_{i=1}^{n}p_i-\sum_{j=1}^{m}z_j}{n-m}$$

和

$$\varphi_a=\frac{(2k+1)\pi}{n-m}\quad(k=0,\pm1,\pm2,\cdots,n-m-1)$$

法则 5 根轨迹的分离点(或会合点)和分离角：两条或两条以上根轨迹分支在 s 平面上相遇又立即分离的点。分离点(或会合点)可以以实数的形式出现，也可以以共轭复数的形式出现。分离点(或会合点)的坐标是下列方程的解

$$\sum_{i=1}^{n}\frac{1}{d-p_i}=\sum_{j=1}^{m}\frac{1}{d-z_j}$$

式中，z_j 为开环零点的数值，p_i 是开环极点的数值。

分离角为根轨迹进入分离点的切线方向与离开分离点的切线方向之间的夹角。当 l 条根轨迹分支进入并立即离开分离点时，分离角由 $\frac{(2k+1)\pi}{l}$ 决定，$k=0,\pm1,\pm2,\cdots,l-1$。

法则 6 根轨迹的起始角与终止角：根轨迹离开开环复数极点处的正切线与正实轴的夹角，称为起始角，以 θ_{p_i} 表示；根轨迹进入开环复数零点处的切线与正实轴的夹角，称为终止角，以 φ_{z_i} 表示。

$$\theta_{p_i}=(2k+1)\pi+\sum_{j=1}^{m}\angle(p_i-z_j)-\sum_{\substack{j=1\\ j\neq i}}^{n}\angle(p_i-p_j)$$

$$\varphi_{z_i}=(2k+1)\pi+\sum_{j=1}^{n}\angle(z_i-p_j)-\sum_{\substack{j=1\\ j\neq i}}^{m}\angle(z_i-z_j)$$

法则 7 根轨迹与虚轴的交点：若根轨迹与虚轴相交，则交点上的 K^* 值和 ω 值可用劳

斯判据确定，也可令闭环特征方程中的 $s=j\omega$，然后分别令其实部和虚部为零而求得。

法则 8 根之和：若 $n-m\geqslant 2$，系统的开环 n 个极点之和总是等于闭环特征方程 n 个根之和。

$$\sum p_i = \sum s_i$$

熟练掌握并能灵活应用上述基本法则，就可正确绘制出系统的根轨迹图。

4.1.7 参数根轨迹有哪些？

(1) 当变化的参数为开环增益以外的参数时的根轨迹，称为参数根轨迹。

绘制参数根轨迹时，若可变参数为 A，通常 A 不在开环增益的位置，为了能按常规根轨迹的八条基本法则绘制根轨迹，应引入等效传递函数的概念。

若系统的闭环传递函数为

$$1+G(s)H(s)=0$$

将闭环传递函数进行整理，写成如下形式

$$1+A\frac{P(s)}{Q(s)}=0$$

式中，$P(s)$、$Q(s)$中不再含有参变量 A，则等效的开环传递函数为

$$G_1(s)H_1(s)=A\frac{P(s)}{Q(s)}$$

根据等效的开环传递函数，按常规根轨迹的八条基本法则绘制的根轨迹就是以参数 A 为参变量的参数根轨迹。对于等效开环传递函数是指其与原开环传递函数具有相同的闭环极点，而闭环传递函数通常并不相同，即零点不同。

(2) 多参数根轨迹：当变化的参数有一个以上时的根轨迹，称为多参数根轨迹。

多参数根轨迹通常是以根轨迹簇的形式出现。以参变量为两个的根轨迹簇为例，假设系统的闭环特征方程为

$$P(s)+K_1Q_1(s)+K_2Q_2(s)=0$$

式中，$P(s)$、$Q_1(s)$、$Q_2(s)$中不再含有可变参数。此根轨迹簇的绘制步骤如下：

① 先设一个参变量为零，如 $K_2=0$，此时的特征方程为

$$P(s)+K_1Q_1(s)=0$$

$$1+K_1\frac{Q_1(s)}{P(s)}=0$$

此时等效的开环传递函数为

$$G_1(s)H_1(s)=K_1\frac{Q_1(s)}{P(s)}$$

② 绘制开环传递函数为 $G_1(s)H_1(s)$，K_1 由 $0\to\infty$变化的根轨迹。

③ 把 K_1 作为常数，K_2 为参变量，将特征方程写为

$$1+K_2\frac{Q_2(s)}{P(s)+K_1Q_1(s)}=0$$

此时等效开环传递函数为

$$G_2(s)H_2(s)=K_2\frac{Q_2(s)}{P(s)+K_1Q_1(s)}$$

④ 绘制开环传递函数为 $G_2(s)H_2(s)$，K_2 由 $0\to\infty$ 变化的根轨迹。注意到 $G_2(s)H_2(s)$ 的极点可以在第二步绘制的根轨迹上，用指定 K_1 的方法获得。因此所绘制的根轨迹簇的起点($K_2=0$)在第二步绘制的根轨迹上。

4.1.8 零度根轨迹有哪些？

对于非最小相位系统中包含 s 最高次幂的系数为负的因子，正反馈系统以及参数变化是从 0 到负无穷时，零度根轨迹的模值条件为

$$K^* = \frac{\prod_{i=1}^{n}|s-p_i|}{\prod_{j=1}^{m}|s-z_j|}$$

相角条件为

$$\sum_{j=1}^{m}\angle(s-z_j)-\sum_{i=1}^{n}\angle(s-p_i)=0+2k\pi$$
$$(k=0,\pm1,\pm2,\cdots)$$

以上两式与常规根轨迹的模值条件和相角条件相比可知，它们的模值条件相同，但相角条件不同。因此常规根轨迹的绘制法则在应用于零度根轨迹时，凡与相角条件相关的法则均应作适当改变。绘制零度根轨迹时，应改变的绘制法则有：

法则 1 实轴上的根轨迹：实轴上的根轨迹区域右侧的开环零、极点个数之和为偶数。

法则 2 根轨迹的渐近线：根轨迹渐近线与实轴的交角 φ_a 为

$$\varphi_a=\frac{2k\pi}{n-m}\quad(k=0,\pm1,\pm2,\cdots,n-m-1)$$

法则 3 根轨迹的起始角与终止角为

$$\theta_{p_i}=\sum_{j=1}^{m}\angle(p_i-z_j)-\sum_{\substack{j=1\\ j\neq i}}^{n}\angle(p_i-p_j)$$

$$\varphi_{z_i}=\sum_{j=1}^{n}\angle(z_i-p_j)-\sum_{\substack{j=1\\ j\neq i}}^{m}\angle(z_i-z_j)$$

4.1.9 什么是主导极点和偶极子？

主导极点是指在闭环极点中离虚轴最近，并且在它附近没有零点，对系统动态性能影响最大，起着主要的、决定性作用的实数或共轭复数极点。

偶极子是一对靠得很近的零、极点。如果闭环零、极点之间的距离比其自身的模值小一个数量级，则称这一对闭环零、极点为一对偶极子。偶极子若不十分靠近坐标原点，则可认为零点和极点的影响彼此相消。

闭环的极点和零点对系统的响应均有影响，但它们的影响程度不同。对系统响应影响最大的是主导极点。如高阶系统存在实数主导极点，系统可近似为一阶系统；如高阶系统存在复数共轭复数主导极点，系统可近似为二阶系统。

4.1.10 开环零点对根轨迹的影响有哪些？

在 s 左半平面内的适当位置上附加开环零点，可以显著改善系统的稳定性。

但稳定性和动态性能对附加开环零点位置的要求,有时并不一致。

只有当附加零点相对原有开环极点的位置选配得当,才能使系统的稳定性和动态性能同时得到显著改善。

4.1.11 系统性能的定性分析有哪些?

闭环系统零、极点位置对时间响应性能的影响,可以归纳为以下几点:

(1) 稳定性。如果闭环极点全部位于 s 左半平面,则系统一定是稳定的。

(2) 运动形式。如果闭环系统无零点,且闭环极点均为实数极点,则时间响应一定是单调的;如果闭环极点均为复数极点,则时间响应一般是振荡的。

(3) 超调量。超调量主要取决于闭环复数主导极点的衰减率 $\sigma_1/\omega_d=\xi/\sqrt{1-\xi^2}$,并与其他闭环零、极点接近坐标原点的程度有关。

(4) 调节时间。调节时间主要取决于最靠近虚轴的闭环复数极点的实部绝对值 $\sigma_1=\xi\omega_n$;如果实数极点距虚轴最近,并且它附近没有实数零点,则调节时间主要取决于该实数极点的模值。

(5) 实数零、极点的影响。零点减小系统阻尼,使峰值时间提前,超调量增大;极点增大系统阻尼,使峰值时间滞后,超调量减小。

(6) 偶极子。远离原点的偶极子,其硬性可以忽略;接近原点的偶极子,其影响必须考虑。

(7) 主导极点。凡比主导极点的实部大 6 倍以上的其他闭环零、极点,其影响均可以忽略。

典型题解　　线性系统的频域分析法

4.2 典型题解

题型 1 根轨迹的基本概念

【例 4.1.1】(华中科技大学) 满足根轨迹相角条件的点(　　)。

A. 一定在根轨迹上

B. 不一定在根轨迹上

C. 不一定满足幅值条件

D. 不一定满足闭环特征方程式

答:相角条件是根轨迹的充分必要条件,故选择 A。

【例 4.1.2】 控制系统的开环传递函数为 $G(s)=\dfrac{k}{(s+1)(s+2)(s+4)}$

(1) 证明系统的根轨迹通过 $s_1=-1\pm j\sqrt{3}$。

(2) 求有一个闭环极点在 $s_1=-1+j\sqrt{3}$时的 k 值。

(3) 求使闭环系统稳定的开环放大倍数 K 的取值范围。

答:

(1) 将 $s_1=-1\pm j\sqrt{3}$代入系统的开环传递函数有:$\angle G(s_1)=180°$,满足根轨迹的相角条件,故根轨迹通过 $s_1=-1\pm j\sqrt{3}$。

(2) 由点 $s_1=-1\pm j\sqrt{3}$ 在根轨迹上时 $|G(s_1)|=1$，可以得到 $k=12+6\sqrt{3}$。

(3) 系统的特征方程为 $D(s)=(s+1)(s+2)(s+4)+k=0$，由劳斯判据易得系统闭环稳定时 $0<K<90$。

题型 2　根轨迹绘制的基本法则

【例 4.2.1】 已知系统的开环传递函数为

$$G(s)H(s)=\frac{K}{s(s+1)(0.25s+1)}$$

(1) 绘制系统的根轨迹图。

(2) 为使系统的阶跃响应呈现衰减振荡形式，试确定 K 的取值范围。

答：

(1) 绘制系统的根轨迹。

系统的开环传递函数为

$$G(s)H(s)=\frac{K}{s(s+1)(0.25s+1)}=\frac{K^*}{s(s+1)(s+4)}$$

其中 $K^*=4K$。

① 系统有三个开环极点：$p_1=0,p_2=-1,p_3=-4$，没有开环零点。将开环零、极点标在 s 平面上。

② 根轨迹的分支数。

特征方程为三阶，故有三条根轨迹分支。3 条根轨迹分支分别起始于开环极点 $p_1=0,p_2=-1,p_3=-4$，终止于开环无限零点。

③ 实轴上的根轨迹。

实轴上的根轨迹区段为 $[-\infty,-4]$ 和 $[-1,0]$。

④ 渐近线的位置与方向。

渐近线与实轴的交点

$$\sigma_a=\frac{\sum_{i=1}^{n}p_i-\sum_{j=1}^{m}z_j}{n-m}=-1.67$$

渐近线与正实轴的夹角

$$\varphi_a=\frac{(2k+1)\pi}{n-m}=\frac{(2k+1)\pi}{3}=\pm60^\circ,180^\circ(k=0,\pm1)$$

⑤ 分离点和分离角。

根据分离点公式

$$\sum_{i=1}^{n}\frac{1}{d-p_i}=\sum_{j=1}^{m}\frac{1}{d-z_j}$$

$$\frac{1}{d}+\frac{1}{d+1}+\frac{1}{d+4}=0$$

解得 $d_1=-0.46,d_2=-2.87$（舍去）。

$d_2=-2.87$ 不在 $0<K<\infty$ 时的根轨迹上，故应舍去。

分离角　$\theta_{d_1}=\pm\frac{\pi}{2}$。

⑥ 与虚轴的交点。

将 $s=j\omega$ 代入系统闭环特征方程

$$j\omega(j\omega+1)(j\omega+4)+K^*=0$$

$$(K^*-5\omega^2)+j(4\omega-\omega^3)=0$$

实部、虚部为零

$$4\omega-\omega^3=0$$
$$K^*-5\omega^2=0$$

解得 $\omega=2, K^*=20$，即 $K=\frac{K^*}{4}=5$。

根据以上所计算根轨迹参数，绘制根轨迹如图 4.1 所示。

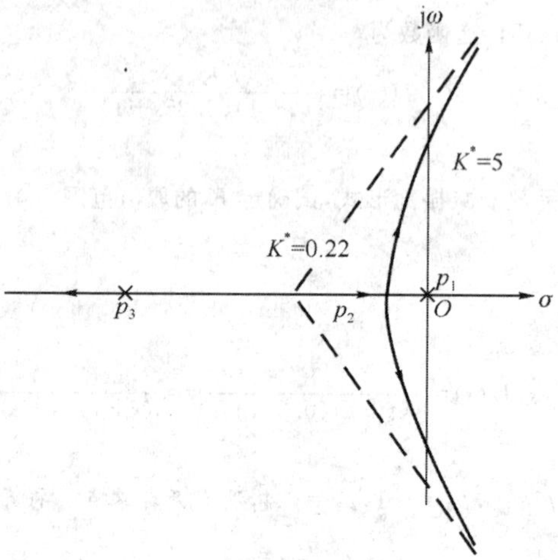

图 4.1　根轨迹图

(2) 确定 K 的取值范围。

与分离点 $d_1=-0.46$ 相应的 K^* 可由模值条件求得

$$K^*=\prod_{i=1}^{3}|d_1-p_i|=|d_1|\cdot|d_1+1|\cdot|d_1+4|=0.88$$

$$K=\frac{K^*}{4}=0.22$$

由如图 4.1 可知，使系统的阶跃响应呈现衰减振荡形式的 K 的取值范围为 $0.22<K<5$。

※**点评**：在绘制根轨迹之前，应将传递函数写为零、极点形式，或称为"首 1"型，此时的增益 K^* 称为根轨迹增益。根轨迹增益与开环增益之间通常差一个系数。

【例 4.2.2】 设负反馈系统的开环传递函数为 $G(s)H(s)=\frac{K^*(s+3)}{(s+1)(s+2)}$，作出系统的根轨迹图，并由根轨迹图分析在不同的 K^* 值下系统的阶跃响应曲线。

答：

(1) 开环零点为 $z_1=-3$，零点个数 $m=1$，开环极点 $p_1=-1, p_2=-2$，极点个数 $n=2$，于是其根轨迹有两条分支，其中一条中止于无穷远处，其根轨迹的渐近线与实轴的交点为 $\sigma=\frac{-1-2-(-3)}{2-1}=0$，渐近线倾斜角为 $\varphi=k\pi(k\in Z)$。

(2) 实轴上的根轨迹区段为 $(-\infty,-3]$，$[-2,-1]$。

(3) 根轨迹的分离点：由方程 $\frac{1}{s+1}+\frac{1}{s+2}=\frac{1}{s+3}$ 得到 $s_{1,2}=-3\pm\sqrt{2}$，代入根轨迹方程解得。$K_1=3-2\sqrt{2}$，$K_2=3+2\sqrt{2}$。

(4) 由题意易得到系统的特征方程为 $(s+1)(s+2)+K^*(s+3)=0$，为求其与虚轴的交点，令 $s=\mathrm{j}\omega$ 代入可以得到 $2-\omega^2+3K^*+(K^*+3)\omega\mathrm{j}=0$，无解，故其与虚轴无交点。

综合上面的计算可以得到系统的根轨迹图如图 4.2 所示。

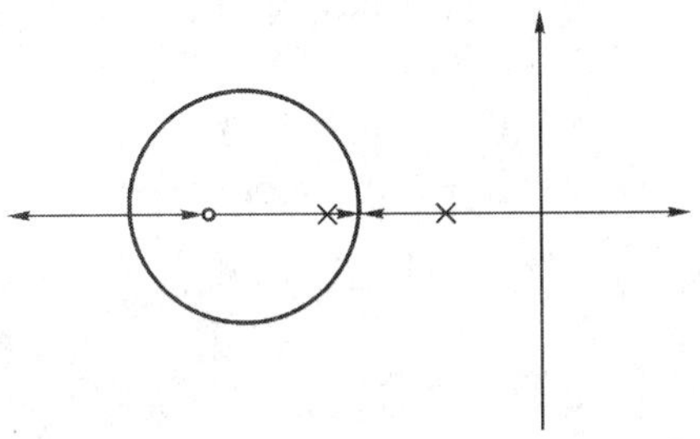

图 4.2 系统的根轨迹图

由典型二阶环节的特征根与其单位阶跃响应之间的关系，可以得到如下结论：

① 当 $0<K<3-2\sqrt{2}$，$K>3+2\sqrt{2}$ 时，系统为过阻尼状态，系统的单位阶跃响应没有超调；

② 当 $3-2\sqrt{2}<K<3+2\sqrt{2}$ 时，系统为前阻尼状态，系统存在超调；

③ 当 $K=3-2\sqrt{2}$，$K=3+2\sqrt{2}$ 时，系统为临界阻尼状态。

※点评：本题综合考查系统根轨迹和系统动态性能。

【例 4.2.3】 已知单位负反馈控制系统的开环传递函数为

$$G(s)=\frac{K^*}{s(s+6)(s+3)}$$

(1) 绘制系统的根轨迹图($0<K^*<\infty$)。

(2) 求系统临界稳定时的 K 值与系统的闭环极点。

答：

(1) 绘制系统的根轨迹图。

① 系统有三个开环极点：$p_1=0$，$p_2=-3$，$p_3=-6$，没有开环零点。

② 根轨迹的分支数

特征方程为三阶，故有三条根轨迹分支。3 条根轨迹分支分别起始于开环极点 $p_1=0$，$p_2=-3$，$p_3=-6$，终止于开环无限零点。

③ 实轴上的根轨迹

实轴上的根轨迹区段为$(-\infty,-6]$和$[-3,0]$。

④ 渐近线的位置与方向

渐近线与实轴的交点

$$\sigma_a=\frac{\sum_{i=1}^{n}p_i-\sum_{j=1}^{m}z_j}{n-m}=\frac{-9}{3}=-3$$

渐近线与正实轴的夹角

$$\varphi_a=\frac{(2k+1)\pi}{n-m}=\frac{(2k+1)\pi}{3}=\pm60^\circ,180^\circ(k=0,\pm1)$$

⑤ 分离点

根据分离点公式

$$\sum_{i=1}^{n}\frac{1}{d-p_i}=\sum_{j=1}^{m}\frac{1}{d-z_j}$$

$$\frac{1}{d}+\frac{1}{d+3}+\frac{1}{d+6}=0$$

解得 $d_1=-1.27$，$d_2=-4.73$(舍去)。

⑥ 与虚轴的交点

系统闭环特征方程为

$$s^3+9s^2+18s+K^*=0$$

列写劳斯表

$$\begin{array}{lll} s^3 & 1 & 18 \\ s^2 & 9 & K^* \\ s^1 & \dfrac{162-K^*}{9} & \\ s^0 & K^* & \end{array}$$

令$\dfrac{162-K^*}{9}=0$,解得 $K^*=162$。

以 s^2 行列辅助方程 $F(s)=9s^2+K^*=9s^2+162=0$

$$s=\pm j\omega_n=\pm j\sqrt{18}=\pm j4.24$$

根据以上所计算根轨迹参数,绘制根轨迹如图 4.3 所示。

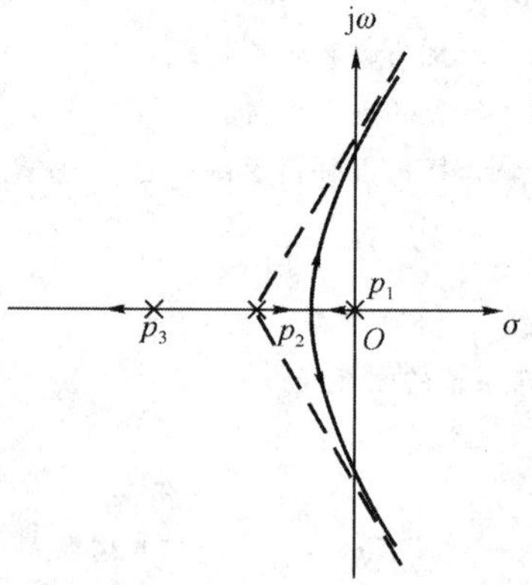

图 4.3　系统的根轨迹图

(2) 求系统临界稳定时的 K 值与系统的闭环极点。

根轨迹与虚轴交点处系统处于临界稳定状态。由⑥知,此时 $K^*=162$,闭环极点为 $s=\pm j4.24$。

【例 4.2.4】 已知系统的开环传递函数为

$$G(s)H(s)=\frac{K^*}{s(s+a)(s^2+2s+2)}$$

(1) 绘制 $a=3$ 时系统的根轨迹图。确定闭环共轭复数极点具有阻尼比 $\xi=0.5$ 时的闭环传递函数。

(2) 绘制 $a=2$ 时系统的根轨迹图。确定系统输出无衰减振荡分量时的闭环传递函数。

答:

(1) 绘制 $a=3$ 时系统的根轨迹图。

系统的开环传递函数为

$$G(s)H(s)=\frac{K^*}{s(s+3)(s^2+1+j)(s+1-j)}$$

① 系统有四个开环极点:$p_1=0$,$p_2=-3$,$p_{3,4}=-1\pm j$,没有开环零点。将开环零、极点标在 s 平面上。

② 根轨迹的分支数。

特征方程为四阶,故有四条根轨迹分支。根轨迹起始于开环极点。

③ 实轴上的根轨迹。

实轴上的根轨迹区段为$[-3,0]$。

④ 渐近线的位置与方向。

渐近线与实轴的交点

$$\sigma_a = \frac{\sum_{i=1}^{n} p_i - \sum_{j=1}^{m} z_j}{n-m} = -1.25$$

渐近线与正实轴的夹角

$$\varphi_a = \frac{(2k+1)\pi}{n-m} = \frac{(2k+1)\pi}{4} = \pm 45^\circ, \pm 135^\circ (k=0, \pm 1, 2)$$

⑤ 分离点和分离角。

根据分离点公式

$$\sum_{i=1}^{n} \frac{1}{d-p_i} = \sum_{j=1}^{m} \frac{1}{d-z_j}$$

$$\frac{1}{d} + \frac{1}{d+3} + \frac{1}{d+1+\mathrm{j}} + \frac{1}{d+1-\mathrm{j}} = 0$$

解得 $d_1=-2.29, d_{2,3}=-0.73\pm \mathrm{j}0.35$（不在根轨迹上，舍去）。

利用模值方程可求得分离点所对应的 K^* 为

$$K_{d_1}^* = |d| \cdot |d+3| \cdot |d+1+\mathrm{j}| \cdot |d+1-\mathrm{j}| = 4.33$$

分离角

$$\theta_{d_1} = \pm \frac{\pi}{2}$$

⑥ 根轨迹的起始角。

$$\theta_{p_3} = (2k+1)\pi - \angle(p_3 - p_1) - \angle(p_3 - p_2) - \angle(p_3 - p_4)$$

$$= (2k+1)\pi - 135^\circ - 26.6^\circ - 90^\circ = -71.6^\circ$$

$$\theta_{p_4} = 71.6^\circ$$

⑦ 与虚轴的交点。

系统闭环特征方程为

$$s^4 + 5s^3 + 8s^2 + 6s + K^* = 0$$

列写劳斯表

s^4	1	8	K^*
s^3	5	6	
s^2	$\frac{34}{5}$	K^*	
s^1	$\frac{204-25K^*}{34}$		
s^0	K^*		

令 s^1 行为零，得 $K^*=8.16$。

以 s^2 行列辅助方程 $F(s)=\frac{34}{5}s^2+K^*=\frac{34}{5}s^2+8.16=0$

$$s = \pm \mathrm{j}\omega_n = \pm \mathrm{j}1.1$$

根据以上所计算根轨迹参数，绘制根轨迹如图 4.4 所示。

在图 4.4 中作出阻尼比 $\xi=0.5$ 的等阻尼比线，与根轨迹交于 s_1 点。设 $s_1=-\sigma+\mathrm{j}\omega$，则

$$\frac{\omega}{\sigma} = \tan 60^\circ = \sqrt{3}$$

$$\omega = \sqrt{3}\sigma$$

将 $s_1=-\sigma+\mathrm{j}\sqrt{3}\sigma$ 代入特征方程，可以解得 $s_1=-0.4+\mathrm{j}0.7$，其共轭复数为 $s_2=-0.4-\mathrm{j}0.7$。根据模值方程，与 $s_{1,2}$ 相对应的 K^* 为

$$K_{s_1}^*=|s_1|\cdot|s_1+3|\cdot|s_1+1+\mathrm{j}|\cdot|s_1+1-\mathrm{j}|=2.91$$

因分离点处 $K_{d_1}^*=4.33$，故当 $K_{s_1}^*=2.91$ 时，闭环的另两个闭环极点为实数极点，可用长除法求出

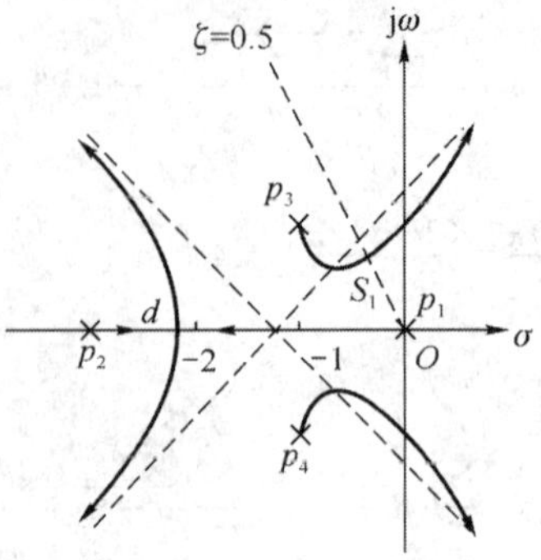

图 4.4　系统的根轨迹图

$$\frac{s^4+5s^3+8s^2+6s+2.91}{(s+0.4+\mathrm{j}0.7)(s+0.4-\mathrm{j}0.7)}=s^2+4.2s+4.05=(s+2.4)(s+1.5)$$

即 $s_3=-1.5, s_4=-2.4$。

因此闭环传递函数为

$$\Phi(s)=\frac{2.91}{(s+1.5)(s+2.7)(s+0.4+\mathrm{j}0.7)(s+0.4-\mathrm{j}0.7)}$$

(2) 绘制 $a=2$ 时系统的根轨迹图。

系统的开环传递函数为

$$G(s)H(s)=\frac{K^*}{s(s+2)(s^2+1+\mathrm{j})(s+1-\mathrm{j})}$$

① 系统有四个开环极点：$p_1=0, p_2=-2, p_{3,4}=-1\pm\mathrm{j}$，没有开环零点。

② 根轨迹的分支数。

特征方程为四阶，故有四条根轨迹分支。根轨迹起始于开环极点。

③ 实轴上的根轨迹。

实轴上的根轨迹区段为[−2,0]。

④ 渐近线的位置与方向。

渐近线与实轴的交点

$$\sigma_a=-1$$

渐近线与正实轴的夹角

$$\varphi_a=\pm45°,\pm135°(k=0,\pm1,2)$$

⑤ 分离点和分离角。

$$d=-1, K^*=1, \theta_d=\pm\frac{\pi}{2}$$

⑥ 根轨迹的起始角。

$$\theta_{p_3}=-90°$$

$$\theta_{p_4}=90°$$

⑦ 与虚轴的交点。

$$s=\pm\mathrm{j}1, K^*=5。$$

根据以上所计算根轨迹参数，绘制根轨迹如图 4.5 所示。

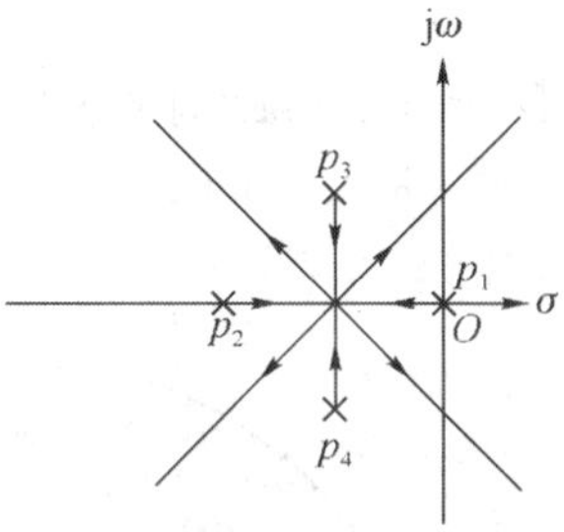

图 4.5 系统的根轨迹图

当闭环极点均为实数时，系统输出无衰减振荡分量。由图 4.5 可知，只有在分离点处满足这一条件，所以闭环传递函数为

$$\Phi(s)=\frac{1}{(s+1)^4}$$

※**点评**：当开环极点的位置略有变化时，系统的闭环根轨迹的形状会发生较大的变化。

【例 4.2.5】 已知系统如图 4.6 所示。

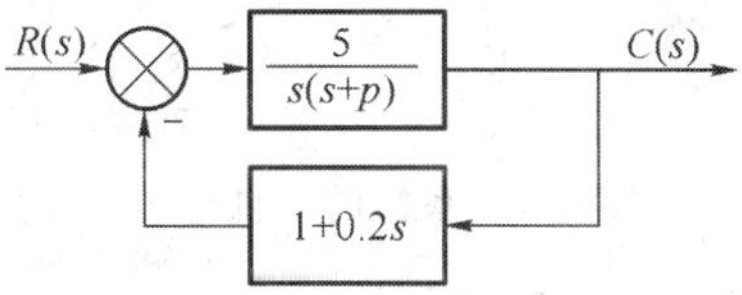

图 4.6 系统结构图

试求：

(1) 画出根轨迹的大致形状(给出关键点)，并指出临界阻尼时 p 的取值。

(2) 超调量 $M_p=0.163$ 时，p 的值为多少？

答：

(1) 由题意，系统的开环传递函数 $G(s)H(s)=\dfrac{5(1+0.2s)}{s(s+p)}$，

系统的闭环传递函数为 $\dfrac{C(s)}{R(s)}=\dfrac{G(s)}{1+G(s)H(s)}=\dfrac{5(0.2s+1)}{s^2+(p+1)s+5}$，

即特征方程为 $D(s)=s^2+(p+1)s+5=0$。

由系统的特征方程整理可以得到 $\dfrac{ps}{s^2+s+5}=-1$，为 180°根轨迹。

令 $G_n(s)H_n(s)=\dfrac{ps}{s^2+s+5}$，

① 系统的开环极点数为 $n=2$，$p_{1,2}=-\dfrac{1}{2}\pm\dfrac{\sqrt{19}}{2}\mathrm{j}$，系统的开环零点数 $m=1$，$z_1=0$；

② 根轨迹共有两分支，其中一分支中止于无穷远处；

③ 实轴上的根轨迹分布为 $(-\infty,0]$；

④ 根轨迹的渐近线与实轴的交点为 $\sigma=-1$，倾角 $\varphi=\pi$；

⑤ 求根轨迹与虚轴的交点，由系统的特征方程，令 $s=\mathrm{j}\omega$ 代入可以得到 $5-\omega^2+(p+1)\omega\mathrm{j}=0$，无解，故根轨迹与虚轴没有交点；

⑥ 求根轨迹的分离点，由方程

$$\frac{1}{s+\dfrac{1}{2}+\dfrac{\sqrt{19}}{2}\mathrm{j}}+\frac{1}{s+\dfrac{1}{2}-\dfrac{\sqrt{19}}{2}\mathrm{j}}=\frac{1}{s}$$

可以得到 $s_{1,2}=\pm\sqrt{5}\approx\pm2.236$，

代入可以得到此时 $p=2\sqrt{5}+1\approx5.47$，即为临界阻尼时的 p 值。

综合上面的计算可以得到系统的根轨迹如图 4.7 所示。

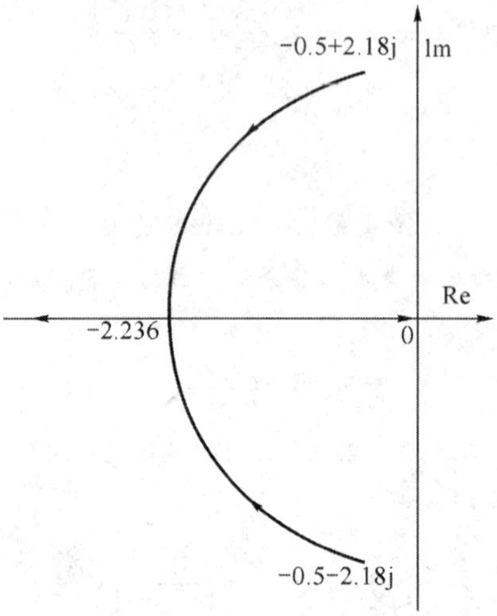

图 4.7　系统的根轨迹图

(2) 由 $M_p=e^{-\frac{\pi\xi}{\sqrt{1-\xi^2}}}=0.163$，可以得到 $\xi=0.5$。

由特征方程 $D(s)=s^2+(p+1)s+5=0,\omega_n^2=5,p+1=2\omega_n\xi$。

可以得到 $p=\sqrt{5}-1\approx1.136$。

※**点评**：主要考查系统的根轨迹随特定参数的变化。

【例 4.2.6】 系统结构如图 4.8 所示，试求开环传递函数具有一对负实重根的 a 值，$a>0$ 在此基础上绘制参数 b 从 $0\to+\infty$ 变化的闭环根轨迹，并判断系统的稳定性。

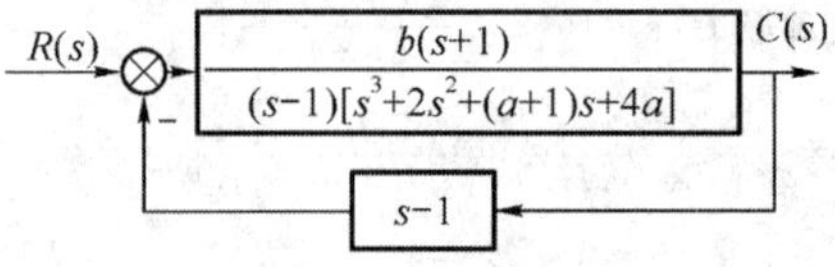

图 4.8　系统结构图

答：由图 4.8 所示，可以得到系统的前向通道传递函数为 $G(s)=\dfrac{b(s+1)}{(s-1)[s^3+2s^2+(a+1)s+4a]}$，系统的开环传递函数为

$$G(s)H(s)=\frac{b(s+1)(s-1)}{(s-1)[s^3+2s^2+(a+1)s+4a]}=\frac{b(s+1)}{s^3+2s^2+(a+1)s+4a},$$

用根轨迹法求解 a，由系统的特征方程：

$$D(s)=s^3+2s^2+(a+1)s+4a=0$$

整理可以得到

$$\frac{a(s+4)}{s(s+1)^2}=-1$$

令 $G_n(s)H_n(s)=\dfrac{a(s+4)}{s(s+1)^2}$，画出其关于 a 的 180°根轨迹：

① 系统开环极点数 $n=3,p_1=0,p_{2,3}=-1$，开环零点数为 $m=1,z_1=-4$。

② 实轴上根轨迹分布为$[-4,0]$。

③ 根轨迹渐近线与实轴的交点为 $\sigma=\frac{0-1-1-(-4)}{3-1}=1$，倾角为 $\varphi=\pm\frac{\pi}{2}$。

④ 求根轨迹的分离点，由方程 $\frac{1}{s}+\frac{2}{s+1}=\frac{1}{s+4}$ 可以得到 $s_1=-0.354$，$s_2=-5.646$，s_2 不在根轨迹实轴分布的范围内，故舍去，可以得到在 s_1 处对应的 $a=0.04$。

此时关于 a 的根轨迹如图 4.9 所示。

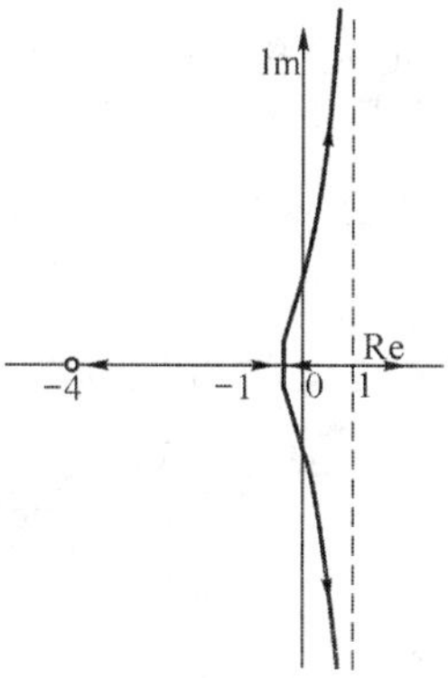

图 4.9 根轨迹图

代入可以得到此时的特征方程为

$$D(s)=s^3+2s^2+1.04s+0.16=0$$

已经求出重根即为分离点 $s_1=-0.354$，由高阶方程的韦达定理可以得到第三根为 $p_3=-1.292$，于是 $G(s)H(s)=\frac{b(s+1)(s-1)}{(s+1.292)(s+0.354)^2(s-1)}$。

再按根轨迹绘制法则可以得到关于 b 的根轨迹如图 4.10 所示。

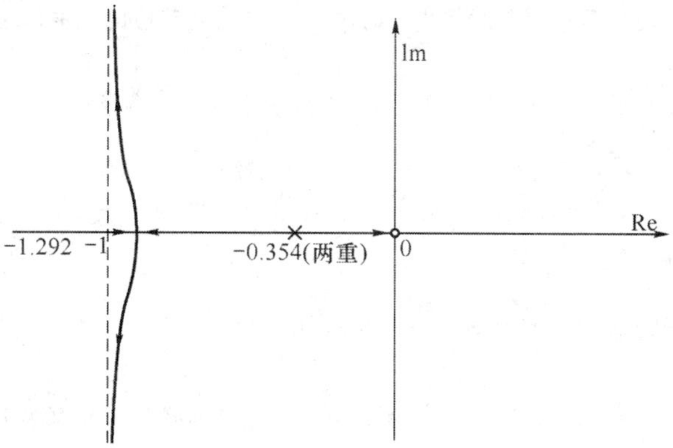

图 4.10 根轨迹图

由于根根轨迹存在虚轴右侧的点 $s=-1$，故系统闭环不稳定。

※点评：主要考查多参数根轨迹。

【例 4.2.7★】(南京航空航天大学) 设正反馈系统的开环传递函数为 $G(s)=\frac{k^*(s+1)}{s^2+4s+5}$，试绘制 k^* 从 $0\to+\infty$ 的闭环根轨迹图，并由此确定使系统稳定的 k^* 范围。(要求写出分离点的坐标)

答：

由题意系统的根轨迹方程为 $1-\frac{k^*(s+1)}{s^2+4s+5}=0$，为 $0°$ 根轨迹；

系统的开环极点数为 $n=2, p_{1,2}=-2\pm j$，开环零点数 $m=1, z_1=-1$；

根轨迹渐近线与实轴的交点为 $\sigma=\dfrac{-2+2j-2-2j-(-1)}{2-1}=-3$，倾角 $\varphi=\dfrac{(2k+1)\pi}{2-1}=\pi k\in \mathbf{Z}$；实轴上的根轨迹分布为 $(-1,+\infty]$；

计算根轨迹的分离点，由 $\dfrac{1}{s+2+2j}+\dfrac{1}{s+2-2j}=\dfrac{1}{s+1}$ 可以得到 $s_1=-2.41, s_2=0.41$，s_1 不在根轨迹上，故舍去；

再计算根轨迹与虚轴的交点，由题意，系统的特征方程为 $D(s)=s^2+(4-k^*)s+(5-k^*)=0$，令 $s=j\omega$ 代入可以得到，$5-k^*-\omega^2+(4-k^*)\omega j=0$，得到 $\omega=\pm1, k^*=4$，由上面的计算可以得到系统的根轨迹如图 4.11 所示。

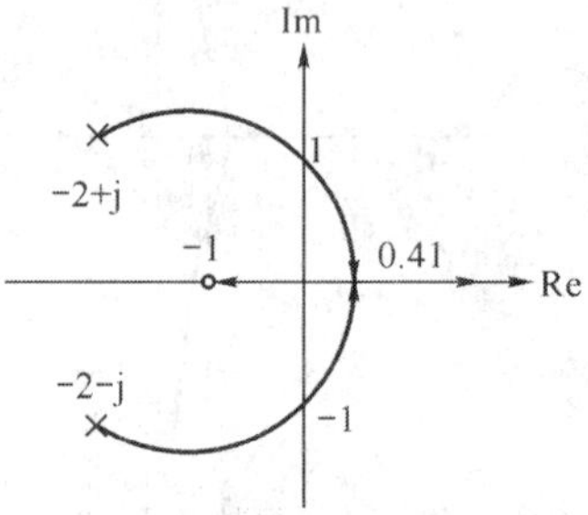

图 4.11　系统的根轨迹图

当系统稳定时 $0<k^*<4$。

※点评：此题考查零度根轨迹的绘制。

【例 4.2.8★】（南京邮电大学）　设单位反馈系统开环传递函数：$G(s)=\dfrac{K(s+1)}{s(s-1)}$

(1) 画出系统以 K 为参数的根轨迹；

(2) 求出系统稳定时 K 的取值范围，并求出引起持续振荡时 K 的临界值及振荡频率；

(3) 由根轨迹图求使系统具有调节时间为 4 时的 K 值及与此对应的复根值。

答：

(1) 系统开环极点 $p_1=0, p_2=1$，开环零点 $z_1=-1$，系统有一条无穷远处的根轨迹，渐近线与实轴的交点 $\sigma=\dfrac{0+1-(-1)}{2-1}=2, \varphi=\pi$。

实轴上的根轨迹分布为 $(-\infty,-1]$，$[0,1]$

由 $\dfrac{1}{s}+\dfrac{1}{s-1}=\dfrac{1}{s+1}$ 得分离点 $s_1=-1+\sqrt{2}\approx0.414$。

由幅值条件代入得到对应开环增益 $K_1=3-2\sqrt{2}\approx0.172$。

同理 $s_2=-1-\sqrt{2}\approx-2.414, K_2=3+2\sqrt{2}\approx5.828$。

由 $s=j\omega$ 得到根轨迹与虚轴交点为 $s=\pm j$，此时 $K=1$，系统的根轨迹如图 4.12 所示。

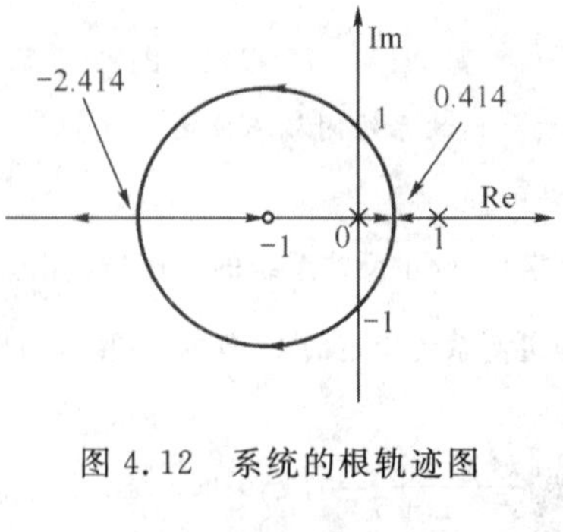

图 4.12　系统的根轨迹图

(2) 由系统的根轨迹图，当 $K>1$ 时，系统闭环稳定，临界值为 $K=1$，振荡频率为 $\omega=1$。

(3) 由 $t_s=\frac{4}{\xi\omega_n}=4\Rightarrow\xi\omega_n=1$，过 $(-1,j_0)$ 作平行于虚轴的直线与根轨迹交于两点。即为此时对应的复数根，设 $s_{1,2}=-1\pm aj(a>0)$，取 $s_1=-1+aj$，由幅值条件可以得到

$90°-(180°-\arctan\frac{a}{1})-(180°-\arctan\frac{a}{1-(-1)})=180°$，得 $a=\sqrt{2}$，于是此时的闭环极点为 $s_{1,2}=-1\pm\sqrt{2}j$，由幅值条件代入可以得到此时 $K=3$。

※**点评**：实质上本题的根轨迹部分为圆，这可以认定为已经证明结论，求出圆方程，在求出(3)问的闭环极点，此方法在大题中比较繁琐，因为要证明根轨迹部分为圆。而在填空选择题中，直接利用此结论可以快速解题，还有一种方法就是先设出闭环极点，再代入系统的特征方程进行求解，此法请读者自己完成。

【例 4.2.9★】（四川大学） 单位反馈系统的开环传递函数为 $G(s)=\frac{K(s+1)(Ts+1)}{s^2}$。

(1) 画出 $T=0,-\infty<K<+\infty$ 的全根轨迹图，并画出满足闭环阻尼比 $\xi=0.707$ 时的 K 值。

(2) 当 $0<T<+\infty$ 时，求闭环系统单位阶跃响应不包含振荡模态的 K、T 参数取值条件。

答：

(1) $T=0$ 时，$G(s)=\frac{K(s+1)(Ts+1)}{s^2}=\frac{K(s+1)}{s^2}$

① 当 $0\leqslant K<+\infty$ 时，为 180°根轨迹。

开环极点数 $n=2,p_1=p_2=0$，开环零点数 $m=1,z_1=-1$；

故根轨迹的有两条分支，有一条为无穷根轨迹；

实轴上的根轨迹分布为 $(-\infty,-1]$；

渐近线与实轴的交点为 $\sigma=\frac{0+0-(-1)}{2-1}=1$，倾角为 $\varphi=\pi$；

计算根轨迹的分离点，由方程 $\frac{2}{s}=\frac{1}{s+1}$ 得到 $s=-2$，由幅值条件得此时 $K=4$；

计算根轨迹与虚轴的交点，系统特征方程为 $D(s)=s^2+Ks+K=0$，令 $s=j\omega$ 代入得到 $K-\omega^2+2K\omega j=0$，无解，根轨迹与虚轴无交点。

系统根轨迹图如图 4.13(a)所示。

② 当 $-\infty<K<0$ 时，为 0°根轨迹。

开环极点数 $n=2,p_1=p_2=0$，开环零点数 $m=1z_1=-1$；

故根轨迹的有两条分支，有一条为无穷根轨迹；

实轴上的根轨迹分布为 $[-1,0]$，$[0,+\infty)$；

渐近线与实轴的交点为 $\sigma=\frac{0+0-(-1)}{2-1}=1$，倾角为 $\varphi=2\pi$；

计算根轨迹的分离点，由方程 $\frac{2}{s}=\frac{1}{s+1}$ 得到 $s=-2$，由幅值条件得此时 $K=4$；

计算根轨迹与虚轴的交点，系统特征方程为 $D(s)=s^2+Ks+K=0$，令 $s=j\omega$ 代入得到 $K-\omega^2+2K\omega j=0$，无解，根轨迹与虚轴无交点。

系统根轨迹如图 4.13(b)所示。

由上面得到的根轨迹图，显然只有 $0\leqslant K<+\infty$ 时采用振荡，$\xi=0.707$，可设此时极点为 $s_{1,2}=-a\pm aj$ $(a>0)$，代入易得到 $a=1,K=2$。

(2) 系统的特征方程为

$$D(s)=s^2+K(s+1)(Ts+1)=(1+KT)s^2+K(1+T)s+K=0$$

要使闭环系统单位阶跃响应不包含振荡模态，则

$$1+KT=0 \text{ 或 } \begin{cases} 1+KT\neq 0 \\ K^2(1+T)^2-4K(1+KT)>0 \end{cases}$$

※**点评**：本题考查180°根轨迹与0°根轨迹的综合。

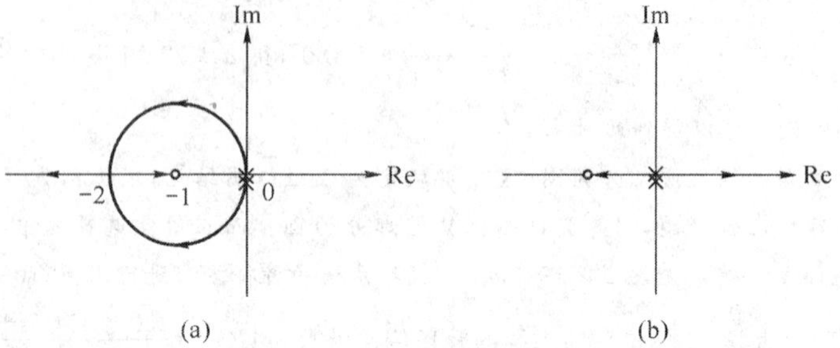

图 4.13　系统的根轨迹图

【例 4.2.10★】(西安交通大学)　已知系统结构如图 4.14 所示。

(1) 画出 τ 从 0→∞的根轨迹(要求有画图步骤)；

(2) 当(a)系统有一个闭环实极点为－1 时；(b)系统有一对实部－1 的闭环复极点时；试根据根轨迹分别确定闭环传递函数，并计算在(a)和(b)两种情况下的最大超调量 $\sigma\%$ 和调节时间 t_s；

(3) 当 $\tau=0$ 时，计算在单位阶跃输入下的稳态误差。

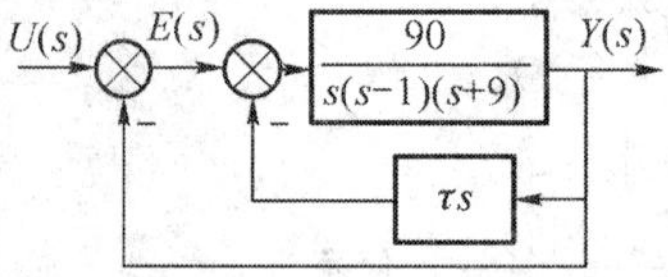

图 4.14　系统结构图

答：

(1) 由题意，系统的开环传递函数为

$$G(s)H(s)=\frac{\dfrac{90}{s(s-1)(s+9)}}{1+\dfrac{90\tau s}{s(s-1)(s+9)}}=\frac{90}{s^3+8s^2+(90\tau-9)s}$$

系统的闭环传递函数为

$$\Phi(s)=\frac{G(s)}{1+G(s)}=\frac{90}{s^3+8s^2+(90\tau-9)s+90}$$

特征方程为

$D(s)=s^3+8s^2+(90\tau-9)s+90=0$，整理可以得到 $\dfrac{90\tau s}{s^3+8s^2-9s+90}=-1$

等效的开环传递函数为 $G_e(s)H_e(s)=\dfrac{90\tau s}{s^3+8s^2-9s+90}$，为180°根轨迹，按照前面根轨迹规则得到系统的根轨迹如图 4.15 所示。

(2)

① 系统有一个闭环实极点为－1 时，在实轴根轨迹上找到(－1,0)点，代入系统的特征方程可以得到 $\tau=\dfrac{53}{45}$，此时系统的特征方程为 $D(s)=s^3+8s^2+97s+90=0$，用长除法可以得到另两个根满足方程 $D'(s)=s^2+7s+90=0$，$s_{1,2}=-3.5\pm 8.82\mathrm{j}$，估算时不妨用此作为闭环主导极点，得到此时的超调量 $\sigma\%\approx 28.7\%$，$t_s\approx 0.86s(5\%)$。

② 过(－1,0)作垂直于实轴的直线，交根轨迹于两点，即为所要求的极点，代入系统的特征方程可以得

到 $\tau=0.4$，$s_{1,2}=-1\pm\sqrt{14}j$，$s_3=-6$，$s_{1,2}$ 为闭环主导极点，得到此时的超调量 $\sigma\%\approx 43.2\%$，$t_s\approx 3s(5\%)$。

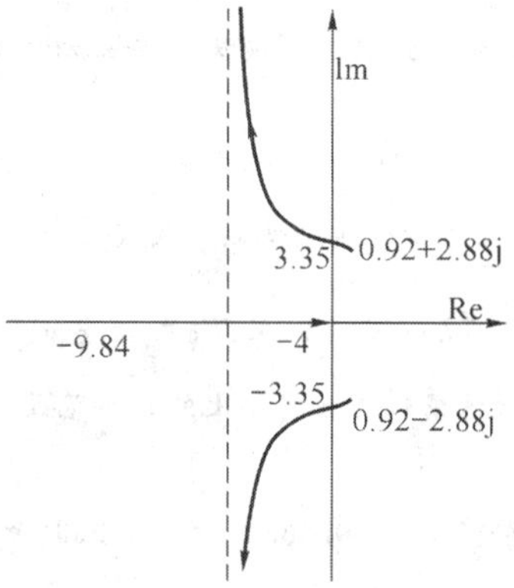

图 4.15　系统的根轨迹图

(3) 当 $\tau=0$ 时，系统的开环传递函数为 $G(s)H(s)=\dfrac{90}{s^3+8s^2-9s}$，系统为Ⅰ型系统，故对单位阶跃响应的稳态误差为零。

※点评：本题为系统参数根轨迹、动态性能、误差特性的综合题。

【例 4.2.11★】(上海交通大学)　控制系统如图 4.16 所示，其中 $G_c(s)=K_p(1+T_Ds)$ 是控制其的传递函数。试绘制 K_p 和 $T_D(K_p\geqslant 0, T_D\geqslant 0)$ 同时变化时的根轨迹簇，并据此分析参数 K_p 和 T_D 对系统稳定性的影响。

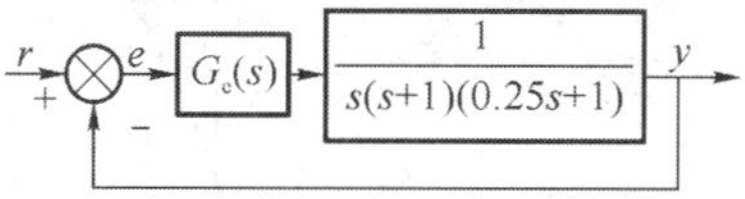

图 4.16　控制系统图

答：

由题意，系统的开环传递函数为

$$G(s)H(s)=G_c(s)\frac{1}{s(s+1)(0.25s+1)}=\frac{K_p(T_Ds+1)}{s(s+1)(0.25s+1)}=\frac{4K_p(T_Ds+1)}{s(s+1)(s+4)}$$

系统的特征方程为

$$s(s+1)(s+4)+4K_p(T_Ds+1)=0$$

即

$$s^3+5s^2+4s+4K_pT_Ds+4K_p=0 \qquad ①$$

整理式①可以得到

$$\frac{4K_pT_Ds}{s^3+5s^2+4s+4K_p}=-1$$

令 $K=4K_p$ 有 $\dfrac{KT_Ds}{s^3+5s^2+4s+K}=-1$ 　②

在画根轨迹簇时，我们先固定 K，视其为常数，先画关于参数 T_D 的根轨迹系统的等效开环函数为 $G_e(s)=\dfrac{KT_Ds}{s^3+5s^2+4s+K}$

在画该等效开环函数的根轨迹时，注意到其开环极点满足方程：

$$s^3+5s^2+4s+K=0 \qquad ③$$

由代数理论可以知道该方程的根要么为三个实数，要么为一实数，还有一对共轭复数，其根的情况与 K 有关，为画上述等效开环系统的根轨迹，我们需要先掌握其极点的情况，也就是式③的根的情况，不妨先对此方程进行适当的变换，可以得到

$$\frac{K}{s(s+1)(s+4)}=-1，令\ G_2(s)=\frac{K}{s(s+1)(s+4)}$$

要得到式③的根的情况，等效于研究 $G_2(s)$ 的关于 K 的根轨迹，下面利用根轨迹的基本概念画出 $G_2(s)$ 的根轨迹：

(1) 易知该系统为三阶系统，故其根轨迹的分支数为 3，开环极点数为 $n=3$，开环零点数 $m=0$，故三个分支都终止于无穷零点处。

(2) 根轨迹的渐近线。由题意根轨迹渐近线与实轴的交点 $\sigma_a=\dfrac{\sum_{i=1}^{n}p_i-\sum_{j=1}^{m}z_j}{n-m}=\dfrac{0+(-1)+(-4)}{3}=-\dfrac{5}{3}$，与实轴的交角 $\varphi=\dfrac{\pm(2k+1)\pi}{n-m}k\in N$ 可以求得 $\varphi=\pm\dfrac{\pi}{3},\pi$。

① 根轨迹在实轴上的分布。由题意根轨迹在实轴上的分布范围为 $(-\infty,-4),(-1,0)$。

② 根轨迹的分离点

由 $\dfrac{1}{s}+\dfrac{1}{s+1}+\dfrac{1}{s+4}=0$，可以求解得 $s_1=-0.465$，$s_2=-2.869$（舍去）

在分离点处对应的开环增益 $K=|s|\times|s+1|\times|s+4|=0.879$

③ 根轨迹与虚轴的交点

由式③令 $s=j\omega$，代入可以得到

$-j\omega^3-5\omega^2+4j\omega+K=0$ 于是 $\omega=2\text{rad/s}$，$K=20$，于是根轨迹与虚轴的交点为 $\pm 2j$。

④ 根轨迹的起始角与终止角

由于三个开环极点都在实轴上，易知极点 -4、0 的起始角为 180°，极点 -1 的起始角为 0°。

综上，可以画出系统的根轨迹如图 4.17 所示。

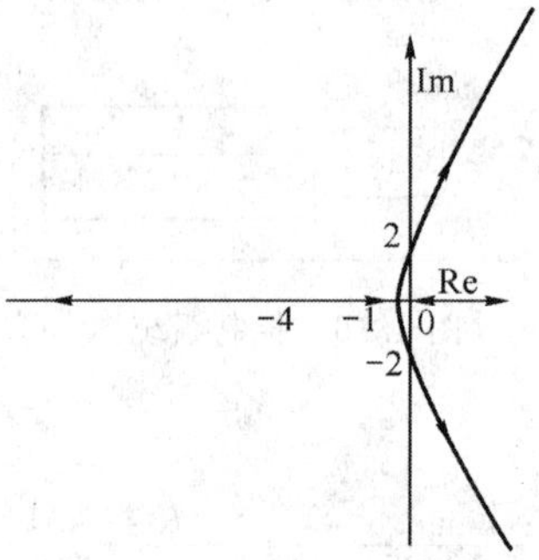

图 4.17　系统的根轨迹图

由图可以知道，当 $K\leqslant 0.879$ 时，即 $K_p\leqslant 0.22$ 时，式③的根均为实数，对应的式②的开环极点均为实数，此时系统 G_e 的根轨迹如图 4.18、图 4.19 所示。

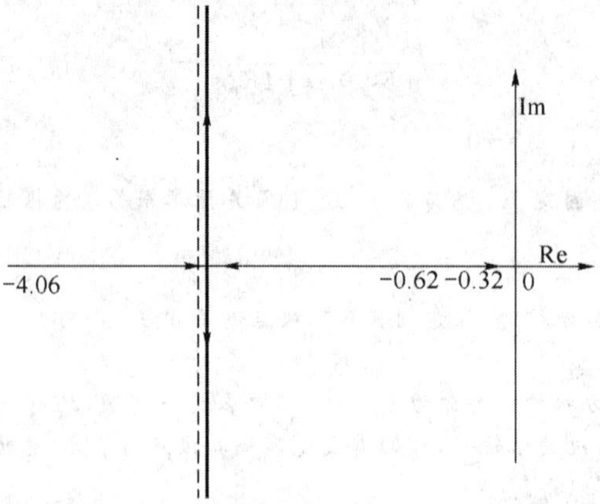

$K_p=0.2$ 时

图 4.18　系统的根轨迹图

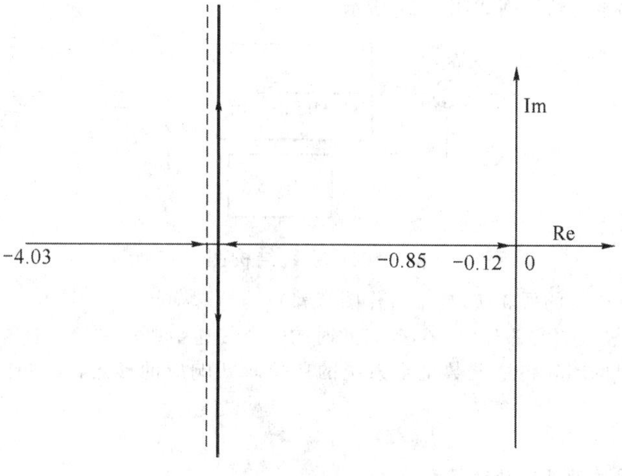

$K_p = 0.1$ 时

图 4.19　系统的根轨迹图

当 $K > 0.879$，即 $K_p > 0.22$ 时，式③的根为一实根加一对共轭复根，这种情况下系统的根轨迹如图 4.20，图 4.21 所示。

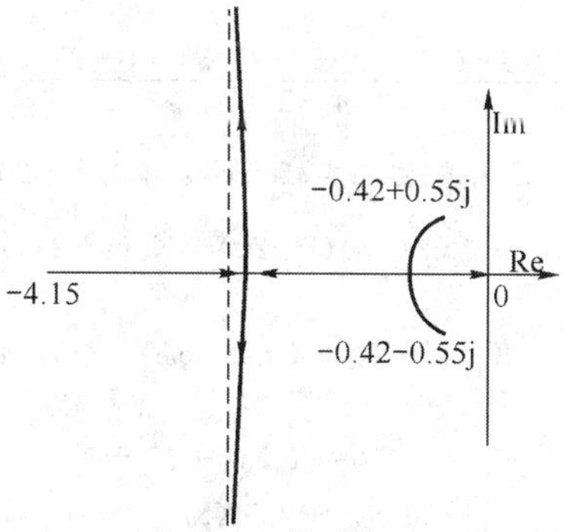

$K_p=0.5$

图 4.20　系统的根轨迹图

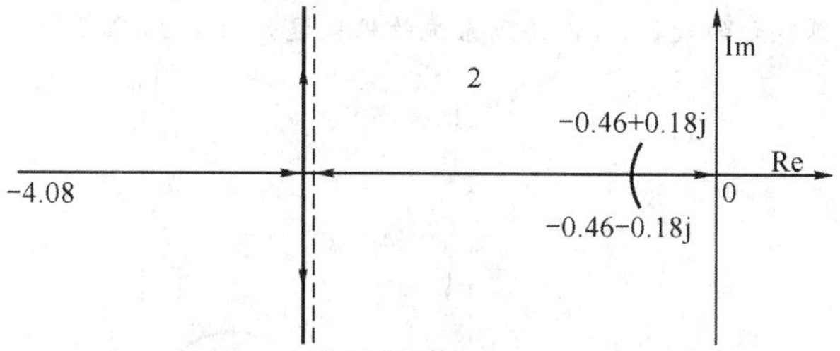

$K_p=0.25$时

图 4.21　系统的根轨迹图

综上三图所示，K_p 直接影响根轨迹的形状，当 $K_p < 0.22$ 时，系统受 K_p 影响稳定性变化较大，K_p 增大，系统的相对稳定性增加，这种情况下，随着 T_D 增加，系统的相对稳定性降低；当 $K_p > 0.22$ 时，K_p 增大，系统的相对稳定性降低，这种情况下，随着 T_D 增加，系统的相对稳定性亦降低。

【例 4.2.12】 已知系统结构图如图 4.22 所示。

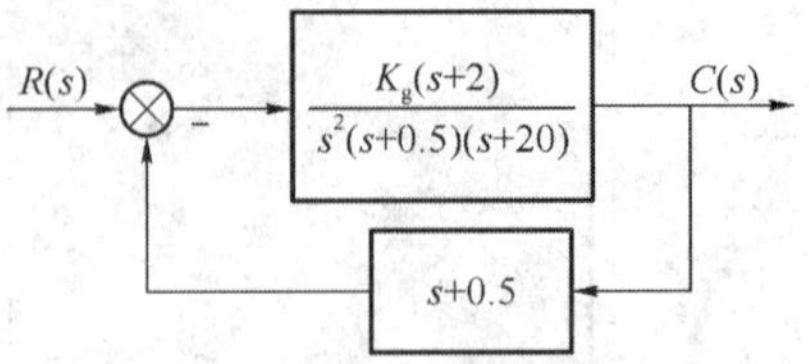

图 4.22 系统结构图

(1) 绘制 K_g 从 0→+∞的根轨迹(要求有作图步骤);

(2) 若已知闭环复极点的实部分为−3,确定此时的闭环传递函数;

(3) 根据(2)中给出的闭环传递函数确定系统的单位阶跃响应的形式,并估计调整时间 t_s 和超调量 $\sigma\%$,试说明估计的理由。

答:

(1) 由题意可知,系统的开环传递函数为

$$G(s)H(s)=\frac{K_g(s+0.5)(s+2)}{s^2(s+0.5)(s+20)}$$

由于此处的反馈为负反馈,其根轨迹为 180°根轨迹,开环极点数为 $n=4$,开环极点为 $p_{1,2}=0$,$p_3=-0.5$,$p_4=-20$,开环极点数为 $m=2$,开环零点为 $z_1=-0.5$,$z_2=-2$。

根轨迹渐近线与实轴的交点为

$$\sigma=\frac{0+0-0.5-20-(-0.5)-(-2)}{4-2}=-9$$

倾角为 $\varphi=\frac{(2k+1)\pi}{4-2}=\pm\frac{\pi}{2}$,$k\in Z$,根轨迹在实轴上的分布为[−20,−2]。

由题意,系统的特征方程为 $D(s)=s^2(s+0.5)(s+20)+K_g(s+2)(s+0.5)=0$,令 $s=\mathrm{j}\omega$ 代入并整理可以得到

$$\omega^4-(10+K_g)\omega^2+K_g+(-20.5\omega^3+2.5K_g\omega)\mathrm{j}=0$$

可以得到

$$\begin{cases}\omega^4-(10+K_g)\omega^2+K_g=0\\-20.5\omega^3+2.5K_g\omega=0\end{cases}$$

此方程组无解,根轨迹与虚轴无交点。

再计算其根轨迹的分离点,由 $\frac{2}{s}+\frac{1}{s+0.5}+\frac{1}{s+20}=\frac{1}{s+2}+\frac{1}{s+0.5}$ 可以得到,$s_1=-8$,$s_2=-5$,经检验均在根轨迹上,由上面计算得到的数据,可以得到系统的根轨迹如图 4.23 所示。

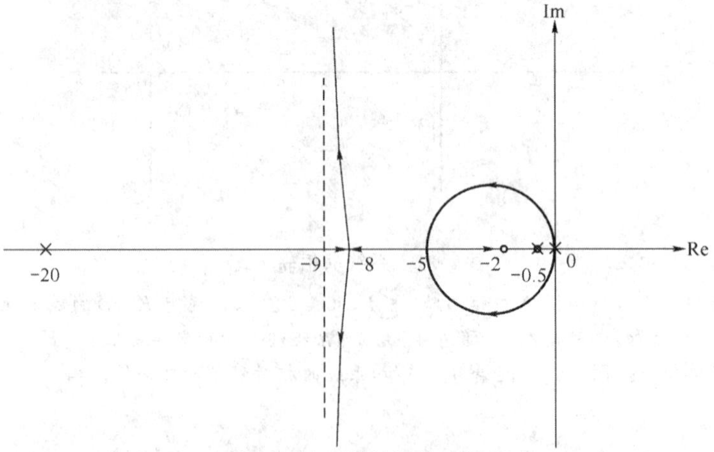

图 4.23 系统的根轨迹图

（2）由题意可知，系统的特征方程为

$$D(s)=s^2(s+0.5)(s+20)+K_g(s+2)(s+0.5)=0$$

设闭环极点为 $s_c=-3+aj$，代入可以得到

$$\begin{cases}a^4+120.5a^2-382.5+K_g(2.5-a^2)=0\\a(385.5-8.5a^2-3.5K_g)=0\end{cases}$$

又因为极点为复极点，所以 $a\neq0$，求解可以得到 $a=\pm\sqrt{5}$，$K_g=98$，代入可得此时的闭环传递函数为 $\Phi(s)=\dfrac{98(s+2)}{s^4+20.5s^3+108s^2+245s+98}$。

（3）由系统此时有闭环极点 $s_{1,2}=-3\pm\sqrt{5}j$，用长除法可以求得另两根满足方程 $s^2+14.5s+7=0$。解得 $s_3=-14$，$s_4=-0.5$，显然 s_4 离虚轴的距离最小，远小于其它极点到虚轴的距离，故其为闭环主导极点，将原四阶系统用此一阶系统进行近似可以得到 $\Phi'(s)=\dfrac{1}{s+0.5}$，其单位阶跃响应单独上升无超调，故超调量 $\sigma\%=0$，该惯性环节时间常数为 $T=2$，故该系统的调节时间为 $t_s=3T=6s$（5%误差带）。

题型 3 系统性能的分析

【例 4.3.1】 已知系统的开环传递函数为 $W_K(s)=\dfrac{K}{s^2(s+1)}$，试画出单位负反馈系统的根轨迹草图（求出关键点）；若在负实轴上加一个开环零点 $-a$，即开环传递函数变为 $W_K(s)=\dfrac{K(s+a)}{s^2(s+1)}$ 时，利用作出的根轨迹图说明：当 $0<a<1$ 时能使系统稳定，若 $a\geqslant1$ 根轨迹有什么变化。

答：

没有开环零点时，由根轨迹绘制规则得到的根轨迹如下图 4.24(a)所示。

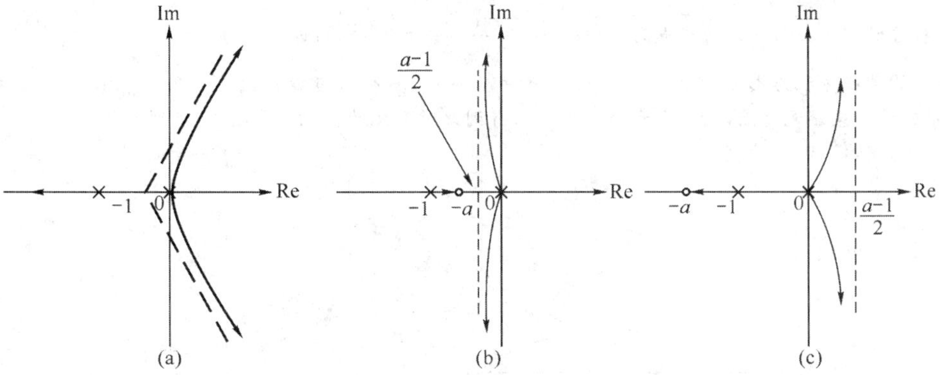

图 4.24 系统的根轨迹图

加入开环零点后 $0<a<1$ 时的根轨迹图如图 4.24(b)所示，此时系统恒稳定；当 $a\geqslant1$ 时的根轨迹图如图 4.24(c)所示，系统不稳定，但是和没有开环零点时的根轨迹相比，根轨迹向左偏移。

※**点评**：本题考查开环零点对系统根轨迹的影响。

【例 4.3.2★】（华中科技大学） 控制系统的开环传递函数为 $G(s)H(s)=\dfrac{K}{s^2(s+2)}$

（1）画出系统的根轨迹图，并分析系统的稳定性。

（2）若选择适当的 K，可使系统稳定，求 K 的取值范围，若系统不稳定，用增加开环零点的方法使闭环系统稳定，并画出增加零点后系统的根轨迹图。

答：

（1）由题意，系统的开环极点数为 $n=3$，开环极点为 $p_{1,2}=0$，$p_3=-2$，开环零点数 $m=0$

根轨迹的渐近线与实轴的交点为 $\sigma=\dfrac{0+0-2}{3}=-\dfrac{2}{3}$，渐近线倾角为 $\pm\dfrac{\pi}{3}$，π；

根轨迹在实轴上的分布为 $(-\infty,-2]$。

系统的特征方程为 $D(s)=s^3+2s^2+K=0$，令 $s=j\omega$ 代入可以得到 $K-2\omega^2-\omega^3 j=0$，无解，故根轨迹与虚轴无交点，于是得到系统根轨迹如图 4.25 所示。

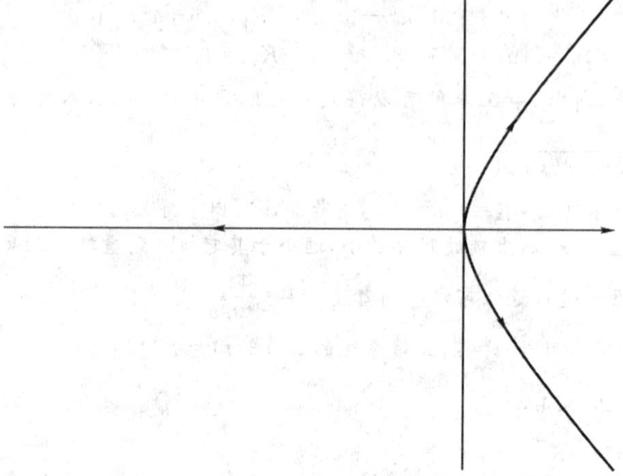

图 4.25 系统根轨迹图

可以看出，系统总是有闭环极点在虚轴的右半部，系统不稳定。

(2) 由上面画出的系统根轨迹知，调节值不能使系统由不稳定变为稳定，而已知增加开环极点可以改善系统的稳定性，不妨增加开环零点 $z=-1$，则此时系统的开环传递函数变为 $G(s)H(s)=\dfrac{K(s+1)}{s^2(s+2)}$。

系统的开环零点为 $z=-1$，开环极点为 $p_{1,2}=0, p_3=-2$。

根轨迹的渐近线与实轴的交点为 $\sigma=\dfrac{0+0-2-(-1)}{3-1}=-\dfrac{1}{2}$，渐近线倾角为 $\pm\dfrac{\pi}{2}$。

系统的特征方程为 $D(s)=s^3+2s^2+Ks+K=0$，令 $s=j\omega$ 代入可以得到 $K-2\omega^2+(K\omega-\omega^3)j=0$，无解，故根轨迹与虚轴无交点，综合上面的计算可以得到此时系统的根轨迹如图 4.26 所示。

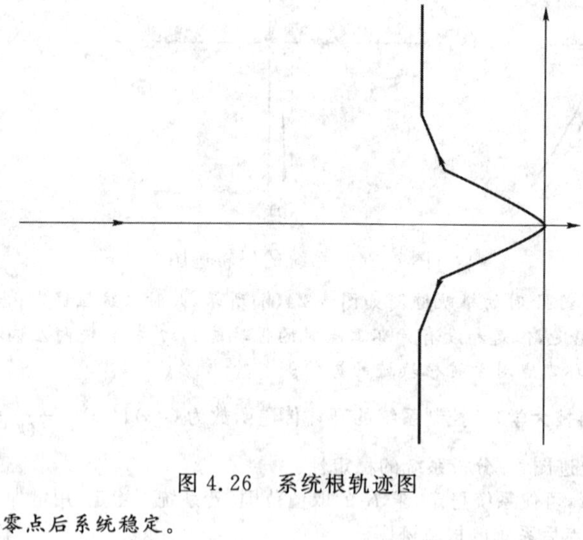

图 4.26 系统根轨迹图

可以看出增加开环零点后系统稳定。

【例 4.3.3★】(西安电子科技大学) 已知某系统的结构图如图 4.27 所示。

(1) 未加校正环节时，即 $G_C(s)=1$，绘制闭环系统的根轨迹图(应计算渐近线、分离点、与虚轴的交点等，近似值即可)；

(2) 判断闭环系统的稳定性；

(3) 加入校正装置 $G_C(s)=s-z$，绘制闭环系统的根轨迹图(应计算渐近线、分离点、与虚轴的交点等，近似值即可)；

(4) 分析加入校正装置后，z 的变化与闭环系统的稳定性之间的关系。

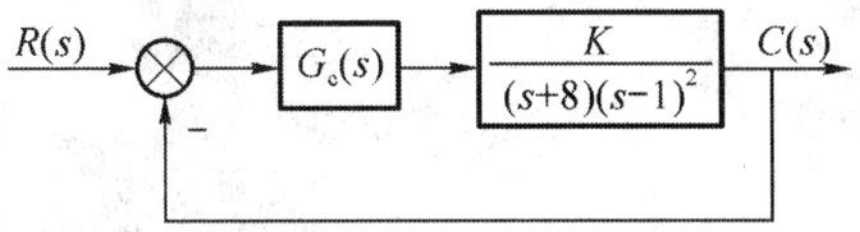

图 4.27　系统的结构图

答:(1) 闭环系统的根轨迹如图 4.28 所示。

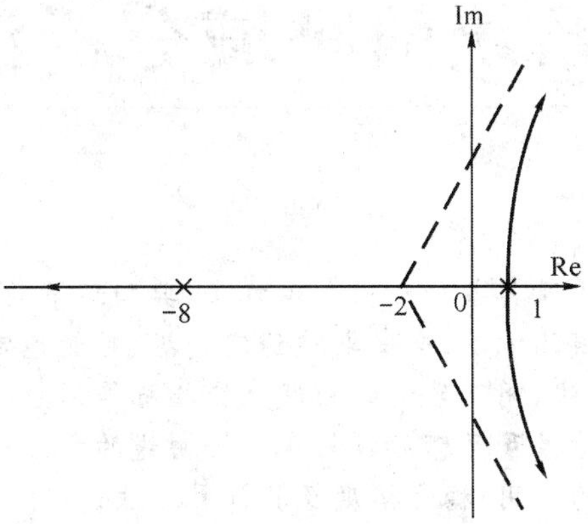

图 4.28　闭环系统的根轨迹图

(2) 系统不稳定。

(3) $z \geqslant -6$，根轨迹如图 4.29(a)所示，$-8 < z < -6$ 根轨迹如图 4.29(b)所示，$z < -8$ 如图 4.29(c)所示。

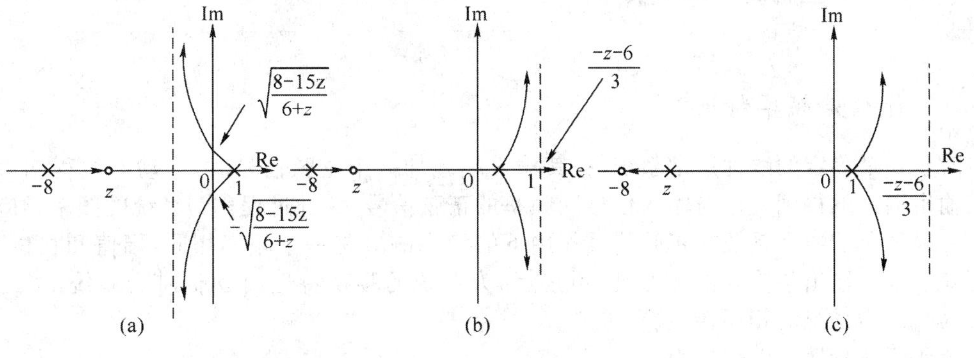

图 4.29　系统的根轨迹图

(4) 当 $z \geqslant -6$，$K > \frac{89}{z+6}$ 时，系统稳定；其他情况下系统不稳定。

第5章

线性系统的频域分析法

【基本知识点】频率特性及其各种几何表示方法；典型环节的频率特性；绘制开环幅相特性和开环对数频率特性曲线的方法；奈奎斯特稳定判据、对数稳定判据及其在系统分析中的应用；稳定裕度及其计算方法；闭环系统的频域性能指标等。

【重点】绘制开环幅相特性和开环对数频率特性曲线的方法；奈奎斯特稳定判据、对数稳定判据及其在系统分析中的应用；稳定裕度及其计算方法。

【难点】绘制开环幅相特性和开环对数频率特性曲线的方法；奈奎斯特稳定判据、对数稳定判据及其在系统分析中的应用；稳定裕度及其计算方法。

5.1 答疑解惑

5.1.1 什么是频率特性？

对于一个稳定的线性定常系统，在其输入端施加一个正弦信号时，当动态过程结束后，在其输出端必然得到一个与输入信号同频率的正弦信号，这种过程称为系统的频率响应。

一个稳定的线性系统在正弦信号作用下的稳态响应是一个频率相同，幅值和相位不同的正弦信号。输出与输入的复数比 $\Phi(\mathrm{j}\omega)$ 称为系统的频率特性，$|\Phi(\mathrm{j}\omega)|$ 为系统的幅频特性，$\angle\Phi(\mathrm{j}\omega)$ 为系统的相频特性。

因此频率特性可以表达为

$$\Phi(\mathrm{j}w)=\frac{C(\mathrm{j}w)}{R(\mathrm{j}w)}=A(\omega)\mathrm{e}^{\mathrm{j}\varphi(\omega)}=G(s)\big|_{s=\mathrm{j}\omega}$$

其中：

$$A(\omega)=|\Phi(\mathrm{j}\omega)|$$

$$\varphi(\omega)=\angle\Phi(\mathrm{j}\omega)$$

显然，只要在传递函数中令 $s=\mathrm{j}\omega$ 即可得到频率特性。稳定系统的频率特性等于输出量傅里叶变换与输入量傅里叶变换之比。上述的频率特性定义还可以推广到不稳定的线性定常系统中。

频率特性与微分方程和传递函数一样，也表征了系统的运动规律，成为系统频域分析的理论依据。系统三种描述方法的关系可用图 5.1 说明。

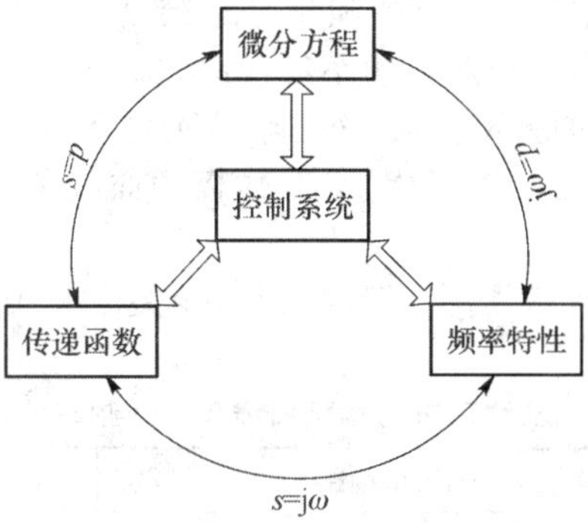

图 5.1 系统三种描述方法的关系图

注意:三种系统之间的关系及互换。

5.1.2 频率特性的几何表示法有哪些?

用曲线表示系统的频率特性,常使用以下几种方法:

(1) 幅相频率特性,又称奈奎斯特(Nyquist)曲线或极坐标图。它是以 ω 为参变量,以复平面上的矢量表示 $G(j\omega)$的一种方法。

(2) 对数频率特性,又称伯德(Bode)图。这种方法是用两条曲线分别表示幅频特性和相频特性。横坐标为 ω,按常用对数 $\lg\omega$ 分度。对数幅频特性的纵坐标为 $L(\omega)=20\lg A(\omega)$,单位为分贝(dB);而对数相频特性的纵坐标表示 $\varphi(\omega)$,单位为度(°)。

(3) 对数幅相频率特性,又称尼柯尔斯(Nichols)曲线。该方法是以 ω 为参变量,$\varphi(\omega)$为横坐标,$L(\omega)$为纵坐标,把 $\varphi(\omega)$和 $L(\omega)$表示在一张图上。

注意:三种几何表示的坐标区别。

5.1.3 典型环节频率特性有哪些?

1. 典型环节分类

(1) 最小相位环节;

比例环节 K,$K>0$;

惯性环节 $1/(1+Ts)$,$T>0$;

一阶微分环节 $1+\tau s$,$T>0$;

积分环节 $1/s$;

微分环节 s;

振荡环节 $1/(s^2/\omega_n^2+2\xi s/\omega_n+1)$,$\omega_n>0$,$0<\xi<1$;

二阶微分环节 $s^2/\omega_n^2+2\xi s/\omega_n+1$,$\omega_n>0$,$0<\xi<1$。

(2) 非最小相位环节

比例环节 K,$K<0$;

惯性环节 $1/(1-Ts)$,$T>0$;

一阶微分环节 $1-\tau s$,$T>0$;

振荡环节 $1/(s^2/\omega_n^2-2\xi s/\omega_n+1)$,$\omega_n>0$,$0<\xi<1$;

二阶微分环节 $s^2/\omega_n^2-2\xi s/\omega_n+1$,$\omega_n>0$,$0<\xi<1$。

另外,系统中还可能出现延迟环节 $e^{-\tau S}$。通常线性定常系统的开环传递函数可看作是由一些典型环节串联而成。

（3）典型环节的频率特性曲线的形状和特点是绘制开环频率特性曲线的基础。表 5.1 所示为各种典型环节的幅相曲线和对数频率特性曲线。

非最小相位系统和相应的最小相位系统（除了比例环节外）：①幅频特性相同，②相频特性符号相反，③幅相曲线关于实轴对称，④对数幅频曲线相同，⑤对数相频曲线关于 0 度线对称。

传递函数互为倒数的典型环节：①对数幅频曲线关于 0 dB 线对称，②对数相频曲线关于 0 度线对称。

表 5.1　典型环节的幅相曲线和对数频率特性曲线

典型环节	幅相频率特性	对数幅频特性相频特性
比例环节 K	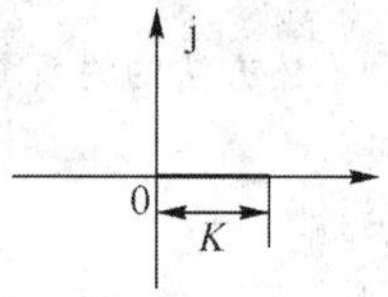	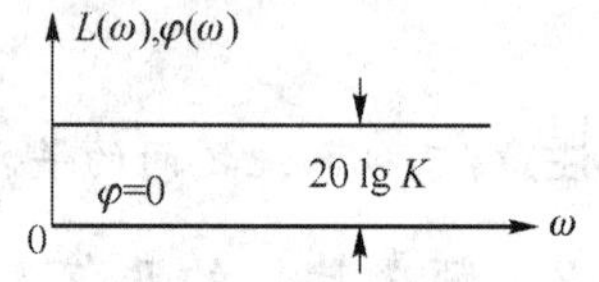
积分环节 $1/s$	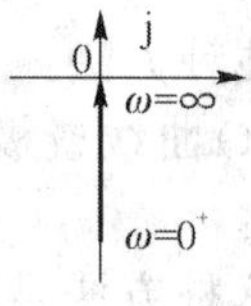	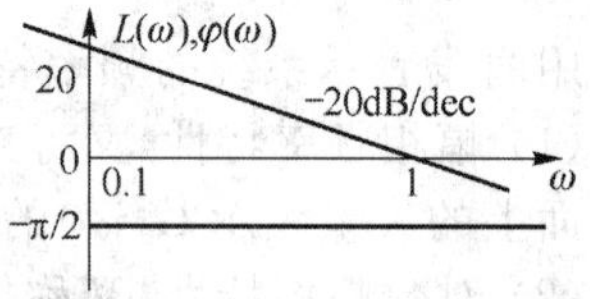
微分环节 s	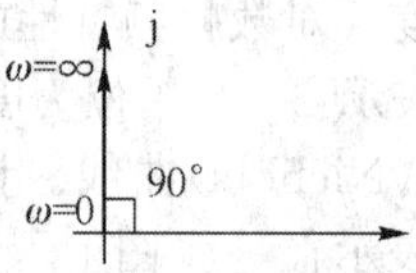	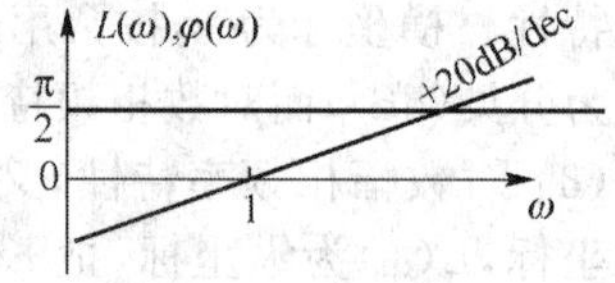
惯性环节 $1/(1+Ts)$	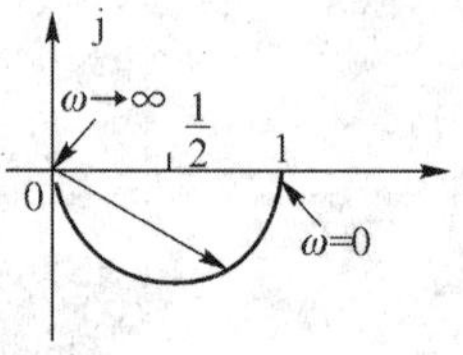	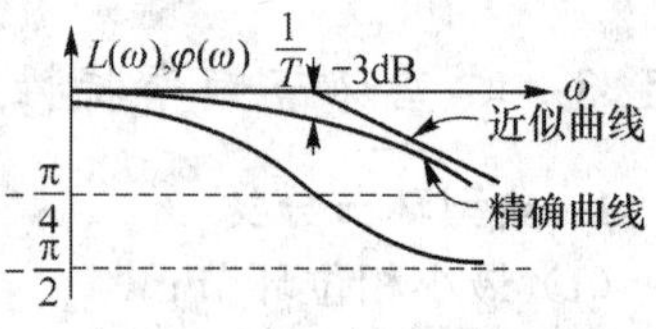
一阶微分环节 $1+\tau s$	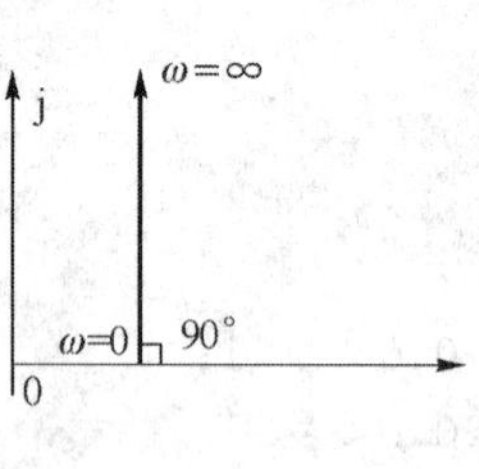	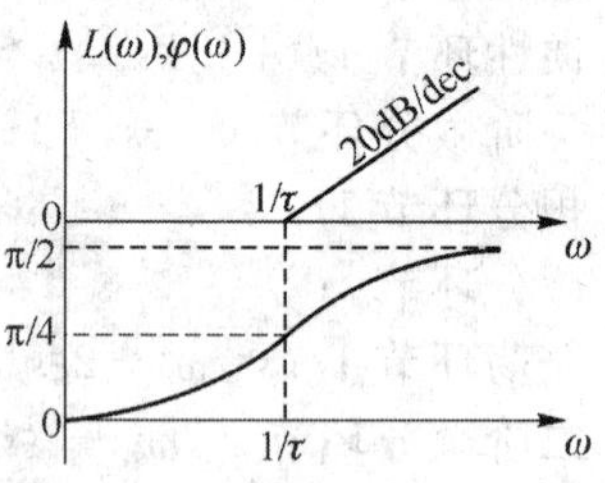
二阶振荡环节 $1/(s^2/\omega_n^2+2\xi s/\omega_n+1)$	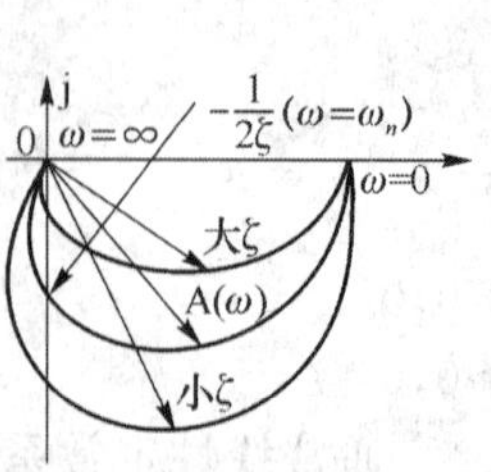	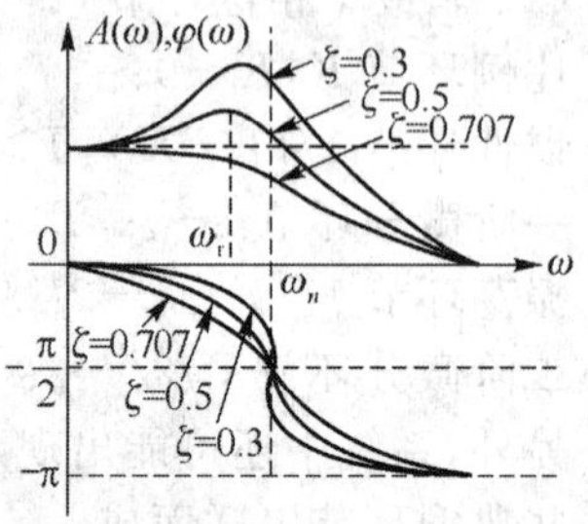

5.1.4　如何绘制开环对数频率特性曲线?

设开环系统由 n 个典型环节串联组成,其传递函数为

$$G(s)=G_1(s)G_2(s)\cdots G_n(s)$$

系统的开环频率特性为

$$G(\mathrm{j}\omega)=G_1(\mathrm{j}\omega)G_2(\mathrm{j}\omega)\cdots G_n(\mathrm{j}\omega)$$

可见

$$A(\omega)=A_1(\omega)\ A_2(\omega)\cdots\ A_n(\omega)$$

$$L(\omega)=L_1(\omega)+L_2(\omega)+\cdots+L_n(\omega)$$

$$\varphi(\omega)=\varphi_1(\omega)+\varphi_2(\omega)+\cdots+\varphi_n(\omega)$$

式中,$G_i(s)(i=1,2,\cdots,n)$表示各典型环节的传递函数,$G_i(\mathrm{j}\omega)(i=1,2,\cdots,n)$ 表示各典型环节的频率特性,$A_i(\omega)(i=1,2,\cdots,n)$表示各典型环节的幅频特性,$L_i(\omega)(i=1,2,\cdots,n)$表示各典型环节的对数幅频特性,$\varphi_i(\omega)\ (i=1,2,\cdots,n)$表示各典型环节的相频特性。

可以看出,如果 $G(s)$ 由 n 个典型环节串联而成,则其对数幅频特性曲线和对数相频特性曲线可由典型环节对应曲线叠加而得。

绘制开环对数频率特性曲线的一般步骤如下:

(1) 开环传递函数典型环节分解。

(2) 确定一阶环节、二阶环节的交接频率,将各交接频率按从小到大的顺序 $\omega_1,\omega_2,\cdots,\omega_l$ 标注在半对数坐标图的 ω 轴上。

(3) 绘制 ω_1 左边的低频段渐进线。在 $\omega<\omega_1$ 频段内,开环系统幅频渐近特性的斜率取决于$\dfrac{K}{\omega^{\nu}}$,因而直线斜率为-20νdB/dec。为了获得低频渐近线,还需要确定该直线上的一点,可以采用以下三种方法:

① 任选一点 ω_0,如果 $\omega_0<\omega_1$,则渐近点$\left(\omega_0,20\lg\dfrac{|K|}{\omega^{\nu}}\right)$;如果 $\omega_0>\omega_1$,则渐近线的延长线过点$\left(\omega_0,20\lg\dfrac{|K|}{\omega^{\nu}}\right)$。

② 取特定频率 $\omega_0=1$,则 $L_a(1)=20\lg K$。

③ 渐近线或其延长线与零分贝线的交点为 $\omega_0=|K|^{1/\nu}$。

(4) 从 $\omega=\omega_1$ 点起,渐近线斜率发生变化,斜率变化的数值取决于 ω_1 对应的典型环节的种类,具体情况如表 5.2 所示。在每个频率交接点处,斜率都发生变化,两个相邻交接频率之间为直线。

表 5.2　典型环节的种类

<table>
<tr><th>典型环节种类</th><th>典型环节传递函数</th><th>交接频率</th><th>斜率变化</th></tr>
<tr><td rowspan="4">一阶环节
($T>0$)</td><td>$\dfrac{1}{1+Ts}$</td><td rowspan="4">$\dfrac{1}{T}$</td><td rowspan="2">-20 dB/dec</td></tr>
<tr><td>$\dfrac{1}{1-Ts}$</td></tr>
<tr><td>$1+Ts$</td><td rowspan="2">20 dB/dec</td></tr>
<tr><td>$1-Ts$</td></tr>
</table>

续 表

典型环节种类	典型环节传递函数	交接频率	斜率变化
二阶环节 ($\omega_n>0, 1>\xi\geqslant 0$)	$1\Big/\left(\frac{s^2}{\omega_n^2}+2\xi\frac{s}{\omega_n}+1\right)$	ω_n	-40 dB/dec
	$1\Big/\left(\frac{s^2}{\omega_n^2}-2\xi\frac{s}{\omega_n}+1\right)$		
	$\frac{s^2}{\omega_n^2}+2\xi\frac{s}{\omega_n}+1$		40 dB/dec
	$\frac{s^2}{\omega_n^2}+2\xi\frac{s}{\omega_n}+1$		

注意：只有最小相位系统的开环对数幅频特性和系统的开环传递函数是一一对应的关系，故只有最小相位系统可由开环对数幅频特性来求开环传递函数。

5.1.5 如何绘制开环幅相曲线？

如果最小相位系统的开环传递函数为

$$G(s)H(s)=\frac{K(\tau_1 s+1)\cdots(\tau_m s+1)}{s^v(T_1 s+1)\cdots(T_u s+1)}$$

其开环频率特性为

$$G(j\omega)H(j\omega)=\frac{K(j\omega\tau_1+1)\cdots(j\omega\tau_m+1)}{(j\omega)^v(j\omega T_1+1)\cdots(j\omega T_u+1)}$$

概括绘制开环幅相曲线分以下几部分。

(1) 曲线的起点：

$\omega=0$ 时，曲线的特点完全取决于 K 和 v。若 $K>0$，则

$$\lim_{\omega\to 0}G(j\omega)H(j\omega)=\lim_{\omega\to 0}\frac{K}{(j\omega)^v}=\lim_{\omega\to 0}\frac{K}{\omega^v}\cdot\angle -v\times 90^\circ$$

若 $K<0$，则

$$\lim_{\omega\to 0}G(j\omega)H(j\omega)=\lim_{\omega\to 0}\frac{K}{(j\omega)^v}=\lim_{\omega\to 0}\frac{|K|}{\omega^v}\cdot\angle -v\times 90^\circ-180^\circ$$

(2) $\omega\to 0$ 时，Ⅰ型系统幅相曲线渐近线是平行于虚轴的直线，其横坐标为 $\lim\limits_{\omega\to 0^+}\mathrm{Re}[G(j\omega)H(j\omega)]$。

(3) 曲线的终点：

$\omega=\infty$时，幅相特性取决于开环传递函数分子、分母多项式中最小相位环节和非最小相位环节的阶次和。

$$|G(j\infty)H(j\infty)|=\begin{cases}0 & n>m\\ K^* & n=m\end{cases}$$

$$\angle G(j\infty)H(j\infty)=\begin{cases}[(m_1-m_2)-(n_1-n_2)]\times 90^\circ & K>0\\ [(m_1-m_2)-(n_1-n_2)]\times 90^\circ-180^\circ & K<0\end{cases}$$

其中 K^* 为系统开环根轨迹增益，m_1 和 n_1 分别为开环传递函数分子多项式和分母多项式中最小相位环节的阶次和；m_2 和 n_2 分别为分子多项式和分母多项式中非最小相位环节的阶次和。对于最小相位系统，则有

$$G(j\infty)H(j\infty)=0\angle(m-n)\times 90^\circ$$

曲线收敛于原点，并与某一坐标轴相切。

(4) 幅相曲线与负实轴交点的求取。令 $G(\mathrm{j}\omega)$ 的虚部为零，即可求得交点处的频率，继而求出与实轴的交点。

(5) 当开环传递函数中不包含微分环节时，幅相曲线的相角连续地减小；否则，幅相曲线可能有凸凹。

(6) 若开环系统存在等幅振荡环节，即开环传递函数具有如下形式

$$G(s)H(s)=\frac{1}{\left(\frac{s^2}{\omega_n^2}+1\right)}G_1(s)H_1(s)$$

$G_1(s)H_1(s)$ 不含 $\pm\mathrm{j}\omega_n$ 的极点，则当 $\omega\to\omega_n$ 时，幅频 $|G(\mathrm{j}\omega_n)H(\mathrm{j}\omega_n)|\to\infty$，相频

$$\angle G(\mathrm{j}\omega_{n-})H(\mathrm{j}\omega_{n-})\approx\angle G_1(\mathrm{j}\omega_{n-})H_1(\mathrm{j}\omega_{n-})$$

$$\angle G(\mathrm{j}\omega_{n+})H(\mathrm{j}\omega_{n+})\approx\angle G_1(\mathrm{j}\omega_{n+})H_1(\mathrm{j}\omega_{n+})-l\times180^\circ$$

5.1.6 什么是奈奎斯特稳定判据？

控制系统稳定的充分必要条件是奈奎斯特曲线逆时针包围 $(-1,\mathrm{j}_0)$ 点的圈数 R 等于开环传递函数中右半 s 平面的极点数 P，即 $R=P$；否则闭环系统不稳定，闭环正实部特征根个数 Z 可按下式确定：

$$Z=P-R$$

需要注意的是，用奈奎斯特判据判稳时，通常只需绘制 ω 由 0 到 ∞ 时的开环幅相曲线，其逆时针包围 $(-1,\mathrm{j}_0)$ 点的圈数为 N，故有 $Z=P-2N$。如果闭环传递函数包含 v 个积分环节，则绘制开环幅相曲线后，应从与频率 0^+ 对应的点开始，逆时针方向补画 v 个半径为无穷大的 1/4 圆。

5.1.7 什么是对数频率稳定判据？

对数频率稳定判据：一个反馈控制系统，其闭环特征方程正实部根个数 Z，可以根据开环传递函数右半 s 平面极点数 P 和开环对数幅频特性 $L(\omega)>0$ 的所有频率范围内，对数相频曲线与 -180° 线的正负穿越次数之差 $N=N^+-N^-$ 确定：

$$Z=P-2N$$

Z 为零，闭环系统稳定；否则，系统不稳定。如果闭环传递函数包含 v 个积分环节，则绘制开环对数频率曲线后，应从对数相频特性曲线频率 0^+ 的地方向上补画 $v\times90^\circ$ 的虚直线。

5.1.8 什么是相角裕度？

稳定裕度是衡量系统稳定程度的指标。

若 ω_c 为系统的截止频率，即 ω_c 满足

$$A(\omega_c)=|G(\mathrm{j}\omega_c)H(\mathrm{j}\omega_c)|=1$$

则相角裕度 γ 定义为幅相特性曲线模值等于 1 的矢量与负实轴的夹角：

$$\gamma=180^\circ+\angle G(\mathrm{j}\omega_c)H(\mathrm{j}\omega_c)$$

相角裕度 γ 的含义是，对于闭环稳定系统，如果系统开环相频特性再滞后 γ 度，则系统将处于临界稳定状态。

5.1.9 什么是幅值裕度？

若 ω_g 为系统的穿越频率

$$\varphi(\omega_x)=\angle[G(j\omega_x)H(j\omega_x)]=(2k+1)\pi \quad k=0,\pm1,\pm2,\cdots$$

幅值裕度 h 定义为幅相曲线上，相角为 $(2k+1)\pi$ 时对应幅值的倒数，即

$$h=\frac{1}{|G(j\omega_g)H(j\omega_g)|}$$

幅值裕度的分贝值为

$$L_h=20\lg h=-20\lg|G(j\omega_g)H(j\omega_g)|$$

幅值裕度 h 的含义是，对于闭环稳定系统，如果系统开环幅频特性再增大 h 倍，则系统处于临界稳定状态。

5.1.10 闭环频域性能指标有哪些？

频率特性曲线在数值上和形状上的一般特点，常用几个特征量来表示，即峰值 M_r（或 A_m）、频带 ω_b、相频宽 $\omega_{b\varphi}$ 和零频幅比 $A(0)$。这些特征量又称频域性能指标，它们在很大程度上能够间接地表明系统动态过程的品质。

(1) 峰值 M_r 是指幅频特性 $A(\omega)$ 的最大值。峰值大，表明系统对某个频率的正弦信号反映强烈，有共振的倾向。这意味着系统的平稳性较差，阶跃响应将有过大的超调量。一般要求 $M_r<1.5A(0)$。

(2) 频带 ω_b 是指幅频特性 $A(\omega)$ 的数值衰减到 0.707 A(0)时所对应的频率。ω_b 高，则 $A(\omega)$ 曲线由 A(0)到 0.707 A(0)所占据的频率区间较宽，一方面表明系统重现输入信号的能力强，这意味着系统的快速性好，阶跃响应的上升时间和调节时间短；另一方面系统抑制输入端高频声的能力就弱。设计中应折中考虑。

(3) 相频宽 $\omega_{b\varphi}$ 是指相频特性 $\varphi(\omega)$ 等于 $-\pi/2$ 时所对应的频率，也可以作为快速性的指标。相频 $\varphi(\omega)$ 为负值，表明系统的稳态输出在相位上落后于输入。相频宽 $\omega_{b\varphi}$ 高一些，即输入信号的频率较高，变化较快时，输出才落后 $\pi/2$，这意味着系统反映迅速，快速性好。

(4) $A(0)$ 是指零频（$\omega=0$）时的振幅比。输入一定幅值的零频信号，即直流或常值信号，若 $A(0)=1$，则表明系统响应的终值等于输入，静差为零。如 $A(0)\neq1$，表明系统有静差。所以 $A(0)$ 与 1 相差之大小，反映了系统的稳态精度，$A(0)$ 越接近 1，系统的精度越高。

频带宽，峰值小，过渡过程性能好。这是稳定系统动态响应的一般准则。

5.1.11 开环频域指标与时域指标的关系有哪些？

1. 典型二阶系统频域指标与时域指标的关系

谐振峰值 $M_r=\dfrac{1}{2\xi\sqrt{1-\xi^2}} \quad (\xi\leqslant0.707)$

谐振频率 $\omega_r=\omega_n\sqrt{1-2\xi^2} \quad (\xi\leqslant0.707)$

带宽频率 $\omega_b=\omega_n\sqrt{1-2\xi^2+\sqrt{2-4\xi^2+4\xi^4}}$

截止频率 $\omega_c=\omega_n\sqrt{\sqrt{1-4\xi^4}-2\xi^2}$

相角裕度 $\gamma=\arctan\dfrac{\xi}{\sqrt{\sqrt{1-4\xi^4}-2\xi^2}}$

超调量 $\sigma\%=e^{-\pi\xi/\sqrt{1-\xi^2}}\times100\%$

调节时间 $t_s=\dfrac{3.5}{\xi\omega_n} \quad \omega_c t_s=\dfrac{7}{\tan\gamma}$

2. 高阶系统频域指标与时域指标的关系

谐振峰值 $M_r=\dfrac{1}{\sin\gamma}$

超调量 $\sigma=0.16+0.4(M_r-1)\quad(1\leqslant M_r\leqslant 1.8)$

调节时间 $t_s=\dfrac{K\pi}{\omega_c}$

$$K=2+1.5(M_r-1)+2.5(M_r-1)^2\quad(1\leqslant M_r\leqslant 1.8)$$

5.2 典型题解

题型1 频率特性

【例5.1.1】 系统的传递函数、频率特性、根轨迹，各表征系统的何种特性？它们之间有何关系？比较后两种方法在分析系统性能上的优劣。

答：传递函数表征的是信号的传递特性，频率特性表达的是系统跟踪复现信号的能力，根轨迹则表征的是系统特征方程的根随参数而变化的趋势；三者从不同的角度描述系统。频率特性可以通过系统的传递函数令 $s=\mathrm{j}\omega$ 代入得到的复数比得到，而系统的根轨迹可以通过系统的传递函数的特征方程，按照根轨迹的绘制规则得到。频率特性能够很直观的看到系统随信号频率变化的特性，但是不能直观的看出系统特征根的分布，而根轨迹可以看出系统的特征根分布，但是它不能反映出系统输出随输入信号频率变化而变化的规律。

【例5.1.2】 求图5.2所示网络的频率特性。

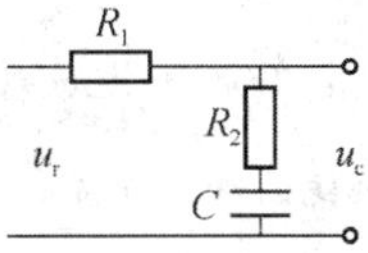

图5.2 网络图

答：由题意，使用复阻抗，可以得到

$$\frac{U_c(s)}{U_r(s)}=\frac{R_2+\dfrac{1}{Cs}}{R_1+R_2+\dfrac{1}{Cs}}=\frac{R_2Cs+1}{(R_1+R_2)Cs+1}$$

令 $s=\mathrm{j}\omega$ 代入可以得到

$$\frac{U_c(\mathrm{j}\omega)}{U_r(\mathrm{j}\omega)}=\frac{R_2C\omega\mathrm{j}+1}{(R_1+R_2)C\omega\mathrm{j}+1},\left|\frac{U_c(\mathrm{j}\omega)}{U_r(\mathrm{j}\omega)}\right|=\frac{\sqrt{(R_2C\omega)^2+1}}{\sqrt{((R_1+R_2)C\omega)^2+1}}$$

$$\angle\frac{U_c(\mathrm{j}\omega)}{U_r(\mathrm{j}\omega)}=\arctan(R_2C\omega)-\arctan((R_1+R_2)C\omega)$$

※点评：本题综合考查系统建模和系统的频率特性。

【例5.1.3】 某系统的单位阶跃响应为 $y(t)=1+\mathrm{e}^{-t}+\mathrm{e}^{-2t}$，试求系统的频率特性。

答：

由题意，系统的传递函数为 $G(s)=\dfrac{L(y(t))}{\dfrac{1}{s}}=\dfrac{\dfrac{1}{s}+\dfrac{1}{s+1}+\dfrac{1}{s+2}}{\dfrac{1}{s}}=\dfrac{3s^2+6s+2}{s^2+3s+2}$

令 $s=j\omega$，代入可以得到 $G(j\omega)=\dfrac{2-3\omega^2+6\omega j}{2-\omega^2+3\omega j}$

$|G(j\omega)|=\dfrac{\sqrt{(2-3\omega^2)^2+36\omega^2}}{\sqrt{(2-\omega^2)^2+9\omega^2}}$，$\angle G(j\omega)=\arctan\dfrac{6\omega}{2-3\omega^2}-\arctan\dfrac{3\omega}{2-\omega^2}$。

※**点评**：本题考查根据系统的传递函数求系统的频率特性。

【例 5.1.4★】（华中科技大学） 控制系统的传递函数为 $G(s)=\dfrac{1}{s(s+1)}$，当输入信号为 $R(t)=A\sin 2t$ 时，求系统的稳态输出。

答：

由 $G(s)=\dfrac{1}{s(s+1)}$ 可以得到，$G(j\omega)=\dfrac{1}{j\omega(j\omega+1)}=\dfrac{1}{-\omega^2+\omega j}$，由题意 $\omega=2$ rad/s。

$|G(j\omega)|=\dfrac{1}{\omega}\times\dfrac{1}{\sqrt{\omega^2+1}}=\dfrac{1}{2\sqrt{5}}$，$\angle G(j\omega)=-90^\circ-\arctan\omega=-153.4^\circ$，于是系统的稳态输出为 $R(t)=\dfrac{A}{2\sqrt{5}}\sin(2t-153.4^\circ)$。

※**点评**：本题属于典型的根据频率特性的定义求系统在正弦输入条件下系统稳态输出的例子。

【例 5.1.5】 已知单位反馈系统的开环传递函数为 $G(s)=\dfrac{3}{2s}$。

(1) 确定系统在输入信号 $r(t)=1(t)$ 作用下的调节时间 t_s。

(2) 当 $r(t)=2\cos(t+15^\circ)$ 时，求此时系统的稳态误差 $e_{ss}(t)$。

答：

(1) 由题意，系统的闭环传递函数为 $\Phi(s)=\dfrac{G(s)}{1+G(s)}=\dfrac{3}{2s+3}=\dfrac{1}{\frac{2}{3}s+1}$

$t_s=3T=2s$　5%误差带

(2) $\Phi_e(s)=1-\Phi(s)=\dfrac{2s}{2s+3}$，令 $s=j\omega$，得到 $|\Phi_e(j\omega)|=\dfrac{2\omega}{\sqrt{4\omega^2+9}}$

$\angle\Phi_e(j\omega)=90^\circ-\arctan\dfrac{2\omega}{3}$，令 $\omega=1$，得到 $e_{ss}(t)=\dfrac{4}{\sqrt{13}}\cos(t+71.3^\circ)$。

※**点评**：本题通过求解误差传递函数求系统的稳态误差。

【例 5.1.6】 反馈控制系统如图 5.3 所示，其中 $G(s)=\dfrac{K}{s^\upsilon(s+a)}$。

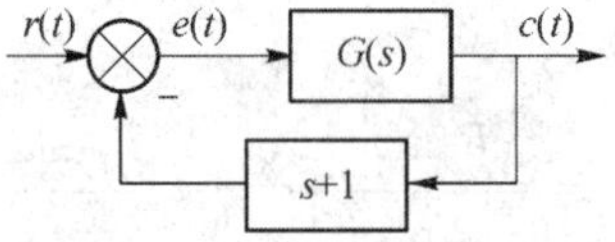

图 5.3　反馈控制系统

根据以下条件：

(1) 在 $r(t)=t$ 的作用下，$e(t)$ 的稳态值为 0.25。

(2) 在 $r(t)=10\sin 4t$ 的作用下，系统稳态输出 $c(t)$ 的幅值为 2。

求出参数 υ,k,a，写出系统的开环传递函数。

答：由题意，要使系统在 $r(t)=t$ 的作用下，$e(t)$ 的稳态值为 0.25，系统必为 I 型系统，即 $\nu=1$，

$G(s)=\dfrac{K}{s^\upsilon(s+a)}=\dfrac{K}{s(s+a)}$，$K_v=\lim\limits_{s\to0}sG(s)H(s)=\lim\limits_{s\to0}s\times\dfrac{K}{s(s+a)}\times(s+1)=\dfrac{K}{a}$，又由误差稳态值为 0.25，可以得到 $e_{ss}=\dfrac{1}{K_v}=\dfrac{a}{K}=0.25$。　①

系统的闭环传递函数为 $\Phi(s)=\dfrac{\dfrac{K}{s(s+a)}}{1+(s+1)\dfrac{K}{s(s+a)}}=\dfrac{K}{s^2+(a+K)s+K}$

系统的频率特性为 $\Phi(\mathrm{j}\omega)=\dfrac{K}{-\omega^2+(a+K)\omega\mathrm{j}+K}=\dfrac{K}{K-\omega^2+(a+K)\omega\mathrm{j}}$

将 $\omega=4$ 代入可以得到 $|\Phi(4\mathrm{j})|=\dfrac{K}{\sqrt{(K-16)^2+16(a+K)^2}}=\dfrac{2}{10}$ ②

由①、②两式联立可以解得 $K=16, a=4$

于是系统的开环传递函数为 $G(s)=\dfrac{16}{s(s+4)}$

※**点评**：本题属于系统频率特性与误差特性的综合题。

题型 2　开环频率特性曲线的绘制

【例 5.2.1】 若系统的 Bode 图已知，其低频段幅频特性的渐近线是一条斜率为 −20 dB/dec 的直线，且穿越 0 分贝线时的 $\omega=15$ rad，则该系统________。

A. 有一个积分环节　　B. 有 2 个积分环节

C. 开环放大倍数为 $\sqrt{15}$　　D. 开环放大倍数是 225

E. 开环放大倍数是 15　　F. 没有纯积分环节

答：本题考查 Bode 图的基本概念。选择 AE。

【例 5.2.2】(东南大学) 系统开环传递函数为 $\dfrac{10(2s^5+3s^3+1)}{s^2(s^6+7)}$，则系统在高频段 $\omega\to\infty$ 渐近线的斜率为________。

A. 0 dB/dec　　B. −20 dB/dec　　C. −40 dB/dec　　D. 以上皆不是

答：本题考查 Bode 图的高频段。传递函数分母与分子的阶数相差为 2，故选择 D。

【例 5.2.3】 极坐标图与对数坐标图之间的对应关系为：极坐标图上的________。

A. 负实轴对应于对数坐标图上的 −180°线

B. 单位圆对应于对数坐标图上的 0 分贝线

C. $(-1, \mathrm{j}_0)$ 点对应于对数坐标图上的 0 分贝线

D. 单位圆内的点对应于对数坐标图上的负分贝值

E. 单位圆内的点对应于对数坐标图上的正分贝值

F. 负实轴对应于对数坐标图上的 0°线

G. 单位圆对应于对数坐标图上的 20 分贝线

答：本题考查对数坐标与极坐标之间的关系。选择 ABCD。

【例 5.2.4】(重庆大学) 已知系统开环传递函数为 $G(s)=\dfrac{K}{s(T_1s+1)(T_2s+1)}$，其相角裕度过小，欲增大相角裕量，可采取的措施有________。

A. 增大 K　　B. 减少 K　　C. 减小 T_1　　D. 减小 T_2

答：本题考查影响系统相角裕度的因素。减小开环增益，可以降低剪切频率，系统的快速性变慢，稳定性变好，故选择 B。

【例 5.2.5】 已知最小相位系统的对数幅频渐近特性曲线如图 5.4 所示，试确定系统的开环传递函数。

答：(1) 由图 5.4(a) 知低频段渐近线的斜率为 0 dB/dec，说明开环系统为 0 型，且有

$$20\lg K=40$$

故有

$$K=100$$

根据各交接频率处曲线斜率的变化，确定对应的典型环节：

$\omega=\omega_1$ 处，$L(\omega)$ 斜率变化 −20 dB/dec，故对应的是惯性环节的交接频率；

$\omega=\omega_2$ 处，$L(\omega)$ 斜率变化 20 dB/dec，故对应的是一阶比例微分环节的交接频率；

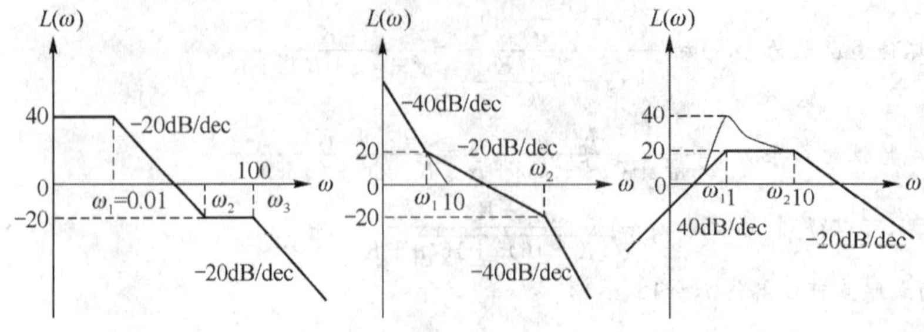

图 5.4　最小相位系统的对数幅频渐进特性曲线图

$\omega=\omega_3$ 处，$L(\omega)$斜率变化-20 dB/dec，故对应的是惯性环节的交接频率。

因此，系统的开环传递函数为

$$G(s)=\frac{K(\frac{1}{\omega_2}s+1)}{(\frac{1}{\omega_1}s+1)(\frac{1}{\omega_3}s+1)}$$

式中，$K=100$，$\omega_1=0.01$，$\omega_3=100$，下面来求 ω_2。由图列写直线方程

$$L(\omega_2)-L(\omega_1)=-20(\lg\omega_2-\lg\omega_1)$$

即

$$20\lg\frac{\omega_2}{\omega_1}=60$$

$$\omega_2=1000\omega_1=10$$

故系统的开环传递函数为

$$G(s)=\frac{100(0.1s+1)}{(100s+1)(0.01s+1)}$$

(2) 由图 5.4(b)知低频段渐近线的斜率为-40 dB/dec，说明开环系统的积分环节数 $v=2$；又因为低频段的延长线与 0 dB 线交于 10 rad/s^{-1}处，故有

$$\sqrt{K}=10$$

$$K=100$$

根据各交接频率处曲线斜率的变化，确定对应的典型环节：

$\omega=\omega_1$ 处，$L(\omega)$斜率变化 20 dB/dec，故对应的是一阶比例微分环节的交接频率；

$\omega=\omega_2$ 处，$L(\omega)$斜率变化-20 dB/dec，故对应的是惯性环节的交接频率。

因此，系统的开环传递函数为

$$G(s)=\frac{K(\frac{1}{\omega_1}s+1)}{s^2(\frac{1}{\omega_2}s+1)}$$

式中，$K=100$，下面来求 ω_1、ω_2。由图列写直线方程

$$40(\lg 10-\lg\omega_1)=20$$

$$L(\omega_2)-L(\omega_1)=-20(\lg\omega_2-\omega_1)$$

即

$$\omega_1=\sqrt{10}$$

$$\omega_2=100\omega_1=100\sqrt{10}$$

故系统的开环传递函数为

$$G(s)=\frac{100(0.316s+1)}{s^2(0.00316s+1)}$$

(3) 由图 5.4(c)知低频段渐近线的斜率为 40 dB/dec，说明开环系统的积分环节数 $v=-2$；又因为低频段在 $\omega=1$ 处的幅值为 20 dB，故有

$$20\lg K=20$$

$$K=10$$

根据各交接频率处曲线斜率的变化，确定对应的典型环节。

$\omega=\omega_1$ 处，$L(\omega)$斜率变化-40 dB/dec，由修正曲线知对应的是二阶振荡环节的交接频率；

$\omega=\omega_2$ 处，$L(\omega)$斜率变化-20 dB/dec，故对应的是惯性环节的交接频率。

因此，系统的开环传递函数为

$$G(s)=\frac{Ks^2\cdot\omega_1^2}{(s^2+2\xi\omega_1 s+\omega_1^2)\left(\frac{1}{\omega_2}s+1\right)}$$

式中，$K=10,\omega_1=1,\omega_2=10$。下面求$\xi$。二阶振荡环节在谐振频率处的修正值为$20\lg\dfrac{1}{2\xi\sqrt{1-\xi^2}}$，由修正曲线修正值为 20 dB，即

$$20\lg\frac{1}{2\xi\sqrt{1-\xi^2}}=20$$

解得$\xi=0.05$。系统的开环传递函数为

$$G(s)=\frac{10s^2}{(s^2+0.1s+1)(0.1s+1)}$$

【例 5.2.6★】（华中科技大学） 已知单位反馈系统Ⅰ、Ⅱ、Ⅲ均为最小相位系统，其开环对数幅频特性的渐近线分别如图 5.5 中给出

(1) 求出各系统分别对单位阶跃输入和单位斜坡输入时的稳态误差；

(2) 分析比较系统Ⅱ和Ⅲ系统对于阶跃输入的超调量。

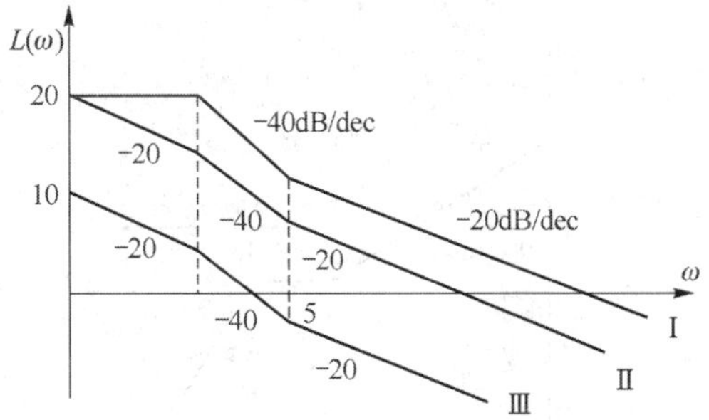

图 5.5 最小相位系统的开环对数幅频特性的渐近线

答：(1) 参考前面个体关于开环传递函数的求取方法可以得到，转折频率为ω_1未知，$\omega_2=5$ rad/s 各系统的开环传递函数依次为

$$G_1(s)=\frac{10(\frac{s}{5}+1)}{(\frac{s}{\omega_1}+1)^2},G_2(s)=\frac{10(\frac{s}{5}+1)}{s(\frac{s}{\omega_1}+1)},G_3(s)=\frac{3.16(\frac{s}{5}+1)}{s(\frac{s}{\omega_1}+1)}$$

可以看出系统Ⅰ为 0 型系统，系统Ⅱ，Ⅲ为Ⅰ型系统，故系统Ⅰ对单位阶跃输入的稳态误差不为零而系统Ⅱ，Ⅲ对单位阶跃响应的稳态误差为零；对应单位斜坡响应，系统Ⅱ，Ⅲ对其响应的稳态误差不为零的有限值，而系统Ⅰ对其响应的稳态误差为无穷大。

(2) 比较$G_1(s)$、$G_2(s)$的表达式，可以得到系统的闭环传递函数分别为

$$\Phi_2(s)=\frac{G_2(s)}{1+G_2(s)}=\frac{\dfrac{10\left(\frac{s}{5}+1\right)}{s\left(\frac{s}{\omega_1}+1\right)}}{1+\dfrac{10\left(\frac{s}{5}+1\right)}{s\left(\frac{s}{\omega_1}+1\right)}}=\frac{10\left(\frac{s}{5}+1\right)}{s\left(\frac{s}{\omega_1}+1\right)+10\left(\frac{s}{5}+1\right)}=\frac{2\omega_1(s+5)}{s^2+3\omega_1 s+10\omega_1}$$

$$\Phi_3(s)=\frac{G_3(s)}{1+G_3(s)}=\frac{\dfrac{3.16\left(\frac{s}{5}+1\right)}{s\left(\frac{s}{\omega_1}+1\right)}}{1+\dfrac{3.16\left(\frac{s}{5}+1\right)}{s\left(\frac{s}{\omega_1}+1\right)}}=\frac{3.16\left(\frac{s}{5}+1\right)}{s\left(\frac{s}{\omega_1}+1\right)+3.16\left(\frac{s}{5}+1\right)}=\frac{0.632\omega_1(s+5)}{s^2+1.632\omega_1 s+3.16\omega_1}$$

由二阶系统的典型结构容易求得 $\xi_2=\frac{3\omega_1}{2\sqrt{10\omega_1}}\approx 0.4743\sqrt{\omega_1}$，$\xi_3=\frac{1.632\omega_1}{2\sqrt{3.16\omega_1}}\approx 0.4590\sqrt{\omega_1}$

可以得到 $\xi_2>\xi_3$，于是Ⅱ系统的超调量小于Ⅲ系统的超调量。

【例 5.2.7】 已知系统开环传递函数为 $G(s)H(s)=\frac{75(0.2s+1)}{s(s^2+16s+100)}$，试绘制系统的开环对数频率特性，并确定剪切频率 ω_c。

答：系统开环传递函数为

$$G(s)H(s)=\frac{0.75(0.2s+1)\times 100}{s(s^2+16s+100)}$$

因此，系统的开环增益为

$$K=0.75$$

系统为Ⅰ型，一阶微分环节的交接频率 $\omega_1=5$ rad/s，振荡环节的交接频率为 $\omega_2=10$ rad/s，绘制系统的开环对数频率特性如图 5.6 所示。

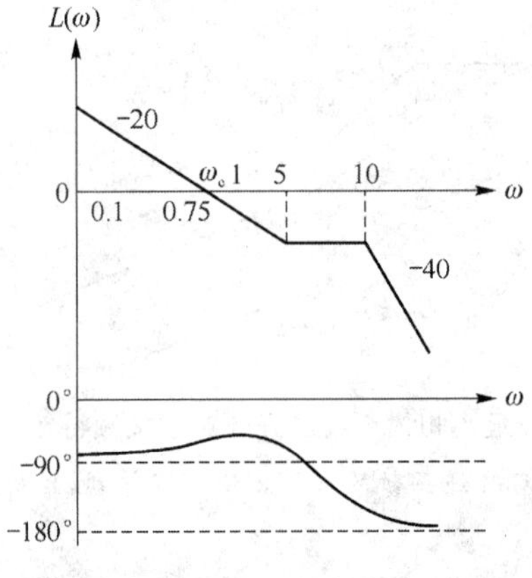

图 5.6 系统的开环对数频率特性

由图可见，低频段与 0 dB 线相交于 $\omega_c=0.75$ rad/s。

※**点评**：绘制系统的开环对数频率特性时，应注意将传递函数写为标准形式。

【例 5.2.8*】(东华大学) 一个最小相位系统的开环传递函数为

$$G(s)H(s)=\frac{K(s+\omega_2)}{s(s+\omega_1)(s+\omega_3)(s+\omega_4)}$$

式中，$\omega_1<\omega_2<\omega_3<\omega_4$；$K=\omega_4\omega_c^2$，$\omega_c$ 为系统开环对数幅频特性的幅值穿越频率，试绘制该系统的开环对数幅频特性曲线。

答：由题意，将 $K=\omega_4\omega_c^2$ 代入可以得到系统的开环传递函数为

$$G(s)H(s)=\frac{\dfrac{\omega_2\omega_c^2}{\omega_1\omega_3}\left(\dfrac{s}{\omega_2}+1\right)}{s\left(\dfrac{s}{\omega_1}+1\right)\left(\dfrac{s}{\omega_3}+1\right)\left(\dfrac{s}{\omega_4}+1\right)}$$，系统在各频段渐近线方程为

$$L(\omega)=\begin{cases}20\lg\dfrac{\omega_2\omega_c^2}{\omega_1\omega_3}-20\lg\omega & 0<\omega\leqslant\omega_1\\ 20\lg\dfrac{\omega_2\omega_c^2}{\omega_1\omega_3}-20\lg\omega_1-40\lg\dfrac{\omega}{\omega_1} & \omega_1<\omega\leqslant\omega_2\\ 20\lg\dfrac{\omega_2\omega_c^2}{\omega_1\omega_3}-20\lg\omega_1-40\lg\dfrac{\omega_2}{\omega_1}-20\lg\dfrac{\omega}{\omega_2}-40\lg\dfrac{\omega}{\omega_3} & \omega_2\leqslant\omega\leqslant\omega_3\\ 20\lg\dfrac{\omega_2\omega_c^2}{\omega_1\omega_3}-20\lg\omega_1-40\lg\dfrac{\omega}{\omega_1}-20\lg\dfrac{\omega_3}{\omega_2}-40\lg\dfrac{\omega}{\omega_3} & \omega_3\leqslant\omega\leqslant\omega_4\\ 20\lg\dfrac{\omega_2\omega_c^2}{\omega_1\omega_3}-20\lg\omega_1-40\lg\dfrac{\omega}{\omega_1}-20\lg\dfrac{\omega_3}{\omega_2}-40\lg\dfrac{\omega_4}{\omega_3}-60\lg\dfrac{\omega}{\omega_4} & \omega>\omega_4\end{cases}$$

若 $0<\omega_c\leqslant\omega_1$，此时令 $L(\omega_c)=20\lg\dfrac{\omega_2\omega_c^2}{\omega_1\omega_3}-20\lg\omega_c=0$，得到 $\omega_c=\dfrac{\omega_1\omega_3}{\omega_2}>\omega_1$，矛盾；

若 $\omega_1<\omega_c\leqslant\omega_2$，此时令 $L(\omega_c)=20\lg\dfrac{\omega_2\omega_c^2}{\omega_1\omega_3}-20\lg\omega_1-40\lg\dfrac{\omega_c}{\omega_1}=0$，得到

$L(\omega_c)=20\lg\dfrac{\omega_2}{\omega_3}<0$，矛盾，故剪切频率不在此区段；

若 $\omega_2<\omega_c<\omega_3$，此时令 $L(\omega_c)=20\lg\dfrac{\omega_2\omega_c^2}{\omega_1\omega_3}-20\lg\omega_1-40\lg\dfrac{\omega_2}{\omega_1}-20\lg\dfrac{\omega_3}{\omega_2}-40\lg\dfrac{\omega_c}{\omega_c}=0$，得到

$L(\omega_c)=20\lg\dfrac{\omega_c}{\omega_3}$，不满足条件；

若 $\omega_3\leqslant\omega_c\leqslant\omega_4$，此时令 $L(\omega_c)=20\lg\dfrac{\omega_2\omega_c^2}{\omega_1\omega_3}-20\lg\omega_1-40\lg\dfrac{\omega_2}{\omega_1}-20\lg\dfrac{\omega_3}{\omega_2}-40\lg\dfrac{\omega_c}{\omega_3}=0$，得到 $L(\omega_c)=0$ 恒成立，故剪切频率在此区段；

若 $\omega_c>\omega_4$，此时令

$L(\omega_c)=20\lg\dfrac{\omega_2\omega_c^2}{\omega_1\omega_3}-20\lg\omega_1-40\lg\dfrac{\omega_2}{\omega_1}-20\lg\dfrac{\omega_3}{\omega_2}-40\lg\dfrac{\omega_c}{\omega_3}-60\lg\dfrac{\omega_c}{\omega_3}=0$，得到满足条件 $L(\omega_c)=20\lg\dfrac{\omega_4}{\omega_c}$，显然不满足条件；

综上讨论，系统的剪切频率 $\omega_3\leqslant\omega_c\leqslant\omega_4$，得到系统的开环对数幅频特性曲线如图 5.7 所示。

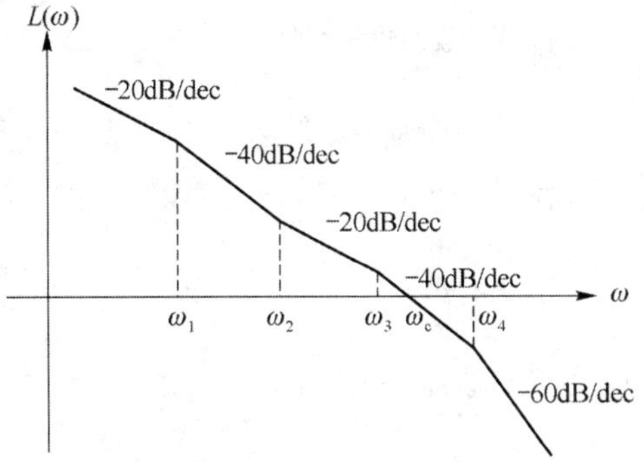

图 5.7 系统的开环对数幅频特性曲线

※点评：本题的关键在于判断剪切频率在哪个区间。

【例 5.2.9★】（江苏大学） 某最小相位系统的开环对数幅频渐近特性如图 5.8 所示。

(1) 试写出系统的开环传递函数；

(2) 闭环系统在单位斜坡输入时稳态误差为多少？

答：

(1) 设两未知的转折频率从小到大依次为 ω_1，ω_2，开环增益为 K，系统的开环传递函数为

$$G(s)=\frac{K(\frac{s}{8}+1)}{s(\frac{s}{\omega_1}+1)(\frac{s}{\omega_2}+1)}$$

由第二段折线图可以得到

$$0-36=-40\lg\frac{4}{\omega_1}，得\ \omega_1=0.5$$

再由第一段折线图可以得到

$$20\lg K-20\lg\omega_1=20\lg K-20\lg 0.5=36，得到\ K=31.5$$

由第三段折线方程可以得到

$$0-40\lg\frac{8}{4}-20\lg\frac{\omega_2}{8}=-21，得\ \omega_2\approx 22.5$$

于是系统的开环传递函数为 $G(s)=\dfrac{31.5\left(\frac{s}{8}+1\right)}{s\left(\frac{s}{0.5}+1\right)\left(\frac{s}{22.5}+1\right)}$

(2) $K_v=\lim\limits_{s\to 0}sG(s)=31.5$，$e_{ssv}=\dfrac{1}{K_v}\approx 0.032$

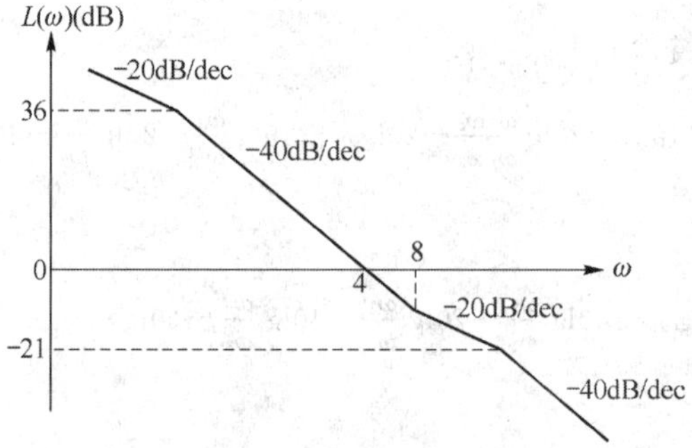

图 5.8　最小相位系统的开环对数幅频渐近特性曲线

【例 5.2.10】 试绘制下列开环传递函数的幅相特性。

(1) $G(s)H(s)=\dfrac{250}{s(s+5)(s+15)}$

(2) $G(s)H(s)=\dfrac{250(s+1)}{s^2(s+5)(s+15)}$

答：

(1) 系统的开环频率特性为

$$\begin{aligned}G(j\omega)H(j\omega)&=\frac{250}{j\omega(j\omega+5)(j\omega+15)}\\&=-\frac{250\times 20}{400\omega^2+(75-\omega^2)^2}-j\frac{75-\omega^2}{400\omega^3+(75-\omega^2)^2\omega}\\&=U(j\omega)+V(j\omega)\end{aligned}$$

曲线的起点：系统为Ⅰ型，$\omega=0^+$ 时，$\lim\limits_{\omega\to 0^+}G(j\omega)H(j\omega)=\infty\angle-90^\circ$

曲线的终点：$\omega=\infty$ 时，$G(j\infty)=0\angle-270^\circ$

因系统中无开环零点，所以相频特性 $\varphi(\omega)$ 单调递减，易知幅相曲线与实轴有交点。下面求幅相曲线与实轴交点的坐标

令 $V(j\omega)=0$，得

$$\omega=\sqrt{75}$$

代入 $U(j\omega)$，得

$$U(j\omega)\big|_{\omega=\sqrt{75}}=-0.17$$

系统为Ⅰ型，系统幅相曲线起始时渐近线是平行于虚轴的直线，其横坐标为

$$\lim_{\omega\to 0^+} U(\mathrm{j}\omega) = -0.9$$

根据以上分析，可概括地作出幅相曲线，如图 5.9 所示。

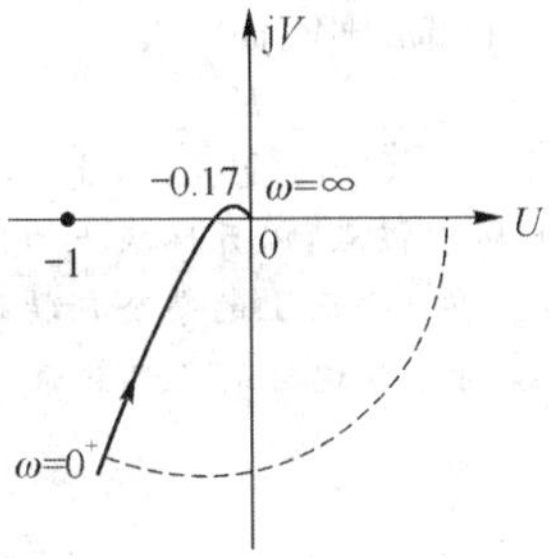

图 5.9　系统幅相曲线

(2) 系统的开环频率特性为

$$\begin{aligned}G(\mathrm{j}\omega)H(\mathrm{j}\omega) &= \frac{250(\mathrm{j}\omega+1)}{-\omega^2(\mathrm{j}\omega+5)(\mathrm{j}\omega+15)} \\ &= -\frac{250}{\omega^2}\cdot\frac{75+19\omega^2}{400\omega^2+(75-\omega^2)^2} - \mathrm{j}\,\frac{250}{\omega^2}\cdot\frac{(55-\omega^2)\omega}{400\omega^2+(75-\omega^2)^2} \\ &= U(\mathrm{j}\omega)+V(\mathrm{j}\omega)\end{aligned}$$

曲线的起点：系统为Ⅱ型，$\omega=0^+$ 时，$\lim\limits_{\omega\to 0+} G(\mathrm{j}\omega)H(\mathrm{j}\omega) = \infty\angle -2\times 90^\circ$

曲线的终点：$\omega\to\infty$ 时，$G(\mathrm{j}\infty)\to 0\angle -270^\circ$

因系统中有开环零点，所以相频特性 $\varphi(\omega)$ 单调递减，易知幅相曲线与实轴有交点。下面求幅相曲线与实轴交点的坐标

令 $V(\mathrm{j}\omega)=0$，得

$$\omega = \sqrt{55}$$

代入 $U(\mathrm{j}\omega)$，得

$$U(\mathrm{j}\omega)\Big|_{\omega=\sqrt{55}} = -0.23$$

根据以上分析，可概略地作出幅相曲线，如图 5.10 所示。

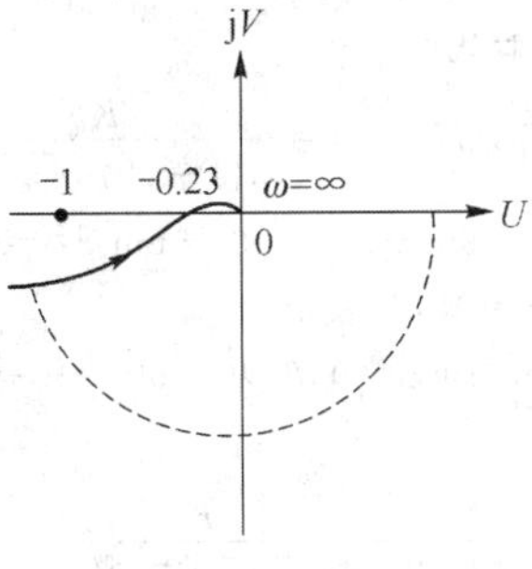

图 5.10　系统幅相曲线

※**点评**：本题是考查幅相特性的绘制方法。绘制幅相曲线时，要确定起点和终点，中间部分则要分析幅相曲线的大概趋势，确定几个关键的点，如与实轴的交点等，以方便判断曲线是否包围$(-1,\mathrm{j}_0)$点。

【例 5.2.11】 已知系统开环传递函数为 $G(s)H(s)=\dfrac{K}{s(s+1)(s^2+1)}$，试概略绘制系统的开环幅相曲线。

答：

(1) 系统的开环频率特性为

$$G(j\omega)H(j\omega)=\frac{K}{j\omega(j\omega+1)(1-\omega^2)}$$
$$=-\frac{K}{(1+\omega^2)(1-\omega^2)}+j\frac{K}{\omega(1+\omega^2)(1-\omega^2)}$$
$$=U(j\omega)+V(j\omega)$$
$$|G(j\omega)H(j\omega)|=\frac{K}{\omega(1-\omega^2)\sqrt{\omega^2+1}}$$

在 s 平面上的奈奎斯特路径应绕过开环虚极点：以开环极点为圆心，以无穷小量 ε 为半径，在 s 平面右半部的小半圆，绕过开环极点所在的圆心。在 s 平面上的奈奎斯特路径的选取如图 5.11(a)所示。

由图 5.11(a)知，奈奎斯特路径及其映射可分这样的几部分来进行。

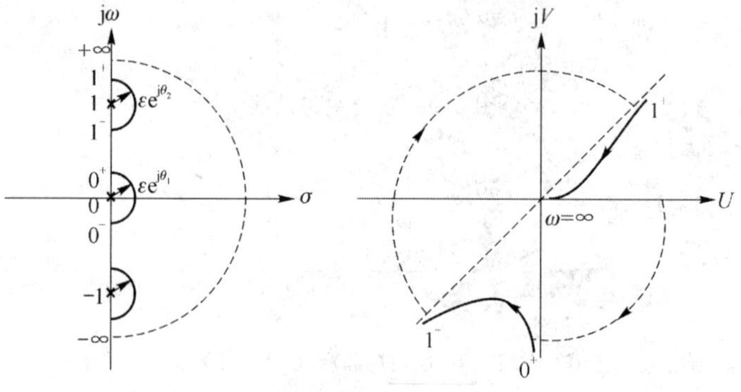

图 5.11　奈奎斯特路径及其映射

(1) ω 由 $0\to0^+$，即坐标原点附近的小半圆，可表示为

$$s=\lim_{\varepsilon\to0}\varepsilon e^{j\theta_1},\theta_1\text{ 从 }0^\circ\to90^\circ$$

在 $G(j\omega)H(j\omega)$ 平面上相应的映射曲线的表达式为

$$\lim_{\varepsilon\to0}\frac{K}{\varepsilon e^{j\theta_1}(\varepsilon e^{j\theta_1}+1)(\varepsilon e^{j2\theta_1}+1)}=\infty e^{-j\theta_1}$$

这部分映射曲线是一个半径为无穷大的圆弧，其相角从 $0^\circ\to-90^\circ$。

(2) ω 由 $0^+\to1^-$ 沿虚轴运动，映射曲线

$$|G(j\omega)H(j\omega)|=\frac{K}{\omega(1-\omega^2)\sqrt{\omega^2+1}}$$
$$\angle G(j\omega)H(j\omega)=-90^\circ-90^\circ+90^\circ-\tan^{-1}\omega=-90^\circ-\tan^{-1}\omega。$$

(3) ω 由 $1^-\to1^+$，即 $(0,j)$ 附近的小半圆，可表示为

$$s=\lim_{\varepsilon\to0}(j+\varepsilon e^{j\theta_2}),\theta_2\text{ 从 }-90^\circ\to0^\circ\to90^\circ$$

其映射曲线可表示为

$$\lim_{\varepsilon\to0}\frac{K}{(j+\varepsilon e^{j\theta_2})(j+\varepsilon e^{j\theta_2}+1)(j+\varepsilon e^{j\theta_2}+j)(j+\varepsilon e^{j\theta_2}-j)}$$
$$=\lim_{\varepsilon\to0}\frac{K}{j\cdot(1+j)\cdot2j\cdot\varepsilon e^{j\theta_2}}$$
$$=\infty e^{j(-180^\circ-\tan^{-1}1-\theta_2)}$$
$$=\infty e^{j(-225^\circ-\theta_2)}$$

这部分映射曲线是一个半径为无穷大的圆弧，其相角为：$-135^\circ\to-180^\circ\to-315^\circ$。

(4) ω 由 $1^+\to+\infty$ 沿虚轴运动，映射曲线为

$$|G(j\omega)H(j\omega)|=\frac{K}{\omega(1-\omega^2)\sqrt{\omega^2+1}}$$
$$\angle G(j\omega)H(j\omega)=-90^\circ-90^\circ-90^\circ-\tan^{-1}\omega=-270^\circ-\tan^{-1}\omega$$

由 $G(j\omega)H(j\omega)$ 的虚部表达式可见奈奎斯特图与实轴无交点。

(5) ω 由 $+\infty \to -\infty$，半径为无穷大的半圆，可表示为

$$s=\lim_{R\to\infty}Re^{j\theta_3},\theta_3 \text{ 为 } 90°\to 0°\to -90°$$

这一部分映射到 $G(j\omega)H(j\omega)$ 平面上的奈奎斯特曲线为

$$\lim_{R\to\infty}\frac{30}{Re^{j\theta_3}(Re^{j\theta_3}+1)(Re^{j2\theta_3}+1)}=0\cdot e^{-j4\theta_3}$$

上式表明，这部分的映射曲线的幅值趋于零，相角从 $-360°\to 0\to 360°$。

(6) ω 由 $-\infty\to 0$，与 $0\to+\infty$ 的映射曲线关于实轴对称，不再详述。概略绘制映射曲线即奈奎斯特图如图 5.11(b)所示。

※**点评**：系统在虚轴上有原点处的开环极点和等幅振荡的开环极点。在 s 平面上的奈奎斯特路径应绕过开环虚极点。

【例 5.2.12★】(北京交通大学) 某单位负反馈二阶系统，当开环增益 $K=1$ 时，开环幅相频率特性如图 5.12 所示；当 $\omega=2$ 时，曲线与虚轴的交点是：-0.4。

(1) 写出系统的开环传递函数。

(2) 要求在 $r(t)=\sin(4.848t)$ 作用下，系统稳态输出幅值到达最大，试确定对应开环增益 K。

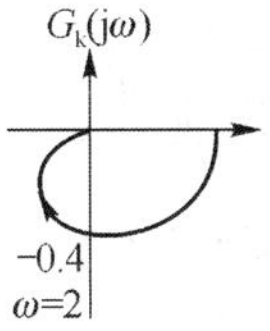

图 5.12 单位负反馈二阶系统开环幅相频率特性曲线

答：

(1)由系统的开环幅相频率特性曲线，$\omega\to 0$ 时 $|G(j\omega)|$ 趋向有限数，故该系统为 0 型系统，设系统的开环传递函数为 $G(s)=\dfrac{K}{as^2+bs+1}$，令 $s=j\omega$ 代入可以得到 $G(j\omega)=\dfrac{K}{1-a\omega^2+b\omega j}=\dfrac{K(1-a\omega^2-b\omega j)}{(1-a\omega^2)^2+b^2\omega^2}$，由 $K=1,\omega=2$ 时与虚轴的交点为 -0.4。

得到 $a=\dfrac{1}{\omega^2}=\dfrac{1}{4},b=\dfrac{5}{4}$，于是 $G(s)=\dfrac{K}{\frac{1}{4}s^2+\frac{5}{4}s+1}$。

(2)系统的闭环传递函数为 $\Phi(s)=\dfrac{G(s)}{1+G(s)}=\dfrac{4K}{s^2+5s+4K+4}$，$\omega_n^2=4K+4,2\xi\omega_n=5$

由题意，系统的谐振频率为 $\omega_r=\omega_n\sqrt{1-2\xi^2}=4.848$，可以得到 $K=8,\omega_n=6,\xi=\dfrac{5}{12}$。

题型 3 频率域稳定判据

【例 5.3.1】 图 5.13 为 4 个最小相对对象在极坐标图上的频率响应，对象的传递函数为 $G(s)$，其频率特性简记为 G。图中只画出了 $\omega=0^+$ 到 $\omega=+\infty$ 的曲线，曲线上的箭头代表 ω 增加的方向，负实轴上的圆点代表$(-1,j_0)$的位置。试按照积分环节个数进行补偿得到完整的频率响应曲线，并判断单位负反馈下闭环系统的稳定性。

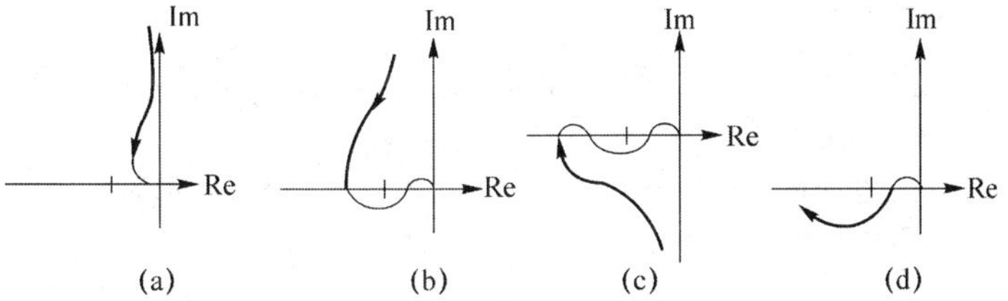

图 5.13 最小相对对象在极坐标图上的频率响应曲线

答：

对于图 5.13(a)，系统为Ⅲ型系统，补偿 270°，其正穿越次数为 $N^+=0$，负穿越次数为 $N^-=1$，$N=N^+-N^-=-1$，又系统开环稳定，所以开环传递函数在虚轴右侧的极点个数 $P=0$，$P-2N=2$，系统闭环不稳定。

对于图 5.13(b)，系统为Ⅲ型系统，补偿 270°，其正穿越次数为 $N^+=1$，负穿越次数为 $N^-=1$，$N=N^+-N^-=0$，又系统开环稳定，所以开环传递函数在虚轴右侧的极点个数 $P=0$，$P-2N=0$，系统闭环稳定。

对于图 5.13(c)，系统为Ⅰ型系统，补偿 90°，其正穿越次数为 $N^+=1$，负穿越次数为 $N^-=1$，$N=N^+-N^-=0$，又系统开环稳定，所以开环传递函数在虚轴右侧的极点个数 $P=0$，$P-2N=0$，系统闭环稳定。

对于图 5.13(d)，系统为 0 型系统，其正穿越次数为 $N^+=0$，负穿越次数为 $N^-=0$，$N=N^+-N^-=0$，又系统开环稳定，所以开环传递函数在虚轴右侧的极点个数 $P=0$，$P-2N=0$，系统闭环稳定。

【例 5.3.2*】（上海交通大学） 已知单位反馈系统的开环传递函数如下，试用奈奎斯特判据判断闭环系统的稳定性，并确定闭环系统不稳定极点的个数。

(1) $G(s)=\dfrac{2(s+3)}{s(s-1)}$；

(2) $G(s)=\dfrac{1}{s^2(5s+1)(1-s)}$

答：(1) 由题意

$$G(j\omega)=\frac{2(j\omega+3)}{j\omega(j\omega-1)}=\frac{-j\omega\times2(j\omega+3)(j\omega+1)}{\omega^2(1+\omega^2)}=\frac{-8}{1+\omega^2}+\frac{2(3-\omega^2)}{\omega(1+\omega^2)}j=u(\omega)+v(\omega)j$$

$\omega\to0$ 时，$|G(j\omega)|\to\infty$，$\arg(G(j\omega))\to90°$；$\omega\to+\infty$ 时，$|G(j\omega)|\to0$，$\arg(G(j\omega))\to-90°$；再令 $v(\omega)=0$ $\Rightarrow\omega^2=3$，此时 $v(\omega)=\dfrac{-8}{1+3}=-2$。

画出系统的奈奎斯特图如图 5.14 所示。

该系统为 $v=1$ 型系统，进行补偿如图 5.14 所示。

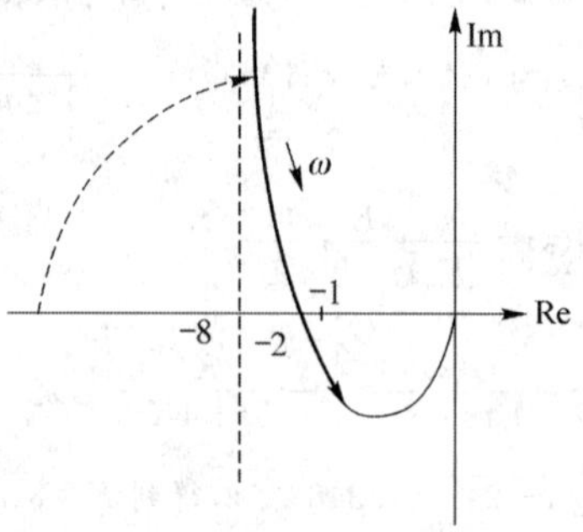

图 5.14 系统的奈奎斯特图

$N^+=1$，$N^-=\dfrac{1}{2}$，$N=N^+-N^-=1-\dfrac{1}{2}=\dfrac{1}{2}$

$P-2N=1-\dfrac{1}{2}\times2=0$

故该系统闭环稳定。

(2) 由题意

$$G(j\omega)=\frac{1}{(j\omega)^2(5\omega j+1)(1-j\omega)}=-\frac{1+5\omega^2}{\omega^2(1+25\omega^2)(1+\omega^2)}+\frac{4}{\omega(1+25\omega^2)(1+\omega^2)}j$$

$\omega\to0$ 时，$|G(j\omega)|\to\infty$，$\arg(G(j\omega))\to180°$

$\omega\to+\infty$ 时，$|G(j\omega)|\to0$，$\arg(G(j\omega))\to-180°$，该系统的奈奎斯特图如图 5.15 所示。

又该系统为 $v=2$ 型系统进行补偿如图 5.15 中虚线所示。

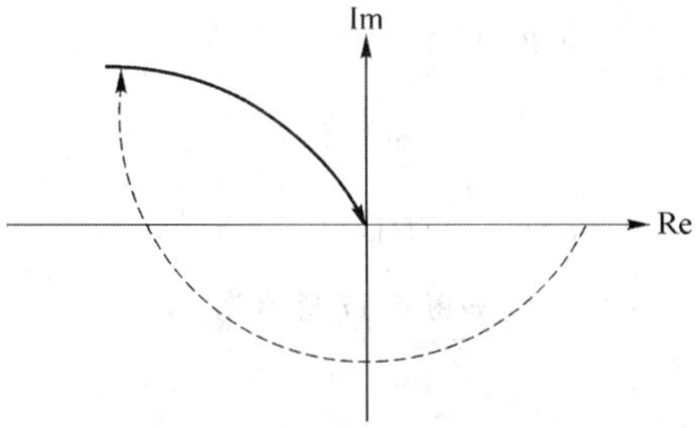

图 5.15 系统的奈奎斯特图

易知其奈奎斯特图顺时针穿越(−1,0j)点次数为 1 次,即 $N^-=1, N^+=0$,系统开环不稳定,其开环位于虚轴右侧的极点个数 $P=1, N^+=0, N^-=1, N=N^+-N^-=0-1=-1, Z=P-2N=3\neq 0$ 不稳定,系统闭环极点在虚轴右部的个数 3 个。

【例 5.3.3】 已知单位反馈系统的开环传递函数为 $G(s)=\dfrac{K}{s(1+10s)(1+1000s)}$,用奈奎斯特判据分析闭环系统的稳定性。

答:由题意 $G(\mathrm{j}\omega)=\dfrac{K}{\mathrm{j}\omega(1+10\omega\mathrm{j})(1+1000\omega\mathrm{j})}=\dfrac{K}{\omega}\times\dfrac{-1010\omega+(10000\omega^2-1)\mathrm{j}}{(1010\omega)^2+(10000\omega^2-1)^2}$

当 $\omega\to 0^+$ 时,$|G(\mathrm{j}\omega)|\to\infty, \arg(G(\mathrm{j}\omega))\to -90°$

当 $\omega\to\infty$ 时 $|G(\mathrm{j}\omega)|\to 0, \arg(G(\mathrm{j}\omega))\to -270°$

令虚部 $\mathrm{Img}(G(\mathrm{j}\omega))=0$,可以得到实部 $\mathrm{Re}(G(\mathrm{j}\omega))=-\dfrac{10000}{1010}K$

系统的奈奎斯特图如图 5.16 所示。

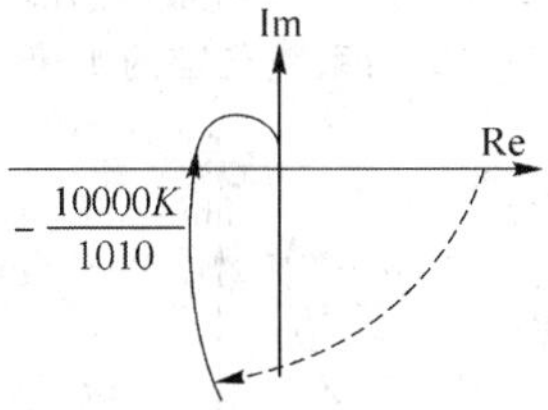

图 5.16 系统的奈奎斯特图

当系统闭环稳定时,$\mathrm{Re}(G(\mathrm{j}\omega))=-\dfrac{10000}{1010}K>-1, K<\dfrac{1010}{10000}$。

故当 $K<\dfrac{1010}{10000}$ 时系统闭环稳定,当 $K>\dfrac{1010}{10000}$ 时,系统闭环不稳定。

【例 5.3.4】 已知系统开环传递函数为 $G(s)H(s)=\dfrac{K\mathrm{e}^{-2s}}{s}(K>0)$,试概略绘制系统的开环幅相曲线,并求使系统稳定的 K 的范围。

答:系统的开环频率特性为

$$G(\mathrm{j}\omega)H(\mathrm{j}\omega)=\frac{K\mathrm{e}^{-\mathrm{j}2\omega}}{\mathrm{j}\omega}$$

$$|G(\mathrm{j}\omega)H(\mathrm{j}\omega)|=\frac{K}{\omega}$$

$$\angle G(\mathrm{j}\omega)H(\mathrm{j}\omega)=-\frac{\pi}{2}-2\omega$$

曲线的起点:$\omega=0^+$ 时,$\lim\limits_{\omega\to 0+}G(\mathrm{j}\omega)H(\mathrm{j}\omega)=\infty\angle-\dfrac{\pi}{2}$

曲线的终点:$\omega=\infty$ 时,$G(\mathrm{j}\infty)=0\angle\infty$

当幅相曲线与实轴相交时,有

$$\angle G(j\omega)H(j\omega)=-\frac{\pi}{2}-2\omega=-\pi$$

$$\omega=\frac{\pi}{4}$$

$$\left|G(j\omega)H(j\omega)\right|_{\omega=\frac{\pi}{4}}=\frac{4K}{\pi}$$

根据以上分析，可概略地作出幅相曲线，如图 5.17 所示。

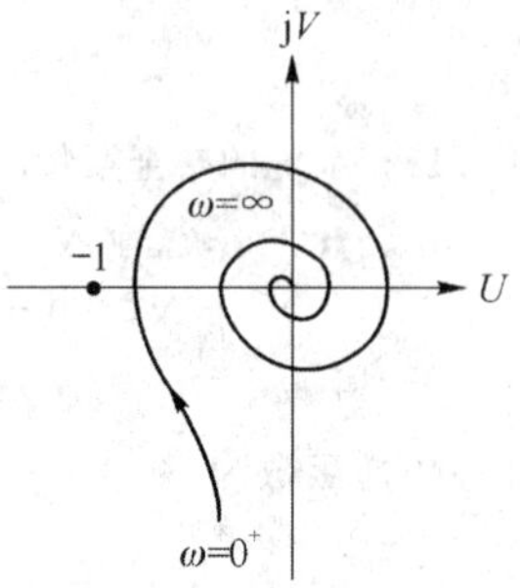

图 5.17　系统的幅相曲线

根据奈奎斯特稳定判据，当$\frac{4K}{\pi}<1$，即 $K>\frac{\pi}{4}$时，系统稳定。

※**点评**：本题因为有延迟环节，当 $\omega\to\infty$ 时，相角也从 $0\to\infty$ 变化，幅相曲线为螺旋线。因为开环传递函数无右半平面的极点，故要使系统稳定，幅相曲线不应包含$(-1,j_0)$点。

【例 5.3.5★】（西安交通大学）（1）某最小相位系统的开环极坐标图如图 5.18 所示。

（2）某Ⅰ型 n 阶系统的开环极坐标图也如图 5.18 所示，该开环传递函数的零点数为$(n-3)$，且在左半 s 平面内。试用奈奎斯特判据分别判断（1）、（2）两系统稳定的 K 值范围，并指出在不稳定的 K 值范围内，闭环系统在右半 s 平面极点的个数。

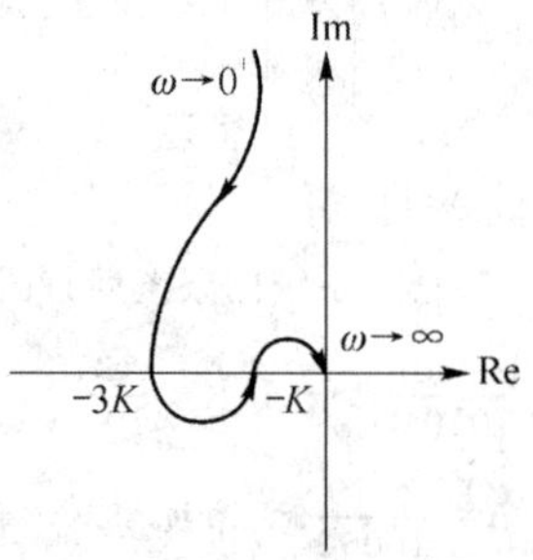

图 5.18　系统的开环极坐标图

答：对于（1）所示的最小相位系统，由 $\omega\to0$ 时，$\varphi(G(j\omega))=-270°$，可以得出系统为 III 型系统，由图所示需要补偿 $\nu\times90°=3\times90°=270°$，由图可以看出其穿越实轴 2 次，由于该系统开环稳定，要使系统闭环稳定，要使两穿越点在$(-1,j_0)$的异侧，即$\begin{cases}-K>-1\\-3K<-1\end{cases}$，可以得到$\frac{1}{3}<K<1$，当两穿越点在$(-1,j_0)$的同侧时，系统不稳定。

当$\begin{cases}-K>-1\\-3K>-1\end{cases}$时，即 $0<K<\frac{1}{3}$时，正穿越次数 $N^+=0$，负穿越次数 $N^-=1$，$N=N^+-N^-=-1$，$P-2N=2$，闭环系统在右半 s 平面有 2 个极点。

当$\begin{cases}-K<-1\\-3K<-1\end{cases}$时，即 $K>1$ 时，正穿越次数 $N^+=1$，负穿越次数 $N^-=2$，$N=N^+-N^-=-1$，$P-2N=2$，闭环系统在右半 s 平面有 2 个极点。

对于（2）系统，由 $\omega\to0$ 时，$\varphi(G(j\omega))=-270°$或 $\varphi(G(j\omega))=90°$，系统含有 1 个或 3 个积分环节，当系统

含有1个积分环节时，系统的在虚轴右侧的开环极点数必为奇数个，设为 $P=2m+1, m=0,1,2\cdots$ 此时在原奈奎斯特图上补偿 $\nu\times 90^\circ=1\times 90^\circ=90^\circ$。

当 $\begin{cases}-K>-1\\-3K>-1\end{cases}$ 时，即 $0<K<\frac{1}{3}$ 时，正穿越次数 $N^+=0$，负穿越次数 $N^-=\frac{1}{2}$，$N=N^+-N^-=-\frac{1}{2}$，$P-2N=2m+2\neq 0$，闭环系统在右半 s 平面有 $2m+2$ 个极点。

当 $\begin{cases}-K<-1\\-3K<-1\end{cases}$ 时，即 $K>1$ 时，正穿越次数 $N^+=1$，负穿越次数 $N^-=\frac{3}{2}$，$N=N^+-N^-=-\frac{1}{2}$，$P-2N=2m+2\neq 0$，闭环系统在右半 s 平面有 $2m+2$ 个极点。

当 $\begin{cases}-K>-1\\-3K<-1\end{cases}$ 时，可以得到 $\frac{1}{3}<K<1$，正穿越次数 $N^+=1$，负穿越次数 $N^-=\frac{1}{2}$，$N=N^+-N^-=\frac{1}{2}$，$P-2N=2m$，当 $m=0$，系统闭环稳定，当 $m\neq 0$ 时，系统闭环不稳定，闭环系统在右半 s 平面有 $2m$ 个极点。

综上所述，① 当 $\frac{1}{3}<K<1$ 时，而且开环传递函数有而且仅有一个极点在虚轴右侧时，闭环系统稳定。当开环传递函数有而且多于一个极点在虚轴右侧时，闭环系统不稳定，闭环系统在右半 s 平面有比开环不稳定少一个极点。

② 当 $0<K<\frac{1}{3}$ 或 $K>1$ 时，系统闭环不稳定，闭环系统在右半 s 平面有比开环极点数多一个极点。

若原系统有三个积分环节，而且系统在虚轴右侧没有极点时，此时系统为最小相位系统，同(1)系统的结论，即 $\frac{1}{3}<K<1$，系统闭环稳定，当 $0<K<\frac{1}{3}$ 或 $K>1$ 时，闭环系统在右半 s 平面有2个极点。

若此系统开环传递函数在右半平面有极点时，由 $\omega\to 0$ 时，$\varphi(G(j\omega))=-270^\circ$，可以得到其在右半平面的极点数必为偶数，设为 $P=2m, m=1,2,3\cdots$，在奈奎斯特图上补 $\nu\times 90^\circ=3\times 90^\circ=270^\circ$。

当 $\begin{cases}-K>-1\\-3K>-1\end{cases}$ 时，即 $0<K<\frac{1}{3}$ 时，正穿越次数 $N^+=0$，负穿越次数 $N^-=1$，$N=N^+-N^-=-1$，$P-2N=2m+2\neq 0$，闭环系统在右半 s 平面有 $2m+2$ 个极点。

当 $\begin{cases}-K<-1\\-3K<-1\end{cases}$ 时，即 $K>1$ 时，正穿越次数 $N^+=1$，负穿越次数 $N^-=2$，$N=N^+-N^-=-1$

$P-2N=2m+2\neq 0$，闭环系统在右半 s 平面有 $2m+2$ 个极点。

当 $\begin{cases}-K>-1\\-3K<-1\end{cases}$ 时，可以得到 $\frac{1}{3}<K<1$，正穿越次数 $N^+=1$，负穿越次数 $N^-=1$，$N=N^+-N^-=0$，$P-2N=2m\neq 0$，系统闭环不稳定，在右半平面极点数为 $2m$ 个。

综上所述，① 当系统开环传递函数在右半平面无极点，且当 $\frac{1}{3}<K<1$，系统闭环稳定，当 $0<K<\frac{1}{3}$ 或 $K>1$ 时，闭环系统在右半 s 平面有2个极点。

② 当系统开环传递函数在右半平面有极点时，且当 $0<K<\frac{1}{3}$ 或 $K>1$ 时，系统闭环不稳定，在右半平面的极点数为开环不稳定极点数加2，当 $\frac{1}{3}<K<1$ 时，系统闭环不稳定，在右半平面的极点数为开环不稳定极点数。

【例 5.3.6★】（华东理工大学） 某控制系统的开环对数幅频特性如图5.19所示。

(1) 若其开环系统为最小相位系统，试确定系统的开环传递函数；

(2) 绘制系统的极坐标图（奈奎斯特图）；

(3) 用奈奎斯特稳定性判据判断系统的稳定性。

答：

(1) 由图所示，系统存在谐振，故系统存在二阶环节，设其为阻尼比为 ξ，则其谐振峰值为 $M_r=\frac{1}{2\xi\sqrt{1-\xi^2}}$，在对数图中，由 $20\lg M_r=28-20=8$ 可以得到 $\xi=0.2$，转折频率 $\omega_1=1$，$\omega_2=2.5$，$\omega_3=10$，设系

统的开环增益为 K,则系统的开环传递函数为

$$G(s)H(s)=\frac{K(s+1)}{s(\frac{s^2}{2.5^2}+\frac{2\times 0.2}{2.5}s+1)(\frac{s}{10}+1)}$$

由系统在低频段的折线方程为

$$L(\omega)=20\lg K-20\lg\omega,\text{当 }\omega=0.1\text{ 时 }L(\omega)=40$$

代入可以得到 $K=10$,代入可以得到系统的开环传递函数为

$$G(s)H(s)=\frac{10(s+1)}{s\left(\frac{s^2}{2.5^2}+\frac{s}{2.5^2}+1\right)\left(\frac{s}{10}+1\right)}$$

(2) 令 $s=\mathrm{j}\omega$ 代入 $G(\mathrm{j}\omega)H(\mathrm{j}\omega)=\dfrac{10(\mathrm{j}\omega+1)}{\mathrm{j}\omega\left(\frac{(\mathrm{j}\omega)^2}{2.5^2}+\frac{\mathrm{j}\omega}{2.5^2}+1\right)\left(\frac{\mathrm{j}\omega}{10}+1\right)}$,整理可以得到

$G(\mathrm{j}\omega)H(\mathrm{j}\omega)=\dfrac{625(46.25-10\omega^2)}{(62.5-11\omega^2)^2+(16.25\omega-\omega^3)^2}+\dfrac{625(\omega^4-5.25\omega^2-62.5)}{\omega((62.5-11\omega^2)^2+(16.25\omega-\omega^3)^2)}\mathrm{j}$ 当虚部为零时,$\omega^4-5.25\omega^2-62.5=0$,可以得到 $\omega^2\approx 11$,$\omega\approx 3.3$,代入可以得到此时的实部为 -10.7。

$\omega\to 0$ 时,$|G(\mathrm{j}\omega)|\to\infty$,$\arg(G(\mathrm{j}\omega))\to -90°$

$\omega\to +\infty$ 时,$|G(\mathrm{j}\omega)|\to 0$,$\arg(G(\mathrm{j}\omega))\to -270°$

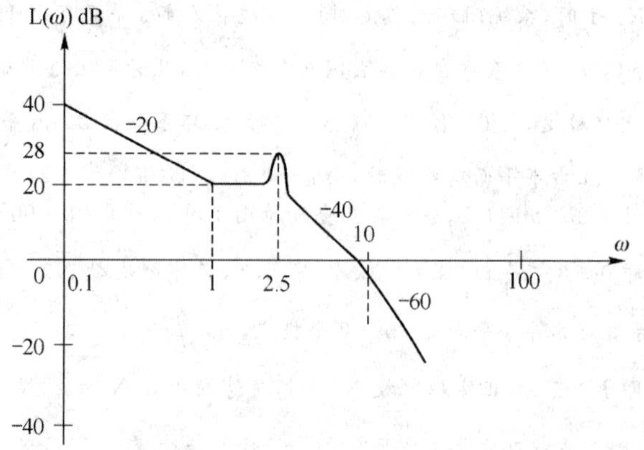

图 5.19 控制系统的开环对数幅频特性曲线

系统的奈奎斯特图如图 5.20 所示。

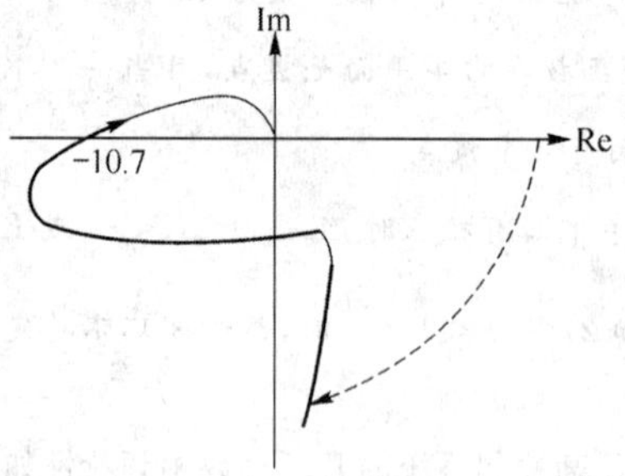

图 5.20 系统的奈奎斯特图

其中箭头方向为频率增大的方向

(3) 因为系统为Ⅰ型系统,顺时针补偿 90°,正穿越次数 $N^+=0$,负穿越次数 $N^-=1$,$N=N^+-N^-=-1$,系统开环在虚轴右侧的极点数 $P=0$,$P-2N=2$,系统闭环不稳定,闭环传递函数在虚轴右侧的极点数为 2。

【例 5.3.7★】(华南理工大学) 某反馈控制系统结构图如图 5.21 所示。

(1) 用 Routh 判据确定使系统稳定的 K 的取值范围；

(2) 绘出 $K=1$ 时的奈奎斯特曲线，并用奈奎斯特判据判断此时系统的稳定性；

(3) 用奈奎斯特判据讨论 K 与系统稳定性的关系。

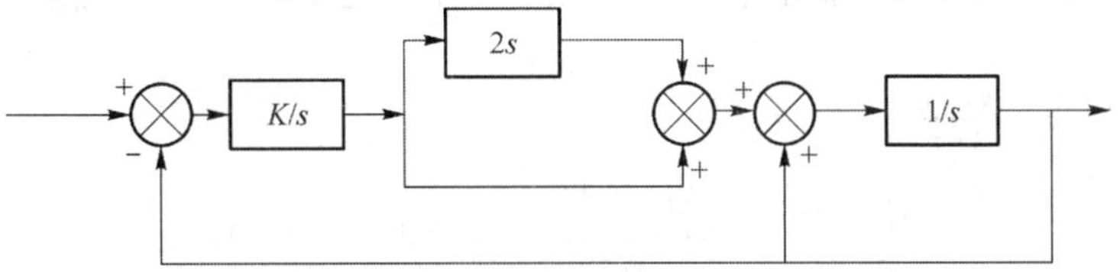

图 5.21 反馈控制系统结构图

答：由图 5.21 所示，系统的开环传递函数为

$$G(s)=\frac{K}{s}\times(1+2s)\times\frac{\frac{1}{s}}{1-\frac{1}{s}}=\frac{K(1+2s)}{s(s-1)}$$

系统的闭环传递函数为

$$\Phi(s)=\frac{G(s)}{1+G(s)}=\frac{K(1+2s)}{s(s-1)+K(1+2s)}=\frac{K(1+2s)}{s^2+(2K-1)s+K}$$

(1) 系统的特征方程为 $D(s)=s^2+(2K-1)s+K=0$，列写劳斯表如下所示。

s^2	1	K
s^1	$2K-1$	0
s^0	K	

系统稳定时，$K>0,2K-1>0$ 得到 $0<K<\frac{1}{2}$。

(2) 当 $K=1$ 时，系统的开环传递函数为 $G(s)=\frac{1+2s}{s(s-1)}$，令 $s=\mathrm{j}\omega$ 代入可以得到

$$G(\mathrm{j}\omega)=\frac{1+2\omega\mathrm{j}}{\mathrm{j}\omega(\mathrm{j}\omega-1)}=-\frac{3}{\omega^2+1}-\frac{2\omega^2-1}{\omega(\omega^2+1)}\mathrm{j}$$

令 $\mathrm{lm}(G(\mathrm{j}\omega))=0$，可以得到 $\omega^2=\frac{1}{2}$，代入可以得到此时的实部为 $\mathrm{Re}(G(\mathrm{j}\omega))=-2$

$\omega\to0$ 时，$|G(\mathrm{j}\omega)|\to\infty$，$\arg(G(\mathrm{j}\omega))\to90°$

$\omega\to+\infty$ 时，$|G(\mathrm{j}\omega)|\to0$，$\arg(G(\mathrm{j}\omega))\to-90°$，系统的奈奎斯特图如图 5.22 所示。

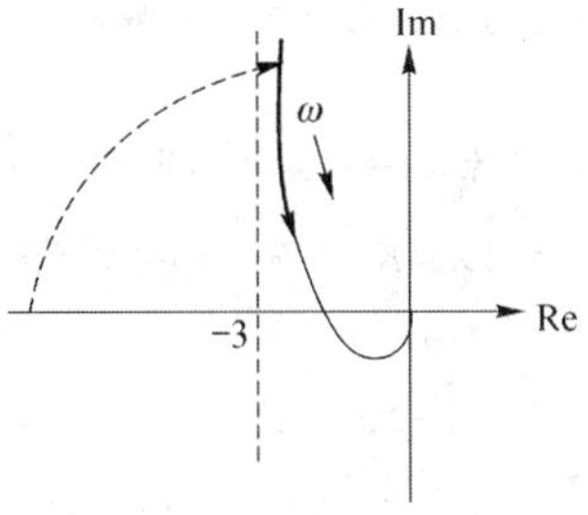

图 5.22 系统的奈奎斯特图

由图所示可以得到，正穿越次数 $N^+=1$，负穿越次数 $N^-=\frac{1}{2}$，$N=N^+-N^-=\frac{1}{2}$，$P-2N=1-1=0$，系统闭环稳定。

(3) 由 $K=1$ 时，奈奎斯特曲线与实轴的交点为 -2，而原系统开环传递函数有一个不稳定的极点，故要使系统稳定，其与实轴交点一点在 $(-1,\mathrm{j}0)$ 左侧，由于其与实轴交点与开环增益成正比，得到 $K>\frac{1}{2}$。

【例 5.3.8】 已知系统的开环传递函数为 $G(s)H(s)=\dfrac{K(s+4)}{s(s-1)}$。

(1) 画出系统开环幅相曲线(即极坐标图)的大致形状；

(2) 试用奈奎斯特稳定判据,分析 K 值与系统稳定性的关系；

(3) 绘制 Bode 图(即对数频率特性曲线)的幅频特性图(用渐近线表示)。

答:

(1) 由 $G(s)H(s)=\dfrac{K(s+4)}{s(s-1)}$,令 $s=\mathrm{j}\omega$,代入可以得到

$$G(\mathrm{j}\omega)H(\mathrm{j}\omega)=\frac{K(\mathrm{j}\omega+4)}{\mathrm{j}\omega(\mathrm{j}\omega-1)}=-\frac{5K}{\omega^2+1}-\frac{K(\omega^2-4)}{\omega(\omega^2+1)}\mathrm{j}$$

当其奈奎斯特图与实轴相交时,$\omega^2-4=0$,$\omega=2$,代入可得到此时实部为 $-K$

$\omega\to0$ 时,$|G(\mathrm{j}\omega)|\to\infty$,$\arg(G(\mathrm{j}\omega))\to90^\circ$

$\omega\to+\infty$ 时,$|G(\mathrm{j}\omega)|\to0$,$\arg(G(\mathrm{j}\omega))\to-90^\circ$

系统的简略奈奎斯特图如图 5.23 所示。

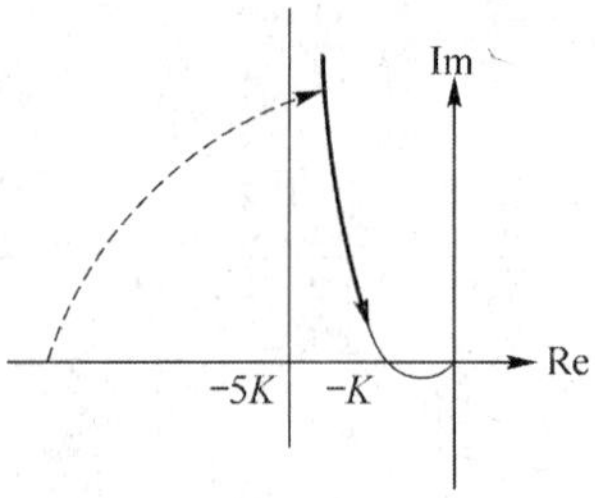

图 5.23 系统的简略奈奎斯特图

(2) 由于系统为Ⅰ型系统,顺时针补偿 90°,如图 5.23 所示。

当 $-K>-1$,即 $K<1$ 时,正穿越次数 $N^+=0$,负穿越次数 $N^-=\dfrac{1}{2}$,$N=N^+-N^-=-\dfrac{1}{2}$,系统开环在虚轴右侧的极点数 $P=1$,$P-2N=2$,系统闭环不稳定,闭环传递函数在虚轴右侧的极点数为 2。

当 $-K<-1$,即 $K>1$ 时,正穿越次数 $N^+=1$,负穿越次数 $N^-=\dfrac{1}{2}$,$N=N^+-N^-=\dfrac{1}{2}$,系统开环在虚轴右侧的极点数 $P=1$,$P-2N=0$,系统闭环稳定。

(3) 将系统的传递函数化为标准形式即为 $G(s)H(s)=\dfrac{4K(\frac{s}{4}+1)}{s(s-1)}$,该系统为非最小相位系统,由于非最小相位系统的对数幅频特性曲线与其对应的最小相位系统的幅频特性曲线相同,故可以画出 $G'(s)H'(s)=\dfrac{4K(\frac{s}{4}+1)}{s(s+1)}$ 的对数幅频特性曲线,转折频率为 $\omega_1=1$,$\omega_2=4$,由于该系统为Ⅰ型系统,故低频时的折线方程为 $L(\omega)=20\lg4K-20\lg\omega$,当 $\omega_1=1$ 时,$L(\omega)=20\lg4K$,于是可以得到系统的对数频率特性曲线如图 5.24 所示。

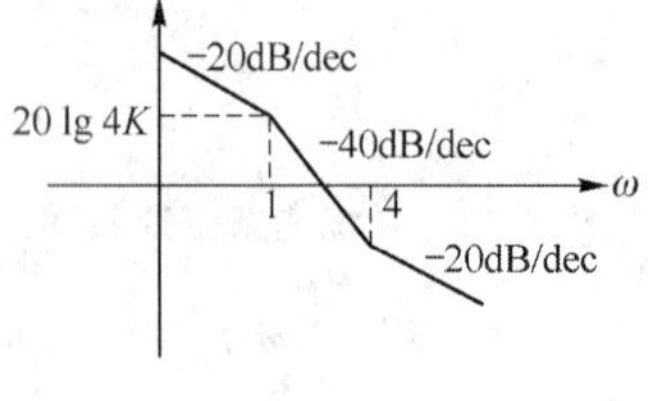

图 5.24 系统的对数频率特性曲线

【例 5.3.9★】(南京理工大学) 单位负反馈系统的开环传递函数为 $G(s)=\dfrac{K(s^2+1)}{s(s+5)}$。用奈奎斯特判据确定使闭环系统稳定的条件。

答：

由 $G(s)=\dfrac{K(s^2+1)}{s(s+5)}$，令 $s=\mathrm{j}\omega$ 代入可以得到

$$G(\mathrm{j}\omega)=\frac{K(\omega^2-1)}{\omega^2+25}+\frac{5K(\omega^2-1)}{\omega(\omega^2+25)}\mathrm{j}$$

$\omega\to0$ 时，$|G(\mathrm{j}\omega)|\to\infty$，$\arg(G(\mathrm{j}\omega))\to-90°$

$\omega\to+\infty$ 时，$|G(\mathrm{j}\omega)|\to1$，$\arg(G(\mathrm{j}\omega))\to0°$

系统的奈奎斯特图如图 5.25 所示。

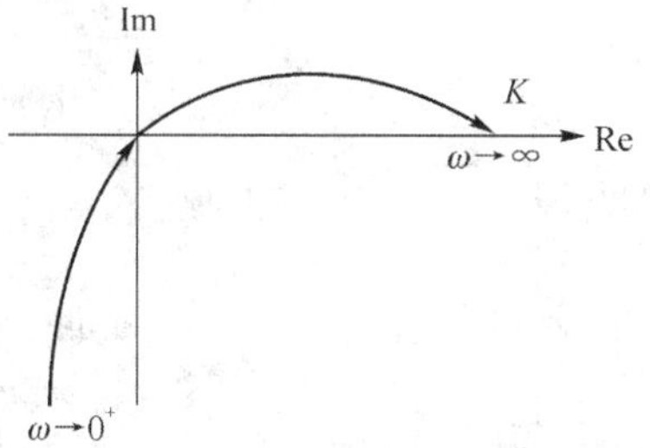

图 5.25　系统的奈奎斯特图

由图所示，当 $K>0$ 时系统恒稳定，故系统闭环稳定时 $K>0$。

【例 5.3.10】 已知系统的开环传递函数为：$\dfrac{K(T_3s+1)}{s^2(T_1s+1)(T_2s+1)}$。

(1) 当 $T_1=10$，$T_2=2$，$T_3=5$，$K=2$ 时，试绘制系统的奈奎斯特(极坐标)草图，并判断其闭环稳定性。

(2) 对于此类系统，试分析 T_1、T_2 和 T_3 三者满足何种关系时系统有可能稳定，稳定的条件是什么？

答：

由题意，令 $s=\mathrm{j}\omega$，代入整理可以得到

$$\frac{K(T_3\omega\mathrm{j}+1)}{(\mathrm{j}\omega)^2(T_1\omega\mathrm{j}+1)(T_2\omega\mathrm{j}+1)}=-\frac{K(1+(T_1T_3+T_2T_3-T_1T_2)\omega^2)}{\omega^2((1-T_1T_2\omega^2)^2+(T_1+T_2)^2\omega^2)}-\frac{K((T_3-T_1-T_2)\omega-T_1T_2T_3\omega^3)}{\omega^2((1-T_1T_2\omega^2)^2+(T_1+T_2)^2\omega^2)}\mathrm{j}$$

$\omega\to0$ 时，$|G(\mathrm{j}\omega)|\to\infty$，$\arg(G(\mathrm{j}\omega))\to-180°$

$\omega\to+\infty$ 时，$|G(\mathrm{j}\omega)|\to0$，$\arg(G(\mathrm{j}\omega))\to-270°$

(1) 当 $T_1=10$，$T_2=2$，$T_3=5$，$K=2$ 时，代入可以得到

$-\dfrac{K(1+40\omega^2)}{\omega^2((1-20\omega^2)^2+144\omega^2)}+\dfrac{K(7+100\omega^2)}{\omega((1-20\omega^2)^2+144\omega^2)}\mathrm{j}$，令其虚部为零，系统的奈奎斯特图，如图 5.26 所示。

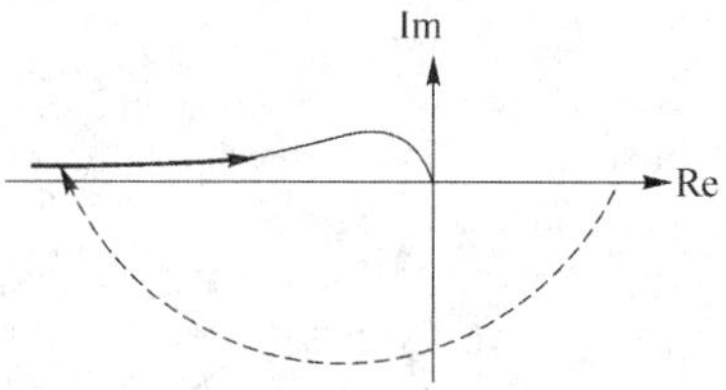

图 5.26　系统的奈奎斯特图

由于系统为Ⅱ型系统，顺时针补偿 180°，正穿越次数 $N^+=0$，负穿越次数 $N^-=1$。

$N=N^+-N^-=-1$，系统开环在虚轴右侧的极点数 $P=0$，$P-2N=2$，系统闭环不稳定，闭环传递函数在虚轴右侧的极点数为 2。

(2) 由系统频率特性表达式，观察其虚部

①当其与实轴没有交点时，结论同 1。

②当与实轴有交点，即 $(T_3-T_1-T_2)\omega-T_1T_2T_3\omega^3=0$ 有解时，即 $T_3-T_1-T_2>0$，$T_3>T_1+T_2$ 时，可以得到 $\omega^2=\dfrac{T_3-T_1-T_2}{T_1T_2T_3}$，稳定的条件为此时的实部 <-1。

题型 4　稳定裕度

【例 5.4.1】　最小相位系统对数幅频渐近特性如图 5.27 所示，图中 $\omega_i, i=1,2,3,4$ 为转折频率，剪切频率 $\omega_c=100\text{rad/s}$。试确定：

(1) 系统的开环传递函数 $G(s)H(s)$。

(2) 计算系统的相位裕度 γ。

(3) 判断系统的稳定性。

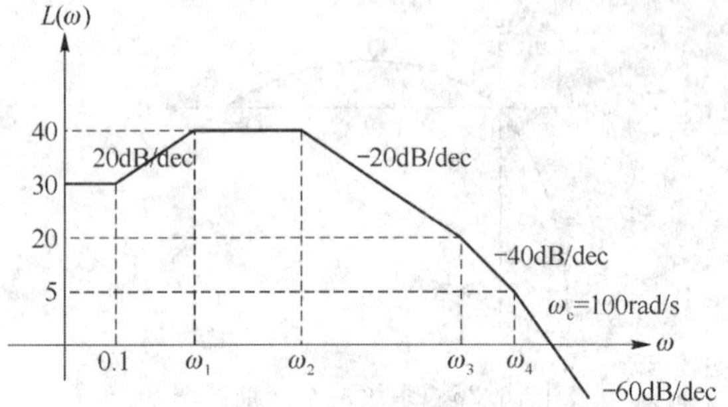

图 5.27　最小相位系统对数幅频渐近特性曲线

答：

(1) 可以求得 $\omega_1 \approx 0.316, \omega_2 \approx 3.48, \omega_3 \approx 34.8, \omega_4 \approx 82.5, K \approx 31.6$。

系统的开环传递函数为

$$G(s)H(s)=\frac{31.6\left(\frac{s}{0.1}+1\right)}{\left(\frac{s}{0.316}+1\right)\left(\frac{s}{3.48}+1\right)\left(\frac{s}{34.8}+1\right)\left(\frac{s}{82.5}+1\right)}$$

(2) 由剪切频率 $\omega_c=100\text{rad/s}$，可以得到相角裕度为

$$\gamma=180^\circ+\arctan\frac{100}{0.1}-\arctan\frac{100}{0.316}-\arctan\frac{100}{3.48}-\arctan\frac{100}{34.8}-\arctan\frac{100}{82.5}\approx -29.1^\circ$$

(3) $\gamma<0$，系统不稳定。

【例 5.4.2】　单位反馈的最小相位系统，其开环对数幅频特性如图 5.28 所示。

(1) 写出系统的开环传递函数 $G(s)$ 的表达式。

(2) 求系统的截止频率 ω_c 和相角裕度 γ。

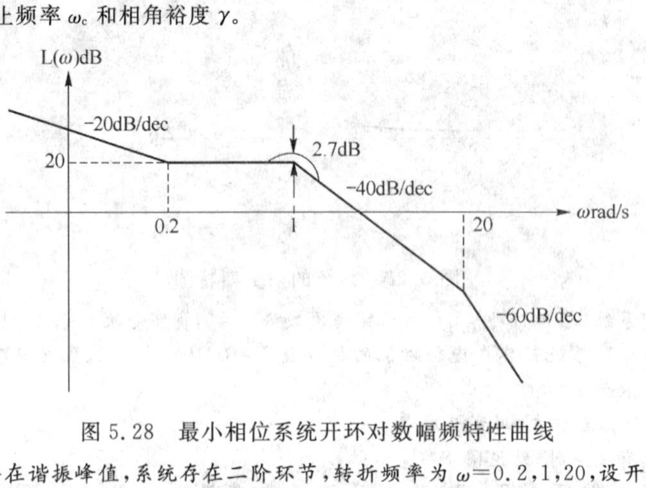

图 5.28　最小相位系统开环对数幅频特性曲线

答：(1) 由系统存在谐振峰值，系统存在二阶环节，转折频率为 $\omega=0.2,1,20$，设开环增益为 K，系统的

开环传递函数：$G(s)=\dfrac{K(\frac{s}{0.2}+1)}{s(\frac{s^2}{1^2}+2\frac{\xi s}{1}+1)(\frac{s}{20}+1)}$。

由谐振峰值为 2.7 dB 可以得到：$20\lg\dfrac{1}{2\xi\sqrt{1-\xi^2}}=2.7$，得到 $\xi=0.4$。

系统低频段渐近线方程为 $L(\omega)=20\lg K-20\lg\omega$

当 $\omega=0.2$ 时，$L(\omega)=20\lg K-20\lg 0.2=20$ 得到 $K=2$；代入得到

$$G(s)=\frac{2\left(\frac{s}{0.2}+1\right)}{s\left(s^2+\frac{4}{5}s+1\right)\left(\frac{s}{20}+1\right)}$$

(2) 令 $40\lg 1-40\lg\omega_c=0-20$，得到剪切频率 $\omega_c=\sqrt{10}\approx 3.16$，相角裕度为

$$\gamma=180^\circ+\arctan\frac{3.16}{0.2}-90^\circ-(\pi-\arctan\frac{3.16\times 0.8}{(3.16)^2-1})-\arctan\frac{3.16}{20}\approx 3^\circ$$

【例 5.4.3】 已知系统的开环传递函数为 $G(s)H(s)=\dfrac{2}{s(Ts+1)}$，若使系统的相角裕度为 $\gamma=45^\circ$，求 T 的值。

答：

$G(j\omega)H(j\omega)=\dfrac{2}{j\omega(T\omega j+1)}$，系统的相角裕度 $\gamma=180^\circ-90^\circ-\arctan T\omega_c=45^\circ$

可以得到 $T\omega_c=1$，又由 $|G(j\omega_c)H(j\omega_c)|=\left|\dfrac{2}{j\omega_c(T\omega_c j+1)}\right|=\dfrac{2}{\omega_c\sqrt{1+T^2\omega_c^2}}=1$。

联立可以解得 $T=\dfrac{\sqrt{2}}{2}$，$\omega_c=\sqrt{2}$。

※点评：本题是由系统的稳定裕度反求系统的参数。

【例 5.4.4★】（北京理工大学） 最小相位系统的开环渐近幅频特性曲线如图 5.29 所示，其中参数 ω_1、ω_2、ω_3、ω_c 为已知。

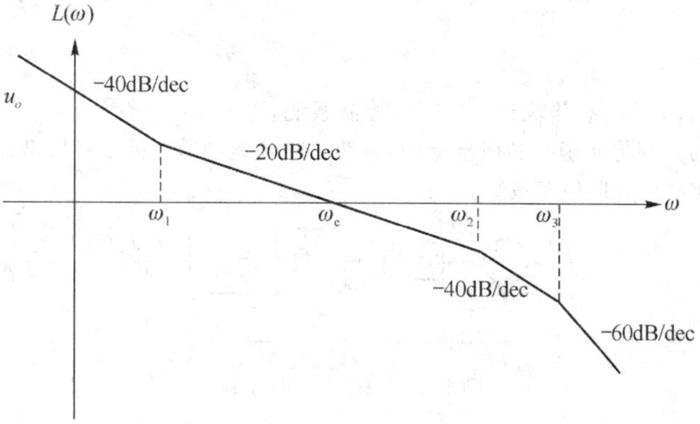

图 5.29 最小相位系统的开环渐近幅频特性曲线

(1) 求开环传递函数表达式。

(2) 给出闭环系统相位稳定裕量表达式。当 $\omega_c/\omega_1=100$，$\omega_c/\omega_2=2$，$\omega_c/\omega_3=0.1$ 时，判别系统的稳定性，并画出奈奎斯特图的大致形状。

(3) 设参考输入 $r(t)=b\cdot t+\dfrac{1}{2}ct^2$，求系统的稳态误差。

答：

(1) 转折频率为 $\omega=\omega_1$、ω_2、ω_3，设系统的开环增益为 K，系统的开环传递函数为

$G(s)=\dfrac{K(\frac{s}{\omega_1}+1)}{s^2(\frac{s}{\omega_2}+1)(\frac{s}{\omega_3}+1)}$，由 $20\lg K-40\lg\omega_1-20\lg\dfrac{\omega_c}{\omega_1}=0$ 可以得到：

$$K=\omega_1\omega_c, G(s)=\frac{\omega_1\omega_c(\frac{s}{\omega_1}+1)}{s^2(\frac{s}{\omega_2}+1)(\frac{s}{\omega_3}+1)}$$

(2) 系统的相角裕度为

$\gamma=180^\circ+\arctan\dfrac{\omega_c}{\omega_1}-2\times90^\circ-\arctan\dfrac{\omega_c}{\omega_2}-\arctan\dfrac{\omega_c}{\omega_3}=\arctan\dfrac{\omega_c}{\omega_1}-\arctan\dfrac{\omega_c}{\omega_2}-\arctan\dfrac{\omega_c}{\omega_3}$ 当 $\omega_c/\omega_1=100,\omega_c/\omega_2=2,\omega_c/\omega_3=0.1$ 时，代入可以得到

$\gamma=\arctan100-\arctan2-\arctan0.1\approx20.3^\circ$，系统稳定，

$\omega\to0$ 时，$|G(j\omega)|\to\infty,\arg(G(j\omega))\to-180^\circ$

$\omega\to+\infty$ 时，$|G(j\omega)|\to0,\arg(G(j\omega))\to-270^\circ$

由系统稳定，系统需顺时针补偿 180°，故补偿前系统的奈奎斯特图必包含(−1,j0)点，系统的奈奎斯特图如图 5.30 所示。

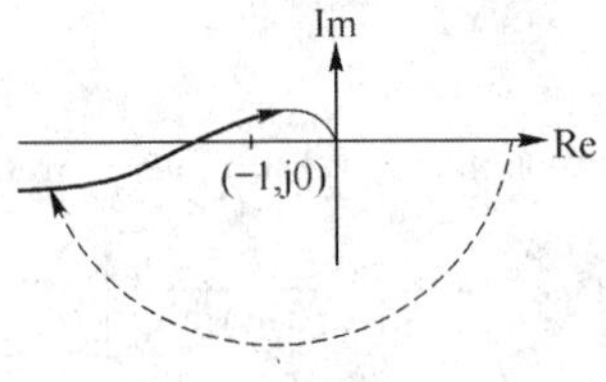

图 5.30　系统的奈奎斯特图

(3) 系统误差速度系数和加速度误差系数分别为

$K_v=\infty, K_a=\lim\limits_{s\to0}s^2\dfrac{\omega_1\omega_c(\frac{s}{\omega_1}+1)}{s^2(\frac{s}{\omega_2}+1)(\frac{s}{\omega_3}+1)}=\omega_1\omega_c$，所以输入 $r(t)=b\cdot t+\dfrac{1}{2}ct^2$ 时稳态误差

$e_{ss}=e_{ssv}+e_{ssa}=0+\dfrac{c}{\omega_1\omega_c}=\dfrac{c}{\omega_1\omega_c}$。

【例 5.4.5】 图 5.31 为具有传输延时的闭环控制系统。

(1) 绘制该系统的开环传递函数的极坐标图，说明传输延迟环节时间 τ 对极坐标图的影响；

(2) 求使系统稳定时 τ 的取值范围。

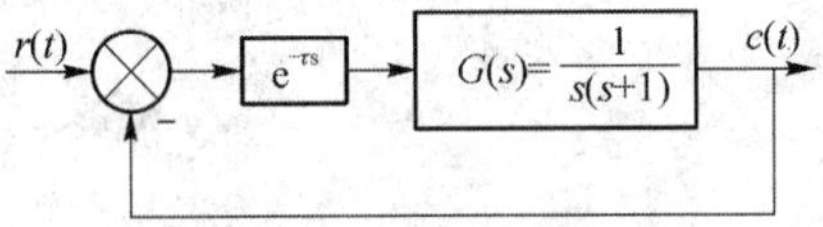

图 5.31　闭环控制系统

答：(1) 系统的有延迟环节和无延迟环节的开环奈奎斯特图分别如图 5.32(1)、(2)所示：

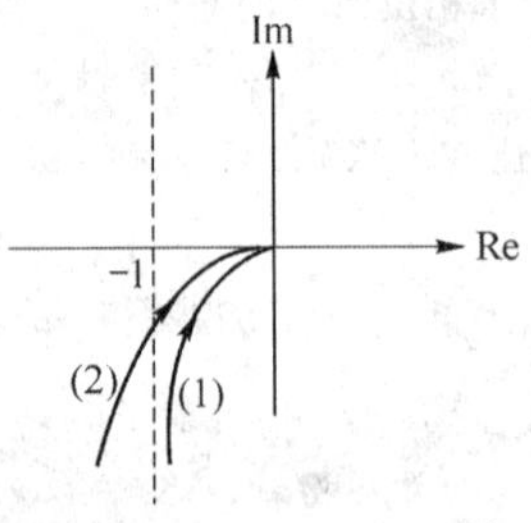

图 5.32　开环奈奎斯特图

由图可以看到，延迟环节的存在只影响到系统的相频曲线，延迟环节使系统的幅角减小，而对系统的幅值特性没有影响。

(2) 由题意，系统的开环传递函数为 $G_o(s)=e^{-\tau s}G(s)=\dfrac{e^{-\tau s}}{s(s+1)}$。

因为延迟环节不影响系统的幅值曲线，由 $|G_o(j\omega)|=|e^{-\tau\omega j}G(j\omega)|=\left|\dfrac{e^{-\tau\omega j}}{j\omega(j\omega+1)}\right|=\dfrac{1}{\omega\sqrt{1+\omega^2}}=1$ 及 $\gamma=180°-90°-57.3°\omega_c\tau-\arctan\omega_c=0$ 可以得到 $\omega=0.786$，$\tau=1.15$ 于是要使闭环系统稳定 $0<\tau<1.15$。

【例 5.4.6★】(华中科技大学；南开大学) 控制系统的频率特性为 $G(j\omega)=\dfrac{K(1+j\omega\tau)}{j\omega T_1(1+j\omega T_2)}$，其中 τ、T_1、T_2、K 为大于 0 的已知参数，且 $\tau>T_2$。试画出系统的大致开环幅相特性曲线，并推导使系统具有最大相角裕度时的 ω 值及 K 值。

答：

由题意，$G(j\omega)=\dfrac{K(1+j\omega\tau)}{j\omega T_1(1+j\omega T_2)}=\dfrac{K}{\omega T_1}\dfrac{-j(1+j\omega\tau)(1-j\omega T_2)}{1+\omega^2T_2^2}$，整理可以得到

$$G(j\omega)=\frac{K}{\omega T_1}\frac{(\tau-T_2)\omega-(1+T_2\tau\omega^2)j}{1+\omega^2T_2^2}$$

$$\omega\to0,|G(j\omega)|\to\infty,\angle G(j\omega)\to-90°;\omega\to\infty,|G(j\omega)|\to0,\angle G(j\omega)\to-90°$$

得到系统的大致开环幅相特性曲线如图 5.33 所示。

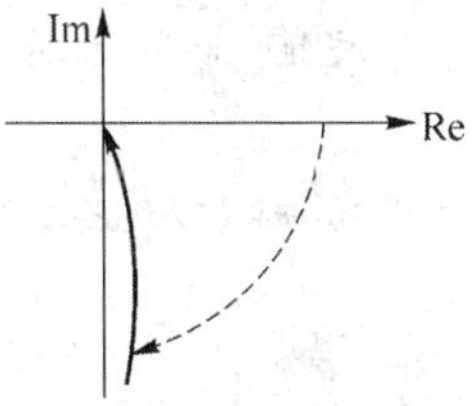

图 5.33 系统的开环幅相特性曲线

系统的相角裕度为 $\gamma=180°-90°+\arctan\tau\omega-\arctan T_2\omega=90°+\arctan\tau\omega-\arctan T_2\omega$

令 $f(\omega)=\arctan\tau\omega-\arctan T_2\omega$，则有

$$\tan f=\frac{\tau\omega-T_2\omega}{1+\tau\omega T_2\omega}=\frac{(\tau-T_2)\omega}{1+T_2\tau\omega^2}=\frac{(\tau-T_2)}{\dfrac{1}{\omega}+T_2\tau\omega}\leqslant\frac{(\tau-T_2)}{2\sqrt{\dfrac{1}{\omega}T_2\tau\omega}}=\frac{(\tau-T_2)}{2\sqrt{T_2\tau}}$$

故 $\gamma_{max}=90°+\arctan\dfrac{(\tau-T_2)}{2\sqrt{T_2\tau}}$，等号成立时 $\dfrac{1}{\omega}=T_2\tau\omega$，$\omega=\dfrac{1}{\sqrt{T_2\tau}}$

由 $|G(j\omega)|=1$ 代入得到此时 $K=\dfrac{T_1}{\tau}$

第6章 线性系统的校正方法

【基本知识点】系统校正的基本概念；校正方式；比例、积分、微分等基本控制规律；超前、滞后网络的特性；串联超前、串联滞后、串联滞后-超前校正设计的原理、步骤和方法；反馈校正、复合校正的作用等。

【重点】超前、滞后网络的特性；串联超前、串联滞后、串联滞后-超前校正设计的原理、步骤和方法。

【难点】串联超前、串联滞后、串联滞后-超前校正设计的原理、步骤和方法。

6.1 答疑解惑

6.1.1 什么是系统校正？

所谓线性系统的校正，是指当系统的性能指标（时域指标或频域指标）不满足期望的指标时，在系统中加入一些其参数可以根据需要而改变的的机构或装置，使系统整个特性发生变化，从而满足给定的各项性能指标。

6.1.2 性能指标有哪些？

当控制系统的稳定性、响应速度和静态误差不合要求时，就需要校正。在控制系统的设计中，采用的设计方法一般依据性能指标的形式而定。常用的性能指标有频域指标和时域指标。

如果性能指标以单位阶跃响应的峰值时间、调节时间、超调量、阻尼比、稳态误差等时域特征量给出时，一般采用根轨迹法校正。

如果性能指标以系统的相角裕度、幅值裕度、谐振峰值、闭环带宽、静态误差系数等频域特征量给出时，一般采用频率法校正。

目前，工程技术界多习惯采用频率法，故通常通过近似公式进行两种指标的互换。

6.1.3 校正方式有哪些？

按照校正装置在系统中的连接方式，控制系统校正方式可分为串联校正、反馈校正、前馈校正和复合校正四种。实际中最常用校正方式为串联校正和反馈校正。

串联校正装置一般接在系统误差测量点之后和放大器之前，串接于系统前向通道之中。串联校正比反馈校正设计简单、直观，也比较容易对信号进行各种必要形式的变换，常用的串联校正装置有超前校正、滞后校正和滞后-超前校正。

反馈校正装置接在系统的局部反馈通道之中。反馈校正的分析和设计比串联校正复杂，但有时采用简单的反馈校正就能获得特殊的控制效果。反馈校正具有以下明显特点：①削弱非线性特性的影响；②减小系统的时间常数；③降低系统对参数变化的敏感度。

前馈校正又称顺馈校正，是在系统主反馈回路之外采用的校正方式。第一种前馈校正装置位于系统给定值之后，主反馈作用点之前的前向通道上。这种校正方式的作用相当于对给定值进行整形或滤波后，再送入反馈系统。第二种前馈校正装置接在系统可测扰动作用点与误差测量点之间，对扰动信号进行直接或间接测量，并经变换后接入系统，形成一条附加的对扰动影响进行补偿的通道。前馈校正可以单独作用于开环控制系统，也可以作为反馈控制系统的附加校正而组成复合控制系统。

复合校正方式是在反馈控制回路中，加入前馈校正通路，组成一个有机整体，第一种为按扰动补偿的复合控制形式。第二种为按输入补偿的复合控制形式。复合控制中，只要系统参数选择得当，不但可以保证系统稳定，极大的减小乃至消除稳态误差，而且可以抑制几乎所有的可量测扰动，其中包括低频强扰动。

注意：四种校正方式的连接方式与特点。

6.1.4 基本控制规律有哪些？

包含校正装置在内的控制器，常常采用比例、微分、积分等基本控制规律，或者采用这些基本控制规律的某些组合，如比例-微分、比例-积分、比例-积分-微分等组合控制规律，以实现对被控对象的有效控制。

6.1.5 什么是串联超前校正？

串联超前校正适用于系统响应慢、相对稳定性差，但增益不太低的系统，可以提供超前角以增加相位裕度，或消去对象最接近原点的实极点以提高响应速度。

1. 超前网络

串联超前校正装置的传递函数为

$$aG_c(s)=\frac{1+aTs}{1+Ts}\quad (a>1)$$

超前网络的相角为

$$\varphi_c(\omega)=\tan^{-1}aT\omega-\tan^{-1}T\omega=\tan^{-1}\frac{(a-1)T\omega}{1+aT^2\omega^2}$$

当 $\omega=\omega_m=\dfrac{1}{T\sqrt{a}}$ 时，最大超前角为

$$\varphi_m = \sin^{-1}\frac{a-1}{a+1}$$

如图 6.1 所示为串联超前校正装置的传递函数的伯德图。ω_m 是$\frac{1}{aT}$和$\frac{1}{T}$的几何中点。

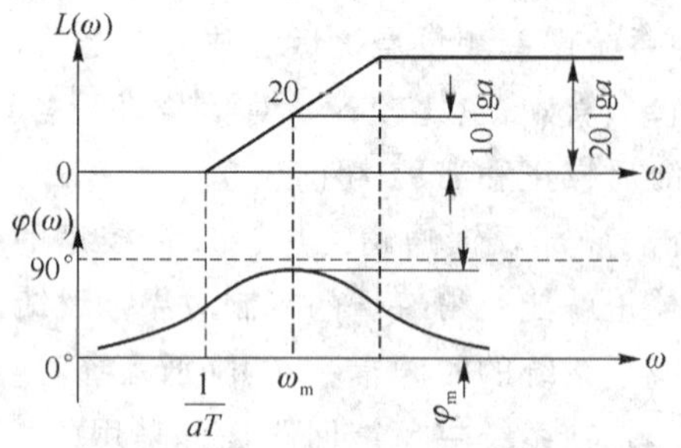

图 6.1 串联超前校正装置的传递函数的伯德图

2. 超前校正设计步骤

(1) 根据对稳态误差的要求确定开环增益。

(2) 按已确定的 K，绘制未校正系统的伯德图，并计算相角裕度 γ_0。

(3) 确定需要补偿的相位超前角 $\varphi_m = \gamma - \gamma_0 + (5 \sim 10°)$。

(4) 计算 $a = \frac{1+\sin\varphi_m}{1-\sin\varphi_m}$。

(5) 将未校正系统幅频曲线上幅值为 $-20\lg\sqrt{a} = -10\lg a$ 处的频率作为校正后的穿越频率 ω_c，并令 $\omega_c = \omega_m = \frac{1}{T\sqrt{a}}$，确定 T 值，即得出校正网络的传递函数。

(6) 必要时，调整增益以维持对稳态误差的要求。

(7) 验算，检查校正后系统的各项指标是否符合要求。

若给出校正后系统的截止频率 ω_c，那么(3)、(4)可改为：取 $\omega_m = \omega_c$，那么校正前系统 $-L(\omega_c) = L_c(\omega_m) = 10\lg a$，确定出 a 值；然后由 $\omega_m = \frac{1}{T\sqrt{a}}$确定 T 值。

应当指出，在有些情况下采用串联超前校正是无效的，它受以下两个因素的限制：

(1) 闭环带宽要求；

(2) 在截止频率附近相角迅速减小的待校正系统，一般不宜采用串联超前校正。

此时系统可采用其他方法进行校正，例如采用两级串联超前网络进行串联超前校正，或采用一个滞后网络进行串联滞后校正，也可以采用测速反馈校正。

6.1.6 什么是串联滞后校正？

串联滞后校正适用于稳态误差大，但响应不太慢的系统。串联滞后校正使已校正系统截止频率下降，从而使系统获得足够的相角裕度。因此，滞后网络的最大滞后角应力求避免发生在系统截止频率附近。在系统响应速度要求不高而抑制噪声电平性能要求较高的或待校正系统已具备满意的动态性能，仅稳态性能不满足指标要求情况下，可考虑采用串联滞后校正。

1. 滞后网络

串联滞后校正装置的传递函数为

$$G_c(s)=\frac{1+bTs}{1+Ts}\quad (b<1)$$

滞后网络的相角为

$$\varphi_c(\omega)=-\tan^{-1}T\omega+\tan^{-1}bT\omega=-\tan^{-1}\frac{(1-b)T\omega}{1+bT^2\omega^2}$$

当 $\omega=\omega_m=\dfrac{1}{T\sqrt{b}}$时，最大滞后角为

$$\varphi_m=\sin^{-1}\frac{1-b}{1+b}$$

图 6.2 为串联滞后校正装置的传递函数的伯德图。ω_m 是$\dfrac{1}{T}$和$\dfrac{1}{bT}$的几何中点。

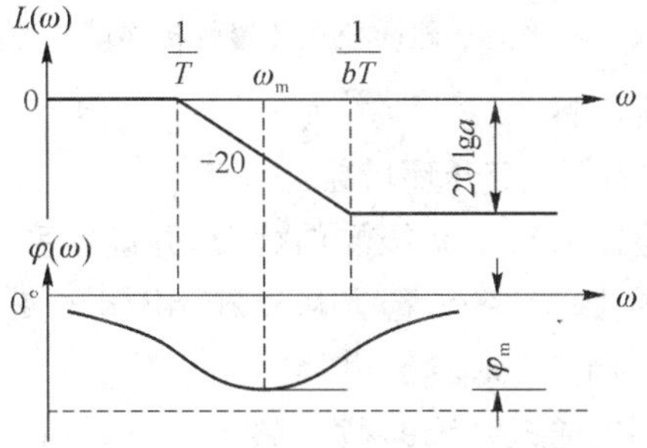

图 6.2　串联滞后校正装置的传递函数的伯德图

2. 滞后校正设计步骤

(1) 根据对稳态误差的要求确定开环增益。

(2) 利用已确定的 K，绘制未校正系统的伯德图，并确定系统的 ω_{c0}、γ_0、h_0。

(3) 在未校正系统的频率特性曲线上选择频率点 ω_c，使其满足

$$180°+\angle G_0(j\omega_c)=\gamma+(5\sim12°)$$

并将其作为校正后系统的穿越频率 ω_c。

(4) 根据下述关系式确定滞后网络参数 b 和 T

$$L(\omega_c)+20\lg b=0$$

选

$$\omega=\frac{1}{bT}=0.1\omega_c$$

即得出校正网络的传递函数。

(5) 验算，检查校正后系统的各项指标是否符合要求。

6.1.7　什么是串联滞后一超前校正？

串联滞后一超前校正兼有滞后校正和超前校正的优点，即已校正系统响应速度较快，超调量较小，抑制高频噪声的性能也较好。当待校正系统不稳定，且要求校正后系统的响应速度、相角裕度和稳态精度较高时，以采用串联滞后一超前校正为宜。

1. 滞后一超前网络

串联滞后一超前校正装置的传递函数为

$$G_c(s)=\frac{(1+T_1s)(1+T_2s)}{(1+aT_1s)\left(1+\frac{T_2}{a}s\right)}\quad (a>1)$$

如图 6.3 为串联滞后－超前校正装置的传递函数的伯德图。

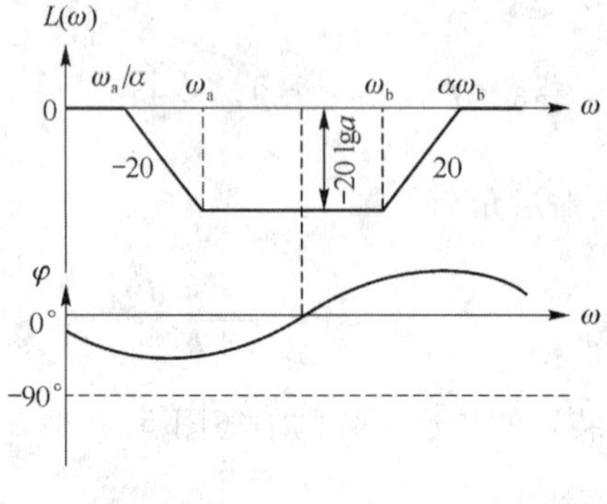

图 6.3　串联滞后－超前校正装置的传递函数的伯德图

2. 滞后－超前校正设计步骤

(1) 根据对稳态误差的要求确定开环增益。

(2) 利用已确定的 K，绘制未校正系统的伯德图，并确定系统的 ω_{c0}、γ_0、h_0。

(3) 在待校正系统对数幅频特性上，选择从 −20 dB/dec 变为 −40 dB/dec 的交接频率作为校正网络超前部分的交接频率 ω_b。

(4) 根据响应速度的要求，选择系统的截止频率 ω_c 和校正网络衰减因子 $1/\alpha$。为保证已校正系统的截止频率为所选的 ω_c，由下式确定 α

$$-20\lg\alpha+20\lg T_b\omega_c+L_0(\omega_c)=0$$

(5) 根据相角裕度的要求，估算校正网络滞后部分的交接频率 ω_a。

(6) 验算，检查校正后系统的各项指标是否符合要求。

注意：串联超前校正、串联滞后校正和串联超前-滞后校正三种校正方式与比例-微分、比例-积分、比例-积分-微分三种控制规律的联系。

典型题解　　线性系统的校正方法

6.2 典型题解

题型 1　系统的设计与校正问题

【例 6.1.1】 系统校正方法通常有哪几种？它们各有什么特点？请简单分析叙述之。

答：按照校正装置在系统中的连接方式，控制系统的校正可以分为串联校正，反馈校正和复合校正；串联校正对参数变化敏感，简单易用，因为校正环节是和原系统直接连接的，其频率特性直接和原系统的频率特性相加；反馈校正利用反馈校正装置包围待校正系统中对极不利于系统性能的环节，形成局部反馈回路，在局部反馈回路的开环幅值远大于 1 的条件下，局部反馈回路的特性主要取决于反馈校正装置，可以忽略被包围的部分，从而可以使校正后系统的性能满足要求。反馈校正装置可以削弱系统非线性特性的影响，降低系统的时间常数，提高系统的稳健性，抑止系统噪声。复合校正主要是为了减小误差，在反馈回路中加入前馈通路，前馈控制主要用于下列场合：(1) 干扰幅值大而频繁，对被控变量影响剧烈，单纯反馈控制达不到要求时；(2)主要干扰是可测不可控的变量；(3)对象的控制通道滞后大，反馈控制不及时，控制质量差时，可采用前馈—反馈控制系统，以提高控制质量。

【例 6.1.2】 传递函数为$G(s)=K_p\left(1+\frac{1}{Ts}+\tau s\right)$的控制器具有哪种控制规律？某参数选择一般有什么特点？加入系统后，对系统的性能有哪些改善？

答：传递函数为$G(s)=K_p\left(1+\frac{1}{Ts}+\tau s\right)$的控制器为PID控制器，在低频段其具有改变低频段的起始高度(P作用)及系统低频特性的斜率(I作用)；在中频段，其可以改变剪切频率，从而改变中频段的长度，影响系统的快速性(D作用)；在高频段，其能改变高频段的斜率，增加系统的抗高频噪声干扰的能力。

比例(P)调节作用及参数选择：是按比例反应系统的偏差，系统一旦出现了偏差，比例调节立即产生调节作用以减少偏差。比例作用大，可以加快调节，减少误差，但是过大的比例，使系统的稳定性下降，甚至造成系统的不稳定。

积分(I)调节作用及参数选择：是使系统消除稳态误差，提高无差度。因为有误差，积分调节就进行，直至无差，积分调节停止，积分调节输出一常值。积分作用的强弱取决于积分时间常数T，T越小，积分作用就越强。反之T大则积分作用弱，加入积分调节可使系统稳定性下降，动态响应变慢。积分作用常与另两种调节规律结合，组成PI调节器或PID调节器。

微分(D)调节作用及参数选择：微分作用反映系统偏差信号的变化率，具有预见性，能预见偏差变化的趋势，因此能产生超前的控制作用，在偏差还没有形成之前，已被微分调节作用消除。因此，可以改善系统的动态性能。在微分时间选择合适的情况下，可以减少超调，减少调节时间。微分作用对噪声干扰有放大作用，因此过强的加微分调节，对系统抗干扰不利。此外，微分反应的是变化率，而当输入没有变化时，微分作用输出为零。微分作用不能单独使用，需要与另外两种调节规律相结合，组成PD或PID控制器。

如果PID控制器的参数选择恰当的话，可以改善系统的稳态误差，动态特性和高频抗噪声能力。

【例 6.1.3★】(华中科技大学) 在二阶系统中加入比例微分控制后，使系统的自然振荡频率ω_n，阻尼系数ζ和开环增益K发生了什么变化，对系统性能有哪些改善？

答：设二阶系统校正前的开环传递函数为$G(s)H(s)=\frac{\omega_n^2}{s(s+2\zeta\omega_n)}$，加入的比例微分控制为$G_c(s)=K_p+Ts$，校正后的开环传递函数为$G_n(s)H_n(s)=\frac{\omega_n^2(K_p+Ts)}{s(s+2\zeta\omega_n)}$，校正后的闭环传递函数为$\Phi(s)=\frac{\omega_n^2(K_p+Ts)}{s^2+(2\zeta\omega_n+\omega_n^2T)s+\omega_n^2K_p}$，可见校正后系统的自然振荡频率变为$\sqrt{K_p}\,\omega_n$，阻尼比变为$\frac{2\zeta+\omega_n T}{2\sqrt{K_p}}$，开环增益变为$\frac{\omega_n K_p}{2\zeta}$，系统的超调量变小。

题型 2 常用校正及特性

【例 6.2.1★】(武汉大学) 对于超前、滞后、滞后——超前三类校正装置。

(1) 分别阐述其控制功能；

(2) 对于PI控制、PID控制、PD控制，分别属于上述三类校正装置的哪一类？为什么？

答：(1) 串联超前校正适用于系统响应慢、相对稳定性差，但增益不太低的系统，可以提供超前角以增加相位裕度，或消去对象最接近原点的实极点以提高响应速度。

串联滞后校正适用于稳态误差大，但响应不太慢的系统。串联滞后校正使已校正系统截止频率下降，从而使系统获得足够的相角裕度。因此，滞后网络的最大滞后角应力求避免发生在系统截止频率附近。在系统响应速度要求不高而抑制噪声电平性能要求较高的或待校正系统已具备满意的动态性能，仅稳态性能不满足指标要求情况下，可考虑采用串联滞后校正。

串联滞后—超前校正兼有滞后校正和超前校正的优点，即已校正系统响应速度较快，超调量较小，抑制高频噪声的性能也较好。当待校正系统不稳定，且要求校正后系统的响应速度、相角裕度和稳态精度较高时，以采用串联滞后一超前校正为宜。

(2) PI属于滞后校正装置，因为它具有相位滞后作用；PD属于超前校正装置，因为它可以提高超前相角；PID属于滞后超前校正装置，因为其在低频段具有滞后效应，中频段具有超前效应。

【例 6.2.2★】(南京理工大学)　下面四个控制器的传递函数中，哪一个是滞后一超前控制器？______。

A. $G_c(s)=\dfrac{(s+1)(0.1s+1)}{(5s+1)(0.02s+1)}$　　B. $G_c(s)=\dfrac{(s+1)(5s+1)}{(0.1s+1)(0.02s+1)}$

C. $G_c(s)=\dfrac{(s+1)(0.02s+1)}{(5s+1)(0.1s+1)}$　　D. $G_c(s)=\dfrac{(5s+1)(0.1s+1)}{(s+1)(0.02s+1)}$

答：本题考查滞后一超前控制器的判定，该控制器在系统校正中很重要。选A。

【例 6.2.3】　增大控制器的比例控制系数对闭环系统输出有何影响？为什么加入滞后校正环节可以提高稳态精度、而又基本上不影响系统暂态性能？

答：增大控制器的比例控制系数使系统的带宽增加，系统反应变快，超调量增加，稳态精度提高，但抗高频干扰能力降低。

滞后校正具有高频衰减特性，如果在滞后校正环节前面串联一增益，可以使滞后环节对中高频没有影响，而使系统的低频段提高，系统的稳态精度变好，系统的动态性能是由系统的中频段决定的，中频段不变，即对其暂态性能没有影响。

【例 6.2.4★】(重庆大学)　串联超前校正会使开环系统的截止频率 ω_c 增加，高频幅值增加，则闭环系统的响应速度____，抗干扰能力____。

答：变快，变差。

【例 6.2.5】　传递函数为 $G(s)=\dfrac{1+\tau s}{1+Ts}$ 的环节，当 $\tau>T$ 时其属于相位______校正环节，其主要是用来改善系统的______态性能。

答：超前，动。

【例 6.2.6】　已知无源校正装置的传递函数为 $\dfrac{T_1s+1}{T_2s+1}$，$T_1<T_2$，则该校正装置是滞后校正装置？

答：滞后校正装置。

【例 6.2.7】　系统采用串联校正，校正环节为 $G_j(s)=\dfrac{2s+1}{10s+1}$，则该校正环节对系统性能影响是______。

A. 增大开环剪切频率 ω_c　　B. 减小开环剪切频率 ω_c

C. 增大稳态误差　　D. 减小稳态误差

E. 稳态误差不变，响应速度降低　　F. 稳态误差不变，响应速度增高

答：本题考查滞后校正装置对系统的影响。选BE。

【例 6.2.8】　若要求在不降低原系统频带宽的前提下，增大系统的稳定裕量，则可采用______。

A. 相位滞后校正　　B. 相位超前校正　　C. 顺馈校正　　D. 提高增益

答：本题考查校正装置的选择。选B。

【例 6.2.9】　已知PI控制器为 $G_c(s)=5\left(1+\dfrac{1}{2s}\right)$

PD控制器为 $G_c(s)=5(1+0.5s)$

PID控制器为 $G_c(s)=30.32\,\dfrac{(s+0.65)^2}{s}$

试画出它们的Bode图，并简要分析其性能，说明作为串联控制器使用时所适用的对象。

答：Bode图依次如图6.4所示。

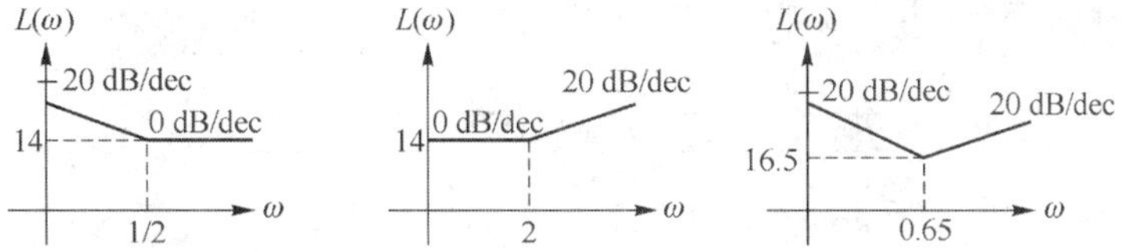

图 6.4 Bode 图

可以看出第一个为超前校正，当系统的稳态误差和快速性达不到要求而稳定性满足要求时，可以选用该校正装置；

第二个为滞后校正，当系统的稳态误差和快速性达到要求而稳定性达不到要求时，可以选用该校正装置；

第三个为超前—滞后校正装置，当系统的动态性能和稳态性能都无法达到要求时，可以选用该校正装置。

【例 6.2.10】 采用传递函数为 $G_c(s)=\dfrac{1+0.456s}{1+0.114s}$的装置对系统进行校正，求校正装置的最大超前相角和产生最大超前相角的频率。

答：

$$\frac{T}{\alpha}=0.114,T=0.456 \text{ 可以得到 } \alpha=4,\varphi_{\max}=\sin^{-1}\frac{\alpha-1}{\alpha+1}\approx37^\circ,\omega=\frac{\sqrt{\alpha}}{T}\approx4.39 \text{ rad/s}。$$

【例 6.2.11】 已知单位负反馈系统的对象传递函数为 $G_p(s)=\dfrac{2\ 000}{s(s+2)(s+20)}$，其串联校正后的开环对数幅频特性渐近线图形如图 6.5 所示。

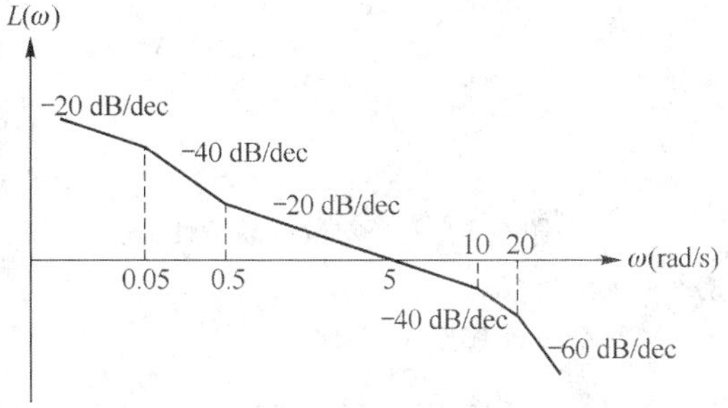

图 6.5 串联校正后的开环对数幅频特性渐近线图形

(1) 写出串联校正装置的传递函数，并指出是哪一类校正。

(2) 画出校正装置的开环对数幅频特性渐近线。表明它的转角频率，各段渐近线斜率及高频段渐近线纵坐标的分贝值。

(3) 计算校正后系统的相角裕量。

答：(1) 由校正后系统的频率特性图可以得到校正后系统的开环传递函数为

$$G(s)=\frac{K\left(\dfrac{s}{0.5}+1\right)}{s\left(\dfrac{s}{0.05}+1\right)\left(\dfrac{s}{10}+1\right)\left(\dfrac{s}{20}+1\right)},20\lg K-20\lg 0.05-40\lg\frac{0.5}{0.05}-20\lg\frac{5}{0.5}=0$$

可以得到 $K=50$，于是 $G(s)=\dfrac{50\left(\dfrac{s}{0.5}+1\right)}{s\left(\dfrac{s}{0.05}+1\right)\left(\dfrac{s}{10}+1\right)\left(\dfrac{s}{20}+1\right)}$ 又 $G_p(s)=\dfrac{2\ 000}{s(s+2)(s+20)}$

可以得到 $G_c(s)=\dfrac{G(s)}{G_p(s)}=\dfrac{\left(\dfrac{1}{0.5}s+1\right)\left(\dfrac{1}{2}s+1\right)}{\left(\dfrac{1}{0.05}s+1\right)\left(\dfrac{1}{10}s+1\right)}$

(2) 校正装置的开环对数幅频特性渐近线如图 6.6 所示。

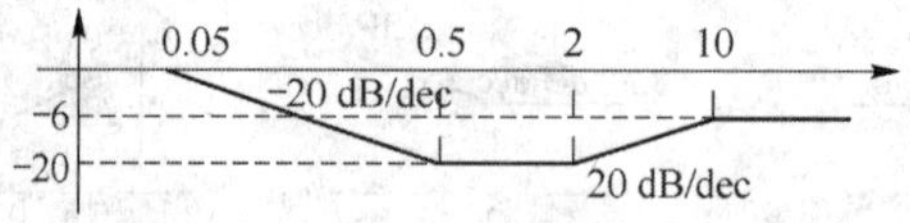

图 6.6　校正装置的开环对数幅频特性渐近线

(3) 由剪切频率为 $\omega_c=5$ 可以得到系统的相角裕度为

$$\gamma=180°-90°+\arctan\frac{5}{0.5}-\arctan\frac{5}{0.05}-\arctan\frac{5}{10}-\arctan\frac{5}{20}\approx 44°$$

※点评：本题综合考查频率特性和校正装置特性。

【例 6.2.12】 单位负反馈最小相位系统校正前、后的开环对数幅频特性如图 6.7 所示。

(1) 求串联校正装置的传递函数 $G_c(s)$。

(2) 求串联校正后，使闭环系统稳定的开环增益 K 的值。

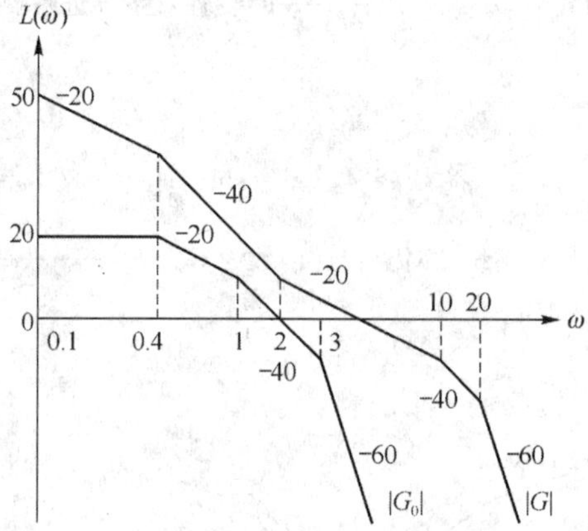

图 6.7　开环对数幅频特性

答：(1) 求串联校正装置的传递函数 $G_c(s)$。

由图 6.6 知，校正前系统的开环传递函数为

$$G_0(s)=\frac{K_0}{s\left(\frac{s}{0.4}+1\right)(s+1)\left(\frac{s}{3}+1\right)}$$

式中，K_0 可由低频段求出

$$20\lg K_0=20$$

$$K_0=10$$

校正后系统的开环传递函数为

$$G(s)=\frac{K\left(\frac{s}{2}+1\right)}{s\left(\frac{s}{0.4}+1\right)\left(\frac{s}{10}+1\right)\left(\frac{s}{20}+1\right)}$$

由图 6.6 知，在 $\omega=0.1$ 时，开环对数幅值 $L(0.1)=50$ dB，即 $|G(\mathrm{j}0.1)|=316.2$，故

$$|G(\mathrm{j}0.1)|=\frac{K}{0.1}=316.2$$

$$K=31.62$$

根据 $G(s)=G_c(s)G_0(s)$，则有

$$G_c(s)=\frac{G(s)}{G_0(s)}=\frac{3.162(s+1)\left(\frac{s}{2}+1\right)\left(\frac{s}{3}+1\right)}{s\left(\frac{s}{10}+1\right)\left(\frac{s}{20}+1\right)}$$

(2) 求串联校正后,使闭环系统稳定的开环增益 K 的值。

根据校正后系统的开环传递函数,其相频特性为

$$\angle G(\mathrm{j}\omega)=-90^\circ-\tan^{-1}\frac{\omega}{0.4}+\tan^{-1}\frac{\omega}{2}-\tan^{-1}\frac{\omega}{10}-\tan^{-1}\frac{\omega}{20}$$

运用三角公式 $\tan^{-1}\alpha\pm\tan^{-1}\beta=\tan^{-1}\dfrac{\alpha\pm\beta}{1\mp\alpha\beta}$并整理,得

$$\angle G(\mathrm{j}\omega)=-90^\circ-\tan^{-1}\frac{\dfrac{2\omega}{1+1.25\omega^2}+\dfrac{0.15\omega}{1-0.005\omega^2}}{1-\dfrac{2\omega}{1+1.25\omega^2}\cdot\dfrac{0.15\omega}{1-0.005\omega^2}}$$

当相角为-180°时,有

$$1-\frac{2\omega}{1+1.25\omega^2}\cdot\frac{0.15\omega}{1-0.005\omega^2}=0$$

解得 $\omega=12.3$。此时幅值为

$$|G(\mathrm{j}12.3)|=\frac{31.6\left(\dfrac{12.3}{2}\right)}{12.3\left(\dfrac{12.3}{0.4}\right)\left(\dfrac{12.3}{10}\right)}=0.418$$

即将开环增益增大 1/0.418 倍,系统处于临界稳定状态。根据频率稳定判据,当 $0<K<31.6\times 1/0.418$即 $0<K<75.6$ 时,对数频率特性曲线不穿越-180°线,系统稳定。

【例 6.2.13】 设系统结构图如图 6.8 所示。

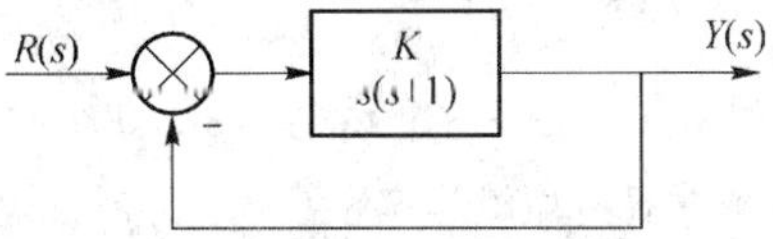

图 6.8 系统结构图

要求系统在单位斜坡输入信号作用时,稳态误差 $e_{ss}\leqslant 0.1$,开环系统截止频率 $\omega_c\geqslant 4.4$ rad/s,相角裕度 $\gamma\geqslant 45^\circ$,幅值裕度 $20\lg h\geqslant 10$ dB。

答:(1) 先确定开环增益 K。

$$K_v=\lim_{s\to 0}sG(s)=\lim_{s\to 0}s\cdot\frac{K}{s(s+1)}=K$$

$$e_{ss}=\frac{1}{K_v}=\frac{1}{K}\leqslant 0.1$$

所以 $K\geqslant 10$。取 $K=10$。

(2) 作 $K=10$ 时未校正系统的开环对数频率特性如图 6.9 中 L_0 所示。

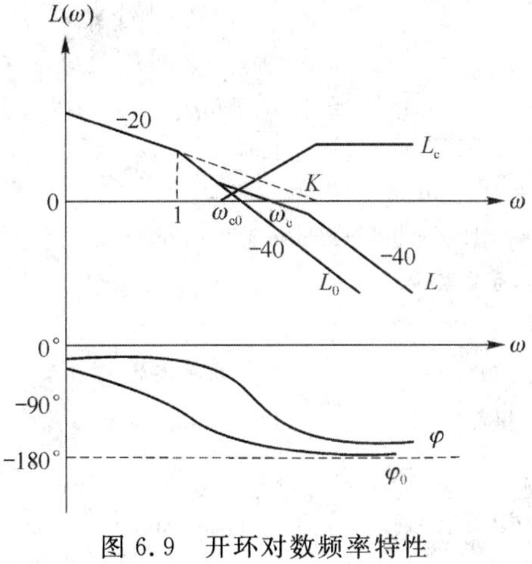

图 6.9 开环对数频率特性

由图列写直线方程

$$20\lg\frac{10}{1}=40\lg\frac{\omega_{c0}}{1}$$

$$\omega_{c0}=3.16\ \text{rad/s}$$

$$\gamma_0=180°-90°-\tan^{-1}\omega_{c0}=17.6°$$

(3) 在未校正对数幅频特性上，取 $\omega_c=4.4=\omega_m$ 频率点处幅值为 $-10\lg a$，以确定 a 值。

$$-40\lg\frac{4.4}{\sqrt{10}}=-10\lg a$$

得 $a=3.75$，取 $a=4$。

那么
$$T=\frac{1}{\omega_m\sqrt{a}}=\frac{1}{4.4\times\sqrt{4}}=0.114$$

故校正环节的传递函数为

$$G_c(s)=\frac{1+aTs}{1+Ts}=\frac{1+0.456s}{1+0.114s}$$

校正后系统的开环传递函数为

$$G(s)=G_c(s)G_0(s)=\frac{10(0.456s+1)}{s(s+1)(0.114s+1)}$$

(4) 验算。

显然，已校正系统的截止频率 $\omega_c=4.4\ \text{rad/s}$。

校正后系统的相角裕度为

$$\gamma=180°-90°-\arctan\omega_c+\arctan 0.456\omega_c-\arctan 0.114\omega_c=49.7°>45°$$

幅值裕度 $20\lg h\to\infty$。全部性能指标均已满足。

【例 6.2.14★】(上海交通大学) 一个单位反馈系统的开环传递函数为

$$G(s)=\frac{K}{s(s+1)(s+5)}$$

试设计一个串联校正装置，使得系统的稳态速度误差系数 $K_p\geqslant 20s^{-1}$，相位裕量为 60°，增益裕量不小于 8 dB。

答：由题意，要满足系统的稳态速度误差系数

$$K_p=\lim_{s\to 0}sG(s)H(s)=\lim_{s\to 0}s\times\frac{K}{s(s+1)(s+5)}\times 1=\frac{K}{5}\geqslant 20$$

即 $K\geqslant 100$，取 $K=100$，此时系统的开环传递函数为

$$G(s)=\frac{100}{s(s+1)(s+5)}=\frac{20}{s(s+1)\left(\frac{s}{5}+1\right)}$$

计算系统的增益剪切频率 ω_c，令 $s=j\omega_c$

$$|G(j\omega_c)|=\frac{100}{|j\omega_c||j\omega_c+1||j\omega_c+5|}=1$$

用试探法可以求解得　$\omega_c=3.9\ \text{rad/s}$

校正前系统的相位裕度为 $\gamma=180°-90°-\arctan 3.9-\arctan 0.78=-24°$ 系统不稳定。

要满足达到相位裕度为 60°的要求：

(1) 若单独采用超前校正

超前装置需要提供的超前角为 $\varphi_m=60°+24°=84°$ 此时要求超前系统的 α 很大，而在工程实际中不容易保证，故单独采用超前校正不理想。

(2) 若采用滞后校正

要保证系统的相角裕度为 60°，由 $\gamma=180°-90°-\arctan\omega-\arctan\frac{\omega}{5}=60°$ 可以求解得到，$\omega_{cn}\approx 0.27\ \text{rad/s}$，要

使新得剪切频率在0.27 rad/s，滞后环节的常数计算可得 $\alpha_2 \approx 600$，显然太大。

综上所述，单独采用超前或滞后校正系统很难满足性能要求，故本题采用滞后一超前校正。

不妨取 $\omega_{cn}=1$ rad/s 则此时相位裕度 $\gamma=180°-90°-\arctan\omega_{cn}-\arctan\frac{\omega_{cn}}{5}=34°$，要满足相位裕度为60°的要求，要求超前装置提供的超前角为 $\varphi_m=60°-34°=26°$，考虑到后面的滞后装置对其相角的影响可能较大，再增加12°，$\varphi_m=60°-34°+12°=38°$，则超前装置的常数 $\alpha_1=\frac{1+\sin(\varphi_m)}{1-\sin(\varphi_m)}=\frac{1+\sin(38°)}{1-\sin(38°)}=4.2$，取 $\alpha_1=4$，设超前装置的传递函数为 $G_1(s)=\frac{1}{\alpha_1}\times\frac{T_1s+1}{\frac{T_1}{\alpha_1}s+1}$，其中 T_1 为超前装置的时间常数，由超前装置在增益剪切频率处提供的超前角最大有 $\frac{\sqrt{\alpha_1}}{T_1}=\omega_c$ 代入可以得到 $T_1=2$ rad/s，于是超前部分的传递函数为 $G_1(s)=\frac{1}{4}\times\frac{2s+1}{\frac{1}{2}s+1}$，为补偿超前部分对系统低频的影响，需要和超前部分串联一个 $K=4$ 的增益。

下面再对系统的滞后校正部分进行设计，设滞后校正部分的传递函数为 $G_2(s)=\frac{T_2s+1}{\alpha_2T_2s+1}$，其中 T_2 为其时间常数，由新的增益剪切频率为 $\omega_c=1$ rad/s，可以得到 $20\lg\alpha_2=20\lg K-10\lg\alpha_1+20\lg|G(j\omega_c)H(j\omega_c)|$，代入可以求得 $\alpha_2=28$，为了减小滞后环节的滞后效应，应尽量使其转角频率远离新的增益交接频率，这里我们取 $\frac{1}{T_2}=0.2\times\omega_c=0.2$ rad/s，可以得到 $T_2=5$，于是可以得到滞后部分的传递函数为 $G_2(s)=\frac{5s+1}{140s+1}$。

综上可以得到校正部分的传递函数

$$G_c(s)=KG_1(s)G_2(s)=\frac{2s+1}{\frac{1}{2}s+1}\times\frac{5s+1}{140s+1}$$

校正后的系统的开环传递函数为

$$G_N(s)=\frac{20}{s(s+1)\left(\frac{s}{5}+1\right)}\frac{2s+1}{\frac{1}{2}s+1}\frac{5s+1}{140s+1}$$

校正后系统的速度误差系数为

$$K_p=\lim_{s\to0}sG_N(s)H(s)=\lim_{s\to0}s\times\frac{20}{s(s+1)\left(\frac{s}{5}+1\right)}\frac{2s+1}{\frac{1}{2}s+1}\frac{5s+1}{140s+1}=20\text{，满足要求}$$

令 $|G_N(j\omega_c)H(j\omega_c)|=1$，可以得到 $\omega_c=1$ rad/s 此时的相角裕度为

$$\gamma=180°-90°-\arctan1-\arctan0.2+\arctan2-\arctan0.5+\arctan5-\arctan140=59.8°\approx60°$$

相角裕度满足要求

$$G_N(j\omega)H(j\omega)=U(\omega)+V(\omega)j\text{，代入整理可以得到}$$

$$V(\omega)=1\,400\omega^7-16\,173\omega^5-7431\omega^3-10\omega=0$$

可以用试探法求解 $\omega_g\approx3.5$ rad/s，幅值裕度15.7 dB满足题目中的要求。

【例6.2.15★】(南京航空航天大学) 设单位反馈系统的开环传递函数为

$$G(s)=\frac{5}{s(0.2s+1)(s+1)}$$

试设计串联校正网络使校正后的系统截止频率 $\omega_c''\approx0.7$ rad/s，相角裕度 $\gamma''\geq40°$。

答：由题意，校正前 $G(s)=\frac{5}{s(0.2s+1)(s+1)}=\frac{5}{s(s+1)\left(\frac{s}{5}+1\right)}$，系统的伯德图如图6.10所示。

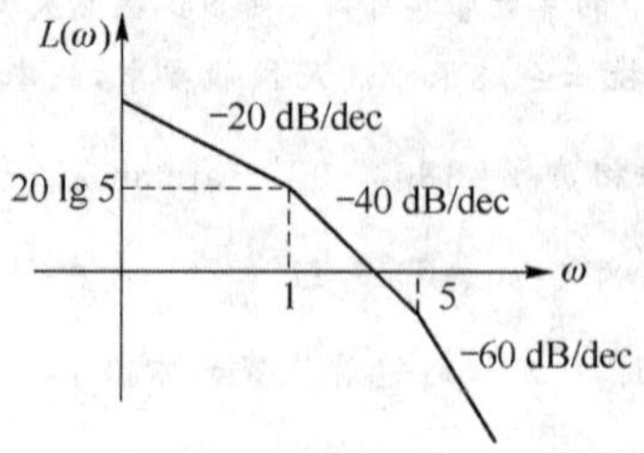

图 6.10　伯德图

由图可得 $20\lg 5-40\lg \frac{\omega_c'}{1}=0$，得校正前系统的剪切频率为 $\omega_c'=\sqrt{5}$，在此频率时的幅值为 $L(\omega_c')=20\lg 5-20\lg 0.7\approx 17.1\ \text{dB}$，而校正后截止频率 $\omega_c''\approx 0.7\ \text{rad/s}$，小于校正前的剪切频率，故考虑使用滞后校正，设滞后校正装置的传递函数为 $G_c(s)=\frac{Ts+1}{\alpha Ts+1}$，则有 $-20\lg\alpha+L(\omega_c')=0$。解得 $\alpha\approx 5.8$，为减小滞后环节对系统相角的影响，取 $\frac{1}{T}=\frac{1}{10}\omega_c''=0.07$，得 $T\approx 14.3$，代入得 $\alpha T\approx 82.8$，于是 $G_c(s)=\frac{14.3s+1}{82.8s+1}$，校正后的开环传递函数为 $G_n(s)=\frac{5(14.3s+1)}{s(0.2s+1)(s+1)(82.8s+1)}$令 $s=\mathrm{j}\omega_c''$代入可以得到 $|G_n(\mathrm{j}\omega_c'')|\approx 1$，$\gamma''\approx 42^\circ>40^\circ$，满足性能指标。

【例 6.2.16】 某单位反馈系统的开环传递函数为

$$G_0(s)=\frac{20}{s\left(\frac{s^2}{80^2}+\frac{2\times 0.3}{80}s+1\right)}$$

其伯德图如图 6.11 所示。采用滞后校正，使系统满足：$K_v=100\ \text{rad/s}$，相角裕度 $\gamma=70^\circ$，且基本保持中高频不变，求校正装置传递函数及校正后系统开环传递函数，并画出校正后系统的伯德图。

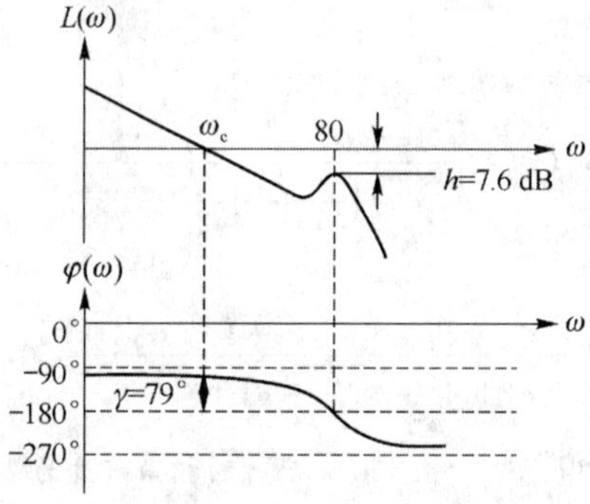

图 6.11　伯德图

答：系统的开环传递函数为

$$G_0(s)=\frac{20}{s\left(\frac{s^2}{80^2}+\frac{2\times 0.3}{80}s+1\right)}$$

系统为Ⅰ型。根据图 6.12 所示系统的伯德图，知

$$\omega_c=K=20$$

相角裕度为

$$\gamma=79^\circ$$

相角裕度满足要求，但开环增益不满足要求。

(1) 取 $K_v=100\ \text{rad/s}$，则有

$$K_v = \lim_{s\to 0} sG_0(s) = \lim_{s\to 0} s \cdot \frac{K}{s\left(\frac{s^2}{80^2}+\frac{2\times 0.3}{80}s+1\right)} = K = 100$$

系统的开环传递函数为

$$G_0(s) = \frac{100}{s\left(\frac{s^2}{80^2}+\frac{2\times 0.3}{80}s+1\right)}$$

$$|G_0(j\omega)| = \begin{cases} \dfrac{100}{\omega} & \omega < 80 \\ \dfrac{100}{\omega \cdot \dfrac{\omega^2}{80^2}} & \omega \geqslant 80 \end{cases}$$

截止频率为 $\omega_{c0} = 86.2\ \text{rad/s}$

对数相频特性曲线与 $K=20$ 时一样。此时相角裕度为

$$\gamma_0 = 180° + \angle G_0(j\omega_{c0}) = 180° - 90° - \tan^{-1}\frac{\frac{2\times 0.3}{80}\omega_{c0}}{1-\frac{\omega_{c0}^2}{80^2}} = -14.2°$$

(2) 令串联滞后校正装置的传递函数为

$$G_c(s) = \frac{1+bTs}{1+Ts} \quad (b<1)$$

因为在 $\omega_c=20$ 时相角裕度为 $\gamma=79°$，满足要求，取 $\omega_c=20$ 为校正后的截止频率。

(3) 根据下述关系式确定滞后网络参数 b 和 T：

$$L_0(\omega_c) + 20\lg b = 0$$

即
$$b = \frac{1}{|G_0(j\omega_c)|} = \frac{\omega_c}{100} = 0.2$$

选
$$\frac{1}{bT} = 0.1\omega_c = 2$$

$$T = \frac{1}{2\times 0.2} = 2.5$$

滞后校正装置的传递函数为

$$G_c(s) = \frac{1+0.5s}{1+2.5s}$$

校正后系统的开环传递函数为

$$G(s) = G_c(s)G_0(s) = \frac{100(1+0.5s)}{s\left(\frac{s^2}{80^2}+\frac{2\times 0.3}{80}s+1\right)(1+2.5s)}$$

(4) 验算。

校正装置在 $\omega_c=20$ 处的相角为

$$\gamma_c = \tan^{-1}0.5\omega_c - \tan^{-1}2.5\omega_c = -4.6°$$

校正后的相角裕度为

$$\gamma = 79° - 4.6° = 74.4° > 70°$$

满足性能指标的要求。绘制校正后的伯德图如图 6.12 所示。

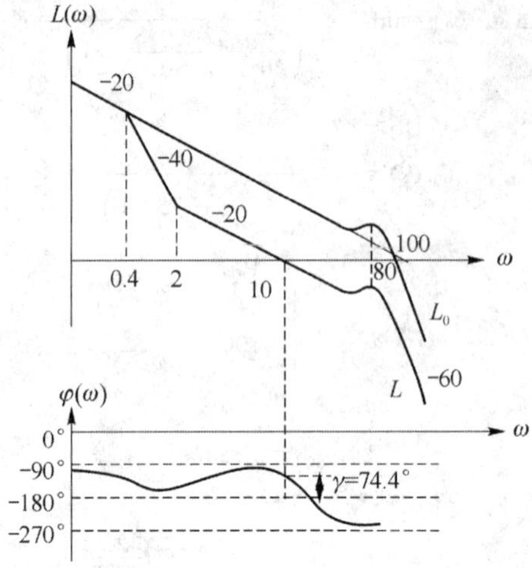

图 6.12 伯德图

【例 6.2.17★】(南京理工大学) 某最小相位系统的开环对数幅频特性如图 6.13 所示，其中 ABCD 是校正前系统的图，ABEFL 是加入某种串联校正环节后的图。

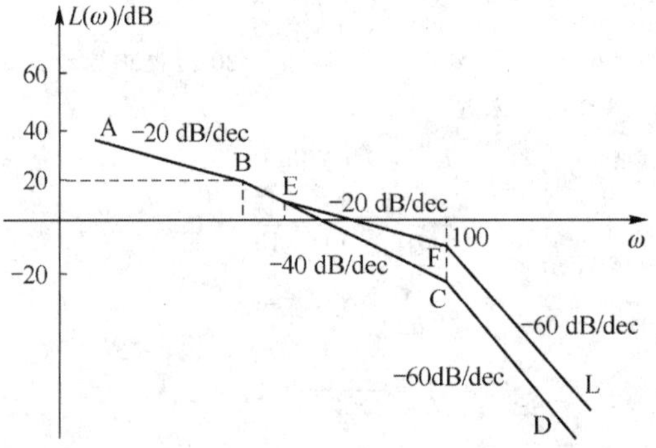

图 6.13 开环对数幅频特性

(1) 分别写出校正前、后系统的开环传递函数；

(2) 写出校正环节的传递函数，并指出是哪种串联校正；

(3) 分别计算校正前后系统的相角裕度，并简述校正环节对系统性能的影响；

(4) 大致画出校正前后系统开环对数相频特性。

答：(1) 校正前系统的开环传递函数为 $G(s)=\dfrac{100}{s\left(\dfrac{s}{10}+1\right)\left(\dfrac{s}{100}+1\right)}$

校正后系统的开环传递函数为 $G(s)=\dfrac{100\left(\dfrac{s}{20}+1\right)}{s\left(\dfrac{s}{10}+1\right)\left(\dfrac{s}{100}+1\right)}$

(2) 校正环节的传递函数为 $G_c(s)=\dfrac{s}{20}+1$，为比例微分(PD)校正环节。

(3) 校正前系统的相角裕度 $\gamma_1=0°$，校正后系统的相角裕度 $\gamma_2\approx52.9°$，校正后系统的剪切频率增大，系统动态性能变好，系统的相角裕度增加，稳定性变好。

(4) 校正前后的相频曲线如图 6.14 所示。

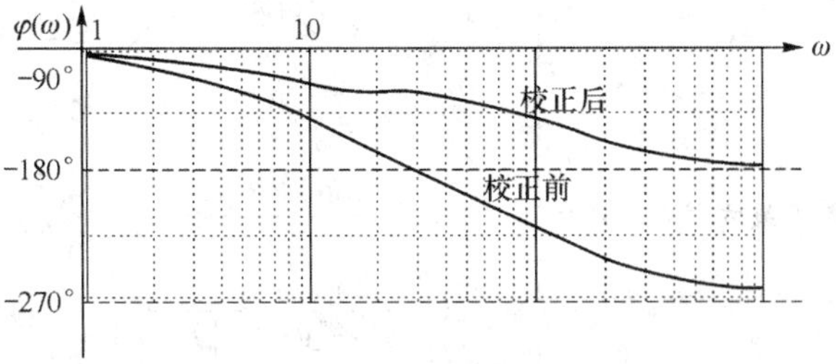

图 6.14　相频曲线

【例 6.2.18】　图 6.15 给出了两种由最小相角环节组成的串联校正网络的对数幅频特性 L_a 和 L_b。试求：

(1) 这两种校正网络的传递函数，并分别指明属何种性质的校正网络。

(2) 已知某单位负反馈系统的开环传递函数为：$G(s)=\dfrac{400}{s^2(0.01s+1)}$，试问用 a 和 b 两种校正网络，哪种校正网络使校正后系统的稳定程度最好？

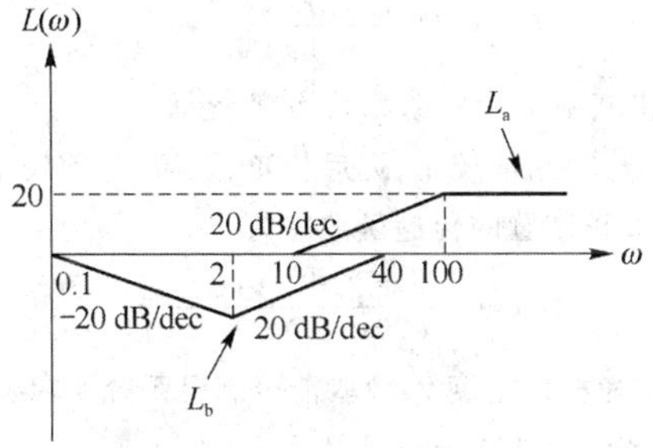

图 6.15　对数幅频特性

答：(1) 由图示可以得到 L_a 传递函数为 $G_1(s)=\dfrac{\dfrac{s}{10}+1}{\dfrac{s}{100}+1}$，$L_b$ 传递函数为 $G_2(s)=\dfrac{\left(\dfrac{s}{2}+1\right)^2}{10s\left(\dfrac{s}{40+1}\right)}$，其中 a 为超前网络，b 为滞后一超前网络。

(2) 对于 L_a 串入系统后的开环传递函数为 $G_n(s)=\dfrac{400(0.1s+1)}{s^2(0.01s+1)^2}$，为求其剪切频率，这里给出其开环对数幅频特性渐近线方程：

$$L(\omega)=\begin{cases}20\lg\dfrac{400}{\omega^2} & (0\leqslant\omega\leqslant 10)\\ 20\lg\dfrac{400\times 0.1\omega}{\omega^2} & (10\leqslant\omega\leqslant 100)\\ 20\lg\dfrac{400\times 0.1\omega}{\omega^2\times(0.1\omega)^2} & (\omega\geqslant 100)\end{cases}$$

剪切频率在第二段 $\dfrac{400\times 0.1\omega}{\omega^2}=1$ 可以得到 $\omega_c=40$ 此时的相位裕度为

$$\gamma=180^\circ-180^\circ+\arctan\frac{\omega_c}{10}-2\arctan\frac{\omega_c}{100}\approx 32.4^\circ$$

对于 L_b 串入系统后的开环传递函数为 $G_n(s)=\dfrac{400(0.5s+1)^2}{s^2(0.025s+1)(0.01s+1)(10s+1)}$

开环对数幅频特性渐近线方程：$L(\omega)=\begin{cases}20\lg\dfrac{400}{\omega^2} & \omega\leqslant 0.1\\ 20\lg\dfrac{400}{\omega^2\times 10\omega} & 0.1\leqslant\omega\leqslant 2\\ 20\lg\dfrac{400\times(0.5\omega)^2}{\omega^2\times 10\omega} & 2\leqslant\omega\leqslant 40\\ 20\lg\dfrac{400\times(0.5\omega)^2}{\omega^2\times 10\omega\times 0.025\omega} & 40\leqslant\omega\leqslant 100\\ 20\lg\dfrac{400\times(0.5\omega)^2}{\omega^2\times 10\omega\times 0.025\omega\times 0.01\omega} & \omega\geqslant 100\end{cases}$

$\dfrac{400\times(0.5\omega)^2}{\omega^2\times 10\omega}=1$，$\omega_c=10$，于是可以得到此时的相位裕度为

$$\gamma=180°-180°+2\arctan 0.5\omega_c-\arctan 10\omega_c-\arctan 0.01\omega_c-\arctan 0.025\omega_c\approx 48.2°$$

显然 b 加入后能使系统的稳定性更好。

※**点评**：本题还可以直接由伯德图来进行比较。

【例 6.2.19】 某单位负反馈系统的开环传递函数为

$$G_0(s)=\frac{Ke^{-0.03s}}{s(s+1)(0.2s+1)}$$

要求系统的开环增益 $K=30$，截止频率 $\omega_c\geqslant 2.5$，相角裕度 $\gamma=40°\pm 5°$。

(1) 判断采用何种串联校正方式（超前校正、迟后校正、迟后-超前校正）能达到系统要求，并说明理由。

(2) 若采用迟后-超前校正，校正装置的传递函数取为

$$G_c(s)=\frac{(2s+1)(s+1)}{(20s+1)(0.01s+1)}$$

求校正后系统的截止频率 ω_c 和相角裕度 γ，检验能否满足系统要求。

答：(1) 依题意，取 $K=30$。系统的开环传递函数为

$$G_0(s)=\frac{30e^{-0.03s}}{s(s+1)(0.2s+1)}$$

其开环对数幅频特性曲线与 $G_0(s)=\dfrac{30}{s(s+1)(0.2s+1)}$ 相同。绘制系统开环对数幅频特性曲线，如图 6.16 中的 $L_0(\omega)$ 所示。

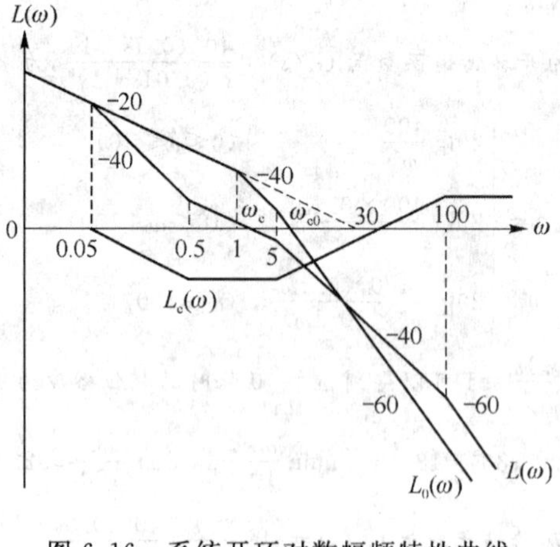

图 6.16　系统开环对数幅频特性曲线

$$|G_0(j\omega)|=\begin{cases}\dfrac{30}{\omega} & \omega<1\\[2mm] \dfrac{30}{\omega\cdot\omega} & 1\leqslant\omega<5\\[2mm] \dfrac{30}{\omega\cdot\omega\cdot 0.2\omega} & \omega\geqslant 5\end{cases}$$

截止频率为 $\omega_c=\sqrt[3]{150}=5.3\ \mathrm{rad/s}$

相频特性 $\angle G_0(j\omega)=-90^\circ-\tan^{-1}\omega-\tan^{-1}0.2\omega-57.3^\circ\times\omega$

校正前相角裕度

$$\gamma_0=180^\circ+\angle G_0(j\omega_{c0})=90^\circ-\tan^{-1}\omega_{c0}-\tan^{-1}0.2\omega_{c0}-57.3^\circ\times 0.03\omega_{c0}=-45^\circ$$

由以上计算可见，系统不稳定，且截止频率高于指标要求值。若采用超前校正，需补偿相角高达85°，故一级超前校正不能满足要求。

若采用滞后校正，不考虑滞后网络所带来的相角滞后，取校正后 $\omega_c=2.5$ 时，系统的相角裕度

$$\gamma=180^\circ+\angle G_0(j\omega_c)=90^\circ-\tan^{-1}\omega_c-\tan^{-1}0.2\omega_c-57.3^\circ\times 0.03\omega_c=-9.1^\circ$$

不能同时满足校正后 $\omega_c\geqslant 2.5$，$\gamma=40^\circ\pm5^\circ$ 的指标要求。因此系统应采用串联滞后-超前校正。

(2) 若采用滞后-超前校正，校正装置的传递函数取为

$$G_c(s)=\frac{(2s+1)(s+1)}{(20s+1)(0.01s+1)}$$

校正后系统的开环传递函数为

$$G(s)=G_c(s)G_0(s)=\frac{30(2s+1)e^{-0.03s}}{s(20s+1)(0.2s+1)(0.01s+1)}$$

绘制系统校正后的开环对数幅频特性曲线，如图6.16中的 $L(\omega)$ 所示。

根据图6.16有

$$20\lg\frac{30}{0.05}=20\lg\frac{\omega_c}{0.5}+40\lg\frac{0.5}{0.05}$$

解得 $\omega_c=3>2.5$

$$\angle G(j\omega)=-90^\circ-\tan^{-1}20\omega+\tan^{-1}2\omega-\tan^{-1}0.2\omega-\tan^{-1}0.01\omega-57.3^\circ\times\omega$$

$$\begin{aligned}\gamma&=180^\circ+\angle G(j\omega_c)\\&=90^\circ-\tan^{-1}20\omega_c+\tan^{-1}2\omega_c-\tan^{-1}0.2\omega_c-\tan^{-1}0.01\omega_c-57.3^\circ\times\omega_c\\&=43.7^\circ\end{aligned}$$

满足系统各项性能指标要求。

【例6.2.20】 单位反馈系统开环传递函数(最小相位系统)的幅频特性曲线如图6.17所示。

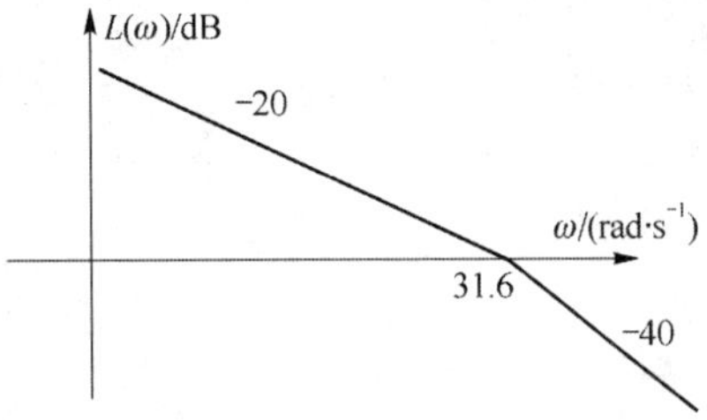

图6.17 幅频特性曲线

(1) 求系统此时的相角裕度 $\gamma(\omega_c)=?$，闭环系统响应阶跃输入的超调量和调节时间为多少?

(2) 设计串联校正装置的传递函数 $G_c(s)$，使系统校正后响应输入 $r=\frac{1}{2}t^2+5t+4$ 的稳态误差 $e_{ss}\leqslant 1$，而且维持系统开环频率特性的中高频段和校正前相同。

(3) 校正后系统响应阶跃输入的超调量和调节时间和校正前相比较有何变化?

答:(1) 由系统的伯德图,得校正前系统的传递函数为

$G(s)H(s)=\dfrac{K}{s\left(\dfrac{s}{31.6}+1\right)}$,低频段的渐近线方程为 $L(\omega)=20\lg K-20\lg \omega$

由 $\omega=31.6$ 时,$L(\omega)=0$ 得 $K=31.6$,$G(s)H(s)=\dfrac{31.6}{s\left(\dfrac{s}{31.6}+1\right)}\approx\dfrac{10\sqrt{10}}{s\left(\dfrac{s}{10\sqrt{10}}+1\right)}$,此时的闭环传递函数为 $\Phi(s)=\dfrac{1\,000}{s^2+10\sqrt{10}s+1\,000}$,由图示可得 $\omega_c=31.6$,于是相角裕度

$$\gamma=180°-90°-\arctan\frac{31.6}{31.6}=45°$$

由系统的闭环传递函数可以得到

$$\omega_n^2=1000,2\zeta\omega_n=10\sqrt{10}\Rightarrow\omega_n=10\sqrt{10},\zeta=\frac{1}{2}$$

超调量

$$\sigma=e^{-\frac{\pi\zeta}{\sqrt{1-\zeta^2}}}\times100\%\approx16.3\%$$

调节时间 $t_s=\dfrac{3}{\zeta\omega_n}\approx0.19s$

(2) 由系统校正后响应输入 $r=\dfrac{1}{2}t^2+5t+4$ 的稳态误差 $e_{ss}\leqslant1$,校正后系统至少是Ⅱ型系统,不妨设串联校正装置 $G_c(s)=\dfrac{s+1}{s}$,则校正后系统的开环传递函数为 $G_n(s)=\dfrac{31.6(s+1)}{s^2\left(\dfrac{s}{31.6}+1\right)}$。

$K_a=\lim\limits_{s\to0}s^2G_n(s)=31.6$,$K_v=\lim\limits_{s\to0}sG_n(s)=\infty$,$K_p=\lim\limits_{s\to0}G_n(s)=\infty$,输入为 $r=\dfrac{1}{2}t^2+5t+4$ 时,$e_{ss}=\dfrac{1}{K_a}+\dfrac{5}{K_v}+\dfrac{4}{1+K_p}=\dfrac{1}{31.6}\leqslant1$,再检验系统的稳定性,画出系统校正后的开环对数幅频特性曲线可以得到 $\omega_{cn}\approx24.9$,此时的相位裕度 $\gamma\approx49°$,系统稳定,系统中频段幅频特性曲线的斜率为 -20 dB/dec,高频段幅频特性曲线的斜率为 -40 dB/dec,与校正前一致,满足性能要求。

(3) 由于加入的串联校正环节相当于超前校正环节,故校正后系统的带宽增加,动态响应变快,超调量变大,调节时间变短。

第7章

线性离散系统的分析与校正

【基本知识点】信号的采样与保持；Z变换；线性常系数差分方程；脉冲传递函数；离散系统结构图；离散系统的稳定性与稳定性判据；离散系统的稳态误差；离散系统的动态性能分析；离散系统的数字校正等。

【重点】Z变换；线性常系数差分方程；脉冲传递函数；离散系统结构图；离散系统的稳定性与稳定性判据；离散系统的稳态误差。

【难点】脉冲传递函数；离散系统结构图；离散系统的稳定性与稳定性判据；离散系统的稳态误差。

7.1 答疑解惑

7.1.1 什么是离散系统？

(1) 离散系统。系统中有一处或几处信号时脉冲串或数码形式的系统，称之为离散系统。

(2) 采样。在采样控制系统中，把连续信号转变为脉冲序列的过程称为采样过程，简称采样。

(3) 数字控制系统。数字控制系统是一种以数字计算机为控制器去控制具有连续工作状态的被控对象的闭环控制系统。

(4) A/D转换过程。它相当于一个采样开关，将连续信号转换为离散信号。

(5) D/A转换过程。实际中常用零阶保持器(ZOH)完成数模转换。

7.1.2 什么是信号的采样与保持？

1. 信号的采样

实现采样的装置，称为采样开关或采样器。采样频率的选择同采样器的输入信号 $e(t)$ 有关，选取的原则是香农采样定理。

采样定理指出：如果采样器的输入信号 $e(t)$ 具有有限带宽，并且有直到 ω_h(rad/s)的频率分量，则使信号 $e(t)$ 就可以完满地从采样信号 $e^*(t)$ 中恢复出来的采样周期 T 必须满足以下条件：

$$T \leqslant \frac{2\pi}{2\omega_h}$$

2. 信号的保持

保持器是将采样信号转换成连续信号的元件，其作用是在采样时刻之间的时间段上为该信号提供插值。在采样系统中，最简单也最常用的是具有常值外推功能的保持器，称为零阶保持器。

零阶保持器的作用是使某时刻的采样值保持到下一个采样时刻，实现数模转换过程。零阶保持器的传递函数为

$$G_h(s) = \frac{1 - e^{-Ts}}{s}$$

注意：采样器和保持器不影响开环脉冲传递函数的极点，仅影响开环脉冲传递函数的零点。

7.1.3　什么是Z变换？

1. Z变换定义

Z变换是由采样函数的拉普拉斯变换演变而来的。采样信号的数学表达式

$$e^*(t) = \sum_{k=0}^{\infty} e(nT) \cdot \delta(t - nT)$$

对上式进行拉普拉斯变换

$$E^*(s) = L[e*(t)] = \sum_{k=0}^{\infty} e(nT) \cdot e^{-nTs}$$

从上式看出，在 $E^*(s)$ 中含有 e^{Ts} 因子，由于它是 s 的超越函数，而不是有理函数，做变量代换，令 $z = e^{Ts}$，则得采样信号 $e*(t)$ 得 Z 变换定义为

$$E^*(s)\big|_{s=\frac{1}{T}\ln z} = E(z) = \sum_{k=0}^{\infty} e(nT) z^{-n} = E(z)$$

记作

$$E(Z) = Z[e*(t)] = Z[e(t)]$$

2. Z变换方法

(1) 级数求和法。直接根据Z变换的定义，写出函数的Z变换的级数形式。

(2) 部分分式法。先求出已知连续时间函数 $e(t)$ 的拉普拉斯变换 $E(s)$，然后将有理分式函数 $E(s)$ 展成部分分式之和的形式，而每一部分分式对应简单的时间函数，其相应的Z变换是已知的，于是可方便地求出其相应的Z变换 $E(z)$。

(3) 留数法。

$$E(z) = \sum_{i=1}^{n} \text{Res}\left[E(s)\frac{z}{z - e^{sT}}\right]$$

其中 $\text{Res}\left[E(s)\frac{z}{z-e^{sT}}\right]$ 为在 $s = p_i$ 时的留数。当 $s = p_i$ 为单极点时，其留数为

$$\text{Res}\left[E(s)\frac{z}{z - e^{sT}}\right] = \lim_{s \to p_i}(s - p_i)\left[E(s)\frac{z}{z - e^{sT}}\right]$$

当 $s = p_i$ 为具有 q 阶重极点时，其留数为

$$\mathrm{Res}\left[E(s)\frac{z}{z-\mathrm{e}^{sT}}\right]=\lim_{s\to p_i}\frac{\mathrm{d}^{q-1}}{\mathrm{d}s^{q-1}}\left[(s-p_i)^q E(s)\frac{z}{z-\mathrm{e}^{sT}}\right]$$

3. Z 反变换方法

(1) 幂级数法(长除法或综合除法)。

$$\begin{aligned}E(z)&=\frac{b_0+b_1z^{-1}+b_2z^{-2}+\cdots+b_mz^{-m}}{1+a_1z^{-1}+a_2z^{-2}+\cdots+a_mz^{-m}}\\&=c_0+c_1z^{-1}+c_2z^{-2}+\cdots+c_nz^{-n}=\sum_{n=0}^{\infty}c_nz^{-n}\end{aligned}$$

则

$$e^*(t)=\sum_{n=0}^{\infty}c_n\delta(t-nt)$$

(2) 部分分式法(查表法)。

部分常用时间函数的 Z 变换表如表 7.1 所示。

表 7.1　z 变换表

序号	$E(s)$	$e(t)$或$e(k)$	$E(z)$
1	1	$\delta(t)$	1
2	e^{-kTS}	$\delta(t-kT)$	z^{-k}
3	$\frac{1}{s}$	$1(t)$	$\frac{z}{z-1}$
4	$\frac{1}{s^2}$	t	$\frac{Tz}{(z-1)^2}$
5	$\frac{2}{s^3}$	t^2	$\frac{T^2z(z+1)}{(z-1)^3}$
6	$\frac{1}{1-\mathrm{e}^{-TS}}$	$\sum_{k=0}^{\infty}\delta(t-kT)$	$\frac{z}{z-1}$
7	$\frac{1}{s+a}$	e^{-at}	$\frac{z}{z-\mathrm{e}^{-aT}}$
8	$\frac{1}{(s+a)^2}$	$t\cdot\mathrm{e}^{-at}$	$\frac{Tz\mathrm{e}^{-aT}}{(z-\mathrm{e}^{-aT})^2}$
9	$\frac{a}{s(s+a)}$	$1-\mathrm{e}^{-at}$	$\frac{(1-\mathrm{e}^{-aT})z}{(z-1)(z-\mathrm{e}^{-aT})}$
10	$\frac{\omega}{s^2+\omega^2}$	$\sin\omega t$	$\frac{z\cdot\sin\omega T}{z^2-2z\cos\omega T+1}$
11	$\frac{s}{s^2+\omega^2}$	$\cos\omega t$	$\frac{z(z-\cos\omega T)}{z^2-2z\cos\omega T+1}$
12	$\frac{\omega}{(s+a)^2+\omega^2}$	$\mathrm{e}^{-at}\sin\omega t$	$\frac{z\cdot\mathrm{e}^{-aT}\sin\omega T}{z^2-2z\mathrm{e}^{-aT}\cos\omega T+\mathrm{e}^{-2aT}}$
13	$\frac{s+a}{(s+a)^2+\omega^2}$	$\mathrm{e}^{-at}\cos\omega t$	$\frac{z^2-z\cdot\mathrm{e}^{-aT}\cos\omega T}{z^2-2z\mathrm{e}^{-aT}\cos\omega T+\mathrm{e}^{-2aT}}$

将 $E(z)$展开成部分分式,再查表得到相应的采样函数。

(3) 留数法。

$$e(nT) = \sum_{i=1}^{k} \mathrm{Res}[E(z)z^{n-1}]_{z\to z_i}$$

其中 $\sum_{i=1}^{k} \mathrm{Res}[E(z)z^{n-1}]_{z\to z_i}$ 为在 $z=z_i$ 时的留数。当 $z=z_i$ 为单极点时,其留数为

$$\mathrm{Res}[E(z)z^{n-1}]_{z\to z_i} = \lim_{z\to z_i}[(z-z_i)E(z)z^{n-1}]$$

当 $z=z_i$ 为 n 重极点时,其留数为

$$\mathrm{Res}[E(z)z^{n-1}]_{z\to z_i} = \frac{1}{(n-1)!}\lim_{z\to z_i}\frac{[(z-z_i)^n E(z)z^{n-1}]}{\mathrm{d}z^{n-1}}$$

4. Z 变换的几条重要性质

(1) 线性性质:

$$Z[a_1e_1(t)+a_2e_2(t)]=a_1E_1(z)+a_2E_2(z)$$

(2) 实数位移定理:

$$Z[e(t-kT)] = z^{-k}E(z)$$

$$Z[e(t+kT)] = z^k\left[E(z) - \sum_{n=0}^{k-1} e(nT)z^{-n}\right]$$

(3) 复数位移定理:

$$Z[\mathrm{e}^{\mp aT}e(t)]=E(z\mathrm{e}^{\pm aT})$$

(4) 终值定理:

$$\lim_{n\to\infty} e(nT)=\lim_{n\to\infty}(z-1)E(z)$$

(5) 卷积定理:

$$Z[x(nT)\times y(nT)]=X(z)\cdot Y(z)$$

7.1.4 什么是差分方程?

(1) 连续系统的动态过程,可以用微分方程来描述;采样系统的动态过程用差分方程来描述。如同用拉普拉斯变换解微分方程那样,在采样系统中用 Z 变换法解差分方程也很方便。因为它使时域中的差分方程转化为 Z 域中的代数方程。

如果方程的变量除了含有 $e(k)$本身外,还有 $e(k)$的差分 $\Delta e(k)\cdots\Delta^n e(k)$,则此方程为差分方程。对于输入/输出均为采样信号的线性定常采样系统,它们的动态过程一般均可表示成如下线性定常差分方程:

$$\begin{aligned}&c(k+n)+a_1c(k+n-1)+\cdots+a_{n-1}c(k+1)+a_nc(k)\\&=b_0r(k+m)+b_1r(k+m-1)+\cdots+b_{m-1}r(k+1)+b_mr(k)\end{aligned}$$

式中,$a_1\cdots a_n$,$b_0\cdots b_m$ 为常系数,$r(k)$为输入信号,$c(k)$为输出信号,且有 $n\geqslant m$。值得注意的是,差分方程的阶次为 $k+n-k=n$ 阶。

(2) 差分方程的解法

① 迭代法。若已知差分方程,并给定输出序列的初值,可以用递推关系,一步步计算出输出序列。

② Z 变换法。利用 Z 变换的实数位移定理,对差分方程两边取 Z 变换,可得到以 Z 为变量的代数方程,然后对代数方程的解取 Z 反变换,即可求得输出序列。

7.1.5 什么是脉冲传递函数？

1. 定义

连续系统中由时域函数及其拉普拉斯变换之间的关系所建立起的传递函数，是经典控制理论中研究系统控制性能的重要数学模型。对于采样系统来说，研究的思路与连续系统完全类似，同样可以在 z 域中，通过脉冲传递函数来研究采样系统的控制性能。

系统输入信号为 $r(t)$，经采样后 $r^*(t)$的 Z 变换为 $R(z)$，连续部分输出为 $c(t)$，采样后 $c^*(t)$的 Z 变换为 $C(z)$，如图 7.1 所示。则脉冲传递函数定义为系统的初始条件为零时，输出采样信号的 Z 变换与输入采样信号的 Z 变换之比，用 $G(z)$表示。

$$G(z)=\frac{C(z)}{R(z)}$$

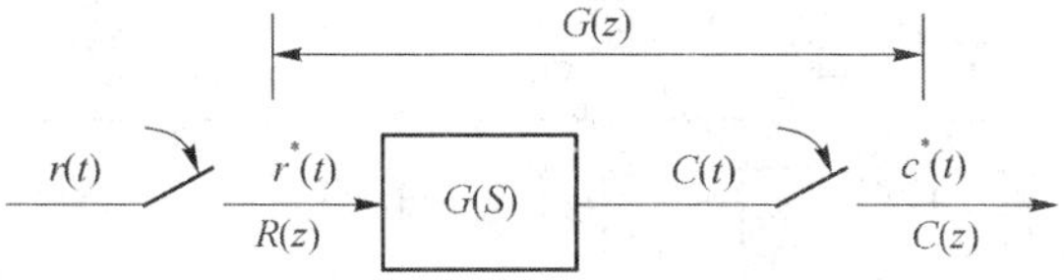

图 7.1 变换图

2. 脉冲传递函数的求法。

第一步，由已知系统的传递函数 $G(s)$，用拉普拉斯反变换求出 $g(t)$，

$$g(t)=L^{-1}[G(s)]$$

第二步，对 $g(t)$采样，得 $g^*(t)$，

第三步，对 $g^*(t)$进行 Z 变换，得 $G(z)$。

通常，也可以直接查表。在表中，每一项都有时间函数 $e(t)$，拉普拉斯变换式 $E(s)$及对应的 Z 变换式 $E(z)$。所以把表中 $e(t)$看成 $g(t)$，则 $E(s)$即为 $G(s)$，$E(z)$即为 $G(z)$。

7.1.6 开环系统的脉冲传递函数有哪些？

(1) 串联环节之间有采样开关。此时，开环系统脉冲传递函数为各个环节脉冲传递函数的乘积。

(2) 串联环节之间没有采样开关。此时，开环系统脉冲传递函数为各个环节的传递函数乘积后的 Z 变换。

(3) 串联环节之间有零阶保持器。此时，开环系统脉冲传递函数为

$$G(z)=\frac{C(z)}{R(z)}=(1-z^{-1})Z\left[\frac{G_p(s)}{s}\right]$$

7.1.7 闭环系统的脉冲传递函数有哪些？

求闭环系统的脉冲传递函数，一般先设第一个采样开关两侧的信号为 $E(z)$，然后根据信号在前向通路及回路中的流动形式，列出一系列方程，根据这些方程即可解得闭环系统的脉冲传递函数。典型闭环离散系统及输出 Z 变换函数如表 7.2 所示。

表 7.2 典型闭环离散系统及输出 Z 变换函数

	结构图	C(z)
1	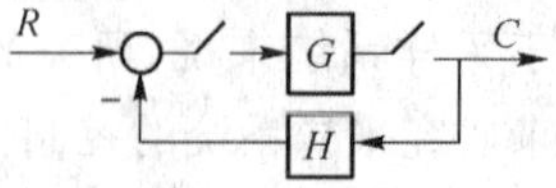	$C(z)=\dfrac{G(z)R(z)}{1+G(z)H(z)}$
2	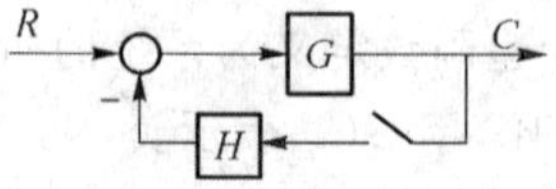	$C(z)=\dfrac{GR(z)}{1+GH(z)}$
3	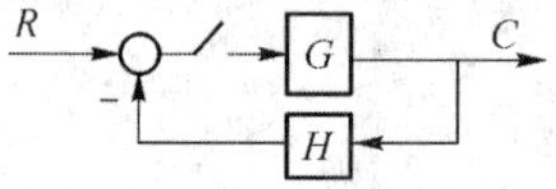	$C(z)=\dfrac{G(z)R(z)}{1+GH(z)}$
4	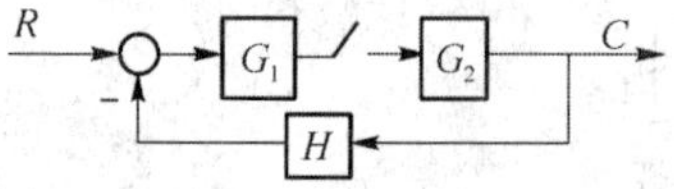	$C(z)=\dfrac{G_2(z)G_1R(z)}{1+G_1G_2H(z)}$
5	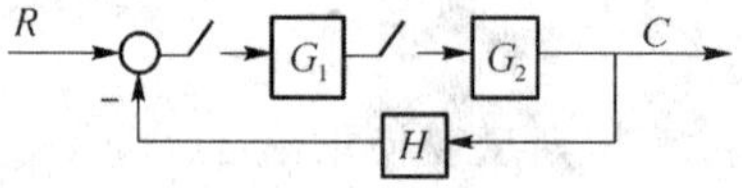	$C(z)=\dfrac{G_1(z)G_2(z)R(z)}{1+G_1(z)G_2H(z)}$
6	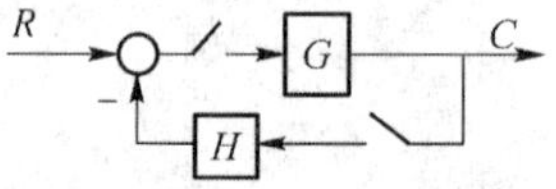	$C(z)=\dfrac{G(z)R(z)}{1+G(z)H(z)}$
7	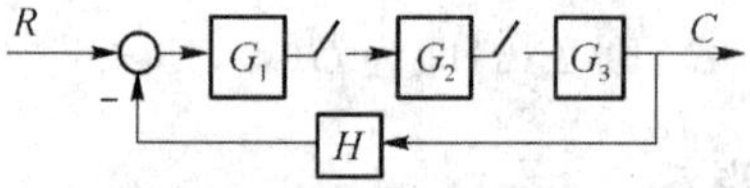	$C(z)=\dfrac{G_2(z)G_3(z)G_1R(z)}{1+G_2(z)G_1G_3H(z)}$
8	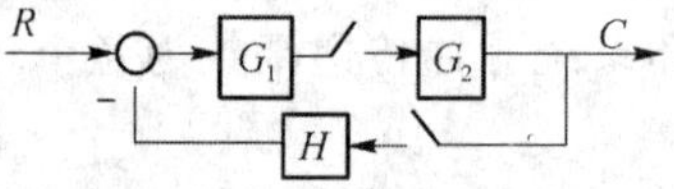	$C(z)=\dfrac{G_2(z)G_1R(z)}{1+G_2(z)G_1H(z)}$

7.1.8 离散系统稳定的充分必要条件有哪些？

1. 时域中离散系统稳定的充要条件

当且仅当差分方程所有特征根的模 $|a_i|<1, i=1,2,\cdots n$，则相应的线性定常离散系统是稳定的。

2. z 域中离散系统稳定的充要条件

当且仅当离散特征方程的全部特征均分布在 z 平面上的单位圆内，或者所有特征根的模均小于 1，即 $|z_i|<1,(i=1,2,\cdots n)$，则相应的线性定常离散系统是稳定的。只要有一个特征值在单位圆外，系统就不稳定；若有一个正好在单位圆上时，系统处于临界稳定。

7.1.9 稳定判据有哪些？

离散系统的稳定性可以在 z 平面和 ω 平面上进行分析判别。

1. z 平面上的稳定性分析。

s 平面上的稳定区域对应 z 平面上的单位圆内部。

(1) 朱利稳定判据

设离散系统闭环特征方程为

$$D(z)=a_0+a_1z+a_2z^2+\cdots+a_nz^n=0$$

构造朱利阵列：

行数	z^0	z^1	z^2	z^3	$\cdots$	z^{n-k}	$\cdots$	z^{n-1}	z^n
1	a_0	a_1	a_2	a_3	$\cdots$	a_{n-k}	$\cdots$	a_{n-1}	a_n
2	a_n	a_{n-1}	a_{n-2}	a_{n-3}	$\cdots$	a_k	$\cdots$	a_1	a_0
3	b_0	b_1	b_2	b_3	$\cdots$	b_{n-k}	$\cdots$	b_{n-1}	
4	b_{n-1}	b_{n-2}	b_{n-3}	$\cdots$	$\cdots$	b_{k-1}		b_0	
5	c_0	c_1	c_2	$\cdots$	c_{n-k}	$\cdots$	c_{n-2}		
6	c_{n-2}	c_{n-3}	c_{n-4}		c_{k-2}	$\cdots$	c_0		
$\vdots$	$\vdots$	$\vdots$	$\vdots$	$\vdots$	$\vdots$	$\vdots$	$\vdots$	$\vdots$	$\vdots$
$2n-5$	p_0	p_1	p_2	p_3					
$2n-4$	p_3	p_2	p_1	p_0					
$2n-3$	q_0	q_1	q_2						

其中：

$$b_k=\begin{vmatrix} a_0 & a_{n-k} \\ a_n & a_k \end{vmatrix},\quad k=0,1,\cdots,n-1$$

$$c_k=\begin{vmatrix} b_0 & b_{n-k-1} \\ b_{n-1} & b_k \end{vmatrix},\quad k=0,1,\cdots,n-1$$

$$d_k=\begin{vmatrix} c_0 & c_{n-k-2} \\ c_{n-2} & c_k \end{vmatrix},\quad k=0,1,\cdots,n-1$$

……

$$q_0=\begin{vmatrix} p_0 & p_3 \\ p_3 & p_0 \end{vmatrix},\quad q_1=\begin{vmatrix} p_0 & p_2 \\ p_3 & p_1 \end{vmatrix},\quad q_2=\begin{vmatrix} p_0 & p_1 \\ p_3 & p_2 \end{vmatrix}$$

朱利稳定判据：特征方程 $D(z)=0$ 的根全部严格位于 z 平面上单位圆内的充要条件是

$$D(1)>0,D(-1)\begin{cases} >0, \text{当 } n \text{ 为偶数时} \\ <0, \text{当 } n \text{ 为奇数时} \end{cases}$$

及下列 $(n-1)$ 个约束条件成立：

$$|a_0|<|a_n|,\quad |b_0|>|b_{n-1}|,\quad |c_0|>|c_{n-2}|,\quad |d_0|>|d_{n-3}|,\cdots\cdots,|q_0|>|q_2|$$

(2) 根轨迹法

根据开环脉冲传递函数画出根轨迹，就可以用 z 平面的单位圆来判断闭环稳定性：与闭环极点所对应的根轨迹若在单位圆内部,闭环系统就是稳定的。

2. ω 平面上的稳定性分析。

令 $\omega=\frac{z+1}{z-1}$,即 $z=\frac{\omega+1}{\omega-1}$,将 z 平面上的特征方程转换为 ω 平面上的特征方程,直接用劳斯判据判断离散系统的稳定性。

7.1.10 离散系统的稳态误差有哪些?

1. 用终值定理求取稳态误差

若离散系统稳定,即闭环极点均位于单位圆内,则有

$$e(\infty)=\lim_{t\to\infty} e^*(t)=\lim_{z\to 1}(1-z^{-1})E(z)$$

2. 用静态误差系数求取稳态误差

(1)静态位置误差系数

$$K_p=\lim_{z\to 1}[1+G(z)]$$

(2)静态速度误差系数

$$K_v=\lim_{z\to 1}(z-1)G(z)$$

(3)静态加速度误差系数

$$K_a=\lim_{z\to 1}(z-1)^2G(z)$$

不同型别单位反馈离散系统的稳态误差如表 7.3 所示。

表 7.3 单位反馈离散系统的稳态误差

系统型别	位置误差	速度误差	加速度误差
	$r(t)=1(t)$	$r(t)=t$	$r(t)=\frac{1}{2}t^2$
0 型	$\frac{1}{K_p}$	∞	∞
Ⅰ型	0	$\frac{T}{K_v}$	∞
Ⅱ型	0	0	$\frac{T^2}{K_a}$
Ⅲ型	0	0	0

7.1.11 离散系统的动态性能分析有哪些?

1. 离散系统的时间响应

通常假设外作用为单位阶跃函数 $1(t)$,求出离散系统的闭环脉冲传递函数 $\Phi(z)=C(z)/R(z)$,则系统输出量的 Z 变换函数 $C(z)=\frac{z}{z-1}\Phi(z)$,然后将上式做 Z 反变换就可以得到输出信号的时间响应 $c^*(t)$。

2. 采样器和保持器对动态性能的影响

(1) 采样器可使系统的峰值时间和调节时间略有减小,但是超调量增大,故采样造成的

信息损失会降低系统的稳定程度。

(2) 零阶保持器使系统的峰值时间和调节时间都加长，超调量和振荡次数也增加。

3. 闭环极点与动态响应的关系

(1) 复数极点：

位于单位圆外，动态响应为振荡发散脉冲序列。

位于单位圆上，动态响应为等幅振荡脉冲序列。

位于单位圆内，动态响应为振荡收敛脉冲序列。

(2) 实数极点：

位于单位圆外的负实轴上，动态响应为交替变号的发散脉冲序列。

位于负实轴单位圆上，动态响应为交替变号等幅脉冲序列。

位于单位圆内的负实轴上，动态响应为交替变号衰减脉冲序列。

位于单位圆外的正实轴上，动态响应为按指数规律发散的脉冲序列。

位于正实轴单位圆上，动态响应为等幅脉冲序列。

位于单位圆内的正实轴上，动态响应为按指数规律衰减脉冲序列。

7.1.12 什么是最少拍系统设计？

在采样过程中，通常称一个采样周期为一拍。所谓最少拍系统是指在典型输入作用下，能够以有限拍结束响应过程，且在采样时刻上无稳态误差的离散系统。

最少拍系统的设计原则是：若系统的广义被控对象 $G(z)$ 无时延且在 Z 平面单位圆上及单位圆外无零极点，要求选择闭环脉冲传递函数 $\Phi(z)$，使系统在典型输入作用下，经最少采样周期后能使输出序列在各采样时刻的稳态误差为零，达到完全跟踪的目的，从而确定所需要的数字控制器的脉冲传递函数 $D(z)$。

7.1.13 什么是无纹波最少拍系统设计？

设计要求：在某种典型输入作用下设计的系统，其输出响应经过尽可能少的采样周期后，不仅在采样时刻上完全跟踪输入，在非采样时刻上不存在纹波。

无纹波最少拍系统的必要条件：被控对象传递函数 $G_p(s)$ 中，至少应包含 $(q-1)$ 个积分环节。

无纹波最少拍系统的附加条件：$\Phi(z)$ 的零点应抵消 $G(z)$ 的全部零点，即应有：$\Phi(z)=P(z)M(z)$，式中，$M(z)$ 为待定 z^{-1} 多项式。

7.2 典型题解

题型 1 离散系统的数学模型

【例 7.1.1】 设 $e(t)=1(t)$，即

$$e(t)=\begin{cases}0 & t<0\\ 1 & t\geqslant 0\end{cases}$$

试求 $e^*(t)$的拉普拉斯变换。

答：

当采用 $e(0^+)$ 时，因 $e(0^+)=1, e(kT)\equiv 1\ (k>0)$，

故 $E*(s)=\sum_{k=0}^{\infty} e^{-kTs}=1+e^{-Ts}+e^{-2Ts}+\cdots$

它是一个公比为 e^{-Ts} 的无穷级数，求和后得闭合形式：

$$E*(s)=\frac{1}{1-e^{-Ts}}=\frac{e^{Ts}}{e^{Ts}-1},\quad |e^{-Ts}|<1$$

如果采用 $e(0^-)=0$，则不难求出

$$E*(s)=\frac{e^{Ts}}{e^{Ts}-1}-1=\frac{1}{e^{Ts}-1},\ |e^{-Ts}|<1$$

由此例可推出，那些在 $t=0$ 处不连续的 $e(t), e(0^-)\neq e(0^+)$，当采用不同的初始采样值时，会导出不同的 $E^*(s)$。不过，很多实际给出的表格中，对于这一类 $e(t)$ 所对应的 $E*(s)$，一般都是采用 $e(0^+)$的初始值。

因此，我们下面在求这一类 $e(t)$的 $E*(s)$时，均采用 $e(0^+)$。

【例 7.1.2】 设 $e(t)=\begin{cases}0 & t<0\\ e^{-at} & t\geqslant 0\end{cases}$，其中 a 为常数，试求 $e^*(t)$的拉普拉斯变换。

答：

$$E^*(s)=\sum_{k=0}^{\infty}e^{-akT}\cdot e^{-ksT}=\sum_{k=0}^{\infty}e^{-k(s+a)T}$$

用综合除法可以证明

$$\frac{1}{1-e^{-(s+a)T}}=1+e^{-T(s+a)}+e^{-2T(s+a)}+\cdots=\sum_{k=0}^{\infty}e^{-k(s+a)T}$$

故 $E^*(s)$的封闭形式为 $E*(s)=\dfrac{1}{1-e^{-(s+a)T}}\qquad |e^{-(\sigma+a)T}|<1$

式中，σ 为 s 的实部。

【例 7.1.3】 试求 $E(z)=\dfrac{10z}{(z-1)(z-2)}$的 z 反变换。

答：方法 1 幂级数法（长除法）

首先将 $E(z)$的分子、分母多项式写成以 z^{-1} 的升幂形式

$$E(z)=\frac{10z}{(z-1)(z-2)}=\frac{10z}{1-3z^{-1}+2z^{-1}}$$

用长除法展开

$$\begin{array}{r} 10z^{-1}+30z^{-2}+70z^{-3}+150z^{-4}+\cdots \\ 1-3z^{-1}+2z^{-2}\overline{)\,10z^{-1}\qquad\qquad\qquad\qquad\qquad\qquad} \\ \underline{-)10z^{-1}-30z^{-2}+20z^{-3}} \\ 30z^{-2}-20z^{-3} \\ \underline{-)30z^{-2}-90z^{-3}+60z^{-4}} \\ 70z^{-3}-60z^{-4} \\ \underline{-)70z^{-3}-210z^{-4}+140z^{-5}} \\ 150z^{-4}-140z^{-5} \\ \underline{-)150z^{-4}-450z^{-5}+300z^{-6}} \\ 310z^{-5}-300z^{-6} \\ \vdots \end{array}$$

$$E(z)=10z^{-1}+30z^{-2}+70z^{-3}+150z^{-4}+\cdots$$

相应的脉冲序列为

$$e^*(t)=10\delta(t-1)+30\delta(t-2)+70\delta(t-3)+150\delta(t-4)+\cdots$$

采样时刻的值为

$$e(0)=0,e(T)=10,e(2T)=30,e(3T)=70,e(4T)=150,\cdots$$

方法 2 部分分式法

将 $E(z)/z$ 展成部分分式

$$\frac{E(z)}{z}=\frac{10}{(z-1)(z-2)}=-\frac{10}{z-1}+\frac{10}{z-2}$$

$$E(z)=-\frac{10z}{z-1}+\frac{10z}{z-2}$$

查表得 $e(nT)=-10+10\times 2^n \quad n=0,1,2,\cdots$

采样时刻的值为

$$e(0)=0,e(T)=10,e(2T)=30,e(3T)=70,e(4T)=150,\cdots$$

方法 3 留数法

根据留数定理有

$$e(nT)=\sum_{i=1}^{k}\mathrm{Res}[E(z)z^{n-1}]_{z\to z_i}$$

式中，$\sum_{i=1}^{k}\mathrm{Res}[E(z)z^{n-1}]_{z\to z_i}$ 表示函数 $E(z)z^{n-1}$ 在极点 z_i 处的留数。

$$E(z)z^{n-1}=\frac{10z^n}{(z-1)(z-2)}$$

在极点 $z_1=1$ 和 $z_2=2$ 的处的留数分别为

$$\mathrm{Res}[E(z)z^{n-1}]_{z\to 1}=\lim_{z\to 1}(z-1)\cdot\frac{10z^n}{(z-1)(z-2)}=-10$$

$$\mathrm{Res}[E(z)z^{n-1}]_{z\to 2}=\lim_{z\to 1}(z-2)\cdot\frac{10z^n}{(z-1)(z-2)}=10\times 2^n$$

$$e(nT)=\sum_{i=1}^{k}\mathrm{Res}[E(z)z^{n-1}]_{z\to z_i}=-10+10\times 2^n \quad n=0,1,2,\cdots$$

采样时刻的值为

$$e(0)=0,e(T)=10,e(2T)=30,e(3T)=70,e(4T)=150,\cdots$$

可见 Z 反变换的三种方法求得的结果一样。

【例 7.1.4】 一阶采样系统的差分方程为

$$c(k+1)-b\cdot c(k)=r(k)$$

已知输入信号 $r(k)=a^k$，初始条件 $c(0)=0$，求响应 $c(k)$。

答：对差分方程两边进行 Z 变换，并由时移定理得到

$$zC(z)-zc(0)-bC(z)=R(z)$$

由于 $r(k)=a^k$，查表得 $R(z)=Z[a^k]=\frac{z}{z-a}$

初始条件 $c(0)=0$，所以方程为

$$zC(z)-bC(z)=\frac{z}{z-a}$$

$$C(z)=\frac{z}{(z-a)(z-b)}$$

上式为输出的 Z 变换。为得到时域响应 $c(k)$，再对 $C(z)$ 进行 Z 反变换，将 $C(z)/z$ 展开部分分式：

$$\frac{C(z)}{z}=\frac{1}{(z-a)(z-b)}=\frac{\frac{1}{a-b}}{z-a}+\frac{\frac{1}{b-a}}{z-b}$$

所以 $$C(z)=\frac{1}{a-b}\left[\frac{z}{z-a}-\frac{z}{z-b}\right]$$

查表得

$$C(k)=\frac{1}{a-b}(a^k-b^k)\quad (k=0,1,2,\cdots)$$

可以看出,同采用拉普拉斯变换解微分方程一样,初始条件自动地包含在代数表达式中。

【例 7.1.5】 用Z变换法解差分方程:

$$c(k+2)+3c(k+1)+2c(k)=0$$

已知初始条件 $c(0)=0,c(1)=1$,求 $c(k)$。

答:对方程两边进行Z变换

$$z^2C(z)-z^2c(0)-zc(1)+3zC(z)-3zc(0)+2C(z)=0$$

化简并代入初始条件,有

$$(z^2+3z+2)C(z)=z$$

所以 $$C(z)=\frac{z}{z^2+3z+2}=\frac{z}{(z+1)(z+2)}=\frac{z}{z+1}-\frac{z}{z+2}$$

查表进行Z反变换得

$$c(k)=(-1)^k-(-2)^k\quad (k=0,1,2,\cdots)$$

此方程的输入信号 $r(k)=0$,响应 $c(k)$ 是由初始条件激励的。

【例 7.1.6】 系统结构如图 7.2 所示,其中连续部分传递函数 $G(s)=\frac{10}{s(s+10)}$,试求该开环系统的脉冲传递函数 $G(z)$。

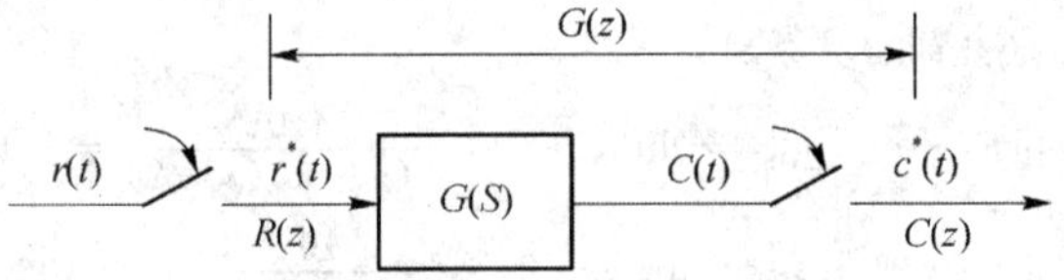

图 7.2 系统结构图

答:因为

$$g(t)=L^{-1}[G(s)]=L^{-1}\left[\frac{10}{s(s+10)}\right]=L^{-1}\left[\frac{1}{s}-\frac{1}{s+10}\right]=1-e^{-10t}$$

所以 $$g*(t)=\sum_{k=0}^{\infty}[1(kT)-e^{-10kT}]\cdot\delta(t-kT)$$

$$G(z)=\sum_{k=0}^{\infty}1\cdot z^{-k}-\sum_{k=0}^{\infty}e^{-10kT}\cdot z^{-k}=\frac{z}{z-1}-\frac{z}{z-e^{-10T}}=\frac{z(1-e^{-10T})}{(z-1)(z-e^{-10T})}$$

此例也可由 $G(s)=\frac{1}{s}-\frac{1}{s+10}$ 直接查典型函数的Z变换表得

$$G(z)=\frac{z}{z-1}-\frac{z}{z-e^{-10T}}=\frac{z(1-e^{-10T})}{(z-1)(z-e^{-10T})}$$

结果同上,但要简单得多。

【例 7.1.7】 有两个开环采样系统,其结构如图 7.3(a)、(b)所示。试求这两个开环系统的脉冲传递函数。其中 $G_1(s)=\frac{1}{s+a}$,$G_2(s)=\frac{1}{s+b}$。

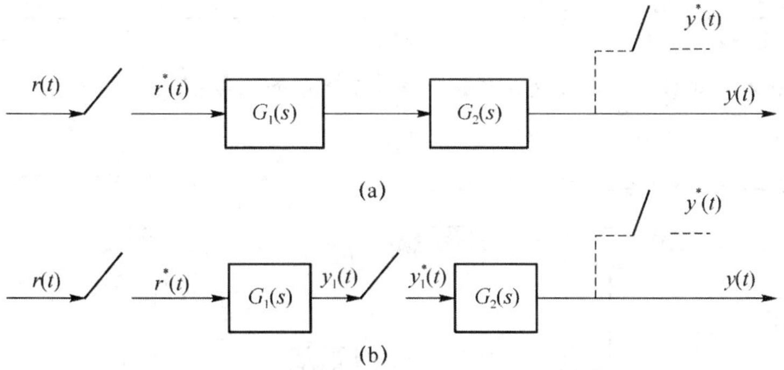

图 7.3　开环采样系统结构图

答:(1) 先求系统(a)的脉冲传递函数,因为

$$G_1(s)=\frac{1}{s+a}\ ,\quad G_2(s)=\frac{1}{s+b}$$

所以,连续部分的传递函数

$$G(s)=G_1(s)G_2(s)=\frac{1}{(s+a)(s+b)}$$

得

$$G(z)=\frac{1}{b-a}\cdot\frac{z(\mathrm{e}^{-aT}-\mathrm{e}^{-bT})}{(z-\mathrm{e}^{-aT})(z-\mathrm{e}^{-bT})}$$

(2) 再求系统(b)的脉冲传递函数,因为在 $G_1(s)$和 $G_2(s)$之间有采样开关,所以有

$$G_1(s)=\frac{1}{s+a}$$

其 Z 变换为

$$G_1(z)=\frac{z}{z-e^{-aT}}$$

$$G_2(s)=\frac{1}{s-b}$$

其 Z 变换为

$$G_2(z)=\frac{z}{z-e^{-bT}}$$

系统的开环脉冲传递函数

$$G(z)=G_1(z)\cdot G_2(z)=\frac{z}{z-\mathrm{e}^{-aT}}\cdot\frac{z}{z-\mathrm{e}^{-bT}}=\frac{z^2}{(z-\mathrm{e}^{-aT})(z-\mathrm{e}^{-bT})}$$

显然,系统(a)与系统(b)的脉冲传递函数是不相等的。

※**点评**:本题说明必须区别两种情况来讨论串联环节的脉冲传递函数。一种是环节之间有采样开关隔开的情况;另一种是环节之间没有采样开关隔开的情况。

【例 7.1.8★】 (东南大学)某采样系统的框图如图 7.4 所示,试说明在采样时刻上,系统的输出值为零。

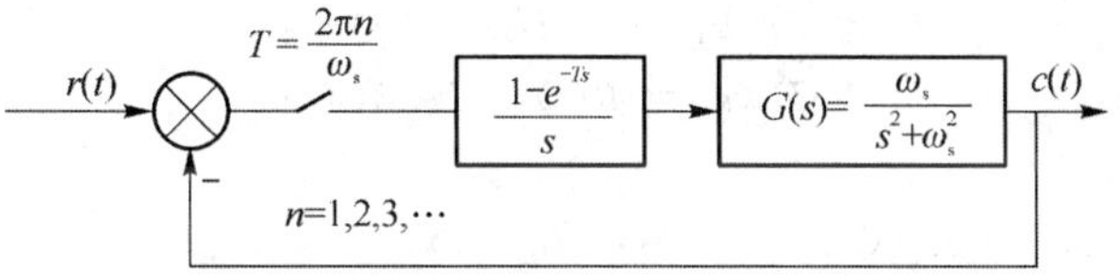

图 7.4　采样系统框图

答:由题意,系统的开环传递函数为

$$G(z)=Z\left(\frac{1-e^{-Ts}}{s}\cdot\frac{\omega_s}{s^2+\omega_s^2}\right)=(1-z^{-1})\cdot Z\left(\frac{\omega_s}{s(s^2+\omega_s^2)}\right)=\frac{(1-z^{-1})}{\omega_s}\left(\frac{z}{z-1}-\frac{z(z-\cos\omega_s T)}{z^2-2z\cos\omega_s T+1}\right)$$

又 $T=\frac{2\pi n}{\omega_s}$,代入得到 $G(z)=0$,于是闭环脉冲传递函数为 $\Phi(z)=\frac{G(z)}{1+G(z)}=0$,即采样时刻上,系统的输出值为零。

【例 7.1.9★】(华中科技大学) 线性定常离散系统如图 7.5 所示,写出闭环系统的脉冲传递函数。

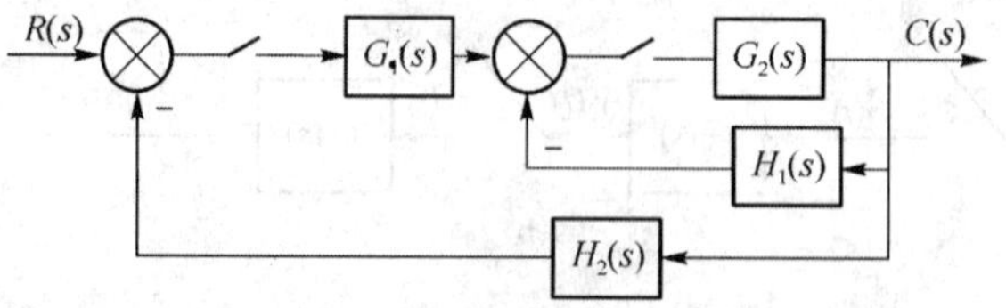

图 7.5　线性定常离散系统框图

答:假设系统为连续系统,则前向通道传递函数为

$$\frac{G_1(s)G_2(s)}{1+G_2(s)H_1(s)}$$

闭环传递函数为

$$\frac{C(s)}{R(s)}=\frac{G_1(s)G_2(s)}{1+G_2(s)H_1(s)+G_1(s)G_2(s)H_2(s)}$$

即

$$C(s)=\frac{G_1(s)G_2(s)R(s)}{1+G_2(s)H_1(s)+G_1(s)G_2(s)H_2(s)}$$

对此式进行离散化可以得到

$$C(z)=\frac{G_1(z)G_2(z)R(z)}{1+G_2H_1(z)+G_1(z)G_2H_2(z)}$$

于是闭环系统的脉冲传递函数为

$$\frac{C(z)}{R(z)}=\frac{G_1(z)G_2(z)}{1+G_2H_1(z)+G_1(z)G_2H_2(z)}$$

【例 7.1.10】 某离散系统如图 7.6 所示,试求其闭环脉冲传递函数$\frac{C(z)}{R(z)}$。

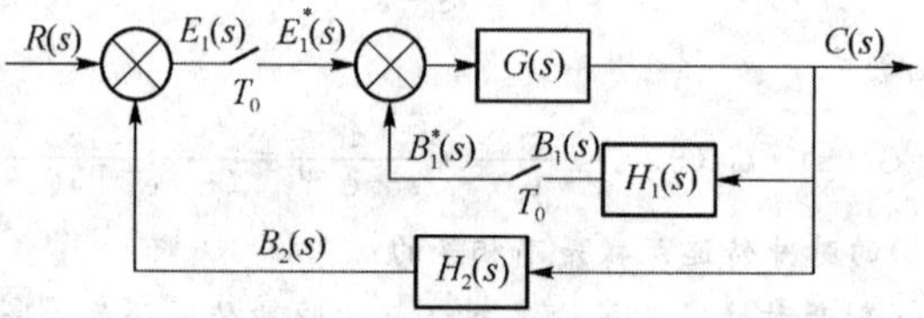

图 7.6　离散系统框图

答:由题意,可以得到如下方程

$$\begin{cases}C(s)=(E_1^*(s)-B_1^*(s))G(s)\\ B_1(s)=H_2(s)C(s)\\ E_1(s)=R(s)-H_2(s)C(s)\end{cases}$$

整理得到

$$\begin{cases}B_1(s)=H_2(s)G(s)(E_1^*(s)-B_1^*(s)) & ①\\ E_1(s)=R(s)-H_2(s)G(s)(E_1^*(s)-B_1^*(s)) & ②\\ E(s)-B_1(s)=R(s)-[H_1(s)G(s)+H_2(s)G(s)][E_1^*(s)-B_1^*(s)] & ③\end{cases}$$

对式③两边进行 Z 变换得到

$$E(z)-B_1(z)=\frac{R(z)}{1+H_1G(z)+H_2G(z)} \quad ④$$

由 $C(s)=(E_1^*(s)-B_1^*(s))G(s)$ 两边进行 Z 变换得到

$$C(z)=[E(z)-B_1(z)]G(z) \quad ⑤$$

联立式④、式⑤，消去中间变量 $B_1(z)$ 可以得到

$$\frac{C(z)}{R(z)}=\frac{G(z)}{1+H_1G(z)+H_2G(z)}$$

【例 7.1.11】 试求如图 7.7 系统的闭环 Z 传递函数 $\frac{C(z)}{R(z)}$。

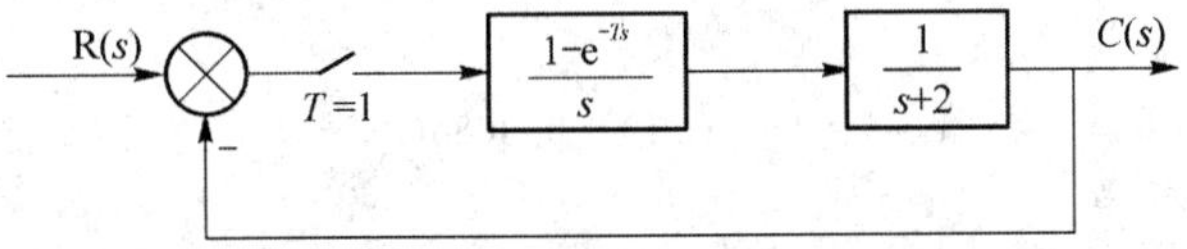

图 7.7 系统结构图

答：

由题意，$\frac{C(z)}{R(z)}=\frac{Z\left(\frac{1-e^{-Ts}}{s}\times\frac{1}{s+2}\right)}{1+Z\left(\frac{1-e^{-Ts}}{s}\times\frac{1}{s+2}\right)}=\frac{(1-z^{-1})Z\left(\frac{1}{s(s+2)}\right)}{1+(1-z^{-1})Z\left(\frac{1}{s(s+2)}\right)}$，又因为

$\frac{1}{s(s+2)}=\frac{1}{2}\left(\frac{1}{s}-\frac{1}{s+2}\right)$，所以 $Z\left(\frac{1}{s(s+2)}\right)=\frac{1}{2}\left(\frac{z}{z-1}-\frac{z}{z-e^{-2T}}\right)$。

将 $T=1$ 代入并整理可以得到 $\frac{C(z)}{R(z)}=\frac{0.4325}{z-0.135}$。

【例 7.1.12★】（华中科技大学） 已知系统的脉冲传递函数为 $G(z)=\frac{C(z)}{R(z)}=\frac{0.53+0.1z^{-1}}{1-0.37z^{-1}}$，$R(z)=\frac{z}{z-1}$ 时，求系统输出 $c(n)$。

答：

$$G(z)=\frac{C(z)}{R(z)}=\frac{0.53+0.1z^{-1}}{1-0.37z^{-1}}=\frac{0.53z+0.1}{z-0.37}$$

当 $R(z)=\frac{z}{z-1}$ 时代入可以得到

$$C(z)=\frac{0.53z+0.1}{z-0.37}\times\frac{z}{z-1}$$

$$\frac{C(z)}{z}=\frac{0.53z+0.1}{(z-1)(z-0.37)}=\frac{1}{z-1}-\frac{0.47}{z-0.37}$$

即 $C(z)=\frac{z}{z-1}-\frac{0.47z}{z-0.37}$。

【例 7.1.13★】（华南理工大学） 已知某离散(时间)系统的脉冲传递函数为 $\frac{C(z)}{R(z)}=\frac{1.368z-0.368}{z^2}$，试分别用部分分式法和留数计算法(反演积分法)求系统在单位阶跃输入信号 $\left[r(t)=1(t),R(z)=\frac{z}{z-1}\right]$ 作用下的输出响应时间函数 $c(n)$。

答：由题意

$$C(z)=\frac{1.368z-0.368}{z^2}\times\frac{z}{z-1}=\frac{1.368z-0.368}{z(z-1)},\frac{C(z)}{z}=\frac{1.368z-0.368}{z^2(z-1)}$$

(1) 使用部分分式法有

$$\frac{C(z)}{z}=\frac{1.368z-0.368}{z^2(z-1)}=\frac{a}{z}+\frac{b}{z^2}+\frac{c}{z-1}=\frac{az(z-1)+b(z-1)+cz^2}{z^2(z-1)}$$

整理并对照系数可以得到

$$\begin{cases} a+c=0 \\ -a+b=1.368 \\ -b=-0.368 \end{cases}$$

得到 $a=-1, b=0.368, c=1$，代入可以得到

$$\frac{C(z)}{z}=\frac{-1}{z}+\frac{0.368}{z^2}+\frac{1}{z-1}, C(z)=-1+\frac{0.368}{z}+\frac{z}{z-1}$$

进行反变换可以得到

$$c(n)=1-\delta(nT)+0.368\delta(nT-T)$$

(2) 使用留数计算法，由

$$C(z)=\frac{1.368z-0.368}{z(z-1)}$$

可以得到

$$c(n)=\text{Res}[C(z)\cdot z^{n-1}]_{z\to0}+\text{Res}[C(z)\cdot z^{n-1}]_{z\to1}$$

代入得到 $c(n)=1-\delta(nT)+0.368\delta(nT-T)$。

【例 7.1.14】 设线性系统结构及参数如图 7.8(a)所示，采用计算机控制，其系统结构如图 7.8(b)所示，在保证闭环系统特性基本不变，可取采样周期 $T_0=0.02$ s。

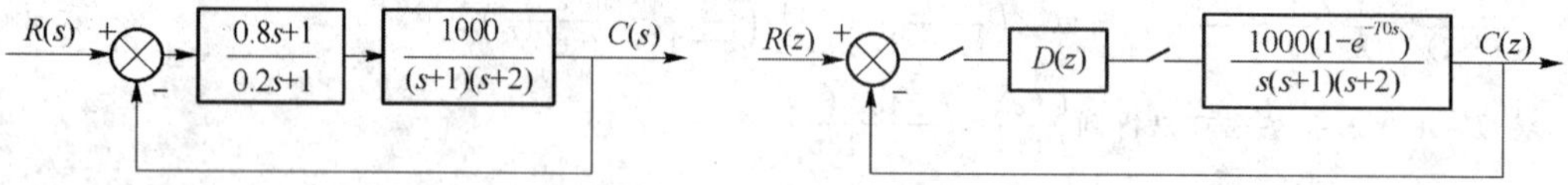

(a) (b)

图 7.8 线性系统结构及参数图

(1) 近似计算数字控制器 $D(z)$ 的脉冲传递函数，需说明所使用的近似替代法；

(2) 计算被控对象的等效脉冲传递函数 $G(z)$；

(3) 计算闭环脉冲传递函数 $\Phi(z)=\dfrac{C(z)}{R(z)}$。

答：

(1) 设 $D(s)=\dfrac{0.8s+1}{0.2s+1}=\dfrac{c(s)}{r(s)}$，则可以得到 $(0.8s+1)r(s)=(0.2s+1)c(s)$，在时域中即为 $0.8\dot{r}(t)+r(t)=0.2\dot{c}(t)+c(t)$，用前向差分近似法来近似微分，即

$$\dot{r}(nT_0)=\frac{r((n+1)T_0)-r(nT_0)}{T_0}, \dot{c}(nT_0)=\frac{c((n+1)T_0)-c(nT_0)}{T_0}$$

代入整理可以得到

$$10c(n+1)-9c(n)=40r(n+1)-39r(n)$$，（此处 $c(n)$ 为 $c(nT_0)$ 简写，其他同上）

得到的差分方程在零初始条件下进行 Z 变换可以得到

$$\frac{c(z)}{r(z)}=\frac{40z-39}{10z-9}, \text{即 } D(z)=\frac{40z-39}{10z-9}$$

(2) 由题意，$G(z)=Z\left(\dfrac{1\,000(1-e^{-T_0s})}{s(s+1)(s+2)}\right)=1\,000(1-z^{-1})Z\left(\dfrac{1}{s(s+1)(s+2)}\right)$，

$$Z\left(\frac{1}{s(s+1)(s+2)}\right)=Z\left(\frac{1}{2s}-\frac{1}{s+1}+\frac{1}{2(s+2)}\right)=\frac{z}{2(z-1)}-\frac{z}{z-e^{-T_0}}+\frac{z}{2(z-e^{-2T_0})}$$

代入数值整理可以得到

$$G(z)=\frac{z}{2\,500(z^3-2.94z^2+2.88z-0.94)}$$

(3) $\Phi(z)=\frac{C(z)}{R(z)}=\frac{D(z)G(z)}{1+D(z)G(z)}=\frac{z(z-0.975)}{625(z^4-3.84z^3+5.53z^2-3.53z+0.85)}$

题型2 离散系统的性能分析

【例7.2.1】 某离散控制系统如图7.9所示，采用周期 $T=1$ s。

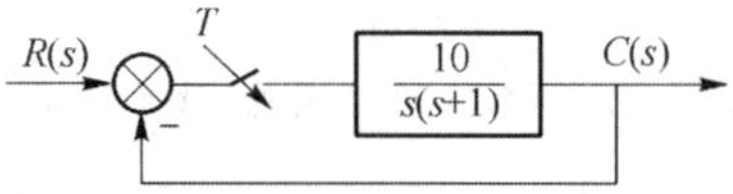

图7.9 离散控制系统

试求：

(1) 闭环脉冲传递函数；

(2) 判断该离散控制系统的稳定性。

答：

(1) 闭环系统脉冲传递函数为 $\frac{C(z)}{R(z)}=\frac{Z\left(\frac{10}{s(s+1)}\right)}{1+Z\left(\frac{10}{s(s+1)}\right)}=\frac{0.632z}{z^2-0.736z+0.368}$

(2) 系统为二阶系统，特征方程为 $D(z)=z^2-0.736z+0.368=0$，解得 $z_{1,2}=0.368\pm0.482j$ 易判断 $|z_{1,2}|<1$，故闭环系统稳定。

【例7.2.2】 设闭环采样系统的特征方程为

$$D(z)=45z^3-117z^2+119z-39=0$$

试判断系统稳定性。

答：

令

$$z=\frac{w+1}{w-1}$$

得

$$45\left(\frac{w+1}{w-1}\right)^3-117\left(\frac{w+1}{w-1}\right)^2+119\left(\frac{w+1}{w-1}\right)-39=0$$

用 $(w-1)^3$ 乘等式两边，并化简后得

$$D(w)=w^3+2w^2+2w+40=0$$

列出劳斯表

w^3	1	2	0
w^2	2	40	0
w^1	−18	0	
w^0	40		

因第一列有两次符号改变，所以有两个根在 w 平面的右半平面，或者说有两个根在 z 平面的单位圆之外，系统不稳定。

【例7.2.3】 设系统如图7.10所示，采样周期 $T=1\text{s}$，$K=10$，试分析系统的稳定性，并求出系统的临界放大系数。

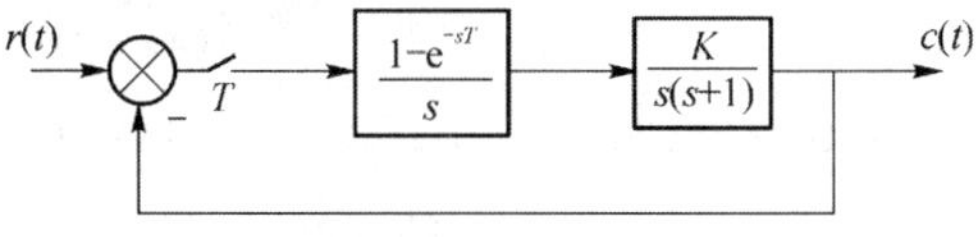

图7.10 系统结构图

答：(1) $K=10$ 时系统开环脉冲传递函数为

$$G(z)=Z\left[\frac{1-e^{-sT}}{s}\cdot\frac{K}{s(s+1)}\right]=K(1-z^{-1})Z\left[\frac{1}{s^2(s+1)}\right]=K(1-z^{-1})Z\left[\frac{1}{s^2}-\frac{1}{s}+\frac{1}{s+1}\right]$$

$$=K(1-z^{-1})\left[\frac{z}{(z-1)^2}-\frac{z}{z-1}+\frac{z}{z-e^{-1}}\right]=\frac{K(0.368z+0.264)}{(z-1)(z-0.368)}=\frac{10(0.368z+0.264)}{(z-1)(z-0.368)}$$

系统的特征方程为 $1+G(z)=0$，即

$$z^2+2.31z+3=0$$

解得闭环特征根为 $z_{1,2}=-1.16\pm j1.29$，位于单位圆外，故系统不稳定。

(2) 求临界放大系数。

系统的特征方程为

$$z^2+(0.368K-1.368)z+0.368+0.264K=0$$

利用 w 域劳斯判据进行判稳。令 $z=\frac{w+1}{w-1}$，有

$$\left(\frac{w+1}{w-1}\right)^2+(0.368K-1.368)\left(\frac{w+1}{w-1}\right)+0.368K+0.264K=0$$

即
$$0.632Kw^2+(1.264-0.528K)w+(2.736-0.104K)=0$$

列写劳斯表

$$\begin{array}{lll} S^2 & 0.632K & 2.736-0.104K \\ S^1 & 1.246-0.528K & \\ S^0 & 2.736-0.104K & \end{array}$$

系统稳定的条件为

$$\begin{cases}0.632K>0\\1.246-0.528K>0\\2.736-0.104K>0\end{cases}$$

解得 $0<K<2.36$，即当 $K=2.36$ 时系统临界稳定。

【例 7.2.4★】(哈尔滨工业大学) 一采样控制系统如图 7.11 所示，采用周期为 $T=1\text{s}$。

(1) 当 $K=8$ 时，判断该系统是否稳定；

(2) 求使系统稳定的 K 的取值范围；

(3) 当 $K=2$ 时，该系统在 $r(t)=1(t)$ 作用下的响应($t\leqslant5s$)。

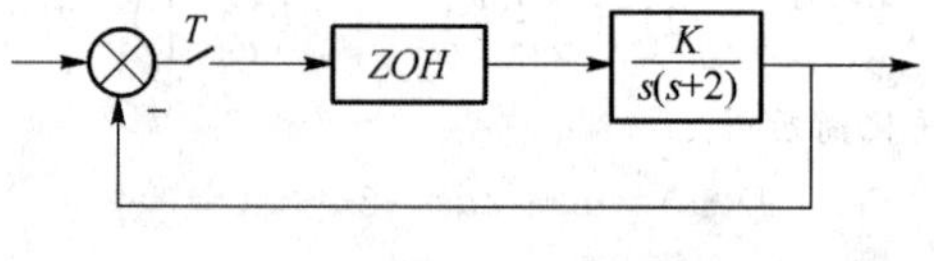

图 7.11 控制系统结构图

答：(1) $G(z)=Z\left(\frac{1-e^{-Ts}}{s}\times\frac{k}{s(s+2)}\right)=k(1-z^{-1})Z\left(\frac{1}{s^2(s+2)}\right)=\frac{k}{4}\left(\frac{2}{z-1}-1+\frac{z-1}{z-0.135}\right)$

整理可以得到

$$G(z)=\frac{k(0.28z+0.15)}{z^2-1.14z+0.14}$$

得到闭环脉冲传递函数和特征方程分别为

$$\Phi(z)=\frac{G(z)}{1+G(z)}=\frac{k(0.28z+0.15)}{z^2+(0.28k-1.14)z+0.14+0.15k}$$

$$D(z)=z^2+(0.28k-1.14)z+0.14+0.15k=0$$

令 $z=\frac{\omega+1}{\omega-1}$ 进行整理可以得到

$$0.43k\omega^2+(1.73-0.30)\omega+2.27-0.14k=0$$

系统闭环稳定可以得到

$$\begin{cases}0.43k>0\\1.73-0.30k>0\\2.27-0.14k>0\end{cases}$$，得 $0<k<5.77$，于是当 $K=8$ 时，该系统不稳定

(2) 参见(1)，得到系统稳定时 $0<k<5.77$。

(3) 当 $K=2$ 时，系统的闭环传递函数为

$$\Phi(z)=\frac{c(z)}{r(z)}=\frac{2(0.28z+0.15)}{z^2-0.58z+0.44}$$

当输入为 $r(t)=1(t)$ 时，$r(z)=\frac{z}{z-1}$，可以得到

$$c(z)=\frac{2z(0.28z+0.15)}{(z-1)(z^2-0.58z+0.44)}=\frac{0.56z^{-1}+0.3z^{-2}}{1-1.58z^{-1}+1.02z^{-2}-0.44z^{-3}}$$

由于本题所需求取的响应的时间($t\leqslant 5s$)，为有限个，运用长除法可以得到

$c(z)=0.56z^{-1}+1.18z^{-2}+1.29z^{-3}+1.09z^{-4}+0.92z^{-5}+\cdots$

$c^*(t)=0.56\delta(t-T)+1.18\delta(t-2T)+1.29\delta(t-3T)+1.09\delta(t-4T)+0.92\delta(t-5T)+\cdots$

【例 7.2.5★】 (华中科技大学)线性定常离散系统如图 7.12 所示，已知采样周期 $T=0.2s$，参考输入为 $r(t)=2\cdot 1(t)+t$，$G_h(s)=\frac{1-e^{-Ts}}{s}$，$G(s)=\frac{Ke^{-Ts}}{s}$ 要使系统的稳态误差小于 0.25，试确定 K 的取值范围。

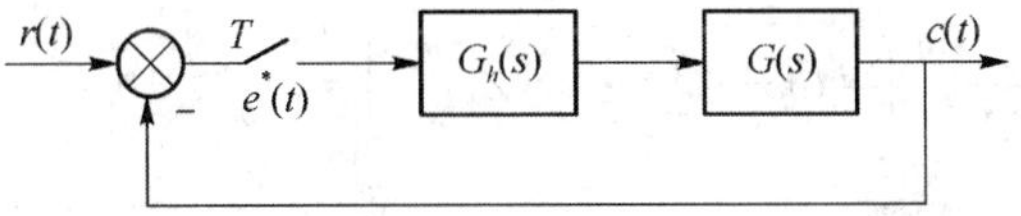

图 7.12 线性定常离散系统

答：由题意，$Z\left(\frac{1-e^{-Ts}}{s}\times\frac{Ke^{-Ts}}{s}\right)=Kz^{-1}(1-z^{-1})Z\left(\frac{1}{s^2}\right)=\frac{KT}{z(z-1)}=\frac{0.2K}{z(z-1)}$，

$$K_p=\lim_{z\to 1}(1+G(z))=\infty,e_{ssp}=\frac{2}{K_p}=0,K_v=\lim_{z\to 1}(z-1)\times\frac{0.2K}{z(z-1)}=0.2K,e_{ssv}=\frac{T}{K_v}=\frac{1}{K}$$

于是当输入为 $r(t)=2\cdot 1(t)+t$ 时，$e_{ss}=e_{ssp}+e_{ssv}=\frac{1}{K}$，由题意 $\frac{1}{K}<0.25$，得 $K>4$。

还要考虑到系统的稳定性，系统的特征方程为 $D(z)=z(z-1)+0.2K=z^2-z+0.2K=0$，进行双线性变换，令 $z=\frac{\omega+1}{\omega-1}$，代入整理可以得到 $0.2K\omega^2+(2-0.4K)\omega+2+0.2K=0$。

系统稳定时，$2-0.4K>0$，$K<5$，故 $4<K<5$。

【例 7.2.6★】 (浙江大学)设采样系统的结构如图 7.13 所示，试分别讨论当 $k=2$，$k=3$ 时系统的稳定性。(为计算方便起见，保留小数点后 2 位)。

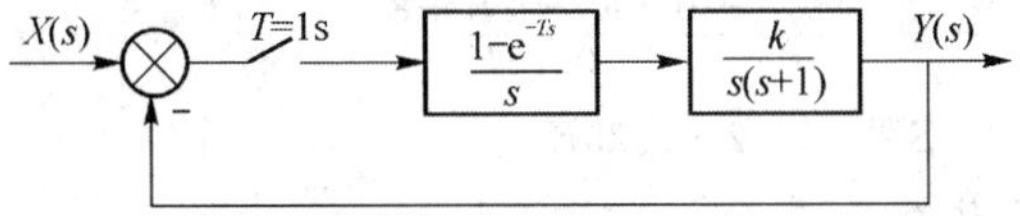

图 7.13 采样系统的结构图

答：由题意

$$G(z)=Z\left(\frac{1-e^{-Ts}}{s}\times\frac{k}{s(s+1)}\right)=k(1-z^{-1})Z\left(\frac{1}{s^2(s+1)}\right)=k(1-z^{-1})Z\left(\frac{1}{s^2}-\frac{1}{s}+\frac{1}{s+1}\right)$$

整理可以得到

$$G(z)=\frac{k(e^{-1}z+1-2e^{-1})}{(z-1)(z-e^{-1})}$$

可以得到闭环系统的特征方程为

$$D(z)=(z-1)(z-e^{-1})+k(e^{-1}z+1-2e^{-1})=z^2+(0.37k-1.37)z+0.26k+0.37=0$$

令 $z=\dfrac{\omega+1}{\omega-1}$,代入整理可以得到

$$0.63k\omega^2+(1.26-0.53k)\omega+(2.74-0.10k)=0$$

系统稳定时,$\begin{cases}1.26-0.53k>0\\2.74-0.1k>0\end{cases}$,得到 $0<K<2.38$,故当 $k=2$ 时系统稳定,$k=3$ 时系统不稳定。

【例 7.2.7】 已知离散系统如图 7.14 所示其中 ZOH 为零阶保持器,$T=0.25$。当 $r(t)=2+t$ 时,欲使稳态误差小于 0.1,试求 K 值。

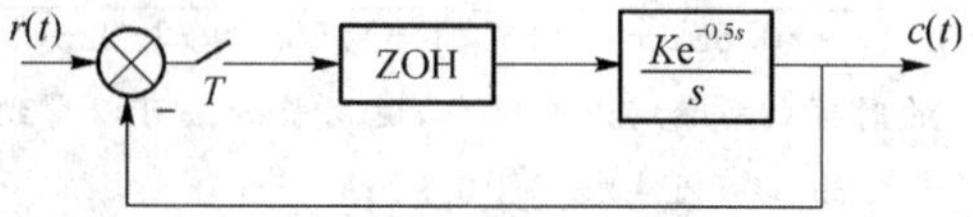

图 7.14 离散系统结构图

答:

$$G(z)=Z\left[\frac{1-e^{-Ts}}{s}\cdot\frac{e^{-0.5s}}{s}\right]$$

依题意 $T=0.25$,故有 $0.5=2T$。

$$G(z)=Z\left[\frac{1-e^{-Ts}}{s}\cdot\frac{Ke^{-2Ts}}{s}\right]=(1-z^{-1})\cdot z^{-2}Z\left[\frac{K}{s^2}\right]=(1-z^{-1})\cdot z^{-2}\cdot\frac{KTz}{(z-1)^2}=\frac{KT}{z^2(z-1)}$$

系统特征方程为

$$1+G(z)=1+\frac{KT}{z^2(z-1)}=0$$

$$z^3-z^2+KT=0$$

将 $T=0.25$ 代入上式,得

$$z^3-z^2+0.25K=0$$

利用 w 域劳斯判据对系统进行判稳。令 $z=\dfrac{w+1}{w-1}$,有

$$\left(\frac{w+1}{w-1}\right)^3-\left(\frac{w+1}{w-1}\right)^2+0.25K=0$$

$$0.25Kw^3+(2-0.75K)w^2+(4+0.75K)w+2-0.25K=0$$

列写劳斯表

S^3	$0.25K$	$4+0.75K$
S^2	$2-0.75K$	$2-0.25K$
S^1	$\dfrac{-0.5K^2-2K+8}{2-0.75K}$	
S^0	$2-0.25K$	

根据劳斯判据,系统稳定的条件为

$$\begin{cases}0.25K>0\\2-0.75K>0\\\dfrac{-0.5K^2-2K+8}{2-0.75K}>0\\2-0.25K>0\end{cases}$$

解得 $0<K<2.47$ 时,系统稳定。

系统静态误差系数

$$K_p=\lim_{z\to 1}[1+G(z)]=\lim_{z\to 1}\left[1+\frac{KT}{z^2(z-1)}\right]=\infty$$

静态速度误差系数

$$K_v=\lim_{z\to 1}(z-1)G(z)=\lim_{z\to 1}(z-1)\cdot\frac{KT}{z^2(z-1)}=KT$$

当输入为 $r(t)=2+t$ 时，$R(z)=Z[2+t]=\frac{2z}{z-1}+\frac{TZ}{(Z-1)^2}$，系统的误差为阶跃信号和速度函数分别作用下的误差之和

$$e_{ss}=\frac{1}{K_p}+\frac{T}{K_v}=0+\frac{T}{KT}=\frac{1}{K}$$

依题意 $$e_{ss}=\frac{1}{K}<0.1$$

故有 $K>10$。而系统稳定的条件为 $0<K<2.47$，故无法使稳态误差小于 0.1。

【例 7.2.8★】(西安电子科技大学) 采样系统如图 7.15 所示，其中 T 为采样周期。

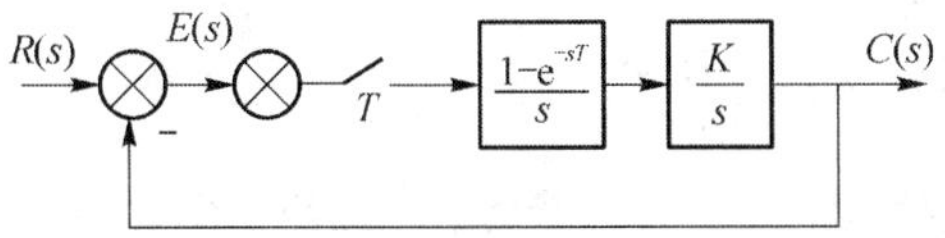

图 7.15 采样系统结构图

要求：

(1) 计算系统开环及闭环脉冲传递函数。

(2) 确定闭环系统稳定的 K 值范围。

(3) 讨论采样周期 T 对系统稳定性的影响。

(4) 设采样周期 $T=1\text{s}$，$r(t)=t(t)$时，若要求其稳态误差 $e_{ssv}^*\leqslant 0.1$，该系统能否稳定工作？若不能，如何改变采样周期 T 之值，使其在稳定前提下满足 e_{ssv}^* 的要求？

答：

(1) 开环脉冲传递函数为

$$G(z)=Z\left(\frac{1-e^{-Ts}}{s}\cdot\frac{K}{s}\right)=K(1-z^{-1})\frac{Tz}{(z-1)^2}=\frac{KT}{z-1}$$

闭环脉冲传递函数为

$$\Phi(z)=\frac{G(z)}{1+G(z)}=\frac{KT}{z-1+KT}$$

(2) 由 $z-1+KT=0\Rightarrow z=1-KT$，$|z|=|1-KT|<1\Rightarrow 0<KT<2$

即系统闭环稳定时 $0<K<\frac{2}{T}$。

(3) 由(2)可知，采样周期 T 越大，系统的稳定域越小。

(4) $K_v=\lim_{z\to 1}(z-1)G(z)=KT$，$e_{ss}=\frac{T}{K_v}=\frac{1}{K}\leqslant 0.1\Rightarrow K\geqslant 10$

此时不满足系统稳定的条件 $0<K<\frac{2}{T}$，系统不能稳定工作，要使系统稳定而且达到误差要求，则 $\frac{2}{T}\geqslant 10\Rightarrow T\leqslant 0.2$。

【例 7.2.9★】 (中科院)设离散系统如图 7.16 所示，采样周期 $T=1\text{s}$，$G_h(s)$ 为零阶保持器，而$G(s)=\frac{K}{s(0.2s+1)}$。

要求：(1) 当 $K=5$ 时，分别在 z 域和 ω 域分析系统的稳定性；

(2) 确定使系统稳定的 K 值范围。

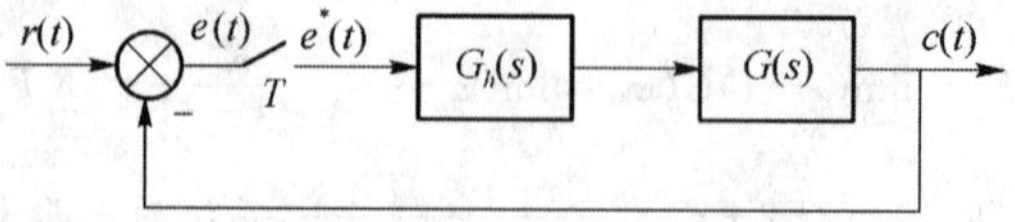

图 7.16 离散系统结构图

答：(1) 系统的开环脉冲传递函数为

$$G(z)=Z(G_hG(s))=Z\left(\frac{1-e^{-Ts}}{s}\cdot\frac{5}{s(0.2s+1)}\right)=25(1-z^{-1})Z\left(\frac{1}{s^2(s+5)}\right)$$

整理得

$$G(z)=\frac{(e^{-5}+4)z+(1-6e^{-5})}{(z-1)(z-e^{-5})}$$

系统的闭环脉冲传递函数为

$$\Phi(z)=\frac{G(z)}{1+G(z)}=\frac{(e^{-5}+4)z+(1-6e^{-5})}{z^2+3z+1-5e^{-5}}$$

特征方程为 $D(z)=z^2+3z+1-5e^{-5}=0$，解得 $z_1\approx-2.633, z_2\approx-0.367$

$|z_1|>1$，系统闭环不稳定；

若进行双线性变换，令 $z=\dfrac{w+1}{w-1}$，代入整理可以得到

$D(w)=w^2+0.0136w-0.2149=0$，有韦达定理，方程必有负根，不稳定

(2) 在一般情况下，系统得特征方程为

$$D(z)=z^2+\left(\frac{K(4+e^{-5T})}{5}-(1+e^{-5T})\right)z+\frac{K(1-6e^{-5T})}{5}+e^{-5T}=0$$

进行双线性变换，令 $z=\dfrac{w+1}{w-1}$，代入整理可以得到

$$D(w)=0.993Kw^2+(1.987-0.384K)w+(1.014-0.609K)=0$$

系统稳定时

$$\begin{cases}1.014-0.609K>0\\1.987-0.384K>0\end{cases}，得到 0<K<1.663$$

题型 3　离散系统的数字校正

【例 7.3.1】 设单位反馈线性定常离散系统的连续部分和零阶保持器的传递函数分别为

$$G_p(s)=\frac{10}{s(s+1)}\quad 和\quad G_h(s)=\frac{1-e^{-sT}}{s}$$

其中采样周期为 $T=1$ s。若要求系统在单位斜坡输入时实现最少拍控制。

(1) 试求出数字控制器脉冲传递函数 $D(z)$。

(2) 试写出 $D(z)$的实现程序。

答：

(1) 系统的开环传递函数 $G(s)=G_p(s)G_h(s)=\dfrac{10(1-e^{-sT})}{s^2(s+1)}$

由于 $Z\left[\dfrac{1}{s^2(s+1)}\right]=\dfrac{Tz}{(z-1)^2}-\dfrac{(1-e^{-T})z}{(z-1)(z-e^{-T})}$

所以有

$$G(z)=10(1-z^{-1})\left[\frac{Tz}{(z-1)^2}-\frac{(1-e^{-T})z}{(z-1)(z-e^{-T})}\right]=\frac{3.68z^{-1}(1+0.717z^{-1})}{(1-z^{-1})(1-0.368z^{-1})}$$

由于输入 $r(t)=t$，最少拍系统应具有的闭环脉冲传递函数和误差脉冲传递函数为

$$\Phi(z)=2z^{-1}(1-0.5z^{-1})$$

$$\Phi_e(z)=(1-z^{-1})^2$$

$\Phi_e(z)$的零点 $z=1$ 正好可以补偿 $G(z)$在单位圆上的极点 $z=1$；$\Phi(z)$已包含 $G(z)$的传递延迟 z^{-1}。因此，上述 $\Phi(z)$和 $\Phi_e(z)$满足对消 $G(z)$中的传递延迟 z^{-1}及补偿 $G(z)$在单位圆上极点 $z=1$ 的限制性要求。

为确保给定系统成为在 $r(t)=t$ 作用下的最少拍系统。可以求出

$$D(z)=\frac{\Phi(z)}{G(z)\Phi_e(z)}=\frac{0.543(1-0.368z^{-1})(1-0.5z^{-1})}{(1-z^{-1})(1+0.707z^{-1})}$$

(2) $D(z)$可写为

$E_2(z)=0.543E_1(z)-0.471E_1(z)+0.0999z^{-2}E_1(z)+0.282z^{-1}E_2(z)+0.717z^{-2}E_2(z)$对上式取 Z 反变换，可得

$$e_2(kT)=0.543\cdot e_1(kT)-0.471\cdot e_1[(k-1)T]+0.0999\cdot e_1[(k-2)T]+$$
$$+0.282e_2[(k-1)T]+0.717e_2[(k-2)T],\quad (k=0,1,2,\cdots)$$

上式就是 $D(z)$的程序实现。

【例 7.3.2】 已知离散系统如图 7.17 所示，其中采样周期 $T=1\text{s}$，连续部分传递函数 $G_0(s)=\frac{1}{s(s+1)}$，试求当 $r(t)=1(t)$时，系统无稳态误差、过渡过程在最少拍内结束的数字控制器 $D(z)$。

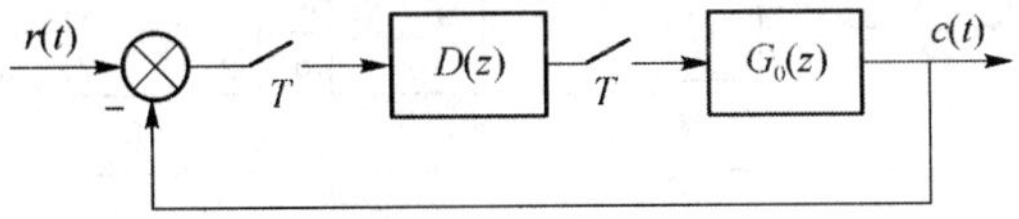

图 7.17 离散系统结构图

答：系统被控对象的传递函数为

$$G(z)=Z[G_0(s)]=Z\left[\frac{1}{s(s+1)}\right]=Z\left[\frac{1}{s}-\frac{1}{s+1}\right]=\frac{z}{z-1}-\frac{z}{z-e^{-T}}=\frac{0.632z}{(z-1)(z-0.368)}$$

按最少拍设计要求，当 $r(t)=1(t)$时，$m=1$，故有

$$\Phi_e(z)=1-z^{-1},\Phi(z)=1-\Phi_e(z)=z^{-1}$$

数字控制器脉冲传递函数为

$$D(z)=\frac{\Phi(z)}{\Phi_e(z)G(z)}=\frac{z^{-1}}{(1-z^{-1})\cdot\frac{0.632z}{(z-1)(z-0.368)}}=\frac{z-0.368}{0.632z}$$

系统只需一拍，即可进入稳态。

【例 7.3.3★】(西北工业大学) 系统结构图如图 7.18 所示，采样周期 T 及时间常数 T_0 均为大于 0 的数，且 $\frac{T}{T_0}=0.2$。

(1) 当 $D(z)=1$ 时求系统稳定的 K 值范围($K>0$)；

(2) 当 $D(z)=\frac{bz+c}{z-1}$及 $K=1$ 时，采样系统有三重根 a(a 为实常数)，求 $D(z)$中的系数 b,c 及重根 a 值。

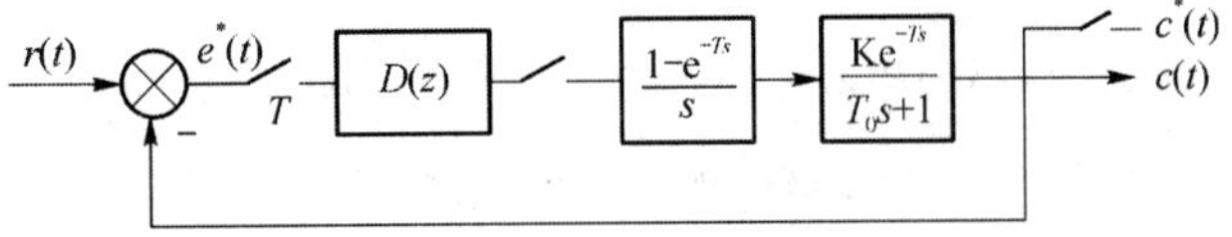

图 7.18 系统结构图

答：(1) 由题意，$G(z)=Z\left(\frac{1-e^{-Ts}}{s}\times\frac{Ke^{-Ts}}{T_0s+1}\right)=Kz^{-1}(1-z^{-1})Z\left(\frac{1}{s(T_0s+1)}\right)$，将$\frac{T}{T_0}=0.2$代入可得：$G(z)=\frac{0.181K}{z(z-0.819)}$，特征方程为$D(z)=z^2-0.819z+0.181K=0$，令$z=\frac{\omega+1}{\omega-1}$代入可得$(0.181K+0.181)\omega^2+(2-0.362K)\omega+1.819+0.181K=0$，系统稳定时$2-0.362K>0$。

可以得到$0<K<5.525$

(2) 当$K=1$时，$G(z)=\frac{0.181}{z(z-0.819)}$，$\frac{c(z)}{r(z)}=\frac{D(z)G(z)}{1+D(z)G(z)}$，代入并整理可以得到

$\frac{c(z)}{r(z)}=\frac{0.181(bz+c)}{z^3-1.819z^2+(0.181b+0.819)z+0.181c}$，由采样系统有三重根$a$可以得到

$$z^3-1.819z^2+(0.181b+0.819)z+0.181c=(z-a)^3=z^3-3az^2+3a^2z-a^3=0$$

$$\begin{cases}-1.819=-3a\\0.181b+0.819=3a^2\\0.181c=-a^3\end{cases}\text{得到}\begin{cases}a=0.606\\b=1.562\\c=-1.23\end{cases}$$

【例7.3.4】 线性定常离散系统如图7.19所示。已知$r(t)$为单位阶跃函数，采样周期$T=1\text{s}$。试设计一个数字控制器$D(z)$，使系统为无稳态误差的最少拍系统。设计后，该系统是否为无波纹系统？画出系统中a,b,c,d各点的波形图。($e^{-1}=0.368$，$e^{-2}=0.136$)

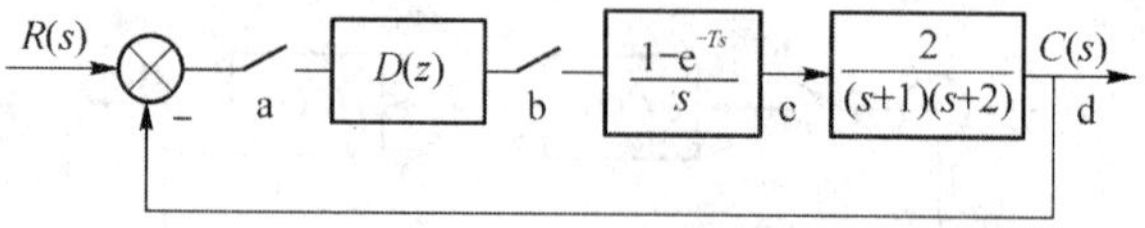

图7.19 系统结构图

答：

由题意

$$G(z)=Z\left(\frac{1-e^{-Ts}}{s}\times\frac{2}{(s+1)(s+2)}\right)=(1-z^{-1})Z\left(\frac{2}{s(s+1)(s+2)}\right)=(1-z^{-1})Z\left(\frac{1}{s}-\frac{2}{s+1}+\frac{1}{s+2}\right)$$

将$T=1s$代入并整理可以得到

$$G(z)=(1-z^{-1})\left(\frac{z}{z-1}-\frac{2z}{2-e^{-1}}+\frac{z}{z-e^{-2}}\right)=\frac{0.4(z+0.365)}{(z-0.136)(z-0.368)}$$

根据最小拍系统的设计特点，在单位阶跃输入时的误差传递函数和闭环传递函数分别为

$$G_e(z)=(1-z^{-1}),\Phi(z)=1-G_e(z)=z^{-1}$$

系统控制器的脉冲传递函数为

$$D(z)=\frac{\Phi(z)}{G(z)G_e(z)}=\frac{z^{-1}}{\frac{0.4(z+0.365)}{(z-0.136)(z-0.368)}(1-z^{-1})}=\frac{2.5(z-0.136)(z-0.368)}{(z+0.365)(z-1)}$$

设计后的闭环系统在单位阶跃输入时，系统输出和误差响应函数为

$$C(z)=\Phi(z)R(z)=z^{-1}\times\frac{z}{z-1}=\frac{1}{z-1}=\frac{z^{-1}}{1-z^{-1}}=z^{-1}+z^{-2}+z^{-3}+z^{-4}+\cdots$$

反变换可以得到

$$c(kT)=\delta(t-T)+\delta(t-2T)+\delta(t-3T)+\delta(t-4T)+\cdots$$

$$E(z)=G_e(z)R(z)=(1-z^{-1})\times\frac{z}{z-1}=1,e(KT)=\delta(t)$$

对于图中b点，设其信号为$B(z)$，则可以得到

$$B(z)=D(z)E(z)=\frac{2.5(z-0.136)(z-0.368)}{(z+0.365)(z-1)}$$

c点的信号为b点进行采样保持的结果，于是得到各点的信号如图7.20所示。

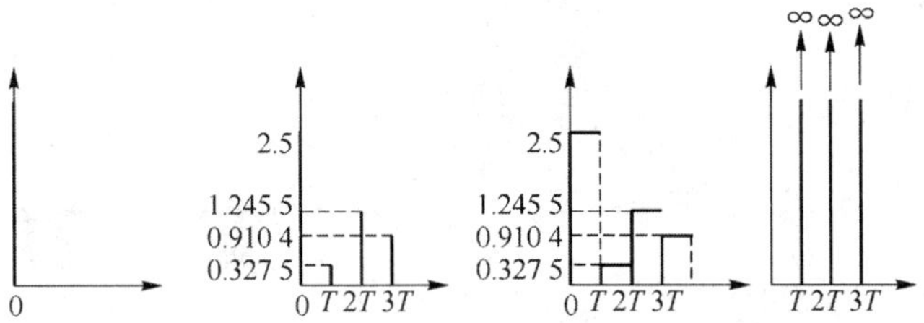

图 7.20 信号图

整理可以得到

$$B(z)=\frac{2.5(1-0.504z^{-1}+0.05z^{-2})}{1-0.635z^{-1}-0.365z^{-2}}=2.5+0.3275z^{-1}+1.2455z^{-2}+0.9104z^{-3}+\cdots$$

【例 7.3.5★】(东北大学) 数字控制系统结构图如图 7.21 所示。采样周期 $T>1\text{s}$。

(1) 试求未校正的闭环极点。并判断其稳定性；

(2) $X_r(t)=t$ 时，按最少拍设计。求 $D(z)$表达式，并求 $X_c(Z)$的级数展开式。

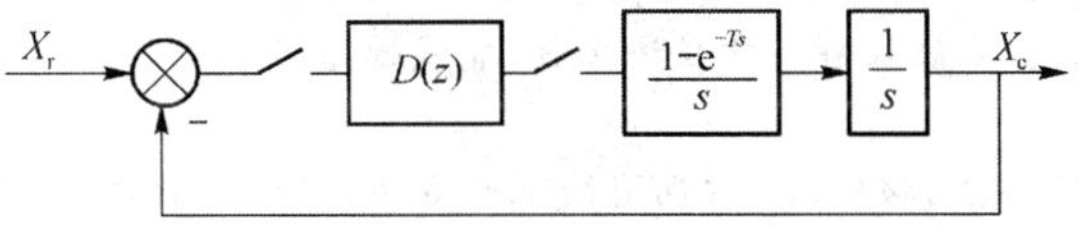

图 7.21 系统结构图

答:(1) 未校正时系统的闭环脉冲传递函数为 $\Phi(z)=\dfrac{T}{z-1+T}$，闭环极点为 $z=1-T$

系统稳定时 $|z|=|1-T|<1\Rightarrow 0<T<2$，又 $T>1s$，故当 $0<T<2$ 时，系统闭环稳定，否则系统闭环不稳定。

(2) $D(z)=\dfrac{2z-1}{T(z-1)}$，$X_c(Z)=T\sum\limits_{n=3}^{\infty}(n-1)z^{-n}$。

第8章

非线性控制系统分析

【基本知识点】非线性系统特征;非线性因素对系统运动的影响;相平面;奇点、平衡点;极限环;相轨迹绘制的方法;描述函数法;典型非线性特性的描述函数;非线性系统的简化;非线性系统稳定性分析的描述函数法等。

【重点】相平面;奇点、平衡点;极限环;相轨迹绘制的方法;描述函数法;典型非线性特性的描述函数;非线性系统的简化;非线性系统稳定性分析的描述函数法。

【难点】奇点、平衡点;极限环;相轨迹绘制的方法;描述函数法;非线性系统的简化;非线性系统稳定性分析的描述函数法。

8.1 答疑解惑

8.1.1 什么是非线性控制?

前面几章讨论了线性系统的分析和设计问题,但实际上理想的线性系统并不存在,因为组成控制系统的各元件的动态和静态特性都存在着不同程度的非线性。

当环节(或元件)的输入/输出特性呈现非线性特性时,称为非线性环节(或元件)。当控制系统有一个以上的非线性环节(或元件)时,即为非线性控制系统。

当非线性程度不严重时,例如不灵敏区较小、输入信号幅值较小、传动机构间隙不大时,可以忽略非线性特性的影响,从而将非线性环节视为线性环节;当系统方程解析且工作在某一数值附近的较小范围时,可运用小偏差法将非线性模型线性化,这样就可以按线性定常系统的方法进行分析和设计。当非线性程度较严重,且系统工作范围较大时,必须按非线性系统的分析和设计方法。

8.1.2 非线性系统的特征有哪些?

(1) 稳定性分析复杂

在无外作用且系统输出的各阶倒数等于零时,系统处于平衡状态。显然,对于线性系统只有一个平衡状态;而对于非线性系统,则可能存在多个平衡状态,有稳定的平衡状态和不稳定的平衡状态,须具体分析。

(2) 可能存在自激振荡

自激振荡是指没有外界周期变换信号的作用时，系统内产生的具有固定振幅和频率的稳定周期运动简称自振。

线性系统不可能形成稳定的自激振荡，而非线性系统在满足一定条件下可能形成稳定的自振。

(3) 频率响应发生畸变。

8.1.3 非线性特性及其对系统运动的影响有哪些？

1. 常见非线性特性如图 8.1 所示

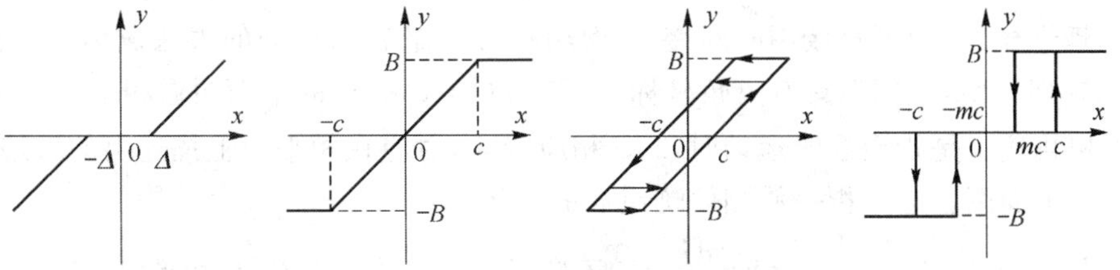

图 8.1 非线性特性图

2. 非线性特性对系统运动的影响

(1) 死区。死区特性如图 8.1(a)所示，常见于测量、放大元件中。死区非线性特性导致系统产生稳态误差，且用提高增量的方法也无法消除。

(2) 饱和。饱和特性如图 8.1(b)所示，常见于放大器中。在大信号作用下，放大倍数小，因而降低了稳态精度。

(3) 间隙。间隙特性如图 8.1(c)所示，常见于齿轮传动机构、铁磁元件的磁滞现象。可使系统的稳态误差增大，也使系统的动态特性变差。

(4) 继电特性。继电特性如图 8.1(d)所示，继电器特性中包含了死区、回环和饱和特性，因此对系统的稳态性能、暂态性能和稳定性都有不利影响。

8.1.4 非线性系统的分析方法有哪些？

1. 相平面法(见 8.1.5 节)

2. 描述函数法(见 8.1.7 节)

3. 逆系统法

(1) 逆系统

所谓系统相当于对象在给定初始条件下，输入到输出的一个变换，即

$T:u\rightarrow y(y(0)=y_0,\dot{y}(0)=\dot{y}_0,\cdots y^{n-1}(0)=y_0^{n-1}$，$n$ 为系统阶次)，y 为 n 阶可微函数。若在满足初始条件的情况下，存在一个系统即变化 $\hat{T}:y\rightarrow u$，则称该系统为原系统的逆系统，即有：$\hat{T}Ty=Tu=y$。

(2) 伪线性系统

将 n 阶积分逆系统和原系统相串联成复合系统,称为伪线性系统。

(3) 非线性控制的逆系统设计方法

① 状态反馈控制。

② 渐进跟踪控制。

8.1.5 什么是相平面、相平面图?

(1) 相平面

设二阶系统常微分方程为

$$\ddot{x}+f(x,\dot{x})=0$$

在物理学中,这种不直接用时间变量 而用状态变量表示运动的方法成为相空间方法。在自动控制理论中,我们把具有直角坐标 x_1 和 x_2(即 x 和 $\dot{x}$)的平面叫做相平面。

(2) 相轨迹。是指当系统运动时,x,$\dot{x}$ 相应变化,对应在相平面上描述出的轨迹。

(3) 相平面图。它是指一族相轨迹组成的图像。

(4) 奇点、平衡点。在相平面上 $\frac{\mathrm{d}\dot{x}}{\mathrm{d}x}=\frac{0}{0}$ 不定形式的点称为奇点;在相平面上满足 $\ddot{x}=\dot{x}=0$ 的点称为平衡点。奇点与平衡点本质上是同一概念。二阶系统的特征根和奇点的对应关系以及相轨迹如表 8.1 所示。

表 8.1 二阶系统的特征根和奇点的对应关系以及相轨迹

极点位置	相轨迹	奇点
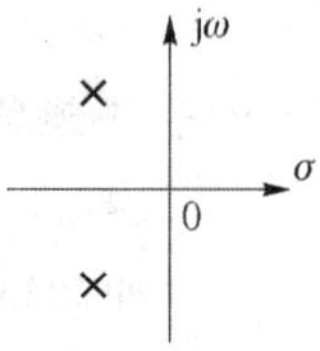	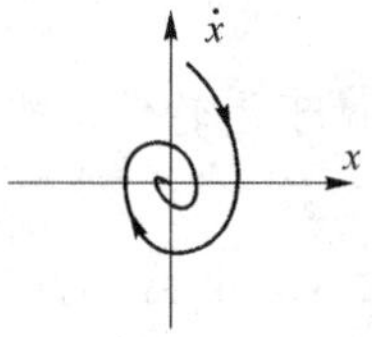	稳定焦点
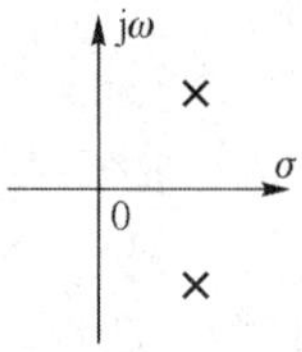	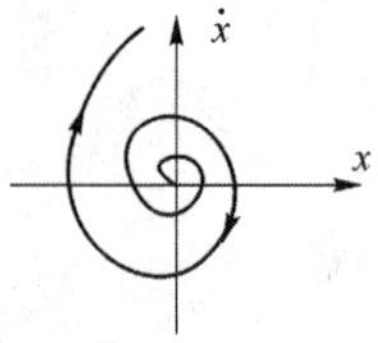	不稳定焦点
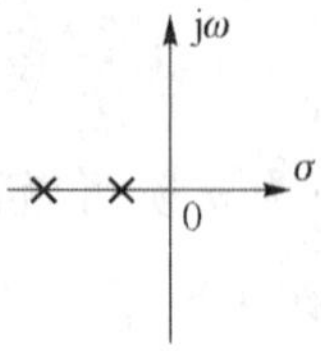	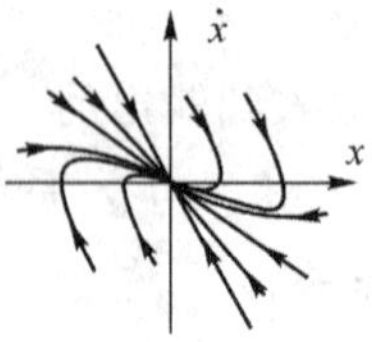	稳定节点

续表

极点位置	相轨迹	奇点
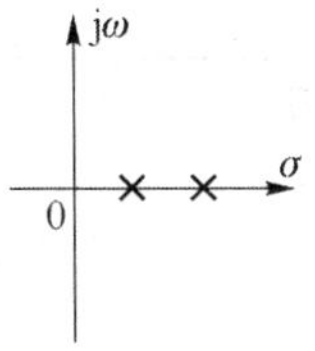	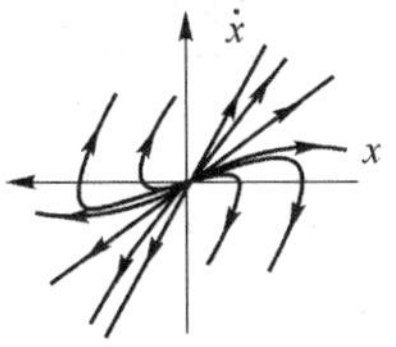	不稳定节点
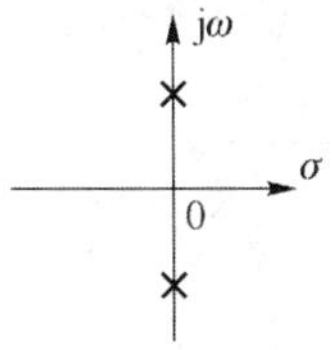	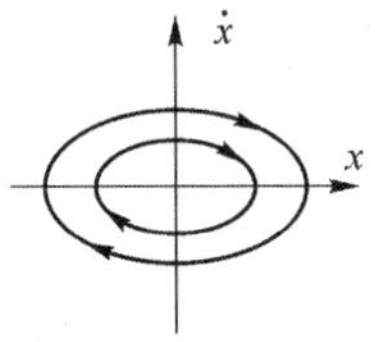	中心点
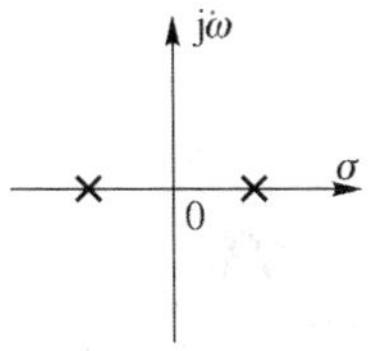	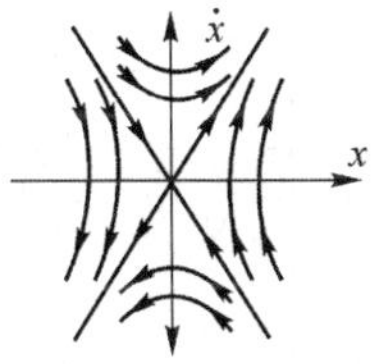	鞍点

按照特征根在相平面上的位置，可对奇点分类，奇点可分成以下 6 种：

① $0<\zeta<1$ 特征根为一对具有负实部的共轭复数，奇点为稳定的焦点。奇点附近的相轨迹为向心螺旋线。系统的零输入响应为衰减振荡形式。

② $-1<\zeta<0$ 特征根为一对具有正实部的共轭复数，奇点为不稳定的焦点。奇点附近的相轨迹为离心螺旋线。系统的零输入响应为发散振荡形式。

③ $\zeta>1$ 特征根为两个互异负实根，奇点为稳定的节点。此时存在两条特殊的等倾线，其斜率分别与特征根的值相同，即等倾线为 $\dot{x}=s_1x$ 和 $\dot{x}=s_2x$。若有 $s_1>s_2$，当初始点落在 $\dot{x}=s_1x$ 或 $\dot{x}=s_2x$ 直线上时，根轨迹沿该直线趋于原点；除此之外，相轨迹最终沿着 $\dot{x}=s_1x$ 的方向收敛至原点，即 $\dot{x}=s_1x$ 为相轨迹的渐近线。系统的零输入响应为非振荡衰减形式。

④ $\zeta<-1$ 特征根为两个正实根，奇点为不稳定的节点。存在两条特殊的等倾线，$\dot{e}=s_1e$ 和 $\dot{e}=s_2e$。当初始点落在 $\dot{x}=s_1x$ 或 $\dot{x}=s_2x$ 直线上时，根轨迹沿该直线趋于无穷；除此之外，相轨迹发散至无穷远处。系统的零输入响应为非振荡发散形式。

⑤ $\zeta=0$ 特征根为一对纯虚根，奇点为中心点。系统的零输入响应为等幅正弦振荡。系统的相轨迹为围绕奇点的一簇椭圆。

⑥ 特征根为两个符号相反的互异实根，奇点为鞍点。存在两条特殊的等倾线，将相平面划分为具有不同运动状态的区域。

(5) 相平面的走向。上半相平面的点随时间增加向右(x 轴正方向)运动，下半相平面的点随时间增加向左(x 轴负方向)运动。所以沿相轨迹的运动为顺时针方向。相轨迹穿越 x 轴时与 x 轴垂直相交。

(6) 极限环。在相平面图上表现为一个孤立的封闭的相轨迹，其他轨迹都趋向或者离开这个相轨迹，这个相轨迹称之为极限环。极限环在系统运动状态上表现为自振荡。极限环有稳定的、不稳定的和半稳定的之分,其中稳定的极限环对应一种稳定的自振运动。极限环的类型和时间响应如表 8.2 所示。

表 8.2　极限环的类型和时间响应

极限环类型	相轨迹	时间响应
稳定极限环	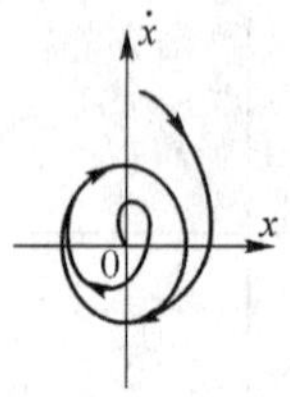	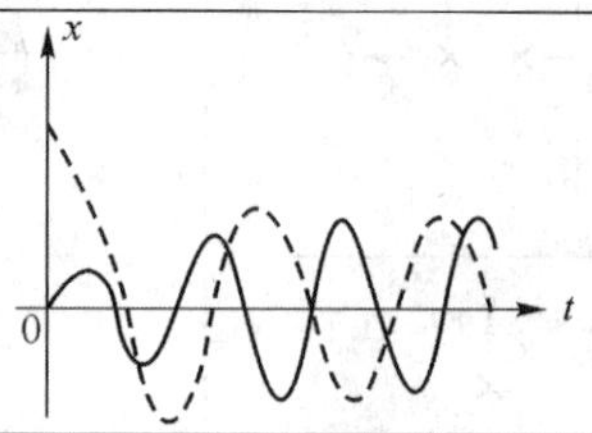
不稳定极限环	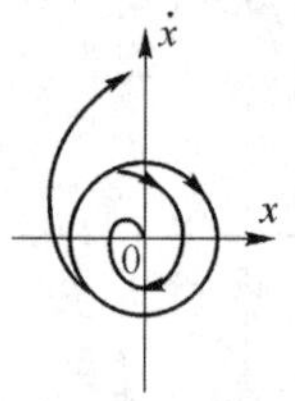	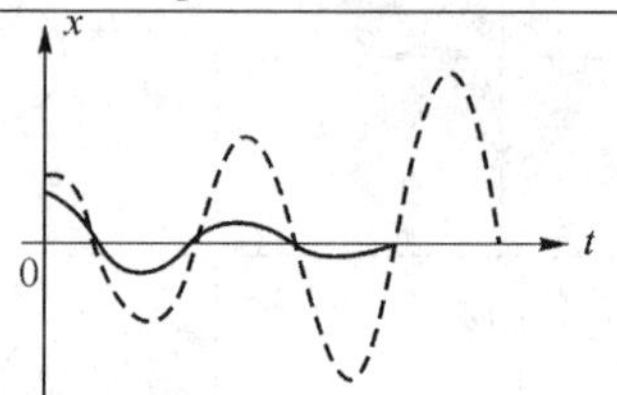
半稳定极限环	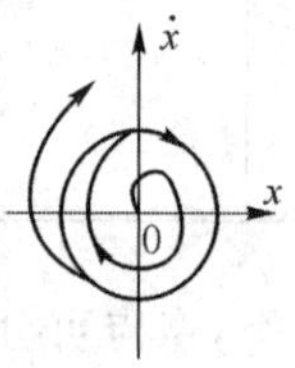	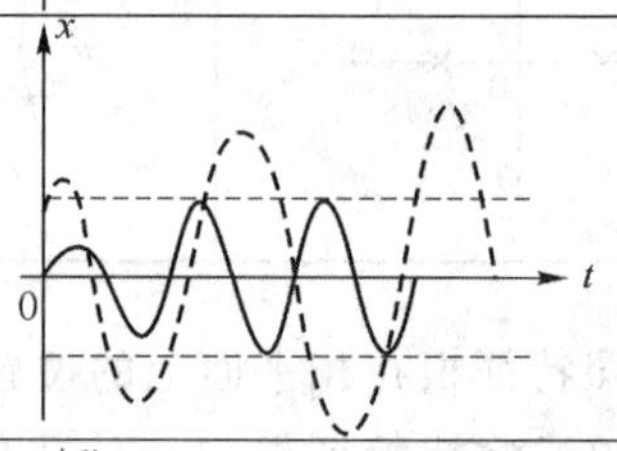
半稳定极限环	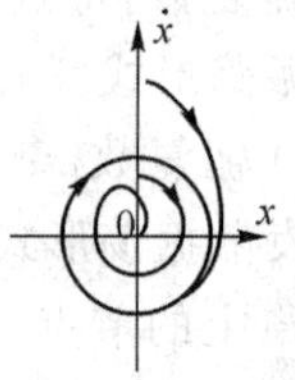	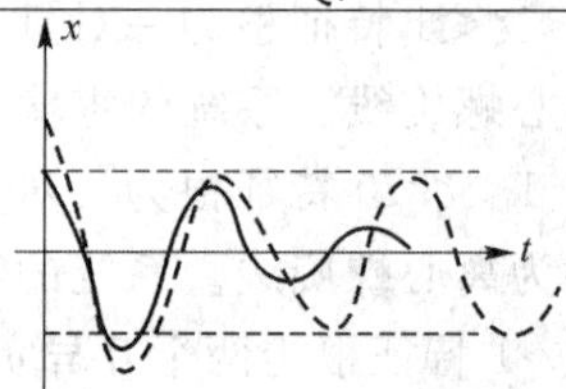

8.1.6　相轨迹绘制方法有哪些?

线性系统的相轨迹可用作图法和解析法获得。

(1) 解析法。有些情况下,可通过积分直接由微分方程获得相轨迹运动方程,并据此绘制相轨迹。

(2) 作图法。常用的作图法有等倾线法和 δ 法。许多非线性系统可由分段线性系统构成。对这类非线性系统可以将相平面划分为几个区域,每个区域对应一个线性系统。分析每一个线性系统奇点的性质,并结合等倾线作图法就可绘制出该区域的相轨迹。若线性系统的奇点落在该线性系统所对应的区域内,就称为实奇点,否则为虚奇点。将各区域相轨迹在切换点处相连即得系统的相轨迹图。根据系统的相轨迹就可分析非线性系统的运动情况。

8.1.7　什么是描述函数法?

在正弦输入信号作用下,非线性环节的稳态输出中一次谐波分量和输入信号的复数比

为非线性环节的描述函数，用 $N(A)$ 表示。即

$$N(A)=|N(A)|e^{j\angle N(A)}=\frac{Y_1}{A}e^{j\varphi_1}=\frac{B_1+jA_1}{A}$$

8.1.8　如何计算描述函数？

计算描述函数应先要用作图法研究非线性元件在正弦输入下的输出。非线性环节的稳态输出的一次谐波分量为

$$y=A_1\cos\omega t+B_1\sin\omega t$$

$$A_1=\frac{1}{\pi}\int_0^{2\pi}y(t)\cos\omega t\,d(\omega t)$$

$$B_1=\frac{1}{\pi}\int_0^{2\pi}y(t)\sin\omega t\,d(\omega t)$$

$$N(A)=\frac{B_1}{A}+j\frac{A_1}{A}$$

8.1.9　描述函数法分析的应用条件有哪些？

（1）非线性系统应简化成一个非线性环节和一个线性部分闭环连接的典型结构形式。

（2）非线性环节的输入输出特性是奇对称的。

（3）系统的线性部分具有较好的低通滤波性能，且线性部分的阶次越高，低通滤波性能越好。

8.1.10　典型非线性特性的描述函数有哪些？

典型非线性特性的描述函数如表 8.3 所示。

表 8.3　典型非线性特性的描述函数

非线性特性	描述函数
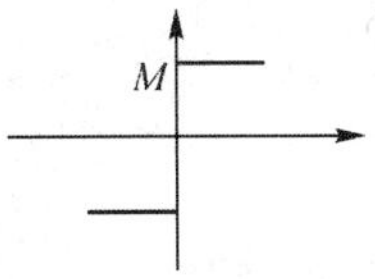	$\frac{4M}{\pi X}$
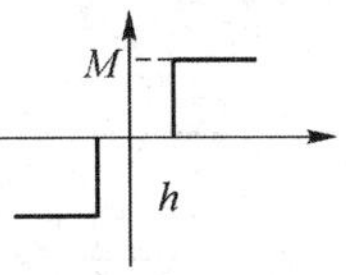	$\frac{4M}{\pi X}\sqrt{1-\left(\frac{h}{X}\right)^2},X\geqslant h$
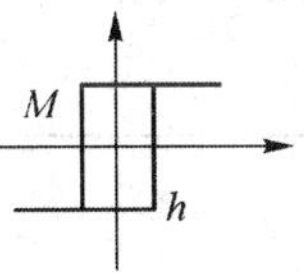	$\frac{4M}{\pi X}\sqrt{1-\left(\frac{h}{X}\right)^2}-j\frac{4Mh}{\pi X^2},X\geqslant h$

续表

非线性特性	描述函数
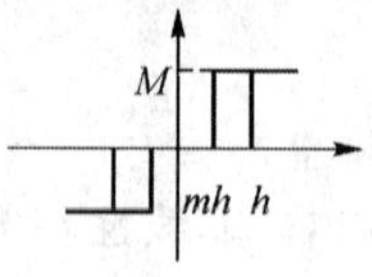	$\frac{2M}{\pi X}\left[\sqrt{1-\left(\frac{mh}{X}\right)^2}+\sqrt{1-\left(\frac{h}{X}\right)^2}\right]+\mathrm{j}\frac{2Mh}{\pi X^2}(m-1), X\geqslant h$
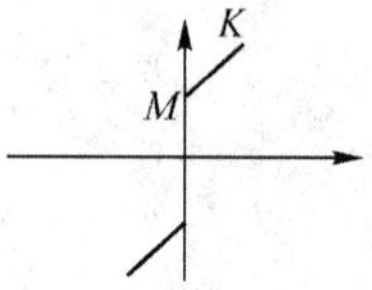	$K+\frac{4M}{\pi X}$
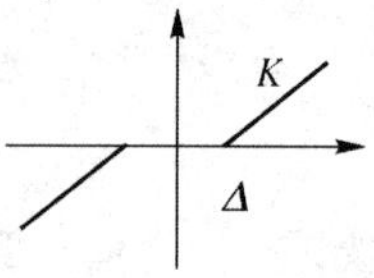	$\frac{2K}{\pi}\left[\frac{\pi}{2}-\arcsin\frac{\Delta}{X}-\frac{\Delta}{X}\sqrt{1-\left(\frac{\Delta}{X}\right)^2}\right], X\geqslant\Delta$
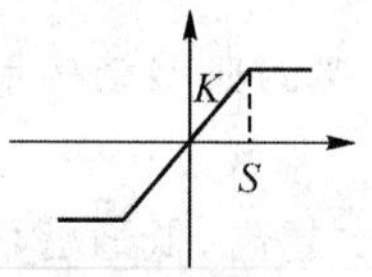	$\frac{2K}{\pi}\left[\arcsin\frac{S}{X}+\frac{S}{X}\sqrt{1-\left(\frac{S}{X}\right)^2}\right], X\geqslant S$
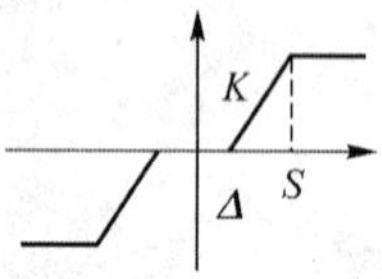	$\frac{2K}{\pi}\left[\arcsin\frac{S}{X}+\frac{S}{X}\sqrt{1-\left(\frac{S}{X}\right)^2}-\arcsin\frac{\Delta}{X}-\frac{\Delta}{X}\sqrt{1-\left(\frac{\Delta}{X}\right)^2}\right], X\geqslant\Delta$
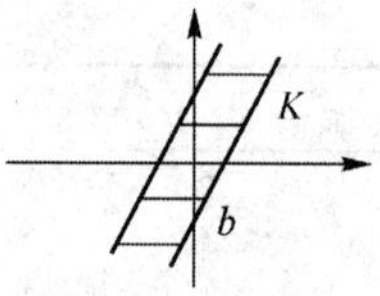	$\frac{K}{\pi}\left[\frac{\pi}{2}+\arcsin\left(1-\frac{2b}{X}\right)+2\left(1-\frac{2b}{X}\right)\sqrt{\frac{b}{X}\left(1-\frac{b}{X}\right)}\right]$ $+\mathrm{j}\frac{4Kb}{\pi X}\left(\frac{b}{X}-1\right), (X\geqslant b)$
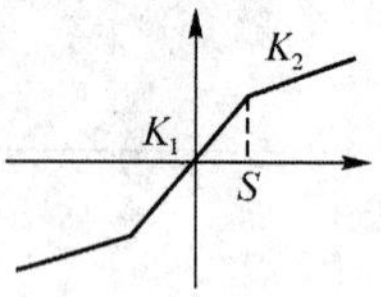	$K_2+\frac{2(K_1-K_2)}{\pi}\left[\arcsin\frac{S}{X}+\frac{S}{X}\sqrt{1-\left(\frac{S}{X}\right)^2}\right], X\geqslant S$
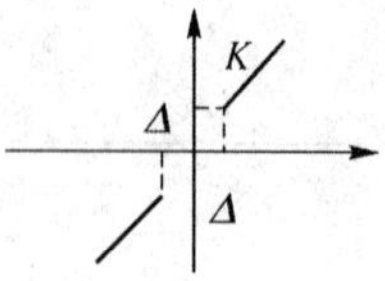	$\frac{2K}{\pi}\left[\frac{\pi}{2}-\arcsin\frac{\Delta}{X}-\frac{\Delta}{X}\sqrt{1-\left(\frac{\Delta}{X}\right)^2}\right]+\frac{4\Delta}{\pi X}\sqrt{1-\left(\frac{\Delta}{X}\right)^2}, X\geqslant\Delta$

8.1.11 非线性系统如何简化?

当非线性系统中含有两个以上非线性环节时,一般不能简单地按照线性环节的串并联方法求总的描述函数，而应按照以下方法进行计算。

1. 非线性特性的并联

若两个非线性特性输入相同，输出相加减，则等效为两个非线性特性的叠加。

2. 非线性特性的串联

当两个非线性环节串联时，其总的描述函数不等于两个非线性环节描述函数的乘积，而是需要通过折算，先求出这两个非线性环节的等效非线性特性，然后根据等效的非线性特性求总的描述函数。一般说来，两个非线性环节串联的前后次序不同，其等效的非线性特性不同，总的描述函数也不一样，这是与线性环节串联的区别。

3. 线性部分的等效变换

按照等效变换法则，采用调换综合点、引出点，以及简化线性环节中串并联的方法来使其简化为典型的结构图。

8.1.12 如何用描述函数法判稳？

(1) 先将所给系统化为典型结构图形式；

(2) 画出线性部分的幅相频率特性 $G(\mathrm{j}\omega)$；

(3) 求出非线性部分的负倒描述函数 $-\dfrac{1}{N(A)}$，并在同一坐标系下画出其图线；

(4) 根据极坐标图上非线性环节的负倒描述函数 $-\dfrac{1}{N(A)}$ 和线性环节的频率特性 $G(\mathrm{j}\omega)$ 曲线，应用奈奎斯特稳定性定理判断非线性系统的稳定性。

① 若 $G(\mathrm{j}\omega)$ 不包围 $-\dfrac{1}{N(A)}$，则闭环系统稳定；

② 若 $G(\mathrm{j}\omega)$ 包围 $-\dfrac{1}{N(A)}$，则闭环系统不稳定；

③ 若 $G(\mathrm{j}\omega)$ 和 $-\dfrac{1}{N(A)}$ 相交，则系统处于临界状态，交点处有周期运动。若沿着幅值增加的方向，$-\dfrac{1}{N(A)}$ 是从稳定的区域进入不稳定的区域，则交点处为不稳定的周期运动；若沿着幅值增加的方向，$-\dfrac{1}{N(A)}$ 是从不稳定的区域进入稳定的区域，则交点处为稳定的周期运动，有自持振荡，或称为极限环。交点处 $G(\mathrm{j}\omega)$ 对应的频率就是振荡的频率，交点处 $-\dfrac{1}{N(A)}$ 对应的幅值就是振荡的幅值。

典型题解   非线性控制系统分析

8.2 典型题解

题型 1 非线性控制系统概述

【例 8.1.1】 已知非线性系统的齐次微分方程为 $\ddot{y}+a\dot{y}+K\sin y=0$，试求该系统在平衡状态附近的线性化模型。

答:设 $\dot{x}_1=x_2$,$\dot{x}_2=-ax_2-K\sin x_1$,即得到 $y=x_1$,令 $\dot{x}_1=\dot{x}_2=0$,可以得到 $x_1=x_2=0$,即平衡点为坐标原点,在平衡点附近对上述方程进行线性化可以得到,$\ddot{y}+a\dot{y}+Ky\cos y_0=0$,其中 y_0 为平衡点,即 $y_0=0$,代入即可得到线性化后的微分方程为 $\ddot{y}+a\dot{y}+Ky=0$。

※点评:本题考查非线性系统的在平衡点附近的线性化。

【例 8.1.2】 设运算放大器的开环增益充分大,最大输出电压为±15 V,试给出图 8.2 所示非线性环节的输入/输出特性曲线。

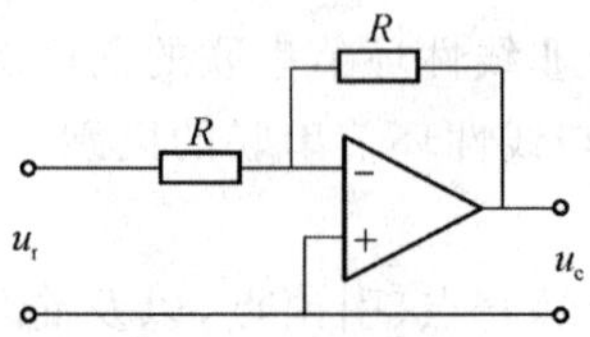

图 8.2 电路图

答:图 8.2 所示为饱和非线性环节,其特性曲线如图 8.3 所示。

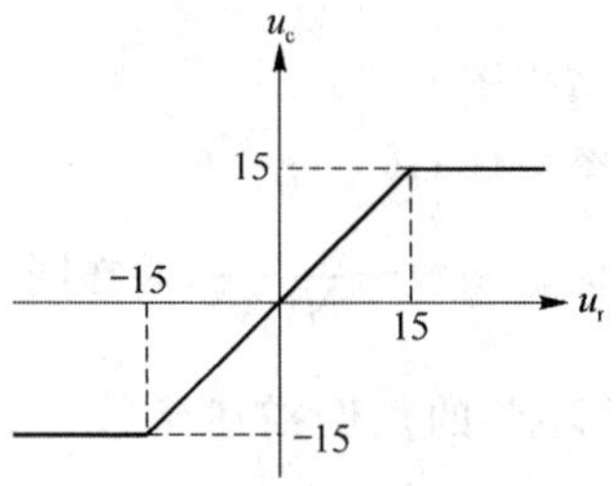

图 8.3 非线性环节的输入/输出特性曲线

题型 2 相平面法

【例 8.2.1】 设某系统由下述微分方程描述:$\ddot{x}+\dot{x}+|x|=0$ 试绘制该系统的相平面图。

答:

由题意,此方程可以改写为:$\begin{cases}\ddot{x}+\dot{x}+x=0 & x>0\\ \ddot{x}+\dot{x}-x=0 & x<0\end{cases}$,开关线为 $x=0$。

当 $x>0$ 时,相轨迹方程对应的特征方程为 $\lambda^2+\lambda+1=0$,$\lambda_{1,2}=-\dfrac{1}{2}\pm\dfrac{\sqrt{3}}{2}\mathrm{j}$,由 $\ddot{x}=\dot{x}\dfrac{\mathrm{d}\dot{x}}{\mathrm{d}x}$ 可以得到 $\dfrac{\mathrm{d}\dot{x}}{\mathrm{d}x}=-\dfrac{\dot{x}+x}{\dot{x}}$,奇点为(0,0),故奇点为稳定焦点。

当 $x<0$ 时,相轨迹方程对应的特征方程为 $\lambda^2+\lambda-1=0$,$\lambda_1=-1.618$,$\lambda_2=0.618$,$\ddot{x}=\dot{x}\dfrac{\mathrm{d}\dot{x}}{\mathrm{d}x}$ 可以得到此时的奇点为(0,0),奇点为鞍点,推导等倾线方程。

令 $\dfrac{\mathrm{d}\dot{x}}{\mathrm{d}x}=\alpha$,可以得到等倾线方程为 $\begin{cases}\dot{x}=-\dfrac{1}{1+\alpha}x & x>0\\ \dot{x}=\dfrac{1}{1+\alpha}x & x<0\end{cases}$,令等倾线的斜率为 k,即可以得到

$k=\begin{cases}-\dfrac{1}{1+\alpha} & x>0\\ \dfrac{1}{1+\alpha} & x<0\end{cases}$,得到 $\alpha=\begin{cases}-1-\dfrac{1}{k} & x>0\\ -1+\dfrac{1}{k} & x<0\end{cases}$,列写表格如表 8.4 所示。

表 8.4

k	$-\infty$	-3	-2	-1	0	1	2	3	$+\infty$
$\alpha=-1-\frac{1}{k}(x>0)$	-1	$-\frac{2}{3}$	$\frac{-1}{2}$	0	$-\infty$	-2	$\frac{-3}{2}$	$-\frac{4}{3}$	-1
$\alpha=-1+\frac{1}{k}(x<0)$	-1	$-\frac{4}{3}$	$\frac{-3}{2}$	-2	$+\infty$	0	$\frac{-1}{2}$	$-\frac{2}{3}$	-1

根据此表用等倾线法画出系统的相轨迹如图 8.4 所示。

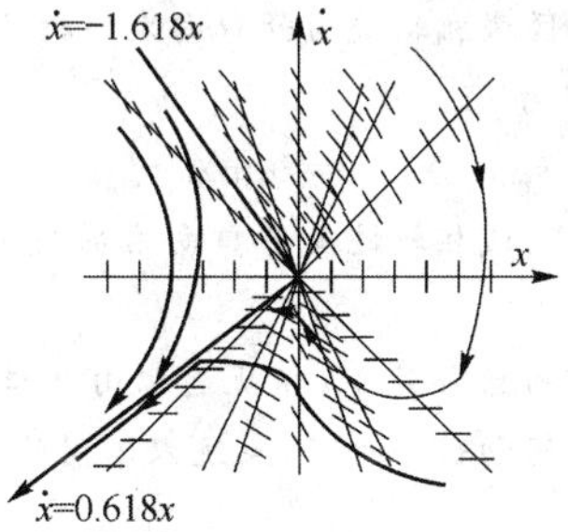

图 8.4 系统的相轨迹图

【例 8.2.2】 已知线性二阶系统的微分方程为 $\ddot{c}+\dot{c}+c=0$，$\dot{c}(0)=0$，$c(0)=1$，画出系统相轨迹的大致图形。

答：

由 $\ddot{c}+\dot{c}+c=0$，特征方程为 $\lambda^2+\lambda+1=0$，$\lambda_{1,2}=-\frac{1}{2}\pm\frac{\sqrt{3}}{2}\mathrm{j}$，奇点为稳定焦点，相轨迹为螺旋线。

由 $\ddot{c}=\dot{c}\frac{\mathrm{d}\dot{c}}{\mathrm{d}c}$，代入可以得到 $\frac{\mathrm{d}\dot{c}}{\mathrm{d}c}=-\frac{\dot{c}+c}{\dot{c}}$，于是奇点为(0,0)。

令 $\frac{\mathrm{d}\dot{c}}{\mathrm{d}c}=-\frac{\dot{c}+c}{\dot{c}}=\alpha$，得等倾线方程为 $\dot{c}=-\frac{1}{1+\alpha}c$，由 $\dot{c}(0)=0$，$c(0)=1$，使用等倾线法得到系统的相轨迹如图 8.5 所示。

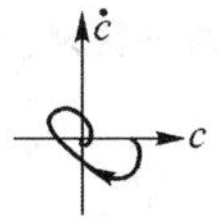

图 8.5 系统的相轨迹图

【例 8.2.3】 图 8.6 为一非线性系统结构图，试绘制 $h=0$ 和 $h=1$ 时 $e-\dot{e}$ 平面上的相轨迹。

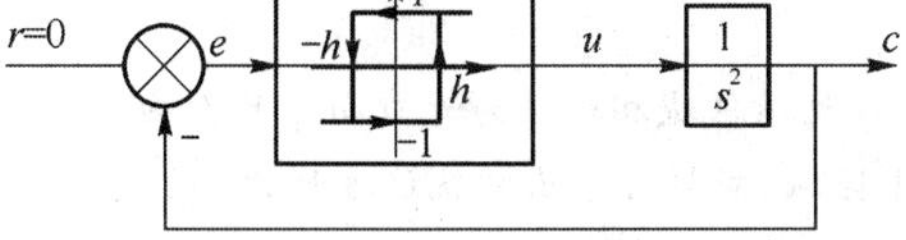

图 8.6 非线性系统结构图

答：(1) 由图 8.4，有

$$\ddot{c}=u$$

因为 $e=-c$，当 $h=0$ 时，非线性为理想继电特性，故可得系统分段线性微分方程式为

$$\ddot{e}=-1,\quad e>0$$

$$\ddot{e}=1,\quad e<0$$

开关线方程 $e=0$ 将相平面分成两个区域。

$e>0$ 区域：

相轨迹微分方程为

$$\frac{\mathrm{d}\dot{e}}{\dot{e}}=\frac{-1}{\dot{e}}$$

该区域没有奇点。将 $\ddot{e}=\dot{e}\frac{\mathrm{d}\dot{e}}{\mathrm{d}e}$ 代入上式，并积分可得

$$\dot{e}^2=-2e+A$$

式中，A 由初始条件决定。可见该区域相轨迹为开口向左的抛物线，与横轴交于 $A/2$。

$e<0$ 区域：同样可导出相轨迹方程为

$$\dot{e}^2=2e+A$$

式中，A 由初始条件决定。可见该区域相轨迹为开口向右的抛物线，与横轴交于 $-A/2$。绘制相轨迹如图 8.7 所示。

由图 8.7 可见，当 $h=0$ 时，在任何初始条件下，相轨迹都由开口向左和开口向右的两段抛物线组成，形成一簇封闭的曲线，即极限环。在不同初始条件下，系统以不同的幅值和频率振荡。

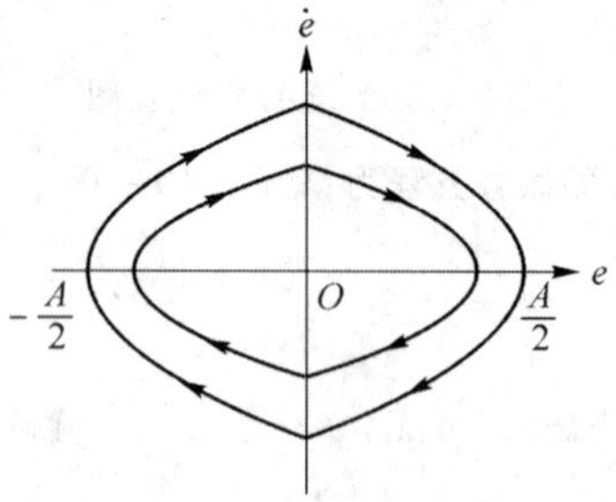

图 8.7 相轨迹图

(2) 当 $h=1$ 时，非线性为有滞环的继电特性，系统分段线性微分方程式为

$$\ddot{e}=-1,\qquad \dot{e}>0,e>1 \text{ 或 } \dot{e}<0,e>-1$$

$$\ddot{e}=1,\qquad \dot{e}>0,e<1 \text{ 或 } \dot{e}<0,e<-1$$

可见，开关线 $e=1$ 和 $e=-1$ 将相平面分成两个区域。

$\dot{e}>0,e>1$ 和 $\dot{e}<0,e>-1$ 区域：

相轨迹微分方程为

$$\frac{\mathrm{d}\dot{e}}{\dot{e}}=\frac{-1}{\dot{e}}$$

该区域没有奇点。将 $\ddot{e}=\dot{e}\frac{\mathrm{d}\dot{e}}{\mathrm{d}e}$ 代入上式，并积分可得

$$e^2=-2e+A$$

式中，A 由初始条件决定。可见该区域相轨迹为开口向左的抛物线。

$\dot{e}>0,e<1$ 和 $\dot{e}<0,e<-1$ 区域：同样可导出相轨迹方程为

$$e^2=2e+A$$

式中，A 由初始条件决定。可见该区域相轨迹为开口向右的抛物线。绘制相轨迹如图 8.8 所示。

当 $h=1$ 时，相轨迹由开口向左和开口向右的两段抛物线组成，在上半平面，$e=1$ 为开关线，在下半平面，$e=-1$ 为开关线，由图 8.8 可见相轨迹为向外发散形式。滞环特性恶化了系统的品质，使系统处于不稳定状态。

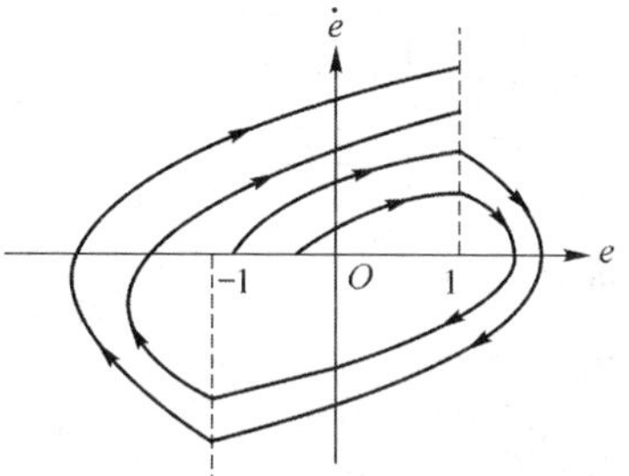

图 8.8　相轨迹图

【例 8.2.4★】（华中科技大学）试确定二阶非线性运动方程式 $\ddot{e}+\dot{e}+4e-e^3=0$ 的奇点及其类别。

答：

由 $\ddot{e}=\dot{e}\dfrac{\mathrm{d}\dot{e}}{\mathrm{d}e}$ 代入原方程可以得到 $\dfrac{\mathrm{d}\dot{e}}{\mathrm{d}e}=\dfrac{-\dot{e}-4e+e^3}{\dot{e}}$，得奇点为(0,0)，(2,0)，(−2,0)

在(0,0)附近进行线性化可以得到 $\ddot{e}+\dot{e}+4e=0$，特征方程为 $\lambda^2+\lambda+4=0$，易判断此方程具有两个位于左半平面的共轭复根，于是(0,0)为稳定焦点；

在(2,0)附近进行线性化可以得到 $\ddot{e}+\dot{e}+4e-3e_0^2e\big|_{e_0=2}=\ddot{e}+\dot{e}-8e=0$，易得此方程特征方程具有一正一负两实根，故此奇点为鞍点；

在(−2,0)附近进行线性化可以得到 $\ddot{e}+\dot{e}+4e-3e_0^2e\big|_{e_0=-2}=\ddot{e}+\dot{e}-8e=0$，易得此方程特征方程具有一正一负两实根，故此奇点为鞍点。

【例 8.2.5★】（南京航空航天大学）已知非线性系统结构图如图 8.9 所示，描述该系统的动态方程组如下：

$$e(t)=r(t)-c(t)\qquad \frac{\mathrm{d}x(t)}{\mathrm{d}t}+x(t)=e(t)\qquad y(t)=\begin{cases}1 & x>0\\ -1 & x<0\end{cases}$$

$$\frac{\mathrm{d}^2c(t)}{\mathrm{d}t^2}+4\frac{\mathrm{d}c(t)}{\mathrm{d}t}=ky(t)\quad (k>0)$$

(1) 求出 $G_1(s)$，$G_2(s)$，画出非线性环节的输入/输出静特性关系曲线；

(2) 求出 $e-\dot{e}$ 平面上的等倾线方程，开关线方程；

(3) 请说出相轨迹的 2 个特点。

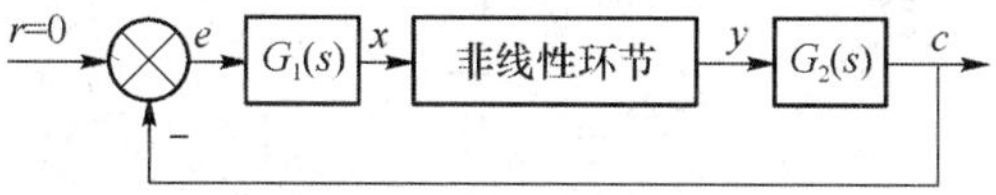

图 8.9　非线性系统结构图

答：(1) 由题意

$$G_1(s)=\frac{X(s)}{e(s)}=\frac{1}{s+1},\quad G_2(s)=\frac{c(s)}{y(s)}=\frac{k}{s^2+4s}$$

非线性特性为单位理想继电器(图略)

(2) 由已知 $e=\dot{x}+x$，$y=\dfrac{1}{k}(\ddot{c}+4\dot{c})$，$e=r-c=-c$，$y=\begin{cases}1 & x>0\\ -1 & x<0\end{cases}$，整理可以得到

$$\ddot{e}+4\dot{e}=\begin{cases}-k & e>0\\ k & e<0\end{cases}$$

由 $\ddot{e}=\dot{e}\dfrac{\mathrm{d}\dot{e}}{\mathrm{d}e}$ 可以得到

$$\frac{d\dot{e}}{de}=\begin{cases}\dfrac{-4\dot{e}-k}{\dot{e}} & e>0\\ \dfrac{-4\dot{e}+k}{\dot{e}} & e<0\end{cases}$$

令$\dfrac{d\dot{e}}{de}=\alpha$，可以得到等倾线方程为

$$\dot{e}=\begin{cases}-\dfrac{k}{\alpha+4} & e>0\\ \dfrac{k}{\alpha+4} & e<0\end{cases}$$

开关线方程为 $e=0$

(3) ①奇点在横轴上；②在相平面的上半平面，相轨迹点总是向着右方移动，在相平面的下半平面，相轨迹点总是向着左方移动；③除奇点外，相轨迹垂直穿越横轴。

【例 8.2.6】 某系统的状态方程为

$$\dot{\boldsymbol{x}}=\begin{bmatrix}0 & 1\\ -2 & 1\end{bmatrix}\boldsymbol{x}+\begin{bmatrix}0\\ 1\end{bmatrix}u$$

试画出系统 $u=0$，初始状态 $\boldsymbol{x}(0)=\begin{bmatrix}1\\ -2\end{bmatrix}$的相轨迹大致形状。

答：由系统的状态方程有

$$\begin{cases}\dot{x}_1=x_2\\ \dot{x}_2=-2x_1+x_2\end{cases}$$

即

$$\ddot{x}_1-\dot{x}_1+2x_1=0$$

系统为二阶线性系统。系统的特征方程为

$$s^2-s+2=0$$

解得

$$s_{1,2}=\frac{1\pm j\sqrt{7}}{2}$$

可见特征根为具有正实部的共轭复根，相轨迹为离心螺旋线。图 8.10 概略绘制了系统初始状态为(1，−2)时的相轨迹图。

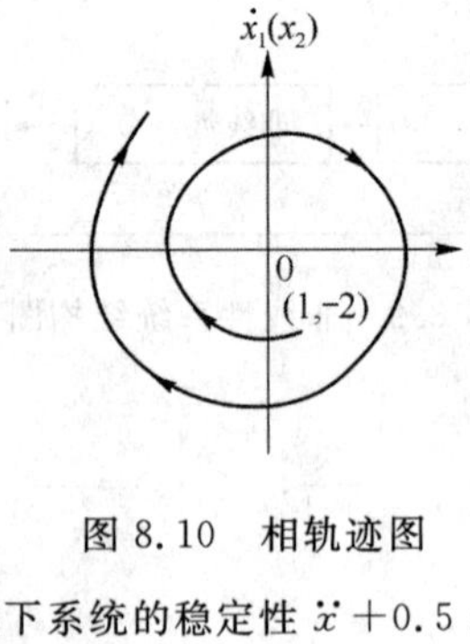

图 8.10 相轨迹图

【例 8.2.7】 试用相平面法分析如下系统的稳定性 $\ddot{x}+0.5\dot{x}+4x+4=0$

答：由 $\ddot{x}+0.5\dot{x}+4x+4=0$，可以得到$(x+1)''+0.5(x+1)'+4(x+1)=0$，不妨设 $y=x+1$，则可以得到 $\ddot{y}+0.5\dot{y}+4y=0$，由于其对于的奇点为(0,0)，故原系统的奇点为(1,0)。

对于特征方程为 $\lambda^2+0.5\lambda+4=0$，易判断此方程具有两个位于左半平面的共轭复根，于是奇点为稳定焦点，原系统只是相当于新系统进行了坐标变换，故原系统稳定。

【例 8.2.8】 已知某线性二阶系统在单位阶跃信号作用下的相轨迹如图 8.11 所示。试画出对应的过渡过程曲线，并确定其传递函数。已知相平面图上(1.164，0)的点所对应的时间为 3.63s。

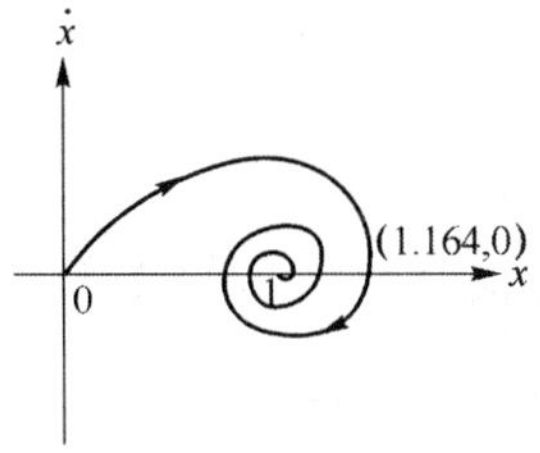

图 8.11 相轨迹图

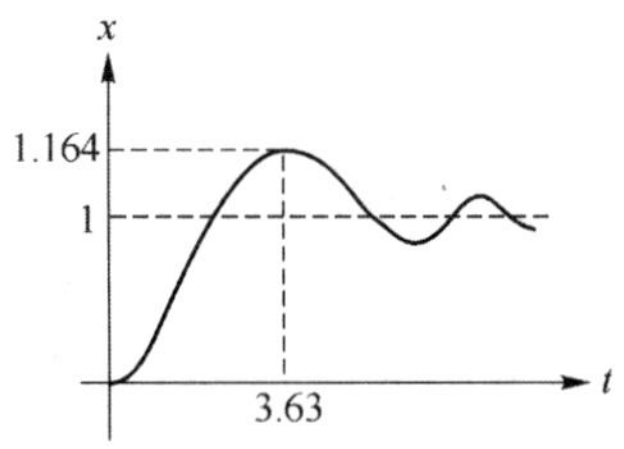

图 8.12 过渡过程曲线图

答:根据相轨迹,绘制出对应的过渡过程曲线如图 8.12 所示。可见响应的超调量为 $\sigma\%=16.4\%$,峰值时间 $t_p=3.63$s。根据线性二阶系统性能指标计算公式,有

$$\sigma\%=e^{-\pi\zeta/\sqrt{1-\zeta^2}}\times100\%=16.4\%$$

$$t_p=\frac{\pi}{\omega_n\sqrt{1-\zeta^2}}=3.63$$

解得

$$\zeta=0.5$$

$$\omega_n=1$$

因此线性二阶系统的传递函数为

$$\Phi(s)=\frac{\omega_n^2}{s^2+2\zeta\omega_n s+\omega_n^2}=\frac{1}{s^2+s+1}$$

【例 8.2.9★】 (华南理工大学)图 8.13 为一个带库伦摩擦的非线性系统。现要求:

(1) 在 $e-\dot{e}$ 平面上绘出系统阶跃响应时的相平面图(大致图形);

(2) 设 $r(t)=R_0\cdot1(t)$,加粗 $R_0=\pm1,\pm2,\pm3$ 时的几条相轨迹;

(3) 讨论库伦摩擦对阶跃响应性能的影响。

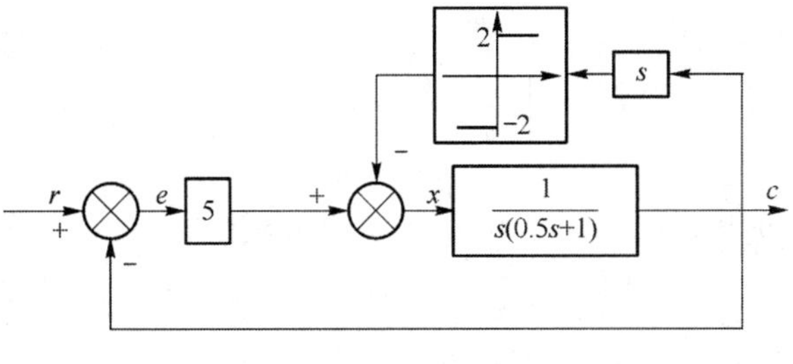

图 8.13 带库伦摩擦的非线性系统框图

答:(1) 由题意,$x=0.5\ddot{c}+\dot{c}$,$e=r-c=R-c$,R 为输入的阶跃的幅值,$\dot{e}=-\dot{c}$,$\ddot{e}=-\ddot{c}$

又 $x=\begin{cases}5e-2 & \dot{c}>0\\5e+2 & \dot{c}<0\end{cases}$,代入整理可以得到

$$\begin{cases}\ddot{e}+2\dot{e}+10e=-4 & \dot{e}>0\\\ddot{e}+2\dot{e}+10e=4 & \dot{e}<0\end{cases}$$

$\dot{e}>0$ 时,易得奇点为(-0.4,0)。

$\dot{e}<0$ 时,易得奇点为(0.4,0)。

两者对应的特征方程为 $\lambda^2+2\lambda+10=0$,$\lambda_{1,2}=-1\pm3j$,故奇点为稳定焦点,开关线为 $\dot{e}=0$,得到相轨迹如图 8.14 所示。

(2) 如图 8.14 所示,其中 $r(t)=-1\cdot1(t)$ 未画出,请读者自己补上。

(3) 引入库仑摩擦非线性环节后,系统对单位阶跃响应速度加快,超调量减小,改善了动态性能。

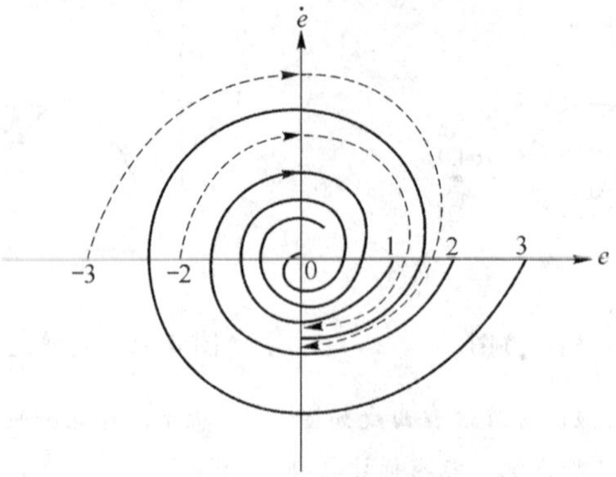

图 8.14　相轨迹图

【例 8.2.10】 设一非线性系统的微分方程为

$$\dot{x}=-x+x^3$$

试确定系统有几个平衡状态，分析平衡状态的稳定性，并作出系统的相轨迹。

答：先确定系统的平衡点。令 $\dot{x}=0$ 得：

$$x_{e1}=0, x_{e2}=-1, x_{e3}=1$$

在每一个平衡点处，将非线性系统 $\dot{x}=-x+x^3$ 线性化。

设 $f(x)=\dot{x}=-x+x^3$，在每个平衡点附近很小的区域内展成泰勒级数：

$$f(x)=f(x_0)+\frac{\partial f(x)}{\partial x}\bigg|_{x=x_0}(x-x_0)$$

即

$$\Delta\dot{x}=f(x)-f(x_0)=\frac{\partial f(x)}{\partial x}\bigg|_{x=x_0}\cdot\Delta x$$

略去增量符号 Δ 后，有线性化方程：

$$\dot{x}=\frac{\partial f(x)}{\partial x}\bigg|_{x=x_0}x$$

当 $x_{e1}=0$ 时　　$\frac{\partial f(x)}{\partial x}\bigg|_{x=0}=-1+3x^2\big|_{x=0}=-1$

线性化方程为　　$\dot{x}+x=0$

其特征方程为 $s+1=0$，特征值 $s=-1$。故 $x_{e1}=0$ 为稳定的平衡点。

当 $x_{e1}=-1$ 时　　$\frac{\partial f(x)}{\partial x}\bigg|_{x=-1}=-1+3x^2\big|_{x=-1}=2$

线性化方程为　　$\dot{x}-2x=0$

其特征方程为 $s-2=0$，特征值 $s=2$。故 $x_{e1}=-1$ 为不稳定的平衡点。

当 $x_{e1}=1$ 时，　　$\frac{\partial f(x)}{\partial x}\bigg|_{x=1}=-1+3x^2\big|_{x=1}=2$

线性化方程为：　　$\dot{x}-2x=0$

其特征方程为 $s-2=0$，特征值 $s=2$。故 $x_{e1}=1$ 为不稳定的平衡点。故可概略地绘制相轨迹，如图 8.15 所示。

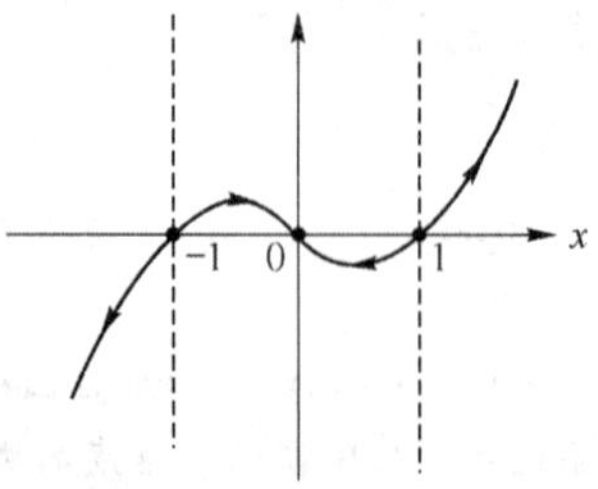

图 8.15　相轨迹图

题型 3 描述函数法

【例 8.3.1】 设有两个非线性系统，它们的非线性部分一样，线性部分分别如下：

(1) $G(s)=\dfrac{2}{s(0.1s+1)}$　　(2) $G(s)=\dfrac{2}{s(s+1)}$

试问，当用描述函数法分析时，哪个系统分析的准确度高？为什么？

答：在采样描述函数法分析非线性系统时，用描述函数对非线性环节进行描述。在描述函数的求取中，是略去了高次谐波分量而只取基波分量进行近似的，所以，线性环节的低通性好，高频时的滤波能力强，则系统分析的准确度高，由频率特性可知，2 对应的高频时衰减最大，滤波能力最好，故在用描述函数分析时，2 系统的分析精确度高。

【例 8.3.2★】 画出死区特性及其在正弦函数输入时的输出波形，并求出其描述函数。

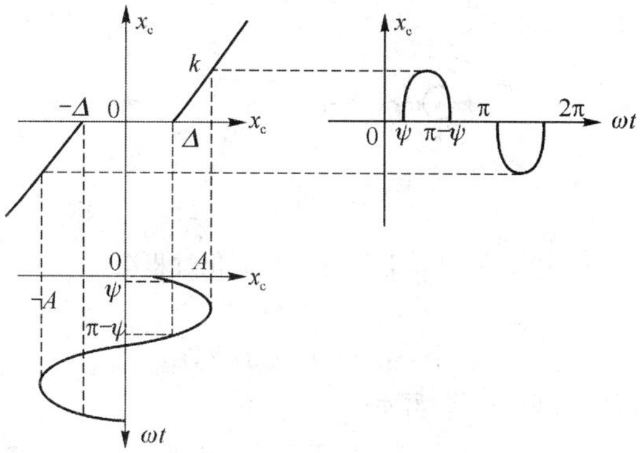

图 8.16 死区特性及其在正弦函数输入时的输出波形

答：

本题考查非线性环节传递函数的求取，死区特性及其在正弦函数输入时的输出波形如图 8.16 所示。

设输入非线性环节的正弦信号为 $x_r(t)=A\sin\omega t$，输出信号为

$x_c(t)=\dfrac{A_0}{2}+\sum\limits_{n=1}^{\infty}(A_n\cos n\omega t+B_n\sin n\omega t)$，其中

$$A_n=\frac{1}{\pi}\int_0^{2\pi}x_c(t)\cos n\omega t\,\mathrm{d}(\omega t)\quad (n=0,1,2,\cdots)$$

$$B_n=\frac{1}{\pi}\int_0^{2\pi}x_c(t)\sin n\omega t\,\mathrm{d}(\omega t)\quad (n=0,1,2,\cdots)$$

由于死区非线性是单值奇对称的，$A_0=A_1=0$，$\Delta=A\sin\omega t\Rightarrow\omega t=\arcsin\dfrac{\Delta}{A}$

$$B_1=\frac{1}{\pi}\int_0^{2\pi}x_c(t)\sin\omega t\,\mathrm{d}(\omega t)=\frac{4}{\pi}\left[\int_0^{\frac{\pi}{2}}k(A\sin\omega t-\Delta)\sin\omega t\,\mathrm{d}(\omega t)\right]$$

$$=\frac{4kA}{\pi}\left[\int_{\arcsin\frac{\Delta}{A}}^{\frac{\pi}{2}}\sin^2\omega t\,\mathrm{d}(\omega t)-\frac{\Delta}{A}\int_{\arcsin\frac{\Delta}{A}}^{\frac{\pi}{2}}\sin\omega t\,\mathrm{d}(\omega t)\right]$$

$$=\frac{2kA}{\pi}\left[\frac{\pi}{2}-\arcsin\frac{\Delta}{A}-\frac{\Delta}{A}\sqrt{1-(\frac{\Delta}{A})^2}\right]\quad (A\geqslant\Delta)$$

于是得到死区特性的描述函数为

$$N(A)=\frac{B_1}{A}=\frac{2k}{\pi}\left[\frac{\pi}{2}-\arcsin\frac{\Delta}{A}-\frac{\Delta}{A}\times\sqrt{1-\left(\frac{\Delta}{A}\right)^2}\right]$$

【例 8.3.3】 将图 8.17 所示非线性系统简化成典型结构图形式，并写出线性部分的传递函数。

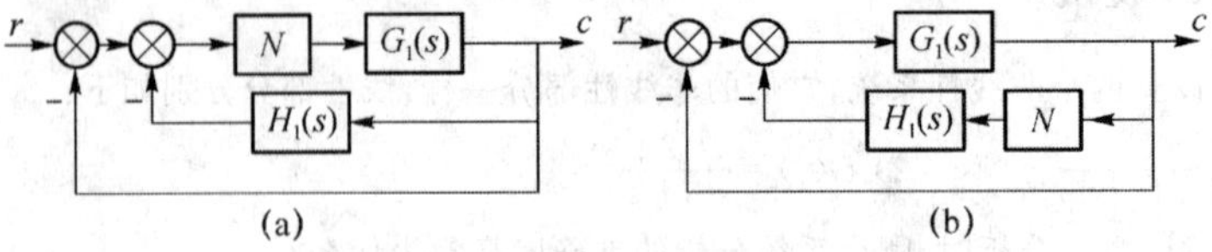

图 8.17　非线性系统

答：图 8.17(a)：简化过程如图 8.18(a)、(b)所示。

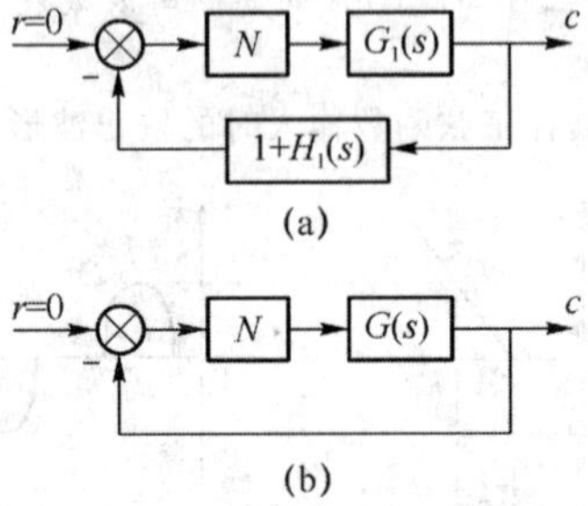

图 8.18　非线性系统简化过程图

等效线性部分的传递函数为

$$G(s)=G_1(s)[1+H_1(s)]$$

图 8.17(b)：简化过程如图 8.19(a)、(b)所示。

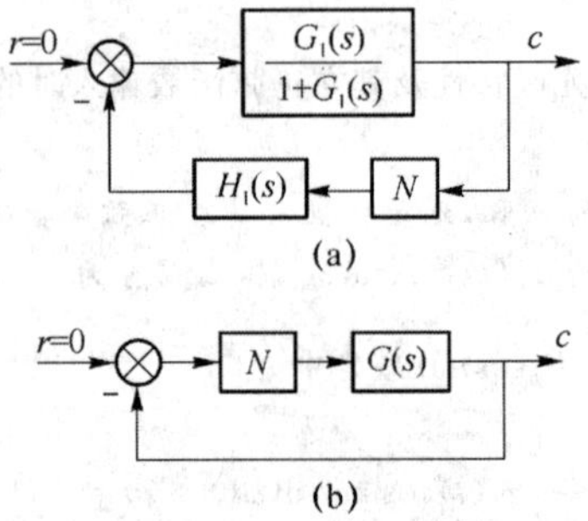

图 8.19　简化过程图

等效线性部分的传递函数为

$$G(s)=\frac{G_1(s)H_1(s)}{1+G_1(s)}$$

※**点评**：本题是考核非线性系统的简化。非线性典型结构形式是指系统只有一个非线性环节和一个线性部分闭环连接的形式。非线性系统的描述函数法是建立在非线性典型结构的基础上。当系统由多个非线性环节和多个线性环节组合而成时，在一些情况下，可通过等效变换，使系统简化为典型结构形式。等效变换的原则是在 $r(t)=0$ 的条件下，根据非线性特性的串、并联，简化非线性部分为一个等效非线性环节，再保持等效非线性环节的输入输出关系不变，简化线性部分。

【例 8.3.4】 已知非线性环节的特性如图 8.20(a)所示，试计算该环节的描述函数。

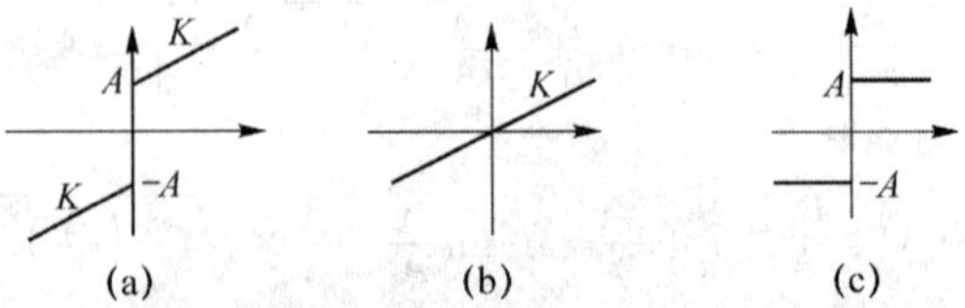

图 8.20　非线性环节的特性

答：方法一：由图 8.20(a)所示。

$y=\begin{cases}Kx+A & x>0\\ Kx-A & x<0\end{cases}$，令 $x(\omega t)=X\sin\omega t$，代入则可以得到

$$y(\omega t)=\begin{cases}KX\sin\omega t+A & 0<\omega t<\pi\\ KX\sin\omega t-A & \pi<\omega t<2\pi\end{cases},y(t)=A_0+\sum_{n=1}^{\infty}(A_n\cos n\omega t+B_n\sin n\omega t)$$

因为非线性特性为奇函数，所以 $A_0=0, A_1=\frac{1}{\pi}\int_0^{2\pi}y(t)\cos\omega t\cdot\mathrm{d}(\omega t)=0$，

$$\begin{aligned}B_1&=\frac{1}{\pi}\int_0^{2\pi}y(t)\sin\omega t\mathrm{d}(\omega t)\\&=\frac{1}{\pi}\int_0^{\pi}(KX\sin\omega t+A)\sin\omega t\mathrm{d}(\omega t)+\frac{1}{\pi}\int_0^{2\pi}(KX\sin\omega t-A)\sin\omega t\mathrm{d}(\omega t)\end{aligned}$$

可以得到 $B_1=KX+4\frac{A}{\pi}$，所以该非线性环节的描述函数为 $N(X)=\frac{B_1}{X}=K+\frac{4A}{\pi X}$

方法二：图 8.20(a)所示的非线性特性可以看作是图 8.20(b)，(c)叠加而成。

(b)对应的非线性环节的描述函数为 $N_1(X)=K$。

(c)对应的为理想继电器非线性，其描述函数为 $N_2(X)=\frac{4A}{\pi X}$。

所以(a)对应的非线性特性描述函数为 $N(X)=N_1(X)+N_2(X)=K+\frac{4A}{\pi X}$。

【例 8.3.5★】 (南京理工大学)某非线性系统的微分方程为

$$\ddot{x}+\dot{x}=1\quad(\dot{x}-x>0)$$
$$\ddot{x}+\dot{x}=-1\quad(\dot{x}-x<0)$$

试用描述函数法分析系统的稳定性。(继电非线性特性的描述函数为 $N(A)=\frac{4M}{\pi A}=\frac{4}{\pi A}$)

答：

令 $\ddot{x}+\dot{x}=m(t)=\begin{cases}1 & \dot{x}-x>0\\ -1 & \dot{x}-x<0\end{cases}$，可以得到 $\frac{X(s)}{M(s)}=\frac{1}{s(s+1)}$，由系统微分方程的输入/输出特性得该非线性系统的结构框图如图 8.21 所示。

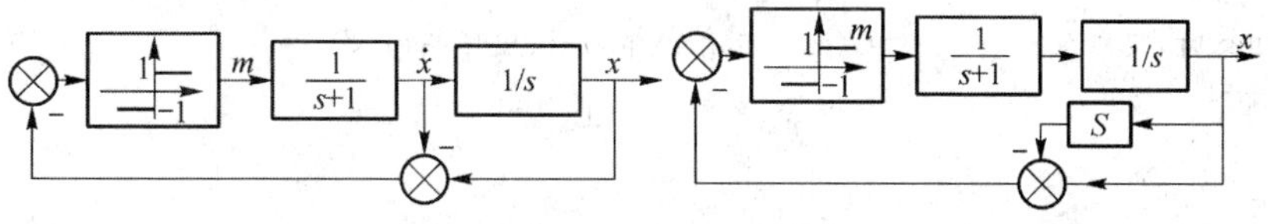

图 8.21 非线性系统的结构框图

得到线性部分的等效传递函数为 $G(s)=\frac{1-s}{s(s+1)}$，令 $s=\mathrm{j}\omega$ 代入得 $G(\mathrm{j}\omega)=-\frac{2}{1+\omega^2}+\frac{\omega^2-1}{\omega(1+\omega^2)}\mathrm{j}$，

当 $\omega\to0^+$ 时，$|G(\mathrm{j}\omega)|\to\infty$，$\angle G(\mathrm{j}\omega)\to-90°$；当 $\omega\to\infty$ 时，$|G(\mathrm{j}\omega)|\to0$，$\angle G(\mathrm{j}\omega)\to90°$

令 $\mathrm{Im}(G(\mathrm{j}\omega))=0$ 得到，$\omega=1$，代入可以得到此时 $\mathrm{Re}(G(\mathrm{j}\omega))=-1$，已知理想继电器的负倒数特性，在同一坐标下画出两者的图如图 8.22 所示。

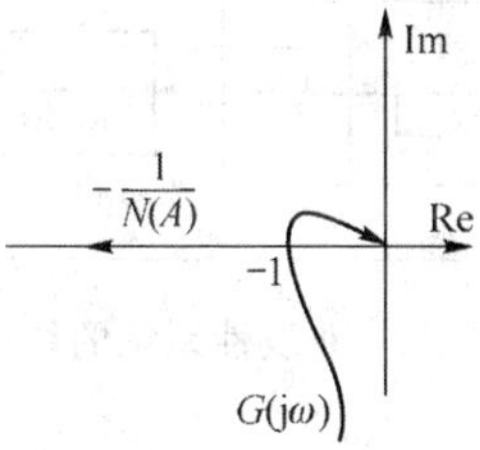

图 8.22 同一坐标下幅相特性曲线 $G(\mathrm{j}\omega)$ 和 $-\frac{1}{N(A)}$ 曲线

由图所示可以得到，系统产生稳定的自持振荡，即极限环，由$-\frac{1}{N(A)}=-1$，得到$A=\frac{\pi}{4}$，即产生的自持振荡的幅值为$A=\frac{\pi}{4}$，频率为$\omega=1$。

【例 8.3.6】 某单位反馈系统，其前向通路中有一描述函数为$N(A)=\frac{e^{-j\frac{\pi}{4}}}{A}$的非线性元件，线性部分的传递函数为$G(s)=\frac{15}{s(0.5s+1)}$，试用描述函数法确定系统是否存在自振？若有，参数是多少？

答：非线性特性的描述函数为

$$N(A)=\frac{e^{-j\frac{\pi}{4}}}{A}$$

其负倒描述函数为

$$-\frac{1}{N(A)}=-\frac{A}{e^{-j\frac{\pi}{4}}}=Ae^{-j\frac{3\pi}{4}}=-A-jA$$

概略画出线性部分的幅相特性曲线$G(j\omega)$和$-\frac{1}{N(A)}$曲线，如图 8.23 所示。

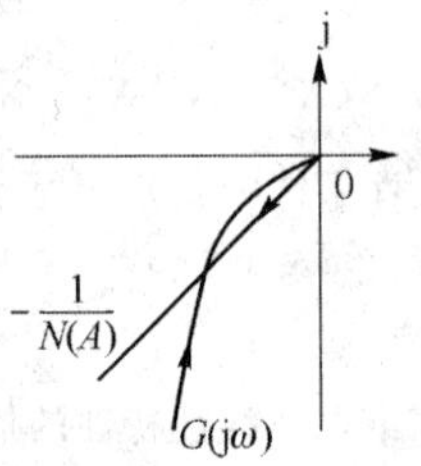

图 8.23 幅相特性曲线$G(j\omega)$和$-\frac{1}{N(A)}$曲线

将$G(j\omega)$写为实部和虚部的形式

$$G(j\omega)=\frac{15}{j\omega(j0.5\omega+1)}=\frac{-7.5\omega}{\omega\sqrt{(0.5\omega)^2+1}}-j\frac{15}{\omega\sqrt{(0.5\omega)^2+1}}$$

两曲线相交时，交点处$-\frac{1}{N(X)}=G(j\omega)$，应有实部相同、虚部相同，即

$$7.5\omega=15$$

$$\omega=2$$

$$A=\frac{15}{2\times\sqrt{(0.5\times2)^2+1}}\approx5.3$$

由图 8.23 可见，在交点处是沿着幅值A增加的方向，$-\frac{1}{N(A)}$曲线由不稳定的区域进入稳定的区域，故为自振荡，其振幅为 5.3，频率为 2 rad/s。

【例 8.3.7】 设某非线性系统的结构图如图 8.24 所示，试应用描述函数法分析该系统的稳定性。为使系统稳定，继电器参数a、b应如何调整。

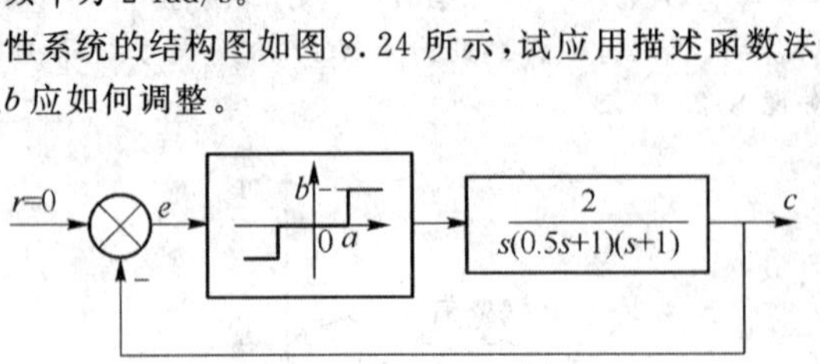

图 8.24 非线性系统的结构图

答：非线性特性的描述函数为

$$N(A)=\frac{4b}{\pi A}\sqrt{1-\left(\frac{a}{A}\right)^2},A\geqslant a$$

其负倒描述函数为

$$-\frac{1}{N(A)}=-\frac{\pi A^2}{4b\sqrt{A^2-a^2}}$$

当 $A\to a$ 时，$-\frac{1}{N(A)}\to-\infty$；当 $A\to\infty$ 时，$-\frac{1}{N(A)}\to-\infty$；$-\frac{1}{N(A)}$ 必存在极值。

令
$$\frac{\mathrm{d}\left(-\frac{1}{N(A)}\right)}{\mathrm{d}A}=-\frac{\pi}{4b}\frac{A^3-2Aa^2}{(A^2-a^2)\sqrt{A^2-a^2}}=0$$

得
$$A=\sqrt{2}a,-\frac{1}{N(A)}\bigg|_{A=\sqrt{2}a}=-\frac{\pi a}{2b}$$

系统线性部分的频率特性为

$$G(\mathrm{j}\omega)=\frac{2}{\mathrm{j}\omega(\mathrm{j}0.5\omega+1)(\mathrm{j}\omega+1)}=\frac{-2\times1.5}{(1+0.25\omega^2)(1+\omega^2)}+\mathrm{j}\frac{2(1-0.5\omega^2)}{\omega(1+0.25\omega^2)(1+\omega^2)}$$

令
$$\mathrm{Im}G(\mathrm{j}\omega)=\frac{2(1-0.5\omega^2)}{\omega(1+0.25\omega^2)(1+\omega^2)}=0$$

得 $\omega=\sqrt{2}$，则 $G(\mathrm{j}\omega)$ 与负实轴的交点

$$\mathrm{Re}G(\mathrm{j}\omega)\big|_{\omega=\sqrt{2}}=\frac{-2\times1.5}{(1+0.25\omega^2)(1+\omega^2)}\bigg|_{\omega=\sqrt{2}}=-\frac{2}{3}$$

概略画出线性部分的幅相特性曲线 $G(\mathrm{j}\omega)$ 和 $-\frac{1}{N(A)}$ 曲线，如图 8.25 所示。

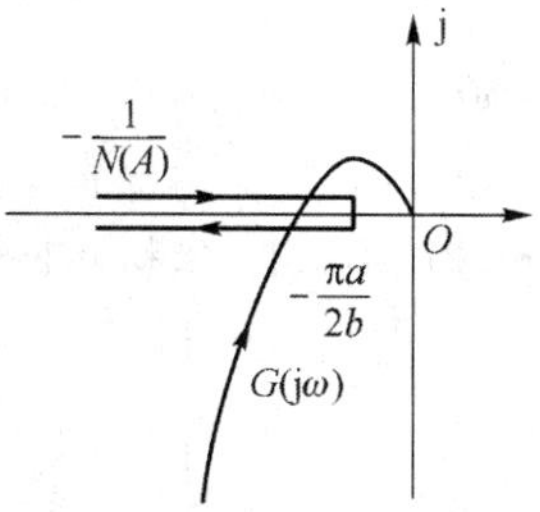

图 8.25　幅相特性曲线 $G(\mathrm{j}\omega)$ 和 $-\frac{1}{N(A)}$ 曲线

由图 8.25 可见，要使系统稳定，则 $G(\mathrm{j}\omega)$ 和 $-\frac{1}{N(A)}$ 曲线不相交。即有

$$-\frac{\pi a}{2b}<-\frac{2}{3}$$

得

$$\frac{a}{b}>\frac{4}{3\pi}$$

非线性系统稳定性可以这样来判断：

在复平面上绘制线性部分 $G(\mathrm{j}\omega)$ 曲线和非线性部分负倒描述函数 $-\frac{1}{N(A)}$ 曲线，当 $G(\mathrm{j}\omega)$ 曲线不包围 $-\frac{1}{N(A)}$ 曲线时系统稳定。

当 $G(\mathrm{j}\omega)$ 曲线包围了 $-\frac{1}{N(A)}$ 曲线时系统不稳定。

当两条曲线相交，且沿着振幅 A 增加的方向 $-\frac{1}{N(A)}$ 是由不稳定区域进入稳定区域时，则该交点是稳定的周期运动，是自振点；当沿着振幅 A 增加的方向 $-\frac{1}{N(A)}$ 是由稳定区域进入不稳定区域时，则该交点是不稳定的周期运动。

【例 8.3.8*】(上海交通大学) 已知非线性系统如图 8.26 所示，其中 $T>0, K>0$。现要求系统输出量 $c(t)$ 的自振振幅 $X_c=0.1$，角频率为 $\omega_c=10$，试确定参数 T 和 K 的数值。$\left(\text{非线性环节的 } N(X)=\dfrac{4\sqrt{2}}{\pi X}\right)$

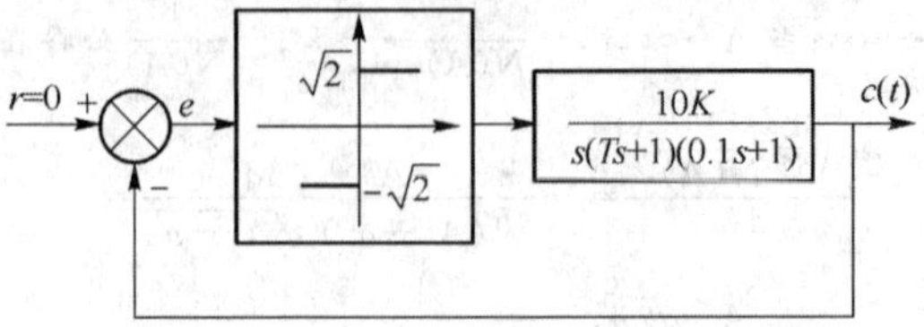

图 8.26 非线性系统

答：由题意，$G(s)=\dfrac{10K}{s(Ts+1)(0.1s+1)}$，令 $s=\mathrm{j}\omega$ 代入并整理可以得到

$$G(\mathrm{j}\omega)=\frac{100K}{\omega}\times\frac{-(10T+1)\omega+(T\omega^2-10)\mathrm{j}}{(10-T\omega^2)^2+(10T+1)^2\omega^2}$$

令 $\mathrm{Im}(G(\mathrm{j}\omega))=0$ 可以得到 $\omega=\sqrt{\dfrac{10}{T}}$，代入可以得到 $\mathrm{Re}(G(\mathrm{j}\omega))=-\dfrac{10KT}{10T+1}$，$N(X)=\dfrac{4\sqrt{2}}{\pi X}$，$-\dfrac{1}{N(X)}=-\dfrac{\pi X}{4\sqrt{2}}$；

当 $X\to 0$ 时，$-\dfrac{1}{N(X)}\to 0$；

当 $X\to\infty$ 时，$-\dfrac{1}{N(X)}\to-\infty$ 对于 $G(\mathrm{j}\omega)$；

当 $\omega\to 0^+$ 时，$|G(\mathrm{j}\omega)|\to\infty$，$\angle G(\mathrm{j}\omega)\to-90°$；

当 $\omega\to\infty$ 时，$|G(\mathrm{j}\omega)|\to 0$，$\angle G(\mathrm{j}\omega)\to-270°$，在同一坐标轴下画出以上两曲线如图 8.27 所示。

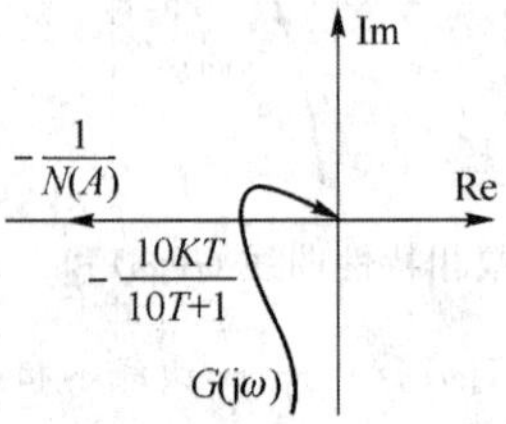

图 8.27 幅相特性曲线 $G(\mathrm{j}\omega)$ 和 $-\dfrac{1}{N(A)}$ 曲线

由题意 $-\dfrac{\pi X_c}{4\sqrt{2}}=-\dfrac{10KT}{10T+1}$，$\omega_c=\sqrt{\dfrac{10}{T}}=10$，可以得到 $T=0.1$，$K=-\dfrac{\pi}{20\sqrt{2}}$。

【例 8.3.9】 非线性系统如图 8.28 所示，滞环继电器特性的描述函数为

$$N(X)=\frac{4M}{\pi X}\sqrt{1-\left(\frac{h}{X}\right)^2}-j\,\frac{4M}{X^2\pi}=\frac{4}{\pi X}\sqrt{1-\left(\frac{h}{X}\right)^2}-\mathrm{j}\,\frac{4h}{X^2\pi},M=1$$

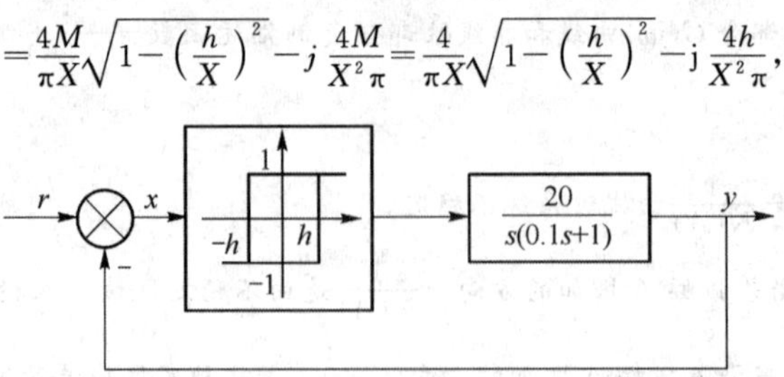

图 8.28 非线性系统

(1) 该系统是否存在自持振荡？自持振荡是否稳定？

(2) 若存在稳定的自持振荡，当要求自持振荡频率 $\omega\geqslant 20$ rad/s，振幅 $\leqslant 0.7$ 时，继电器参数 h 应如何取值？

答：

(1) 由 $N(X)=\frac{4}{\pi X}\sqrt{1-\left(\frac{h}{X}\right)^2}-\mathrm{j}\frac{4h}{X^2\pi}=\frac{4}{\pi X}\left(\sqrt{1-\left(\frac{h}{X}\right)^2}-\mathrm{j}\frac{h}{X}\right)$ 可以得到：

$$-\frac{1}{N(X)}=-\frac{1}{\frac{4}{\pi X}\left(\sqrt{1-\left(\frac{h}{X}\right)^2}-\mathrm{j}\frac{h}{X}\right)}=-\frac{\pi X}{4}\sqrt{1-\left(\frac{h^2}{X^2}\right)}-\frac{\pi h}{4}\mathrm{j},G(s)=\frac{20}{s(0.1s+1)}$$

令 $s=\mathrm{j}\omega$ 代入可以得到

$$G(s)=\frac{200}{\mathrm{j}\omega(\mathrm{j}\omega+10)}=-\frac{20}{\omega^2+100}-\frac{20}{\omega(\omega^2+100)}\mathrm{j}$$

与实轴虚轴均无交点，在同一坐标轴下画出两者的曲线如图 8.29 所示。

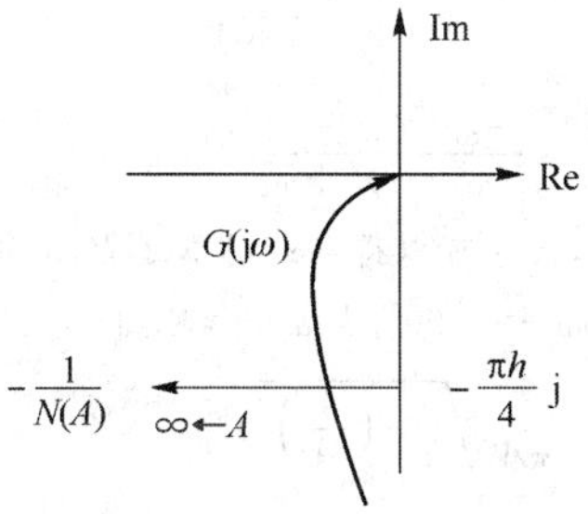

图 8.29 幅相特性曲线 $G(\mathrm{j}\omega)$ 和 $-\frac{1}{N(A)}$ 曲线

两曲线相交，故存在自持振荡，随着 A 增大，从稳定区到不稳定区，故该自持振荡不稳定。

(2) 求两曲线的交点，令

$$\begin{cases}-\frac{20}{\omega(\omega^2+100)}=-\frac{\pi h}{4} & ①\\ -\frac{20}{\omega^2+100}=-\frac{\pi X}{4}\sqrt{1-\left(\frac{h^2}{X^2}\right)} & ②\end{cases}$$

由①可以得到 $h=\frac{80}{\pi\omega(\omega^2+100)}$

由式②可以得到 $\frac{20}{\omega^2+100}=\frac{\pi X}{4}\sqrt{1-\left(\frac{h^2}{X^2}\right)}$ 易判断此式右端关于 X 单调递增，由振幅 $\leqslant 0.7$ 可以得到

$$\frac{20}{\omega^2+100}\leqslant\frac{\pi\times 0.7}{4}\sqrt{1-\frac{h^2}{(0.7)^2}} \qquad ③$$

又要求自持振荡频率 $\omega\geqslant 20$ rad/s，由式①有

$$h\leqslant\frac{20}{20\times(20^2+100)}\times\frac{4}{\pi}=\frac{1}{125\pi} \qquad ④$$

易判断当式④成立时式③也成立，于是继电器参数 $h\leqslant\frac{1}{125\pi}$。

【例 8.3.10★】(华中科技大学) 图 8.30 中所示非线性系统，其非线性特性的描述函数为 $N(A)=\frac{4M}{\pi A}\sqrt{1-(\frac{h}{A})^2}$，其中 $M=1,h=1,G_1(s)=\frac{1}{s(s+1)},G_2(s)=\frac{2}{s},G_3(s)=1$

(1) 试分析该系统是否存在自激振荡，若存在，求自激振荡的幅值和频率；

(2) 当 $G_3(s)=s$，试分析系统的稳定性。

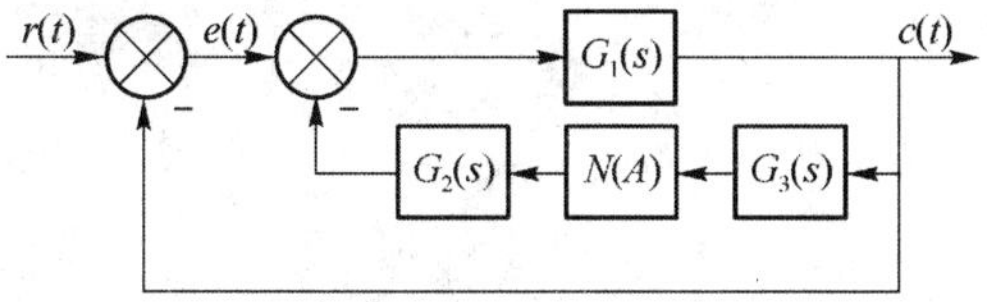

图 8.30 非线性系统

答：(1) 由题意，系统的前向通道传递函数为

$$G(s)=\frac{G_1(s)}{1+G_1(s)G_2(s)G_3(s)N(A)}$$

闭环传递函数为

$$\frac{C(s)}{R(s)}=\frac{G(s)}{1+G(s)}=\frac{G_1(s)}{1+G_1(s)G_2(s)G_3(s)N(A)+G_1(s)}$$

令 $D(s)=1+G_1(s)G_2(s)G_3(s)N(A)+G_1(s)=0, -\frac{1}{N(A)}=\frac{G_1(s)G_2(s)G_3(s)}{1+G_1(s)}$

令 $G(s)=\frac{G_1(s)G_2(s)G_3(s)}{1+G_1(s)}$，即已等效成为标准形式的，$G_1(s)=\frac{1}{s(s+1)}, G_2(s)=\frac{2}{s}, G_3(s)=1$ 代入可以得到 $G(s)=\frac{2}{s(s^2+s+1)}$

令 $s=j\omega$ 代入可以得到 $G(j\omega)=\frac{2}{\omega}\times\frac{-\omega+(\omega^2-1)j}{(\omega^2-1)^2+\omega^2}$

令 $\mathrm{Im}(G(j\omega))=0$，可以得到 $\omega=1$，代入可以得到此时 $\mathrm{Re}(G(j\omega))=-2$

当 $\omega\to0^+$ 时，$|G(j\omega)|\to\infty, \angle G(j\omega)\to-90°$；当 $\omega\to\infty$ 时，$|G(j\omega)|\to0, \angle G(j\omega)\to-270°$

$M=1, h=1$ 代入可以得到 $N(A)=\frac{4}{\pi A}\sqrt{1-\left(\frac{1}{A}\right)^2}$

由前面的讨论已知道 $-\frac{1}{N(A)}$ 的特性，$\left(-\frac{1}{N(A)}\right)_{\max}=\frac{2}{\pi}$，在同一坐标下画出上面两曲线如图 8.31 所示。

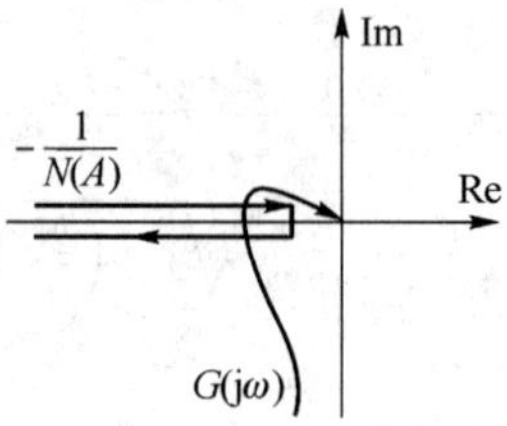

图 8.31　幅相特性曲线 $G(j\omega)$ 和 $-\frac{1}{N(A)}$ 曲线

于是存在自激振荡，其频率已求得，为 $\omega=1$，

令
$$-\frac{1}{N(A)}=\frac{1}{\frac{4}{\pi A}\sqrt{1-(\frac{1}{A})^2}}=-2$$

可以求解得到

$$A_1\approx1.11, A_2\approx2.29$$

易判断 A_1 对应的为不稳定自持振荡，A_2 对应的为稳定的自持振荡。

(2) 当 $G_3(s)=s$ 时，代入可以得到 $G(s)=\frac{2}{s^2+s+1}$

当 $\omega\to0^+$ 时，$|G(j\omega)|\to2, \angle G(j\omega)\to0°$；当 $\omega\to\infty$ 时，$|G(j\omega)|\to0, \angle G(j\omega)\to-180°$；令 $s=j\omega$ 代入可以得到 $G(j\omega)=\frac{2(1-\omega^2-\omega j)}{(1-\omega^2)^2+\omega^2}$，与实轴无交点，故此时系统稳定。

第9章

线性系统的状态空间分析与综合

【基本知识点】 状态空间表达式；传递函数矩阵；线性定常系统的线性变换；状态方程的解；线性定常连续系统的可控性、可观测性；线性定常离散系统的可控性、可观测性；线性定常系统的反馈结构；状态观测器；李雅普诺夫稳定性等。

【重点】 状态空间表达式；线性定常系统的线性变换；状态方程的解；线性定常连续系统的可控性、可观测性；李雅普诺夫稳定性。

【难点】 状态空间表达式；线性定常系统的线性变换；状态方程的解；线性定常连续系统的可控性、可观测性；李雅普诺夫稳定性。

9.1 答疑解惑

9.1.1 什么是状态、状态空间？

(1) 状态和状态空间。系统在时间域中的行为或运动信息的集合称为状态。确定系统状态的一组独立(数目最小)的变量称为状态变量。

(2) 状态向量。把描述系统状态的 n 个状态变量 $x_1(t)$，$x_2(t)$，$\cdots x_n(t)$ 看作向量 $x(t)$ 的分量。

(3) 状态空间。以 n 个状态变量作为基底所组成的 n 维空间称为状态空间。

(4) 状态轨线。系统在任一时刻的状态，在状态空间中用一点来表示。随着时间推移，系统状态在变化，并在状态空间中描绘出一条轨迹。这种系统状态在状态空间中随时间变化的轨迹称为状态轨迹或状态轨线。

(5) 状态方程。描述系统状态变量与输入变量之间关系的一阶微分方程组(连续时间系统)或一阶差分方程组(离散时间系统)称为系统的状态方程。

(6) 输出方程。描述系统输出变量与系统状态变量和输入变量之间函数关系的代数方程。

9.1.2 什么是状态空间表达式？

1. 状态空间表达式

状态方程与输出方程的组合称为状态空间表达式，又称动态方程，一般形式为

$$\dot{x}=f[x(t),u(t),t]$$
$$y=g[x(t),u(t),t]$$

2. 线性系统状态空间表达式的建立

建立状态空间表达式的方法主要有两种：一是直接根据系统的机理建立响应的微分方程或差分方程，继而选择有关的物理量作为状态变量，从而导出其状态空间表达式；二是由已知系统的其他数学模型经过转换而得到的状态空间表达式。系统状态空间表达式可以由系统微分方程或差分方程、结构图、状态图、传递函数或脉冲传递函数等其他形式的数学模型导出。

9.1.3 什么是传递函数矩阵？

1. 传递函数矩阵

对于连续时间线性定常系统，若在零初始条件，输入 $u(t)$ 和输出 $y(t)$ 的拉普拉斯关系满足

$$Y(s)=\boldsymbol{G}(s)U(s) \qquad x(0)=0;$$

则称 $\boldsymbol{G}(s)$ 为该系统的传递函数矩阵。

2. 传递函数矩阵的状态空间实现

对于线性定常系统，给定其传递函数矩阵 $\boldsymbol{G}(s)$，如果可以找到一个如式

$$\dot{x}=f[x(t),u(t),t]$$
$$y=g[x(t),u(t),t]$$

的状态空间描述，使其满足关系式 $Y(s)=G(s)U(s)$，则称此状态空间描述 (A,B,C,D) 为给定传递函数矩阵 $\boldsymbol{G}(s)$ 的一个实现。

3. 传递函数矩阵的实现

传递函数矩阵的实现并不唯一。实现的常用标准形式有可控标准形实现、可观测标准形实现、对角形实现和约当形实现等。

9.1.4 如何求解状态方程？

1. 奇次状态方程的求解

状态方程

$$\dot{x}(t)=Ax(t)$$

称为奇次状态方程，通常采用幂级数法和拉普拉斯变换法求解。

求解奇次状态方程的问题，就是计算状态转移矩阵 $\boldsymbol{\Phi}(t)$（即矩阵指数函数 e^{At}）的问题。

2. 状态转移矩阵

求取状态转移矩阵有以下四种方法：

方法 1：根据定义来计算。

$$\Phi(t)=e^{At}=\boldsymbol{I}+\boldsymbol{A}t+\frac{1}{2}\boldsymbol{A}^2t^2+\cdots+\frac{1}{k!}\boldsymbol{A}^kt^k+\cdots$$

方法 2:应用拉普拉斯变换法计算。

$$\Phi(t)=\mathrm{e}^{\boldsymbol{A}t}=L^{-1}[s\boldsymbol{I}-\boldsymbol{A}]^{-1}$$

方法 3:应用凯莱-哈密顿定理(待定系数法)。

$$\Phi(t)=\mathrm{e}^{\boldsymbol{A}t}=a_0(t)\boldsymbol{I}+a_1(t)\boldsymbol{A}+\cdots+a_{n-1}(t)\boldsymbol{A}^{n-1}$$

式中,$a_0(t)$、$a_1(t)$、…、$a_{n-1}(t)$的确定分以下两种情况:

(1) $\boldsymbol{A}$ 的特征值λ_i 互异时,$a_0(t)$、$a_1(t)$、…、$a_{n-1}(t)$满足

$$\mathrm{e}^{\lambda_i t}=a_0(t)+a_1(t)\lambda_i+\cdots+a_{n-1}(t)\lambda_i^{n-1}\quad(i=1,2,\cdots,n)$$

(2) $\boldsymbol{A}$ 的特征值λ_1 有 m 重根时,(1)中的方程组个数不够 n 个,不够的 $m-1$ 个方程应该对下式

$$\mathrm{e}^{\lambda_1 t}=a_0(t)+a_1(t)\lambda_1+\cdots+a_{n-1}(t)\lambda_1^{n-1}\quad(i=1,2,\cdots,n)$$

两端对 λ_1 求导 $m-1$ 次所得的 $m-1$ 个方程来补充。

$$t\mathrm{e}^{\lambda_1 t}=a_1(t)+2a_2(t)\lambda_1+\cdots+(n-1)a_{n-1}(t)\lambda_1^{n-2}$$

$$t^2\mathrm{e}^{\lambda_1 t}=2a_2(t)+6a_3(t)\lambda_1+\cdots+(n-1)(n-2)a_{n-1}(t)\lambda_1^{n-3}$$

……

方法 4:通过线性变换计算

9.1.5 如何对线性定常系统进行线性变换?

1. 线性变换

对一个给定的系统,在建立状态空间表达式时,状态变量的数量是确定的,但状态变量的选取是非唯一的。选取不同的状态变量而得到的状态空间表达式也不同,但这些状态空间描述之间存在某种关系,即通过某种变换,这些状态空间描述之间可以相互转换,这种变换就是线性变换。若线性变换矩阵为 $\boldsymbol{P}$,$\overline{x}=\boldsymbol{P}x$,则有 $\overline{\boldsymbol{A}}=\boldsymbol{PAP}^{-1}$,$\overline{\boldsymbol{B}}=\boldsymbol{PB}$,$\overline{\boldsymbol{C}}=\boldsymbol{CP}^{-1}$。

2. 线性变换基本特性

(1) 线性变换不改变系统特征值。

(2) 线性变换不改变系统的传递函数矩阵。

(3) 线性变换不改变系统的状态能控性和状态能观测性。

3. 常用的几种线性变换关系

通过线性变换,可将状态空间表达式转换为各种标准形,以方便系统的分析和设计。以下为将状态空间表达式变换为常用的几种标准形时,线性变换阵 $\boldsymbol{P}$ 的选取方法:

(1) 对角标准形。当 $\boldsymbol{A}$ 阵的特征值互异时,若 $\boldsymbol{A}$ 阵为普通形,取线性变换阵

$$\boldsymbol{P}=(\boldsymbol{q}_1\quad\boldsymbol{q}_2\quad\cdots\quad\boldsymbol{q}_n)^{-1}$$

其中 $\boldsymbol{q}_i$ 满足 $(\lambda_i\boldsymbol{I}-\boldsymbol{A})\boldsymbol{q}_i=0,(i=1,2,\cdots n)$

若 $\boldsymbol{A}$ 阵为友矩阵形式,则

$$\boldsymbol{P}=\begin{pmatrix}1 & 1 & \cdots & 1\\ \lambda_1 & \lambda_2 & \cdots & \lambda_n\\ \lambda_1^2 & \lambda_2^2 & \cdots & \lambda_n^2\\ \vdots & \vdots & \cdots & \vdots\\ \lambda_1^{n-1} & \lambda_2^{n-1} & \cdots & \lambda_n^{n-1}\end{pmatrix}^{-1}$$

(2) 约当标准形。当 $\boldsymbol{A}$ 阵的特征值有 m 个重根时

$$\boldsymbol{P}=(\boldsymbol{q}_1\quad\boldsymbol{q}_2\quad\cdots\quad\boldsymbol{q}_m\quad\boldsymbol{q}_{m+1}\quad\cdots\quad\boldsymbol{q}_n)^{-1}$$

式中，$\boldsymbol{q}_1$、…、$\boldsymbol{q}_m$ 为分别对应于 m 个重根 λ_1 的特征向量；$\boldsymbol{q}_{m+1}$、…、$\boldsymbol{q}_n$ 为分别对应于 $n-m$ 个互异特征值的特征向量。则

$$[\lambda_1\boldsymbol{I}-\boldsymbol{A}]\boldsymbol{q}_1=0$$

$$[\lambda_1\boldsymbol{I}-\boldsymbol{A}]\boldsymbol{q}_2=-\boldsymbol{q}_1$$

$$\cdots$$

$$[\lambda_1\boldsymbol{I}-\boldsymbol{A}]\boldsymbol{q}_m=-\boldsymbol{q}_{m-1}$$

$$[\lambda_i\boldsymbol{I}-\boldsymbol{A}]\boldsymbol{q}_i=0\quad(i=m+1,m+2,\cdots,n)$$

(3) 单变量系统的能控标准形。

$$\text{线性变换阵}\quad \boldsymbol{P}=(\boldsymbol{Q}_c\cdot\boldsymbol{L})^{-1}$$

式中，$\boldsymbol{Q}_c$ 为系统能控性矩阵

$$\boldsymbol{Q}_c=(\boldsymbol{b}\quad \boldsymbol{A}^2\boldsymbol{b}\quad\cdots\quad \boldsymbol{A}^{n-1}\boldsymbol{b})$$

$$\boldsymbol{L}=\begin{pmatrix} a_1 & a_2 & \cdots & a_{n-1} & 1\\ a_2 & & \iddots & \iddots & \\ \vdots & \iddots & \iddots & & \\ a_{n-1} & \iddots & & O & \\ 1 & & & & \end{pmatrix}$$

$\boldsymbol{L}$ 阵中的元素由特征多项式 $\det[s\boldsymbol{I}-\boldsymbol{A}]=s^n+a_{n-1}s^{n-1}+\cdots+a_1s+a_0$ 决定。

(4) 单变量系统的能观测标准形。

线性变换阵 $\boldsymbol{P}=\boldsymbol{L}\cdot\boldsymbol{Q}_0$

式中，$\boldsymbol{Q}_0$ 为系统能观测性矩阵

$$\boldsymbol{Q}_0=(\boldsymbol{C}\quad \boldsymbol{CA}\quad\cdots\quad \boldsymbol{CA}^{n-1})^{\mathrm{T}}$$

4. 线性定常系统的结构分解

所谓结构分解，就是应用线性变换的方法，将线性系统的状态空间结构，按能控性和能观测性加以分解，将系统分解成能控能观测、能控不能观测、不能控能观测及不能控不能观测四个子系统。

(1) 按能控性分解。

若系统不能控，且状态 $\boldsymbol{x}$ 有 n_1 个状态分量能控，则存在线性变换 $\bar{\boldsymbol{x}}=\boldsymbol{P}_c\boldsymbol{x}$，使其变成以下形式

$$\begin{pmatrix}\dot{\bar{\boldsymbol{x}}}_c\\ \dot{\bar{\boldsymbol{x}}}_{\bar{c}}\end{pmatrix}=\begin{pmatrix}\bar{\boldsymbol{A}}_c & \bar{\boldsymbol{A}}_{12}\\ \boldsymbol{0} & \bar{\boldsymbol{A}}_{\bar{c}}\end{pmatrix}\begin{pmatrix}\bar{\boldsymbol{x}}_c\\ \bar{\boldsymbol{x}}_{\bar{c}}\end{pmatrix}+\begin{pmatrix}\bar{\boldsymbol{B}}_c\\ \boldsymbol{0}\end{pmatrix}\boldsymbol{u}$$

$$y=(\bar{C}_c\quad \bar{C}_{\bar{c}})\begin{pmatrix}\bar{\boldsymbol{x}}_c\\ \bar{\boldsymbol{x}}_{\bar{c}}\end{pmatrix}$$

式中，$\boldsymbol{P}_c=(\boldsymbol{p}_1\quad \boldsymbol{p}_2\quad\cdots\quad \boldsymbol{p}_{n_1}\quad \boldsymbol{p}_{n_1+1}\quad\cdots\quad \boldsymbol{p}_n)$，$\boldsymbol{p}_1$、$\boldsymbol{p}_2$、…、$\boldsymbol{p}_{n_1}$ 为 $\boldsymbol{Q}_c$ 中 n_1 个线性无关列向量，$\boldsymbol{p}_{n_1+1}$、…、$\boldsymbol{p}_n$ 为与 $\boldsymbol{p}_1$、$\boldsymbol{p}$、…、$\boldsymbol{p}_{n_1}$ 线性无关的任意列向量。

(2) 按能观测性分解。

若系统不能观测，且状态 $\boldsymbol{x}$ 有 n_2 个状态分量能观测，则存在线性变换 $\bar{\boldsymbol{x}}=\boldsymbol{P}_0\boldsymbol{x}$，使其变

成以下形式

$$\begin{pmatrix}\dot{\boldsymbol{x}}_0\\ \dot{\boldsymbol{x}}_{\bar{0}}\end{pmatrix}=\begin{bmatrix}\overline{\boldsymbol{A}}_c & \boldsymbol{0}\\ \overline{\boldsymbol{A}}_{21} & \overline{\boldsymbol{A}}_{\bar{c}}\end{bmatrix}\begin{pmatrix}\overline{\boldsymbol{x}}_0\\ \overline{\boldsymbol{x}}_{\bar{0}}\end{pmatrix}+\begin{pmatrix}\overline{\boldsymbol{B}}_0\\ \overline{\boldsymbol{B}}_{\bar{0}}\end{pmatrix}\boldsymbol{u}$$

$$y=(\overline{C}_0\quad \boldsymbol{0})\begin{pmatrix}\overline{\boldsymbol{x}}_0\\ \overline{\boldsymbol{x}}_{\bar{0}}\end{pmatrix}$$

式中，$\boldsymbol{P}_0=(\boldsymbol{p}_1^{\mathrm{T}}\quad \boldsymbol{p}_2^{\mathrm{T}}\quad \cdots\quad \boldsymbol{p}_{n_2}^{\mathrm{T}}\quad \boldsymbol{p}_{n_2+1}^{\mathrm{T}}\quad \cdots\quad \boldsymbol{p}_n^{\mathrm{T}})^{\mathrm{T}}$，$\boldsymbol{p}_1$、$\boldsymbol{p}_2$、…、$\boldsymbol{p}_{n_2}$ 为 $\boldsymbol{Q}_0$ 中 n_2 个线性无关行向量，$\boldsymbol{p}_{n_2+1}$、…、$\boldsymbol{p}_n$ 为与 $\boldsymbol{p}_1$、$\boldsymbol{p}$、…、$\boldsymbol{p}_{n_2}$ 线性无关的任意行向量。

(3) 同时按能控性和能观测性进行结构分解。

可先按能控性分解，将其分成能控子系统和不能控子系统；然后再分别对能控子系统和不能控子系统按能观测性分解；最后将能控能观测、能控不能观测、不能控能观测和不能控不能观测 4 部分状态重新排列即可。

9.1.6 什么是线性定常连续系统的可控性?

1. 可控性定义

已知系统的状态方程

$$\dot{x}(t)=A(t)x(t)+B(t)u(t),t\in T_t$$

如果对于取定初始时刻 $t_0\in T_t$ 的一个非零初始状态 $x(t_0)=x_0$，存在一个时刻 $t_1\in T_t$，$t_1>t_0$ 和一个无约束的容许控制 $u(t)$，$t\in[t_0,t_1]$，使状态由 x_0 转移到 t_1 时的 $x(t_1)=\boldsymbol{0}$，则称此 x_0 是在 t_0 时刻可控。

2. 可控标准形

对于单输入系统(A,b)，若其状态矩阵与输入矩阵具有如下标准形式：

$$A=\begin{pmatrix}0 & 1 & 0 & \cdots & 0\\ 0 & 0 & 1 & \cdots & 0\\ \vdots & \vdots & \vdots & \vdots & \vdots\\ 0 & 0 & 0 & \cdots & 1\\ -a_0 & -a_1 & -a_2 & \cdots & -a_{n-1}\end{pmatrix},\quad b=\begin{pmatrix}0\\ 0\\ \vdots\\ 0\\ 1\end{pmatrix}$$

3. 系统的输出可控性

若有有限时间间隔$[t_0,t_1]$内，存在无约束分段连续控制函数 $u(t)$，$t\in[t_0,t_1]$，能使任意初始输出 $y(t_0)$转移到任意最终输出 $y(t_1)$，则称此系统是输出完全可控，简称输出可控。

4. 线性定常连续系统的可控性判据

线性定常系统的可控性判据：Gram 判据；秩判据；PBH 判据；PBH 特征向量判据；约当规范型判据；可控标准型判据；对偶性原理判据等。其中常用的有以下四种：

(1) 若系统能控，则 $n\times n$ 能控性矩阵

$$\boldsymbol{Q}_{\mathrm{c}}=(\boldsymbol{B}\quad \boldsymbol{AB}\quad \boldsymbol{A}^2\boldsymbol{B}\quad \cdots\quad \boldsymbol{A}^{n-1}\boldsymbol{B})$$

满秩。即 $\mathrm{rank}\boldsymbol{Q}_{\mathrm{c}}=n$。

(2) 系统能控的充要条件为 $n\times(n+r)$矩阵$(\lambda\boldsymbol{I}-\boldsymbol{A}\cdots\quad \boldsymbol{B})$对 $\boldsymbol{A}$ 的所有特征值 λ_i 之秩都是 n。

即 $\text{rank}(\lambda_i \boldsymbol{I}-\boldsymbol{A}\cdots \quad \boldsymbol{B})=n \quad (i=1,2,\cdots,n)$

(3) 系统经线性变换变成对角阵

$$\dot{\bar{x}}=\begin{bmatrix}\lambda_1 & & & \boldsymbol{O}\\ & \lambda_2 & & \\ & & \ddots & \\ \boldsymbol{O} & & & \lambda_n\end{bmatrix}\bar{x}+\bar{\boldsymbol{B}}\boldsymbol{u}$$

则系统能控的充要条件是 $\bar{\boldsymbol{B}}$ 阵中不包含元素全为零的行。

(4) 系统经线性变换变成约当阵，则系统能控的充要条件是 $\bar{\boldsymbol{B}}$ 阵中与每一个约当子块最下面一行对应的行的元素全为零。

9.1.7 什么是线性定常连续系统的可观测性？

1. 系统可观测与可重构

线性定常连续系统，在给定控制输入 $u(t)$ 的作用下，对任意初始时刻 t_0，若能在有限时间 $T_0>t_0$ 之内，根据从 t_0 到 T_0 对系统输出 $y(t)$ 的量测值，唯一地确定系统在 t_0 时刻的状态 $x(t_0)$，则称系统是状态完全可观测的，简称系统可观测。系统的可观测性指的是输出量 $y(t)$ 对状态变量的反映能力。

若系统 $(A(t),B(t),C(t),D(t))$ 状态空间中的每一个状态都是 t_0 时刻可观测（可重构）的，则称该系统是 t_0 时刻状态完全可观测（可重构）的，或简称该系统是 t_0 时刻可观测（可重构）的；若系统在所有时刻都是可观测（可重构）的，则称该系统为一致可观测（可重构）的。

2. 可观测标准型

对于单输出系统 (A,B,c,d)，若其状态矩阵与输出矩阵有如下的标准形式：

$$A=\begin{bmatrix}\mathbf{0} & \mathbf{0} & \mathbf{0} & \cdots & -a_0\\ \mathbf{1} & \mathbf{0} & \mathbf{0} & \cdots & -a_1\\ \vdots & \vdots & \vdots & \vdots & \vdots\\ \mathbf{0} & \mathbf{0} & \mathbf{0} & \cdots & -a_{n-2}\\ \mathbf{0} & \mathbf{0} & \mathbf{0} & \cdots & -a_{n-1}\end{bmatrix},\quad c=[\mathbf{0} \quad \mathbf{0} \quad \cdots \quad \mathbf{0} \quad \mathbf{1}]$$

3. 线性定常连续系统的可观性判据

线性定常系统的可观性判据：Gram 判据；秩判据；PBH 判据；PBH 特征向量判据；约当规范型判据；可观控标准型判据；对偶性原理判据等。其中常用的有以下四种：

(1) 系统能观测的充要条件是 $nm\times n$ 形能观测性矩阵

$$\boldsymbol{Q}_0=\begin{bmatrix}\boldsymbol{C}\\ \boldsymbol{CA}\\ \vdots\\ \boldsymbol{CA}^{n-1}\end{bmatrix}$$

满秩，即 $\text{rank}\boldsymbol{Q}_0=n$

(2) 系统能观测的充要条件是 $(n+m)\times n$ 形矩阵

$$\begin{bmatrix}\boldsymbol{C}\\ \vdots\\ \lambda\boldsymbol{I}-\boldsymbol{A}\end{bmatrix}$$

对 $\boldsymbol{A}$ 的每一个特征值 λ 之秩为 n。

(3) 系统经线性变换变成对角阵

$$\dot{\bar{x}}=\begin{bmatrix}\lambda_1 & & & \boldsymbol{O}\\ & \lambda_2 & & \\ & & \ddots & \\ \boldsymbol{O} & & & \lambda_n\end{bmatrix}\bar{x}+\bar{\boldsymbol{B}}\boldsymbol{u}$$

$$\boldsymbol{y}=\bar{\boldsymbol{C}}\bar{\boldsymbol{x}}$$

则系统能观测的充要条件是 $\bar{\boldsymbol{C}}$ 阵中不包含元素全为零的列。

(4) 系统经线性变换变成约当阵,则系统能观测的充要条件是 $\bar{\boldsymbol{C}}$ 阵中与每一个约当子块第一列对应的列的元素全为零。

9.1.8 如何判断线性定常离散系统是可控(可观测)的?

若线性系统能控(能观测),$\boldsymbol{A}$ 的特征值互异,并且对 $\mathrm{Re}[\lambda_i-\lambda_j]=0$ 的特征值,如果其 $\mathrm{Im}[\lambda_i-\lambda_j]$与采样周期的关系满足条件

$$T\neq\frac{2k\pi}{\mathrm{Im}[\lambda_i-\lambda_j]}\quad k=\pm1,\pm2,\cdots$$

则离散化后的系统仍是能控(能观测)的。

9.1.9 什么是状态反馈与极点配置?

(1) 通常,控制系统的性能指标,是通过状态反馈把闭环极点配置在期望的位置上来实现的。对于一个完全能控的系统,可以采用状态反馈实现极点的任意配置。确定单变量系统状态反馈阵的方法如下:

方法 1:当系统完全能控时,可实现极点的任意配置。状态反馈系统的方程为

$$\dot{\boldsymbol{x}}=(\boldsymbol{A}-\boldsymbol{BK})\boldsymbol{x}+\boldsymbol{BV}$$

$$\boldsymbol{y}=\boldsymbol{Cx}+\boldsymbol{Du}$$

将反馈系统的特征多项式与希望特征多项式比较,即可确定反馈阵 $\boldsymbol{K}$。

方法 2:将系统进行线性变换为能控标准形后,确定出状态反馈阵 $\bar{\boldsymbol{K}}$。

$$\bar{\boldsymbol{K}}=[a_0^*-a_0\quad a_1^*-a_1\quad\cdots\quad a_{n-1}^*-a_{n-1}]$$

式中,a_0^*、a_1^*、…、a_{n-1}^*和 a_0、a_1、…、a_{n-1}分别为希望特征多项式和反馈系统的特征多项式的各项系数。再返回原系统 $\boldsymbol{K}=\bar{\boldsymbol{K}}\boldsymbol{P}$。

(2) 当系统不是完全能控时,将状态空间表达式进行能控性结构分解,状态反馈只能对能控子系统进行极点配置,方法同上。

9.1.10 如何设计状态观测器?

(1) 方法 1:当系统能观测时,状态观测器极点可任意配置。全阶状态观测器的方程为

$$\dot{\hat{\boldsymbol{x}}}=(\boldsymbol{A}-\boldsymbol{GC})\hat{\boldsymbol{x}}+\boldsymbol{Bu}+\boldsymbol{Gy}$$

$$\hat{\boldsymbol{y}}=\boldsymbol{C}\hat{\boldsymbol{x}}$$

将状态观测器特征多项式与观测器希望特征多项式比较,即可确定阵 $\boldsymbol{G}$。

(2) 方法 2:将系统进行线性变换为能观测标准形后,确定出阵 $\overline{\boldsymbol{G}}$。

$$\overline{\boldsymbol{G}}=\begin{bmatrix}a_0^*-a_0 & a_1^*-a_1 & \cdots & a_{n-1}^*-a_{n-1}\end{bmatrix}$$

式中,a_0^*、a_1^*、…、a_{n-1}^*、和 a_0、a_1、…、a_{n-1}分别为状态观测器特征多项式与观测器希望特征多项式的各项系数。再返回原系统 $\boldsymbol{G}=\boldsymbol{P}^{-1}\overline{\boldsymbol{G}}$。

9.1.11 什么是分离定理?

若系统可控可观测,当用状态观测器估值形成状态反馈时,系统的极点配置和观测器设计可分别独立进行。观测器的设计不影响配置号的系统极点,状态反馈也不影响观测器的收敛性。

9.1.12 李雅普诺夫稳定性有哪些?

(1) 定义 1:如果对任意 $\varepsilon>0$,都存在 $\delta(\varepsilon,t_0)$,使得只要 $\|\boldsymbol{x}_0\|<\delta(\varepsilon,t_0)$,$\|\varphi(t;\boldsymbol{x}_0,t_0)\|<\varepsilon$ 成立,则称原点是在李雅普诺夫意义下是稳定的。

(2) 定义 2:如果从任意状态出发的运动都渐近收敛于原点,则称该原点是大范围渐近稳定的。

(3) 定义 3:如果对于某些实数 $\varepsilon>0$ 和任意实数 $\delta>0$,不管 δ 多么小,在 $S(\delta)$内,总有一个状态 $\boldsymbol{x}_0$,使得从 $\boldsymbol{x}_0$ 出发的运动会离开 $S(\delta)$,则称该原点是不稳定的。

9.1.13 如何用李雅普诺夫第二法判断系统稳定?

用李雅普诺夫第二法判断系统稳定性时的关键是构造一个合适的李雅普诺夫函数,线性系统可根据李雅普诺夫方程确定。

线性连续系统的李雅普诺夫方程为 $\boldsymbol{A}^{\mathrm{T}}\boldsymbol{P}+\boldsymbol{P}\boldsymbol{A}=-\boldsymbol{Q}$。

线性定常离散系统的李雅普诺夫方程为 $\boldsymbol{G}^{\mathrm{T}}\boldsymbol{P}\boldsymbol{G}-\boldsymbol{P}=-\boldsymbol{Q}$,其中 $\boldsymbol{Q}$ 阵为正定对称阵。

非线性李雅普诺夫函数的构造尚无一般性方法,常用的有克拉索夫斯基法、阿赛尔曼法和变量梯度法等。

9.1.14 什么是平衡状态?

对于所有 t,满足

$$\dot{x}_{\mathrm{e}}=f(x_{\mathrm{e}},t)=0$$

的状态 x_{e} 称为平衡状态。

9.1.15 什么是渐进稳定性?

若系统的平衡状态 x_{e} 不仅具有李雅普洛夫意义下的稳定性,且有

$$\lim_{t\to\infty}\|x(t,x_0,t_0)-x_{\mathrm{e}}\|=0$$

则称此平衡状态是渐进稳定的。

9.1.16 什么是一致渐近稳定?

若系统的平衡状态 x_{e} 是渐近稳定的,且 δ 与 t_0 无关,式

$$\lim_{t\to\infty}\|x(t,x_0,t_0)-x_e\|=0$$

的极限过程也与 t_0 无关，则称平衡状态 x_e 是一致渐近稳定的。

9.1.17 什么是大范围稳定性?

不管初始偏差有多大，系统总是稳定的，则称系统是大范围稳定的。

不管初始偏差有多大，系统总是渐近稳定的，则称系统是大范围渐近稳定的。大范围渐近稳定的系统只能有一个平衡状态。

为了满足稳定条件，初始偏差有一定限制，则称系统是小范围稳定的。

对于线性系统，若在小范围稳定，则必大范围稳定；若在小范围渐近稳定，则必大范围渐近稳定。

9.1.18 什么是 BIBO 稳定?

系统$(A(t),B(t),C(t))$在零初始状态和有界输入 $u(t)$作用下，若存在 $0<c=c(t_0,u)$，使得输出 $y(t)$满足

$$\|y\|<c,\forall t\geqslant t_0$$

则称系统是有界输入一有界输出稳定的，或简称系统 BIBO 稳定。若 $c=c(u)$即 c 与 t_0 无关，则称系统为 BIBO 一致稳定。系统 BIBO 稳定又称系统外部稳定。

9.1.19 BIBO 稳定性与平衡状态稳定性有何关系?

平衡状态渐近稳定性是由系统的特征值决定的，BIBO 稳定性是由传递函数决定。平衡状态渐近稳定性包含了 BIBO 稳定性。当系统既能控又能观测时，BIBO 稳定性与平衡状态稳定性一致。

9.2 典型题解

题型 1 线性系统的状态空间描述

【例 9.1.1】 已知线性定常系统的结构如图 9.1 所示，状态变量为 x_1 和 x_2，写出系统的状态空间表达式，并判断系统的状态能控性。

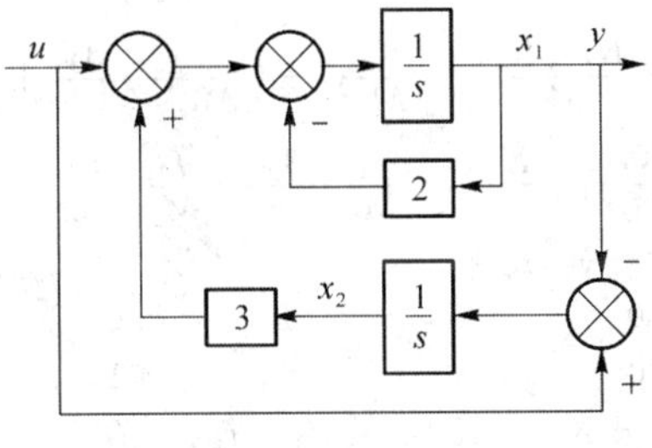

图 9.1 线性定常系统的结构图

答：由题意

$$\begin{cases}\dot{x}_1=-2x_1+3x_2+u\\ \dot{x}_2=x_1+u\\ y=x_1\end{cases}$$

于是得到状态空间表达式为

$$\begin{cases}\begin{bmatrix}\dot{x}_1\\ \dot{x}_2\end{bmatrix}=\begin{bmatrix}-2 & 3\\ 1 & 0\end{bmatrix}\begin{bmatrix}x_1\\ x_2\end{bmatrix}+\begin{bmatrix}1\\ 1\end{bmatrix}u\\ y=\begin{bmatrix}1 & 0\end{bmatrix}\begin{bmatrix}x_1\\ x_2\end{bmatrix}\end{cases}$$

$$A=\begin{bmatrix}-2 & 3\\ 1 & 0\end{bmatrix}$$

$$b=\begin{bmatrix}1\\ 1\end{bmatrix}$$

$$P=\begin{bmatrix}b & Ab\end{bmatrix}=\begin{bmatrix}1 & 1\\ 1 & 1\end{bmatrix}$$

$\text{rank}(P)=1<2$，系统不可控。

【例 9.1.2】 如图 9.2 所示机械系统，若不考虑重力对系统的作用，试列写该系统以拉力 F 为输入，以质量块 M_1 和 M_2 的位移 y_1 和 y_2 为输出的状态空间表达式。

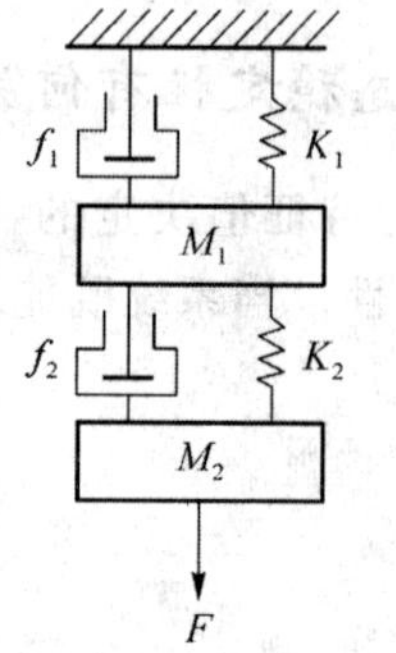

图 9.2 机械系统

答：根据牛顿定律，对质量块 M_1 和 M_2 进行力的分析，有

$$\begin{cases}M_1\dfrac{\mathrm{d}^2y_1}{\mathrm{d}t^2}=f_2\left(\dfrac{\mathrm{d}y_2}{\mathrm{d}t}-\dfrac{\mathrm{d}y_1}{\mathrm{d}t}\right)+K_2(y_2-y_1)-\left(f_1\dfrac{\mathrm{d}y_1}{\mathrm{d}t}+K_1y_1\right)\\ M_2\dfrac{\mathrm{d}^2y_2}{\mathrm{d}t^2}=F-f_2\left(\dfrac{\mathrm{d}y_2}{\mathrm{d}t}-\dfrac{\mathrm{d}y_1}{\mathrm{d}t}\right)-K_2(y_2-y_1)\end{cases}$$

整理后有

$$\begin{cases}\dfrac{\mathrm{d}^2y_1}{\mathrm{d}t^2}=-\dfrac{K_1+K_2}{M_1}y_1+\dfrac{K_2}{M_1}y_2-\dfrac{f_1+f_2}{M_1}\cdot\dfrac{\mathrm{d}y_1}{\mathrm{d}t}+\dfrac{f_2}{M_1}\cdot\dfrac{\mathrm{d}y_2}{\mathrm{d}t}\\ \dfrac{\mathrm{d}^2y_2}{\mathrm{d}t^2}=\dfrac{K_2}{M_2}y_1-\dfrac{K_2}{M_2}y_2+\dfrac{f_1}{M_2}\cdot\dfrac{\mathrm{d}y_1}{\mathrm{d}t}-\dfrac{f_2}{M_2}\cdot\dfrac{\mathrm{d}y_2}{\mathrm{d}t}+\dfrac{1}{M_2}F\end{cases}$$

设 $x_1=y_1, x_2=y_2, x_3=\dot{y}_1, x_4=\dot{y}_2$，故有

$$\dot{\boldsymbol{x}}=\begin{bmatrix}0 & 0 & 1 & 0\\ 0 & 0 & 0 & 1\\ -\dfrac{K_1+K_2}{M_1} & \dfrac{K_2}{M_1} & -\dfrac{f_1+f_2}{M_1} & \dfrac{f_2}{M_1}\\ \dfrac{K_2}{M_2} & -\dfrac{K_2}{M_2} & \dfrac{f_1}{M_2} & -\dfrac{f_2}{M_2}\end{bmatrix}\boldsymbol{x}+\begin{bmatrix}0\\ 0\\ 0\\ \dfrac{1}{M_2}\end{bmatrix}F$$

$$y=\begin{pmatrix}1&0&0&0\\0&1&0&0\end{pmatrix}x$$

【例 9.1.3*】(浙江大学) 请写出如图 9.3 所示电路当开关合上后的系统状态方程与输出方程。其中状态如图 9.3 所示，设系统的输出变量为 i_2。若电路图中所有元件的参数均为 1，试判断系统的可控性与可观性。

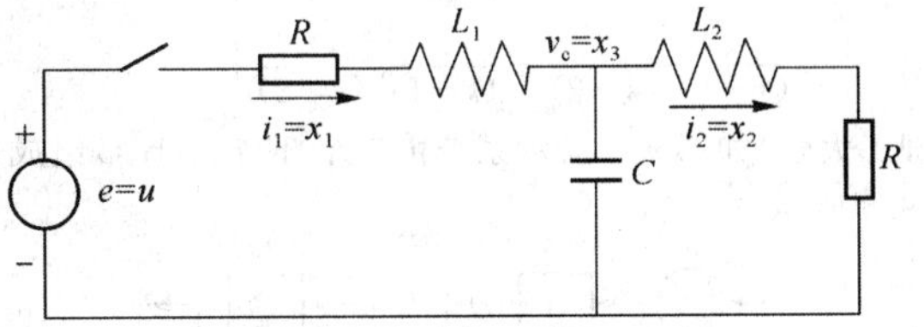

图 9.3　开关合上后的系统状态

答：由题意，使用复阻抗，可以得到如下的微分方程：

$$i_1(s)=i_2(s)+\frac{V_c(s)}{\frac{1}{Cs}}=i_2(s)+sV_c(s),\text{得到 }\dot{x}_3=x_1-x_2$$

$$i_1(s)=\frac{e-V_c}{R+L_1s},\text{得到 }\dot{x}_1=-x_1-x_3+u$$

$$i_2(s)=\frac{V_c}{L_2s+R},\text{得到 }\dot{x}_2=-x_2+x_3$$

系统的状态空间表达式如下所示：

$$\begin{pmatrix}\dot{x}_1\\\dot{x}_2\\\dot{x}_3\end{pmatrix}=\begin{pmatrix}-1&0&-1\\0&-1&1\\1&-1&0\end{pmatrix}\begin{pmatrix}x_1\\x_2\\x_3\end{pmatrix}+\begin{pmatrix}1\\0\\0\end{pmatrix}u,\quad y=[0\quad 1\quad 0]\begin{pmatrix}x_1\\x_2\\x_3\end{pmatrix}$$

$$A=\begin{pmatrix}-1&0&-1\\0&-1&1\\1&-1&0\end{pmatrix},b=\begin{pmatrix}1\\0\\0\end{pmatrix},c=[0\quad 1\quad 0]$$

$$p=[b\quad Ab\quad A^2b]=\begin{pmatrix}1&-1&0\\0&0&1\\0&1&-1\end{pmatrix},\text{rank}(P)=3,\text{系统可控}$$

$$Q=[c\quad cA\quad cA^2]^{\mathrm{T}}=\begin{pmatrix}0&0&1\\1&-1&0\\0&1&-1\end{pmatrix},\text{rank}(Q)=3,\text{系统可观}$$

【例 9.1.4】 求下列系统的外部描述

$$\dot{x}=\begin{pmatrix}0&1&0\\0&0&1\\2&-5&4\end{pmatrix}x+\begin{pmatrix}0&0\\0&-1\\1&0\end{pmatrix}u$$

$$y=\begin{pmatrix}1&0&0\\0&0&-1\end{pmatrix}x+\begin{pmatrix}1&0\\0&-1\end{pmatrix}u$$

答：系统的传递函数矩阵为

$$\boldsymbol{G}(s)=\boldsymbol{C}(s\boldsymbol{I}-\boldsymbol{A})^{-1}\boldsymbol{B}+\boldsymbol{D}$$

$$=\begin{pmatrix}1&0&0\\0&0&-1\end{pmatrix}\begin{pmatrix}s&-1&0\\0&s&-1\\-2&5&s-4\end{pmatrix}^{-1}\begin{pmatrix}0&0\\0&-1\\1&0\end{pmatrix}+\begin{pmatrix}1&0\\0&-1\end{pmatrix}$$

$$=\begin{pmatrix}\dfrac{s(s^2-4s+5)}{(s-1)^2(s-2)}&-\dfrac{2(s-4)}{(s-1)^2(s-2)}\\-\dfrac{s^2}{(s-1)^2(s-2)}&-\dfrac{s^2(s-4)}{(s-1)^2(s-2)}\end{pmatrix}$$

【例 9.1.5★】 (北京理工大学)如图 9.4 所示系统由三个环节 A、B、C 组成,它们各自对不同输入 $r(t)$ 的响应曲线 $y(t)$ 分别如图 9.5 所示。

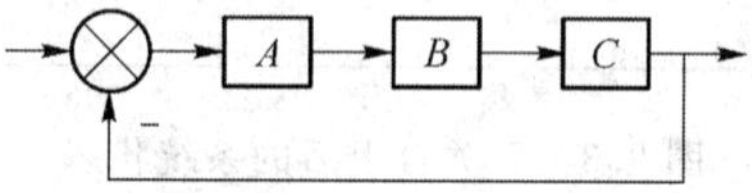

图 9.4 系统组成

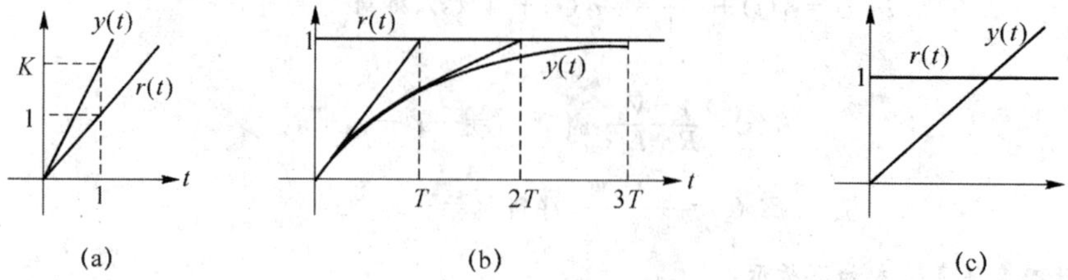

图 9.5 响应曲线

(1) 该系统的三个环节 A、B、C 的传递函数是什么? 开环系统的总传递函数是什么? 画出其结构图;

(2) 从结构图上选状态变量,写出状态空间表达式;

(3) 当 $K=10$,$T=0.1$,求单位阶跃输入时系统的稳态误差和动态响应指标百分比超调 $\sigma\%$,上升时间 t_r,峰值时间 t_p。

答:(1) 由 A 环节的输入输出曲线可知,输出是输入的 K 倍,而且相位上没有延迟,所以其传递函数为 $G_A(s)=K$。

由 B 环节的输入输出曲线可以看出,输出跟输入有延迟,无超调,故其为惯性环节 $G_B(s)=\dfrac{1}{Ts+1}$。

由 C 环节的输入输出曲线可以看出,输出随输入快速正向上升,故 C 环节为积分环节,$G_C(s)=\dfrac{1}{s}$。

开环系统的总传递函数为 $G(s)=G_A(s)G_B(s)G_C(s)=\dfrac{K}{s(Ts+1)}$,其结构图如图 9.6 所示。

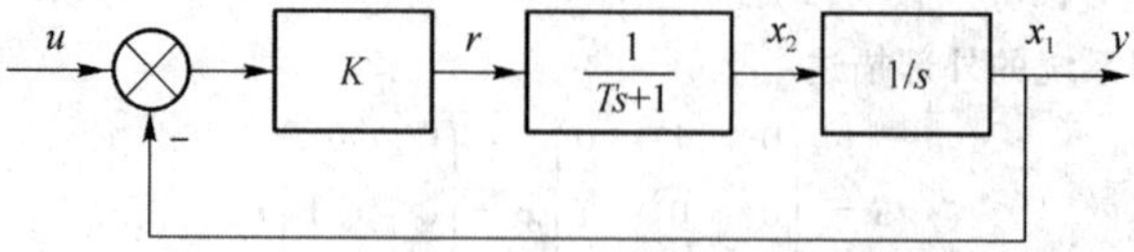

图 9.6 结构图

(2) 由上图所示选定状态变量为 x_1,x_2

则由 $\dfrac{x_1(s)}{r(s)}=\dfrac{1}{Ts+1}\Rightarrow\dot{x}_2=-\dfrac{1}{T}x_2+\dfrac{1}{T}r,\ \dot{x}_1=x_2$

又 $r=K(u-x_1)=-Kx_1+Ku$,得 $\dot{x}_2=-\dfrac{K}{T}x_1-\dfrac{1}{T}x_2+\dfrac{K}{T}u$,$y=x_1$,可以得到系统的状态空间表达式为

$$\begin{pmatrix}\dot{x}_1\\\dot{x}_2\end{pmatrix}=\begin{pmatrix}0&1\\-\dfrac{K}{T}&-\dfrac{1}{T}\end{pmatrix}\begin{pmatrix}x_1\\x_2\end{pmatrix}+\begin{pmatrix}0\\\dfrac{K}{T}\end{pmatrix}u,\ y=\begin{pmatrix}1&0\end{pmatrix}\begin{pmatrix}x_1\\x_2\end{pmatrix}$$

(3) 当 $K=10, T=0.1$ 时，$G(s)=\dfrac{10}{s(0.1s+1)}$，Ⅰ阶系统，单位阶跃输入稳态误差为零；

$\Phi(s)=\dfrac{G(s)}{1+G(s)}=\dfrac{100}{s^2+10s+100}$，得 $\omega_n=10, \zeta=0.5, \sigma\%\approx 16.3\%, t_p\approx 0.36s$

$$t_r\approx 0.24s$$

【例 9.1.6★】(哈尔滨工业大学) 某系统的状态方程为

$$\dot{X}=\begin{pmatrix}0 & K_1 & 0 & 0\\ 0 & 0 & 1 & 0\\ 0 & 0 & 0 & 2\\ -1 & -2 & -3 & -1\end{pmatrix}X+\begin{pmatrix}0\\0\\0\\1\end{pmatrix}u$$

(1) 判断 $K_1=3$ 时该系统是否稳定；

(2) 求使该系统稳定的 K_1 的取值范围

答：

(1) 由于状态空间表达时矩阵 $\boldsymbol{A}$ 的特征方程即为系统的特征方程，只需求出 $\boldsymbol{A}$ 的特征方程即可

$$\boldsymbol{A}=\begin{pmatrix}0 & K_1 & 0 & 0\\ 0 & 0 & 1 & 0\\ 0 & 0 & 0 & 2\\ -1 & -2 & -3 & -1\end{pmatrix}, |\lambda\boldsymbol{E}-\boldsymbol{A}|=\begin{vmatrix}\lambda & -K_1 & 0 & 0\\ 0 & \lambda & -1 & 0\\ 0 & 0 & \lambda & -2\\ 1 & 2 & 3 & \lambda+1\end{vmatrix}，整理得$$

$|\lambda\boldsymbol{E}-\boldsymbol{A}|=\lambda^4+\lambda^3+6\lambda^2+4\lambda+2K_1=0$，用劳斯判据求系统的稳定性，列写劳斯表如下所示：

λ^4	1	6	$2K_1$
λ^3	1	4	
λ^2	2	$2K_1$	
λ^1	$4-K_1$		
λ^0	$2K_1$		

系统稳定时，$\begin{cases}4-K_1>0\\ K_1>0\end{cases}\Rightarrow 0<K_1<4$，故 $K_1=3$ 时该系统稳定

(2) 已在(1)求得，系统稳定时 $0<K_1<4$。

【例 9.1.7】 已知某系统的齐次状态方程为

$$\dot{\boldsymbol{x}}(t)=\begin{pmatrix}0 & 1\\ 2 & -1\end{pmatrix}\boldsymbol{x}(t)$$

当系统的时域响应 $\boldsymbol{x}(t)=\begin{pmatrix}2\\5\end{pmatrix}$ 时，试计算系统的初始状态 $\boldsymbol{x}(0)$。

答：

$$\boldsymbol{\Phi}(t)=L^{-1}(s\boldsymbol{I}-\boldsymbol{A})^{-1}=L^{-1}\begin{pmatrix}s & -1\\ -2 & s+1\end{pmatrix}^{-1}=L^{-1}\begin{pmatrix}\dfrac{s+1}{(s+2)(s-1)} & \dfrac{1}{(s+2)(s-1)}\\ \dfrac{2}{(s+2)(s-1)} & \dfrac{s}{(s+2)(s-1)}\end{pmatrix}$$

$$=L^{-1}\begin{pmatrix}\dfrac{1/3}{s+2}+\dfrac{2/3}{s-1} & -\dfrac{1/3}{s+2}+\dfrac{1/3}{s-1}\\ \dfrac{-2/3}{s+2}+\dfrac{2/3}{s-1} & \dfrac{2/3}{s+2}+\dfrac{1/3}{s-1}\end{pmatrix}=\frac{1}{3}\begin{pmatrix}e^{-2t}+2e^t\\ -2e^{-2t}+2e^t\end{pmatrix}$$

齐次方程的解为 $\boldsymbol{x}(t)=\boldsymbol{\Phi}(t)\boldsymbol{x}(0)$，故有

$$\boldsymbol{x}(0)=\boldsymbol{\Phi}^{-1}(t)\boldsymbol{x}(t)$$

根据状态转移矩阵的基本性质 $\boldsymbol{\Phi}^{-1}(t)=\boldsymbol{\Phi}(-t)$，有

$$x(0)=\boldsymbol{\Phi}^{-1}(t)\boldsymbol{x}(t)=\frac{1}{3}\begin{pmatrix}e^{2t}+2e^{-t} & -e^{2t}+e^{-t}\\ -2e^{2t}+2e^{-t} & 2e^{2t}+e^{-t}\end{pmatrix}\begin{pmatrix}2\\5\end{pmatrix}=\begin{pmatrix}-e^{2t}+3e^{-t}\\ 2e^{2t}+3e^{-t}\end{pmatrix}$$

【例 9.1.8★】 (中科院自动化所)已知系统的动态结构图如图 9.7 所示。

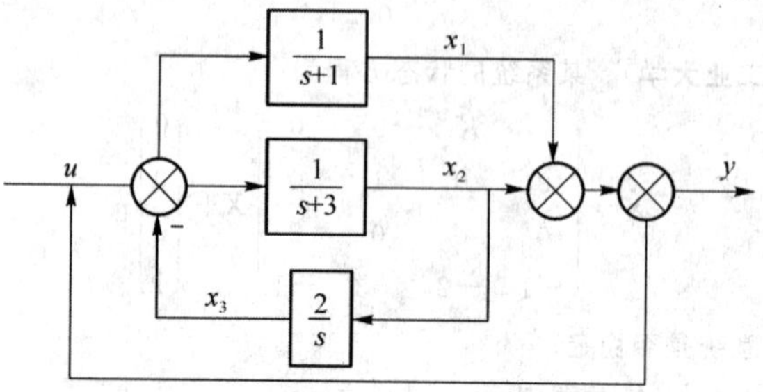

图 9.7　系统的动态结构图

(1) 列写系统的状态空间表达式;

(2) 当初态 $x_1(0)=1, x_2(0)=-1, x_3(0)=0$,输入 u 是单位阶跃信号时,求状态 $x(t)$ 的表达式及输出 $y(2)$ 的值。

答:

(1) 系统的状态空间表达式为

$$\dot{x}=\begin{pmatrix}-1 & 0 & -1\\ 0 & -3 & -1\\ 0 & 2 & 0\end{pmatrix}x+\begin{pmatrix}1\\1\\0\end{pmatrix}u, y=(1\quad 1\quad 0)x+u$$

$$(2)\ e^{At}=\begin{pmatrix}e^{-t} & 2e^{-t}-2te^{-t}-2e^{-2t} & 2e^{-t}-2te^{-t}-2e^{-2t}\\ 0 & -e^{-t}+2e^{-2t} & -e^{-t}+e^{-2t}\\ 0 & 2e^{-t}-2e^{-2t} & 2e^{-t}-e^{-2t}\end{pmatrix}$$

$$x(t)=e^{At}x_0+\int_0^t e^{A\tau}bu(t-\tau)d\tau=\begin{pmatrix}-2e^{-t}+4te^{-t}+3e^{-2t}\\ 2e^{-t}-3e^{-2t}\\ 1-4e^{-t}+3e^{-2t}\end{pmatrix}$$

$$y(t)=4te^{-t}+1, y(2)=8e^{-2}+1$$

【例 9.1.9】　已知矩阵

$$\boldsymbol{A}=\begin{pmatrix}-1 & 0\\ 0 & 1\end{pmatrix}$$

试求状态转移矩阵 e^{At}。

答:

方法 1:根据定义求取状态转移矩阵 e^{At}。

$$\boldsymbol{\Phi}(t)=e^{At}=\boldsymbol{I}+\boldsymbol{A}t+\frac{1}{2!}\boldsymbol{A}^2t^2+\cdots+\frac{1}{k!}\boldsymbol{A}^kt^k+\cdots$$

$$=\begin{pmatrix}1 & 0\\ 0 & 1\end{pmatrix}+\begin{pmatrix}-1 & 0\\ 0 & 1\end{pmatrix}t+\frac{1}{2!}\begin{pmatrix}-1 & 0\\ 0 & 1\end{pmatrix}^2t^2+\cdots$$

$$=\begin{pmatrix}1-t+\frac{1}{2}t^2-\cdots & 0\\ 0 & 1+t+\frac{1}{2}t^2+\cdots\end{pmatrix}$$

$$=\begin{pmatrix}e^{-t} & 0\\ 0 & e^{t}\end{pmatrix}$$

方法 2：应用拉普拉斯变换法计算。

$$\Phi(t)=e^{At}=L^{-1}(s\boldsymbol{I}-\boldsymbol{A})^{-1}=L^{-1}\begin{pmatrix}s+1 & 0\\ 0 & s-1\end{pmatrix}^{-1}=L^{-1}\begin{pmatrix}\frac{1}{s-1} & 0\\ 0 & \frac{1}{s+1}\end{pmatrix}^{-1}=\begin{pmatrix}e^{-t} & 0\\ 0 & e^{t}\end{pmatrix}$$

方法 3：应用凯莱-哈密顿定理。

$$e^{\lambda_1 t}=a_0(t)+a_1(t)\lambda_1$$
$$e^{\lambda_2 t}=a_0(t)+a_1(t)\lambda_2$$

故有

$$e^{t}=a_0(t)+a_1(t)$$
$$e^{-t}=a_0(t)-a_1(t)$$

解得 $a_0(t)=\frac{e^{t}+e^{-t}}{2},a_1(t)=\frac{e^{t}-e^{-t}}{2}$。

故有 $\Phi(t)=e^{At}=a_0(t)\boldsymbol{I}+a_1(t)\boldsymbol{A}=\begin{bmatrix}e^{-t} & 0\\ 0 & e^{t}\end{bmatrix}$

方法 4：通过线性变换计算。

因为本例中 $\boldsymbol{A}=\begin{pmatrix}-1 & 0\\ 0 & 1\end{pmatrix}$ 为对角阵，故有

$$\Phi(t)=e^{At}=\begin{pmatrix}e^{-t} & 0\\ 0 & e^{t}\end{pmatrix}$$

【例 9.1.10★】(上海交通大学) 已知系统的状态方程为：$\begin{pmatrix}\dot{x}_1(t)\\ \dot{x}_2(t)\end{pmatrix}=\begin{pmatrix}0 & 1\\ -2 & -3\end{pmatrix}\begin{pmatrix}x_1(t)\\ x_2(t)\end{pmatrix}$，试求状态方程的解。

答：由题意 $\boldsymbol{A}=\begin{pmatrix}0 & 1\\ -2 & -3\end{pmatrix}$

方法一：先求 $\boldsymbol{A}$ 的特征值和特征向量，将 $\boldsymbol{A}$ 对角化，由 $|\lambda\boldsymbol{E}-\boldsymbol{A}|=\begin{vmatrix}\lambda & -1\\ 2 & \lambda+3\end{vmatrix}=\lambda^2+3\lambda+2=0$

得到 $\lambda_1=-1,\lambda_2=-2$，由 $Ap_i=\lambda_i p_i(i=1,2)$，得对应特征向量为 $p_1=(1\quad -1)^{T},p_2=(1\quad -2)^{T}$

令 $T=\begin{pmatrix}p_1 & p_1\end{pmatrix}=\begin{pmatrix}1 & 1\\ -1 & -2\end{pmatrix},T^{-1}=\begin{pmatrix}2 & 1\\ -1 & -1\end{pmatrix},T^{-1}\boldsymbol{A}T=\Lambda=\begin{pmatrix}-1 & \\ & -2\end{pmatrix}$

$$e^{At}=Te^{\Lambda t}T^{-1}=\begin{pmatrix}1 & 1\\ -1 & -2\end{pmatrix}\begin{pmatrix}e^{-t} & \\ & e^{-2t}\end{pmatrix}\begin{pmatrix}2 & 1\\ -1 & -1\end{pmatrix}=\begin{pmatrix}2e^{-t}-e^{-2t} & e^{-t}-e^{-2t}\\ -2e^{-t}+2e^{-2t} & -e^{-t}+2e^{-2t}\end{pmatrix}$$

方法二：$e^{At}=L^{-1}((s\boldsymbol{E}-\boldsymbol{A})^{-1}),s\boldsymbol{E}-\boldsymbol{A}=\begin{pmatrix}s & -1\\ 2 & s+3\end{pmatrix}$

$(s\boldsymbol{E}-\boldsymbol{A})^{-1}=\frac{1}{|s\boldsymbol{E}-\boldsymbol{A}|}\mathrm{adj}(s\boldsymbol{E}-\boldsymbol{A})=\frac{1}{(s+1)(s+2)}\begin{pmatrix}s+3 & 1\\ -2 & s\end{pmatrix}$，展开可以得到

$$(s\boldsymbol{E}-\boldsymbol{A})^{-1}=\begin{pmatrix}\frac{s+3}{(s+1)(s+2)} & \frac{1}{(s+1)(s+2)}\\ \frac{-2}{(s+1)(s+2)} & \frac{s}{(s+1)(s+2)}\end{pmatrix}=\begin{pmatrix}\frac{2}{s+1}-\frac{1}{s+2} & \frac{1}{s+1}-\frac{1}{s+2}\\ \frac{-2}{s+1}+\frac{2}{s+2} & \frac{-1}{s+1}+\frac{2}{s+2}\end{pmatrix}$$

所以 $e^{At}=L^{-1}((s\boldsymbol{E}-\boldsymbol{A})^{-1})=\begin{pmatrix}2e^{-t}-e^{-2t} & e^{-t}-e^{-2t}\\ -2e^{-t}+2e^{-2t} & -e^{-t}+2e^{-2t}\end{pmatrix}$

方法三：运用凯莱一哈密顿定理求 e^{At}

前面已经求得 $\lambda_1=-1,\lambda_2=-2$，为互异根，由凯莱—哈密顿定理 $e^{At}=a_0(t)\boldsymbol{E}+a_1(t)\boldsymbol{A}$

$$\begin{pmatrix}a_0(t)\\a_1(t)\end{pmatrix}=\begin{pmatrix}1&\lambda_1\\1&\lambda_2\end{pmatrix}^{-1}\begin{pmatrix}e^{\lambda_1 t}\\e^{\lambda_2 t}\end{pmatrix}=\begin{pmatrix}1&-1\\1&-2\end{pmatrix}^{-1}\begin{pmatrix}e^{-t}\\e^{-2t}\end{pmatrix}=\begin{pmatrix}2e^{-t}-e^{-2t}\\e^{-t}-e^{-2t}\end{pmatrix}$$

$$e^{At}=a_0(t)\boldsymbol{E}+a_1(t)\boldsymbol{A}=(2e^{-t}-e^{-2t})\boldsymbol{E}+(e^{-t}-e^{-2t})\boldsymbol{A}=\begin{pmatrix}2e^{-t}-e^{-2t}&e^{-t}-e^{-2t}\\-2e^{-t}+2e^{-2t}&-e^{-t}+2e^{-2t}\end{pmatrix}$$

方法四：利用矩阵理论方法计算 e^{At}

前面方法一中已经得到系统特征多项式为 $\lambda^2+3\lambda+2=0,\lambda_1=-1,\lambda_2=-2$，两特征值互异，故矩阵 A 的最小多项式为 $m(\lambda)=\lambda^2+3\lambda+2=0$，设 $e^{At}=b_0(t)E+b_1(t)A$，由在谱上的值相等可以得到：
$\begin{cases}b_0(t)+b_1(t)\lambda_1=e^{\lambda_1 t}\\b_0(t)+b_1(t)\lambda_2=e^{\lambda_2 t}\end{cases}$，代入求解得到 $\begin{cases}b_0(t)=2e^{-t}-e^{-2t}\\b_1(t)=e^{-t}-e^{-2t}\end{cases}$

$$e^{At}=b_0(t)E+b_1(t)A=(2e^{-t}-e^{-2t})\boldsymbol{E}+(e^{-t}-e^{-2t})\boldsymbol{A}=\begin{pmatrix}2e^{-t}-e^{-2t}&e^{-t}-e^{-2t}\\-2e^{-t}+2e^{-2t}&-e^{-t}+2e^{-2t}\end{pmatrix}$$

题型 2　线性系统的可控性与可观测性

【例 9.2.1】 设控制系统的结构图如图 9.8 所示，试判别该系统的能控性和能观测性。

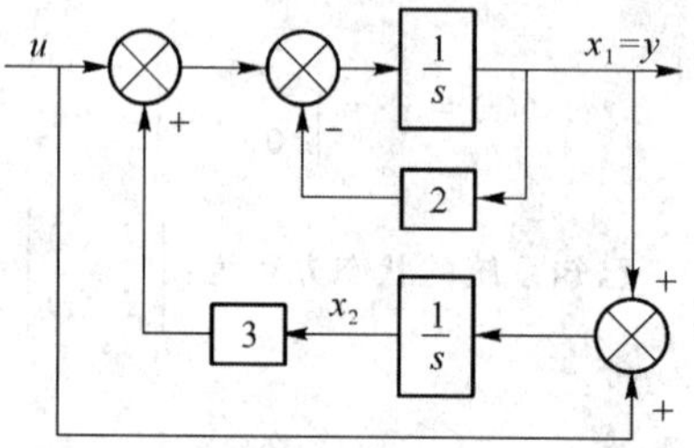

图 9.8　控制系统的结构图

答：

(1) 列写状态空间表达式。由图 9.8，有

状态方程为
$$\begin{cases}\dot{x}_1=-2x_1+3x_2+u\\\dot{x}_2=x_1+u\end{cases}$$

输出方程为
$$y=x_1$$

即
$$\begin{pmatrix}\dot{x}_1\\\dot{x}_2\end{pmatrix}=\begin{pmatrix}-2&3\\1&0\end{pmatrix}\begin{pmatrix}x_1\\x_2\end{pmatrix}+\begin{pmatrix}1\\1\end{pmatrix}u$$

$$y=(1\quad 0)\begin{pmatrix}x_1\\x_2\end{pmatrix}$$

$$\boldsymbol{A}=\begin{pmatrix}-2&3\\1&0\end{pmatrix},\boldsymbol{b}=\begin{pmatrix}1\\1\end{pmatrix},\boldsymbol{C}=(1\quad 0)$$

(2) 判别系统的能控性和能观测性。

系统的能控性矩阵

$$\boldsymbol{Q}_c=(\boldsymbol{b}\quad \boldsymbol{Ab})=\begin{pmatrix}1&1\\1&1\end{pmatrix}$$

$$\text{rank}\boldsymbol{Q}_c=1<n=2$$

所以系统不完全能控。

系统的能观测性矩阵

$$\boldsymbol{Q}_0=\begin{pmatrix}\boldsymbol{C}\\ \boldsymbol{CA}\end{pmatrix}=\begin{pmatrix}1 & 0\\ -2 & 3\end{pmatrix}$$

$$\mathrm{rank}\boldsymbol{Q}_0=2=n$$

所以系统完全能观测。

【例 9.2.2】 确定系统为完全能观时待定参数的取值范围

(1) $\dot{x}=\begin{pmatrix}a & 1\\ 1 & 1\end{pmatrix}x, y=(0\quad 1)x$;

(2) $\dot{x}=\begin{bmatrix}1 & 0 & 0\\ 0 & -1 & 0\\ 0 & 0 & 2\end{bmatrix}x, y=\begin{pmatrix}1 & 0 & 1\\ a & 1 & b\end{pmatrix}$

答:

(1) $N=\begin{pmatrix}c\\ cA\end{pmatrix}=\begin{pmatrix}0 & 1\\ 1 & 1\end{pmatrix}$, $\mathrm{rank}(N)=2$,系统完全可观,a 为任意值

(2) $N=\begin{bmatrix}c\\ cA\\ cA^2\end{bmatrix}=\begin{bmatrix}1 & 0 & 1\\ a & 1 & b\\ 1 & 0 & 2\\ a & -1 & 2b\\ 1 & 0 & 4\\ a & 1 & 4b\end{bmatrix}$, $N^{\mathrm{T}}N=\begin{bmatrix}3+3a^2 & a & 7+7ab\\ a & 3 & 3b\\ 7+7ab & 3b & 21+21b^2\end{bmatrix}$

$\mathrm{rank}(N)=\mathrm{rank}(N^{\mathrm{T}}N)$,要使系统完全能观 $\mathrm{rank}(N)=\mathrm{rank}(N^{\mathrm{T}}N)=3$,此时 $|N^{\mathrm{T}}N|\neq 0$

$|N^{\mathrm{T}}N|=36a^2b^2+168a^2+162b^2-252ab+42\neq 0$,整理得:

$6a^2b^2+28a^2+27b^2-42ab+7\neq 0$ 时,系统完全可观测。

【例 9.2.3★】(南京理工大学) 求如图 9.9 所示控制系统的状态空间模型,并讨论其可控性和可观测性。

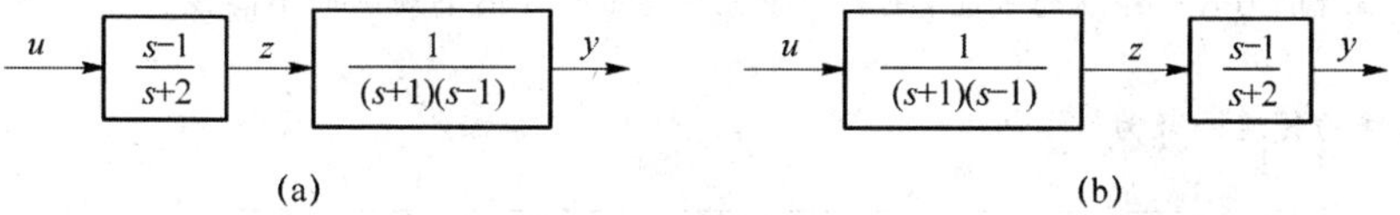

图 9.9 控制系统的状态空间模型

答: 设系统 $\sum_1(A_1,b_1,c_1,d_1)$ 的传递函数为 $G_1(s)=\dfrac{s-1}{s+2}=1-\dfrac{3}{s+2}$,

设系统 $\sum_2(A_2,b_2,c_2,d_2)$ 的传递函数为 $G_2(s)=\dfrac{1}{(s+1)(s-1)}=\dfrac{1}{s^2-1}$,

用能控标准型对两系统进行实现如下

$$\sum\nolimits_1(A_1,b_1,c_1,d_1)\text{ 为 }\dot{x}_1=-2x_1+u, z=-3x_1+u$$

$\sum_2(A_2,b_2,c_2,d_2)$ 其对应的状态空间表达式为

$$\begin{pmatrix}\dot{x}_1\\ \dot{x}_2\end{pmatrix}=\begin{pmatrix}0 & 1\\ 1 & 0\end{pmatrix}\begin{pmatrix}x_1\\ x_2\end{pmatrix}+\begin{pmatrix}0\\ 1\end{pmatrix}z, y=(1\quad 0)\begin{pmatrix}x_1\\ x_2\end{pmatrix}$$

(1) $\sum_1(A_1,b_1,c_1,d_1)$ 在 $\sum_2(A_2,b_2,c_2,d_2)$ 前,串联后系统的状态空间表达式为

$$\begin{pmatrix}\dot{x}_1\\ \dot{x}_2\\ \dot{x}_3\end{pmatrix}=\begin{pmatrix}-2&0&0\\0&0&1\\-3&1&0\end{pmatrix}\begin{pmatrix}x_1\\x_2\\x_3\end{pmatrix}+\begin{pmatrix}1\\0\\1\end{pmatrix}u,y=(0\quad 1\quad 0)\begin{pmatrix}x_1\\x_2\\x_3\end{pmatrix}$$，判别其可观可控性

$M=(b\quad Ab\quad A^2b)=\begin{pmatrix}1&-2&4\\0&1&-3\\1&-3&7\end{pmatrix}$，$\mathrm{rank}(M)=2$，故不可控

$N=\begin{pmatrix}c\\cA\\cA^2\end{pmatrix}=\begin{pmatrix}0&1&0\\0&0&1\\-3&1&0\end{pmatrix}$，$\mathrm{rank}(N)=3$，系统可观

(2) $\sum_2(A_2,b_2,c_2,d_2)$ 在 $\sum_1(A_1,b_1,c_1,d_1)$ 前，串联后系统的状态空间表达式为：

$$\begin{pmatrix}\dot{x}_1\\ \dot{x}_2\\ \dot{x}_3\end{pmatrix}=\begin{pmatrix}0&1&0\\1&0&0\\1&0&-2\end{pmatrix}\begin{pmatrix}x_1\\x_2\\x_3\end{pmatrix}+\begin{pmatrix}0\\1\\0\end{pmatrix}u,y=(1\quad 0\quad -3)\begin{pmatrix}x_1\\x_2\\x_3\end{pmatrix}$$，判别其可观可控性

$M=(b\quad Ab\quad A^2b)=\begin{pmatrix}0&1&0\\1&0&1\\0&0&1\end{pmatrix}$，$\mathrm{rank}(M)=2$，故不可控

$N=\begin{pmatrix}c\\cA\\cA^2\end{pmatrix}=\begin{pmatrix}1&0&-3\\-3&1&6\\7&-3&-12\end{pmatrix}$，$\mathrm{rank}(N)=2$，系统不可观

【例 9.2.4】 设系统的传递函数为

$$\frac{Y(s)}{U(s)}=\frac{s+a}{s^4+5s^3+10s^2+10s+4}$$

试求：

(1) 确定实数 a 为何值时，系统为不能控或不能观测，或是既不能控又不能观测？

(2) 选择系统的另外一组变量，使系统在 1 所确定的 a 值下能控而不能观测？

(3) 选择系统的另外一组状态变量，使系统在 1 所确定的 a 值下观测而不能控？

答：

(1) 设系统的传递函数为

$$\frac{Y(s)}{U(s)}=\frac{s+a}{s^4+5s^3+10s^2+10s+4}=\frac{s+a}{(s+1)(s+2)(s^2+2s+2)}$$

显然，当 $a=1$ 或 $a=2$ 时，系统传递函数存在零、极点对消，此时系统为不能控或不能观测，或是既不能控又不能观测。

(2) 选择状态变量，使系统的状态空间表达式为能控标准形，则有

$$\dot{\boldsymbol{x}}=\begin{pmatrix}0&1&0&0\\0&0&1&0\\0&0&0&1\\-4&-10&-10&-5\end{pmatrix}\boldsymbol{x}+\begin{pmatrix}0\\0\\0\\1\end{pmatrix}u$$

$$y=(a\quad 1\quad 0\quad 0)\boldsymbol{x}$$

因状态空间表达式为能控标准形，故此时系统能控。

系统的能观测性矩阵

$$\boldsymbol{Q}_0=\begin{pmatrix}\boldsymbol{C}\\ \boldsymbol{CA}\\ \boldsymbol{CA}^2\\ \boldsymbol{CA}^3\end{pmatrix}=\begin{pmatrix}a&1&0&0\\0&a&1&0\\0&0&a&1\\-4&-10&-10&a-5\end{pmatrix}$$

$$\det \boldsymbol{Q}_0=\begin{vmatrix} a & 1 & 0 & 0 \\ 0 & a & 1 & 0 \\ 0 & 0 & a & 1 \\ -4 & -10 & -10 & a-5 \end{vmatrix}=a^3(a-5)+10a(a-1)+4$$

当 $a=1$ 或 $a=2$ 时，$\det \boldsymbol{Q}_0=0$。系统不能观测。

(3) 能控标准形和能观测标准形互为对偶，故有能观测标准形状态空间表达式为

$$\dot{x}=\begin{pmatrix} 0 & 0 & 0 & -4 \\ 1 & 0 & 0 & -10 \\ 0 & 1 & 0 & -10 \\ 0 & 0 & 1 & -5 \end{pmatrix}\boldsymbol{x}+\begin{pmatrix} a \\ 1 \\ 0 \\ 0 \end{pmatrix}u$$

$$y=(0\quad 0\quad 0\quad 1)\boldsymbol{x}$$

因状态空间表达式为能观测标准形，故此时系统能观测。

系统的能控性矩阵

$$\boldsymbol{Q}_c=(\boldsymbol{b}\quad \boldsymbol{Ab}\quad \boldsymbol{A}^2\boldsymbol{b}\quad \boldsymbol{A}^3\boldsymbol{b})=\begin{pmatrix} a & 0 & 0 & -4 \\ 1 & a & 0 & -10 \\ 0 & 1 & a & -10 \\ 0 & 0 & 1 & a-5 \end{pmatrix}$$

$$\det \boldsymbol{Q}_c=a^4-5a^3+10a^2-10a+4$$

当 $a=1$ 或 $a=2$ 时，$\det \boldsymbol{Q}_c=0$。系统不能控。

※**点评**：系统既能控又能观测的充分必要条件是传递函数中不存在零、极点对消。

【例 9.2.5★】(华南理工大学) 设系统的传递函数为

$$G(s)=\frac{Y(s)}{U(s)}=\frac{6s^2+25s+25}{s^3+6s^2+11s+6}$$

(1) 写出系统的能控标准形状态空间表达式；

(2) 写出系统的对角线标准形状态空间表达式并画出模拟结构图，判断状态的能控性、能观测性。

答：

(1) 由题意，可以得到系统的能控标准Ⅰ型如下：

$$\dot{x}=\begin{pmatrix} 0 & 1 & 0 \\ 0 & 0 & 1 \\ -6 & -11 & -6 \end{pmatrix}x+\begin{pmatrix} 0 \\ 0 \\ 1 \end{pmatrix}u,\ y=(25\quad 25\quad 6)x$$

(2) 使用留数法求得 $G(s)=\dfrac{Y(s)}{U(s)}=\dfrac{6s^2+25s+25}{s^3+6s^2+11s+6}=\dfrac{3}{s+1}+\dfrac{1}{s+2}+\dfrac{2}{s+3}$

即 $Y(s)=\dfrac{3}{s+1}U(s)+\dfrac{1}{s+2}U(s)+\dfrac{2}{s+3}U(s)$，令

$X_1(s)=\dfrac{3}{s+1}U(s)$，$X_2(s)=\dfrac{1}{s+2}U(s)$

$X_3(s)=\dfrac{2}{s+3}U(s)$，$Y(s)=X_1(s)+X_2(s)+X_3(s)$ 拉普拉斯反变换得 $\dot{x}_1=-x_1+3u$，

$\dot{x}_2=-2x_2+u$，$\dot{x}_3=-3x_3+2u$，得系统的对角型状态空间表达式为

$\begin{pmatrix} \dot{x}_1 \\ \dot{x}_2 \\ \dot{x}_3 \end{pmatrix}=\begin{pmatrix} -1 & & \\ & -2 & \\ & & -3 \end{pmatrix}\begin{pmatrix} x_1 \\ x_2 \\ x_3 \end{pmatrix}+\begin{pmatrix} 3 \\ 1 \\ 2 \end{pmatrix}u$，$y=(1\quad 1\quad 1)\begin{pmatrix} x_1 \\ x_2 \\ x_3 \end{pmatrix}$，系统的模拟结构图如图 9.10 所示。

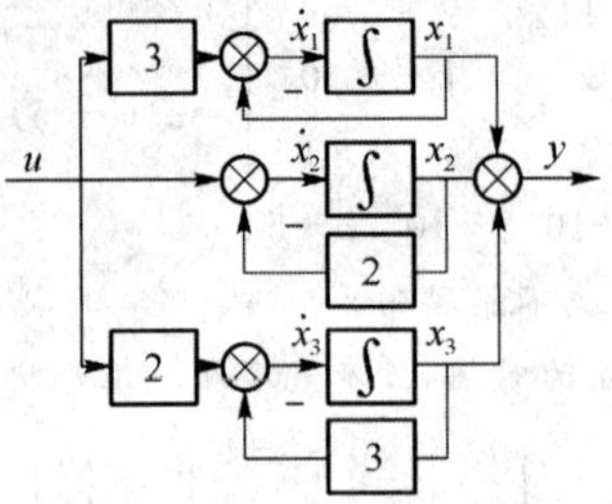

图 9.10　系统的模拟结构图

从模拟结构图可以看出系统的状态是完全可控可观的。

【例 9.2.6】　已知一控制系统如图 9.11 所示。

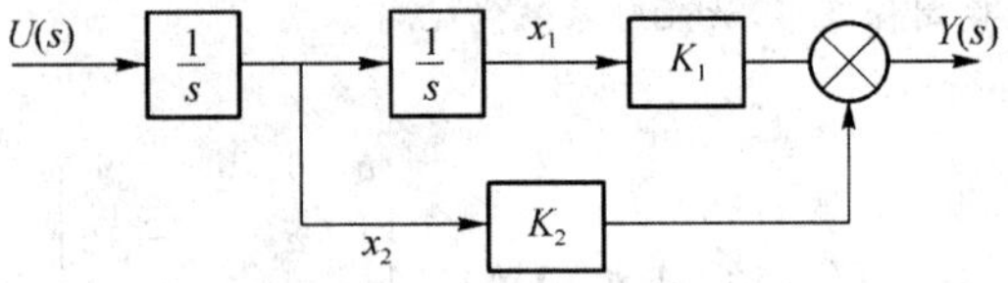

图 9.11　控制系统结构图

(1) 写出以 x_1、x_2 为状态变量的系统状态方程与输出方程。

(2) 试判断系统的能控性和能观性。若不满足系统的能控性和能观性条件，问当 K_1 与 K_2 取何值时，系统能控或能观。

(3) 求系统的极点。

答：

(1) 由图 9.11 知，$sX_1=X_2$、$sX_2=U$，则有

$$\dot{x}_1=x_2$$

$$\dot{x}_2=u$$

$$y=K_1x_1+K_2x_2$$

将状态方程和输出方程写成矩阵形式，有

$$\begin{bmatrix}\dot{x}_1\\ \dot{x}_2\end{bmatrix}=\begin{bmatrix}0 & 1\\ 0 & 0\end{bmatrix}\begin{bmatrix}x_1\\ x_2\end{bmatrix}+\begin{bmatrix}0\\ 1\end{bmatrix}u$$

$$y=\begin{bmatrix}K_1 & K_2\end{bmatrix}\begin{bmatrix}x_1\\ x_2\end{bmatrix}$$

(2) 系统能控性和能观性。

能控性矩阵 $\boldsymbol{Q}_c=\begin{bmatrix}\boldsymbol{B} & \boldsymbol{AB}\end{bmatrix}=\begin{bmatrix}0 & 1\\ 1 & 0\end{bmatrix}$，rank$\boldsymbol{Q}_c=2$，无论 K_1 与 K_2 取何值，系统均能控。

能观性矩阵
$$\boldsymbol{Q}_0=\begin{bmatrix}\boldsymbol{C}\\ \boldsymbol{CA}\end{bmatrix}=\begin{bmatrix}K_1 & K_2\\ 0 & K_1\end{bmatrix}$$

要使系统能观，$\boldsymbol{Q}_0$ 应满秩，即 det$\boldsymbol{Q}_0=K_1^2\neq0$，$K_1\neq0$。

(3) 系统的特征方程为

$$\det(s\boldsymbol{I}-\boldsymbol{A})=\begin{vmatrix}s & -1\\ 0 & s\end{vmatrix}=s^2=0$$

系统的极点为 $s_1=s_2=0$。

【例 9.2.7★】(南开大学) 设 S_1, S_2 为两个能控的和能观测的系统

$$S_1 \quad \begin{aligned} \dot{x}_1 &= A_1 x_1 + b_1 u_1 \\ y_1 &= c_1 x_1 \end{aligned}$$

$$A_1 = \begin{bmatrix} 0 & 1 \\ -3 & -4 \end{bmatrix} \quad b_1 = \begin{bmatrix} 0 \\ 1 \end{bmatrix} \quad c_1 = \begin{bmatrix} 2 & 1 \end{bmatrix}$$

$$S_2 \quad \begin{aligned} \dot{x}_2 &= A_2 x_2 + b_2 u_2 \\ y_2 &= c_2 x_2 \end{aligned}$$

$$A_2 = -2 \quad b_2 = 1 \quad c_2 = 1$$

(1) 当两系统串联时，求 $x = \begin{bmatrix} x_1 & x_2 \end{bmatrix}^{\mathrm{T}}$ 的状态方程；

(2) 分析串联系统 S 的能控性和能观测性；

(3) 求串联系统的传递函数。

答：

(1) 串联系统(S_1 在前)状态方程为

$$\begin{pmatrix} \dot{x}_1 \\ \dot{x}_2 \end{pmatrix} = \begin{pmatrix} 0 & 1 & 0 \\ -3 & -4 & 0 \\ 2 & 1 & -2 \end{pmatrix} \begin{pmatrix} x_1 \\ x_2 \end{pmatrix} + \begin{pmatrix} 0 \\ 1 \\ 0 \end{pmatrix} u, y = \begin{pmatrix} 0 & 0 & 1 \end{pmatrix} \begin{pmatrix} x_1 \\ x_2 \end{pmatrix}$$

(2) 串联系统不完全能控，但完全能观。

(3) $\dfrac{Y(s)}{U(s)} = \dfrac{1}{s^2 + 4s + 3}$

【例 9.2.8★】(江苏大学) 一单输入单输出离散时间系统的差分方程为

$$y(k+2) + 5y(k+1) + 3y(k) = r(k+1) + 2r(k)$$

求：

(1) 系统的脉冲传递函数；

(2) 分析系统的稳定性；

(3) 系统的状态空间描述，设状态变量为 $x_1(k) = y(k), x_2(k) = x_1(k+1) - r(k)$；

(4) 分析系统的能观测性。

答：

(1) 在零初始条件下进行 Z 变换有

$(z^2 + 5z + 3)y(z) = (z+2)r(z)$，即 $\dfrac{y(z)}{r(z)} = \dfrac{z+2}{z^2 + 5z + 3}$

(2) 特征方程为 $D(z) = z^2 + 5z + 3 = 0, z_1 = -4.3, z_2 = -0.7$

$|z_1| > 1$，故离散系统闭环不稳定

(3) 由 $x_1(k) = y(k), x_2(k) = x_1(k+1) - r(k)$ 可以得到

$x_2(k+1) = x_1(k+2) - r(k+1) = y(k+2) - r(k+1)$，由已知

$$\begin{aligned} y(k+2) - r(k+1) &= 2r(k) - 5y(k+1) - 3y(k) \\ &= 2r(k) - 5(x_2(k) + r(k)) - 3x_1(k) = -3x_1(k) - 5x_2(k) - 3r(k) \end{aligned}$$

代入得到 $x_2(k+1) = -3x_1(k) - 5x_2(k) - 3r(k)$

$$x_1(k+1) = x_2(k) + r(k)$$

得到系统的状态空间表达式为

$$x(k+1) = \begin{bmatrix} 0 & 1 \\ -3 & -5 \end{bmatrix} x(k) + \begin{bmatrix} 1 \\ -3 \end{bmatrix} r(k), y(k) = \begin{bmatrix} 1 & 0 \end{bmatrix} x(k)$$

(4) 能观测性判别矩阵为

$N = \begin{bmatrix} h \\ Gh \end{bmatrix} = \begin{bmatrix} 1 & 0 \\ 0 & 1 \end{bmatrix}$，$\mathrm{rank}(N) = 2$，系统完全可观

从模拟结构图 9.12 可以看出系统的状态是完全可控可观的。

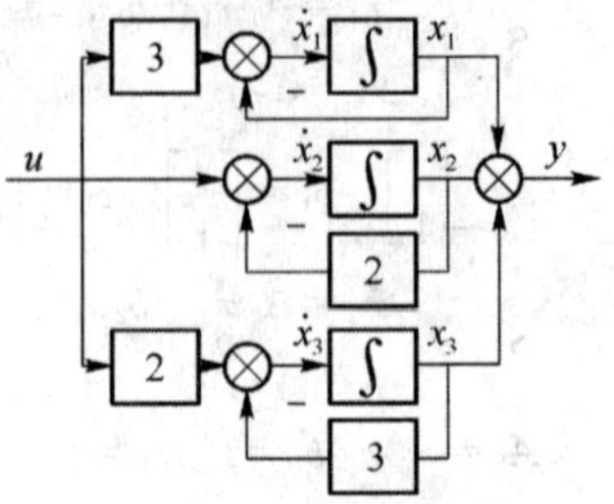

图 9.12　模拟结构图

题型 3　线性定常系统的反馈结构及状态观测器

【例 9.3.1】 叙述状态反馈和输出反馈对系统能控性的影响，并加以简单说明。

答：

状态反馈与输出反馈均不改变系统的能控性，设原系统为 $\sum_1(A,B,C)$，状态反馈为 $\boldsymbol{K}$，加入状态反馈后的系统为 $\sum_2(A+BK,B,C)$，能控性判别矩阵 $\boldsymbol{M}_1=[B\quad AB\quad \cdots\quad A^{n-1}B]$，$\boldsymbol{M}_2=[B\quad (A+BK)B\quad \cdots\quad (A+BK)^{n-1}B]$，$\boldsymbol{M}_2$ 的每一分块都是 $\boldsymbol{M}_1$ 的分开线性组合，于是 $\boldsymbol{M}_2$ 相当于是 M_1 通过矩阵初等变换得到的，故 $\text{rank}(M_1)=\text{rank}(M_2)$，即状态反馈不改变原系统的可控性。

对于输出反馈，设反馈为 H，反馈后的系统为 $\sum_3(A+BHC,B,C)$，仿上面的证明，将 HC 看成 K，故输出反馈亦不改变系统的能控性。

【例 9.3.2】 设系统的状态空间描述为

$$\dot{x}=\begin{bmatrix}0 & 1\\0 & 0\end{bmatrix}x+\begin{bmatrix}1\\1\end{bmatrix}u,y=[1\quad 0]x$$

(1) 设计状态反馈矩阵 $\boldsymbol{K}$，使系统闭环极点配置在 $-1,-5$。

(2) 求出状态反馈后系统零极点形式的传递函数；对出现的现象进行说明。

答：

(1) $\boldsymbol{K}=[k_1\quad k_2]$，$\dot{x}=(A+b\boldsymbol{K})x+bu$，$y=cx$，$\boldsymbol{K}=[-5\quad -1]$，(具体参见后面类似题)

(2) 状态反馈后的状态空间表达式为

$$\dot{x}=\begin{bmatrix}-5 & 0\\-5 & -1\end{bmatrix}x+\begin{bmatrix}1\\1\end{bmatrix}u,y=[1\quad 0]x$$

$\dfrac{y(s)}{u(s)}=c_n(s\boldsymbol{E}-\boldsymbol{A}_n)^{-1}b_n=\dfrac{s+1}{s^2+6s+5}=\dfrac{s+1}{(s+1)(s+5)}$，系统的传递函数出现了零极点相消，故状态反馈后系统不完全能观能控，先考查原系统的能观能控性

$M=[b\quad \boldsymbol{A}b]=\begin{bmatrix}1 & 1\\1 & 0\end{bmatrix}$，$\text{rank}(M)=2$，原系统完全可控

$N=\begin{bmatrix}c\\c\boldsymbol{A}\end{bmatrix}=\begin{bmatrix}1 & 0\\0 & 1\end{bmatrix}$，$\text{rank}(N)=2$，原系统完全可观

由于状态反馈不改变系统的能控性，故状态反馈后的系统仍然可控，只需考查其可观性即可

$N'=\begin{bmatrix}c_n\\c_nA_n\end{bmatrix}=\begin{bmatrix}1 & 0\\-5 & 0\end{bmatrix}$，$\text{rank}(N')=1$，状态反馈后系统不可观，分析其原因是因为状态反馈使系统的传递函数出现了零极点相消，破坏了原系统的可观性。

【例 9.3.3】 开环传递函数为

$$G(s)=\frac{s+1}{s^2(s+3)}$$

求使系统极点配置到 $-1,-2,-3$ 的状态反馈阵 $\boldsymbol{K}$，并说明其配置新极点后的状态能控性及能观测性。

答：开环传递函数为

$$G(s)=\frac{s+1}{s^3+3s^2}$$

故有系统的能控标准形为

$$\dot{\boldsymbol{x}}=\begin{pmatrix}0&1&0\\0&0&1\\0&0&-3\end{pmatrix}\boldsymbol{x}+\begin{pmatrix}0\\0\\1\end{pmatrix}\boldsymbol{u}$$

$$\boldsymbol{y}=(1\quad 1\quad 0)\boldsymbol{x}$$

系统完全能控，可用状态反馈任意配置闭环极点。期望特征多项式为

$$\Delta^*=(s+1)(s+2)(s+3)=s^3+6s^2+11s+6$$

状态反馈系统的特征方程为

$$\Delta_K=\det(s\boldsymbol{I}-(\boldsymbol{A}-\boldsymbol{bK}))=\det\begin{pmatrix}s&-1&0\\0&s&-1\\k_1&k_2&s+(3+k_3)\end{pmatrix}=s^3+(3+k_3)s^2+k_2s+k_1$$

比较以上二式得 $k_1=6,k_2=11,k_3=3$。即

$$\boldsymbol{K}=(6\quad 11\quad 3)$$

加入状态反馈后系统的传递函数为

$$G(s)=\frac{s+1}{(s+1)(s+2)(s+3)}$$

传递函数中极点 -1 与零点对消，状态反馈不改变系统的能控性，但改变了系统的能观测性，系统不能观测。

【例 9.3.4★】 (上海交通大学)系统的传递函数为 $G(s)=\dfrac{10}{s(s+1)(s+2)}$

(1) 试写出系统的能控标准Ⅰ型状态空间描述。

(2) 设计一状态反馈矩阵，使反馈系统的极点为 $-2,-1\pm \mathrm{j}$。

答：

(1) $\boldsymbol{G}(s)=\dfrac{10}{s(s+1)(s+2)}=\dfrac{10}{s^3+3s^2+2s}$，系统的能控标准Ⅰ型状态空间表达式为

$$\begin{pmatrix}\dot{x}_1\\\dot{x}_2\\\dot{x}_3\end{pmatrix}=\begin{pmatrix}0&1&0\\0&0&1\\0&-2&-3\end{pmatrix}\begin{pmatrix}x_1\\x_2\\x_3\end{pmatrix}+\begin{pmatrix}0\\0\\1\end{pmatrix}u,\ y=(10\quad 0\quad 0)\begin{pmatrix}x_1\\x_2\\x_3\end{pmatrix}$$

(2) 由于上面给出的是系统的能控标准型，故必可控，因此可以任意配置系统的极点，设状态反馈为 $\boldsymbol{K}=[k_1\quad k_2\quad k_3]$，新系统的状态空间表达式为 $\sum_n(A-bK,b,c)$，代入即为

$$\begin{pmatrix}\dot{x}_1\\\dot{x}_2\\\dot{x}_3\end{pmatrix}=\begin{pmatrix}0&1&0\\0&0&1\\-k_1&-2-k_2&-3-k_3\end{pmatrix}\begin{pmatrix}x_1\\x_2\\x_3\end{pmatrix}+\begin{pmatrix}0\\0\\1\end{pmatrix}u,\ y=(10\quad 0\quad 0)\begin{pmatrix}x_1\\x_2\\x_3\end{pmatrix}$$

$$f(\lambda)=|\lambda\boldsymbol{E}-\boldsymbol{A}_n|=\begin{vmatrix}\lambda&-1&0\\0&\lambda&-1\\k_1&2+k_2&\lambda+3+k_3\end{vmatrix}=\lambda^3+(k_3+3)\lambda^2+(k_2+2)s+k_1=0$$

期望的特征多项式为 $f^*(\lambda)=(\lambda+2)(\lambda+1-j)(\lambda+1+j)=\lambda^3+4\lambda^2+6\lambda+4=0$，对照两多项式可以得到：$\begin{cases}k_3+3=4\\k_2+2=6\\k_1=4\end{cases}\Rightarrow\begin{cases}k_1=4\\k_2=4\\k_3=1\end{cases}$，于是状态反馈为 $K=[k_1\quad k_2\quad k_3]=[4\quad 4\quad 1]$

【例 9.3.5】 给定系统 $\dot{x}=\begin{bmatrix}-2&2&-1\\0&-2&0\\1&-4&0\end{bmatrix}x+\begin{bmatrix}0\\0\\1\end{bmatrix}u, y=[0\quad 1\quad 0]x$

(1) 问系统是否完全可控？若完全可控，则化成一种可控标准形；若不完全可控，则分为可控制和不可控制空间。

(2) 设计状态反馈使闭环系统极点为-2，-3 和-4。

(3) 一个不完全可控对象能用状态反馈镇定的条件是什么？

答：

(1) 由题意

$M=(b\quad Ab\quad A^2b)=\begin{pmatrix}0&-1&2\\0&0&0\\1&0&-1\end{pmatrix}$，$\text{rank}(M)=2$，故系统不完全可控，按能控性进行分解。

取 $T=\begin{pmatrix}0&-1&0\\0&0&1\\1&0&0\end{pmatrix}$，$T^{-1}=\begin{pmatrix}0&0&1\\-1&0&0\\0&1&0\end{pmatrix}$，$A_n=T^{-1}AT=\begin{pmatrix}0&-1&-4\\1&-2&-2\\0&0&-2\end{pmatrix}$，$b_n=T^{-1}b=\begin{pmatrix}1\\0\\0\end{pmatrix}$

$c_n=cT=(0\quad 0\quad 1)$，变换后新得状态空间表达式为

$$\begin{pmatrix}\dot{x}_{1n}\\\dot{x}_{2n}\\\dot{x}_{3n}\end{pmatrix}=\begin{pmatrix}0&-1&-4\\1&-2&-2\\0&0&-2\end{pmatrix}\begin{pmatrix}x_{1n}\\x_{2n}\\x_{3n}\end{pmatrix}+\begin{pmatrix}1\\0\\0\end{pmatrix}u, y=(0\quad 0\quad 1)\begin{pmatrix}x_{1n}\\x_{2n}\\x_{3n}\end{pmatrix},$$

可见分解后在新的基下的能控子系统为

$$\begin{pmatrix}\dot{x}_{1n}\\\dot{x}_{2n}\end{pmatrix}=\begin{pmatrix}0&-1\\1&-2\end{pmatrix}\begin{pmatrix}x_{1n}\\x_{2n}\end{pmatrix}+\begin{pmatrix}-4\\-2\end{pmatrix}x_{3n}+\begin{pmatrix}1\\0\end{pmatrix}u, y=0$$

在新的基下的不能控子系统为：$\dot{x}_{3n}=-2x_{3n}$，$y=x_{3n}$

(2) 设状态反馈为 $K=(k_1\quad k_2\quad k_3\quad)$，由 $\dot{x}=(A-bK)x+bu$，$|\lambda\boldsymbol{E}-(\boldsymbol{A}-b\boldsymbol{K})|=0$ 得：

$\lambda^3+(k_3+4)\lambda^2+(-k_1+4k_3+5)\lambda-2k_1+4k_3+2=0$，期望的特征多项式为

$f(\lambda)=(\lambda+2)(\lambda+3)(\lambda+4)=\lambda^3+9\lambda^2+26\lambda+24=0$，对照可以得到

$\begin{cases}k_3+4=9\\-k_1+4k_3+5=26\\-2k_1+4k_3+2=24\end{cases}$，得到 $\begin{cases}k_1=-1\\k_3=5\end{cases}$，$k_2$ 为任意数

(3) 系统采用状态反馈能镇定的充分必要条件是其不能控子系统为渐近稳定。

【例 9.3.6】 设被控系统状态方程

$$\dot{\boldsymbol{x}}=\begin{pmatrix}0&1&0\\0&-1&1\\0&-1&10\end{pmatrix}\boldsymbol{x}+\begin{pmatrix}0\\0\\10\end{pmatrix}u$$

可否用状态反馈任意配置闭环极点？求状态反馈阵，使闭环极点位于-10，$-1\pm\mathrm{j}\sqrt{3}$，并画出状态变量图。

答：系统能控性矩阵。

$$Q_c=(b\quad Ab\quad A^2b)=\begin{pmatrix}0&0&10\\0&10&90\\10&100&990\end{pmatrix}$$

$$\mathrm{rank}Q_c=3$$

系统完全能控,可用状态反馈任意配置闭环极点。

设状态反馈阵$K=(k_1\quad k_2\quad k_3)$,则系统希望的特征方程为

$$\Delta^*=(s+10)(s+1+\mathrm{j}\sqrt{3})(s+1-\mathrm{j}\sqrt{3})=s^3+12s^2+24s+40$$

反馈系统的特征方程为

$$\Delta_K=\det(sI-(A-bK))=\det\begin{pmatrix}s&-1&0\\0&s+1&-1\\10k_1&1+10k_2&s-10+10k_3\end{pmatrix}$$

$$=s^3+(10k_3-9)s^2+(10k_2+10k_3-9)s+10k_1$$

比较以上两式,有

$$10k_3-9=12$$
$$10k_2+10k_3-9=24$$
$$10k_1=40$$

解得$k_1=4,k_2=1.2,k_3=2.1$。即$K=(4\quad 1.2\quad 2.1)$。绘制系统的状态变量图如图9.13所示。

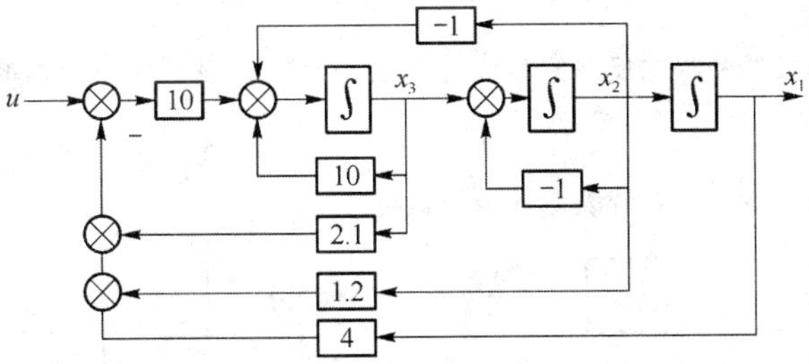

图9.13 系统的状态变量图

【例9.3.7】 (华中科技大学)设有不稳定的线性系统

$$\dot{x}=\begin{pmatrix}1&2&0\\3&-1&1\\0&2&0\end{pmatrix}x+\begin{pmatrix}0\\0\\1\end{pmatrix}u$$

$$y=(-1\quad 1\quad 1)x$$

(1) 能否通过状态反馈将系统闭环极点配置在-10及$-1\pm\mathrm{j}\sqrt{3}$处,若可以,试求状态反馈增益阵K;

(2) 当系统状态不能直接测量时,能否通过状态观测器来获取状态变量?

(3) 如果可以设计降维观测器,那么最小降维观测器为几阶?

答:

(1) 系统的可控性判别矩阵为

$M=(b\quad Ab\quad A^2b)=\begin{pmatrix}0&0&2\\0&1&-1\\1&0&2\end{pmatrix}$,$\mathrm{rank}(M)=3$,系统完全可控,可实现极点任意配置,设$K=(k_1\quad k_2\quad k_3)$,由$|\lambda E-(A+bK)|=0$可以得到

$$\lambda^3-k_3\lambda^2-(k_2+9)\lambda-2k_1+k_2+7k_3+2=0$$

期望的特征多项式为

$$(\lambda+10)(\lambda+1+\sqrt{3}j)(\lambda+1-\sqrt{3}j)=\lambda^3+12\lambda^2+24\lambda+40=0$$

对照可以求解得

$$k_1=-77.5,k_2=-33,k_3=-12,K=[-77.5\quad -33\quad -12]$$

(2) 系统的可观性判别矩阵为

$\boldsymbol{N}=\begin{pmatrix}c\\cA\\cA^2\end{pmatrix}=\begin{pmatrix}-1&1&1\\2&-1&1\\-1&7&-1\end{pmatrix}$，rank$(N)=3$，系统完全可观，故可以通过状态观测器获取状态信息

(3) 取 $T^{-1}=\begin{pmatrix}1&0&0\\0&1&0\\-1&1&1\end{pmatrix}$，$T=\begin{pmatrix}1&0&0\\0&1&0\\1&-1&1\end{pmatrix}$，对原系统进行线性变换可以得到

$$A_n=T^{-1}AT=\begin{pmatrix}1&2&0\\4&-2&1\\3&-2&1\end{pmatrix},b_n=T^{-1}b=\begin{pmatrix}0\\0\\1\end{pmatrix},c_n=cT=(0\quad 0\quad 1)$$

于是最小降维观测器为二阶。

【例 9.3.8★】(西安交通大学) 已知某系统的开环传递函数为 $G(s)=\dfrac{k}{s(s+8)}$：

(1) 分析能否利用图 9.14(a)所示的输出反馈任意配置闭环系统的特征根；

(2) 分析能否利用图 9.14(b)所示的状态反馈任意配置闭环系统的特征根；

(3) 试分别设计输出反馈和状态反馈使系统的阻尼比为$\dfrac{\sqrt{2}}{2}$。设计状态反馈时，可选择无阻尼自然振荡频率为 $10\sqrt{2}$；

(4) 比较上述两种设计方法对系统瞬态性能的影响。

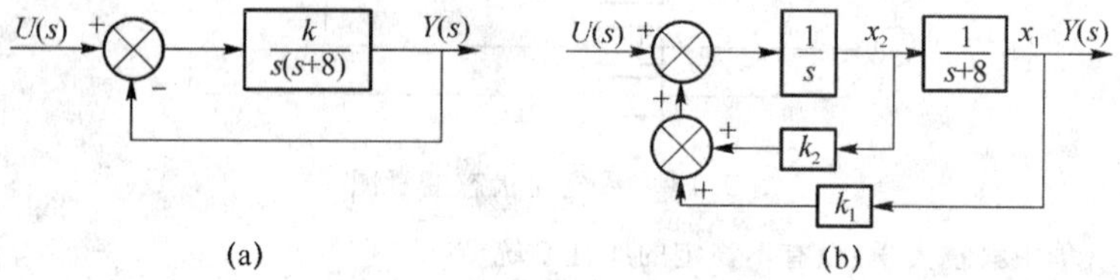

图 9.14 系统结构图

答：

(1) 由图示，系统的传递函数为

$$\frac{Y(s)}{U(s)}=\frac{\dfrac{k}{s(s+8)}}{1+\dfrac{k}{s(s+8)}}=\frac{k}{s^2+8s+k}$$

特征方程为 $D(s)=s^2+8s+k=0$

由韦达定理，系统的两特征根之和为 -8，故不可以通过输出反馈任意配置特征根。

(2) 由图示，没有状态反馈时，$\dot{x}_1=-8x_1+x_2$，$\dot{x}_2=u$，$y=x_1$，写出状态空间形式即为

$\begin{pmatrix}\dot{x}_1\\\dot{x}_2\end{pmatrix}=\begin{pmatrix}-8&1\\0&0\end{pmatrix}\begin{pmatrix}x_1\\x_2\end{pmatrix}+\begin{pmatrix}0\\1\end{pmatrix}u$，$y=(1\quad 0)\begin{pmatrix}x_1\\x_2\end{pmatrix}$，判别系统的能控性

$M=(b\quad Ab)=\begin{pmatrix}0&1\\1&0\end{pmatrix}$，rank$(M)=2$，系统完全可控，故可以通过状态反馈实现闭环系统特征根的任意配置

(3) 当使用输出反馈时，由 $D(s)=s^2+8s+k=0$，$\omega_n^2=k$，$2\zeta\omega_n=8$，得到 $k=32$。使用状态反馈时，由图

所示可以得到加入状态反馈后 $\dot{x}_1=-8x_1+x_2$，$\dot{x}_2=k_1x_1+k_2x_2+u$，$y=x_1$，写出状态空间形式即为

$$\begin{pmatrix}\dot{x}_1\\ \dot{x}_2\end{pmatrix}=\begin{pmatrix}-8 & 1\\ k_1 & k_2\end{pmatrix}\begin{pmatrix}x_1\\ x_2\end{pmatrix}+\begin{pmatrix}0\\ 1\end{pmatrix}u,\ y=(1\quad 0)\begin{pmatrix}x_1\\ x_2\end{pmatrix}$$

$$\frac{y(s)}{u(s)}=c(s\boldsymbol{E}-\boldsymbol{A}_n)^{-1}b=\frac{1}{s^2+(8-k_2)s-k_1-8k_2}$$

特征方程为

$$D(s)=s^2+(8-k_2)s-k_1-8k_2=0,\quad \omega_n^2=-k_1-8k_2=(10\sqrt{2})^2=200$$

$$2\zeta\omega_n=2\times\frac{\sqrt{2}}{2}\times10\sqrt{2}=8-k_2，可以得到\ k_1=-104,k_2=-12$$

(4) 由(3)已知，使用输出反馈时的传递函数为 $\frac{y(s)}{u(s)}=\frac{32}{s^2+8s+32}$，使用状态反馈时的传递函数为 $\frac{y(s)}{u(s)}=\frac{1}{s^2+20s+200}$，显然使用状态反馈得到的系统的自然振荡频率比输出反馈时大，故系统上升时间和峰值时间较输出反馈时短，系统反应变快，而由于阻尼比一样，故超调量一样，故在这种情况下，使用状态反馈能获得比输出反馈更好的动态性能。

【例 9.3.9】 设系统的状态空间表达式为

$$\dot{\boldsymbol{x}}=\begin{pmatrix}-2 & 1\\ 0 & -1\end{pmatrix}\boldsymbol{x}+\begin{pmatrix}0\\ 1\end{pmatrix}u$$
$$y=(1\quad 0)\boldsymbol{x}$$

试设计全维状态观测器的 $\boldsymbol{G}$ 阵，使观测器的极点均为 -2.5。

答：系统能观测性矩阵

$$\boldsymbol{Q}_0=\begin{pmatrix}\boldsymbol{C}\\ \boldsymbol{CA}\end{pmatrix}=\begin{pmatrix}1 & 0\\ -2 & 1\end{pmatrix}$$
$$\mathrm{rank}\boldsymbol{Q}_0=2=n$$

系统能观测，故状态观测器存在。

期望状态观测器特征多项式为

$$f^*(s)=(s+2.5)^2=s^2+5s+6.25$$

设 $\boldsymbol{G}=\begin{pmatrix}g_1\\ g_2\end{pmatrix}$，状态观测器特征多项式为

$$f(s)=\det(s\boldsymbol{I}-(\boldsymbol{A}-\boldsymbol{GC}))=\det\begin{pmatrix}s+2+g_1 & -1\\ g_2 & s+1\end{pmatrix}=s^2+(3+g_1)s+(2+g_1+g_2)$$

比较以上二式得 $g_1=2,g_2=2.25$。即

$$\boldsymbol{G}=\begin{pmatrix}2\\ 2.25\end{pmatrix}$$

系统的状态观测器为

$$\dot{\hat{x}}=(\boldsymbol{A}-\boldsymbol{GC})\hat{x}+\boldsymbol{b}u+\boldsymbol{G}y$$

即

$$\dot{\hat{x}}=\begin{pmatrix}-4 & 1\\ -2.25 & -1\end{pmatrix}\hat{x}+\begin{pmatrix}0\\ 1\end{pmatrix}u+\begin{pmatrix}2\\ 2.25\end{pmatrix}y$$

【例 9.3.10】 控制系统如图 9.15 所示。其中系统的 2 个状态变量都是可以测量的。

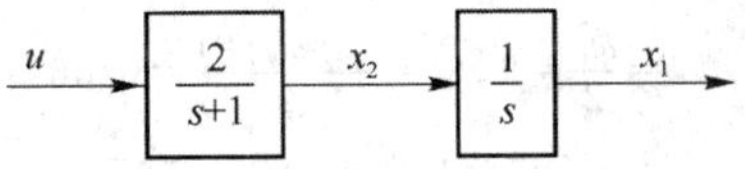

图 9.15 控制系统结构图

(1) 建立状态空间表达式。

(2) 当所有的状态变量都用于反馈时，确定合适的反馈增益，使系统对于阶跃输入的稳态跟踪误差为

零，超调量小于3%。

答：

(1) 建立系统的状态空间表达式。

由图9.15有 $sX_1(s)=X_2(s)$，$(s+1)X_2(s)=2u$，故有

$$\dot{x}_1=x_2$$
$$\dot{x}_2=-x_2+2u$$
$$y=x_1$$

系统的状态空间表达式为

$$\dot{\boldsymbol{x}}=\begin{pmatrix}0 & 1\\0 & -1\end{pmatrix}\boldsymbol{x}+\begin{pmatrix}0\\2\end{pmatrix}u$$
$$\boldsymbol{y}=(1\quad 0)\boldsymbol{x}$$

(2) 验证能控性。

系统能控性矩阵

$$\boldsymbol{Q}_c=(\boldsymbol{B}\quad \boldsymbol{AB})=\begin{pmatrix}0 & 2\\2 & -2\end{pmatrix}$$

$\mathrm{rank}\boldsymbol{Q}_c=2$，系统能控，可通过状态反馈实现极点的任意配置。

依题意，有 $\sigma\%=\mathrm{e}^{-\zeta\pi/\sqrt{1-\zeta^2}}\leqslant 3\%$

得 $\zeta\geqslant 0.745$，取 $\zeta=0.75$。则希望极点为

$$s_{1,2}=-\zeta\omega_n\pm \mathrm{j}\omega_n\sqrt{1-\zeta^2}=-0.75\omega_n\pm \mathrm{j}0.66\omega_n$$

系统希望的特征多项式为

$$\Delta^*=s^2+2\zeta\omega_n s+\omega_n^2=s^2+1.5\omega_n s+\omega_n^2$$

设状态反馈阵 $\boldsymbol{K}=(k_1\quad k_2)$，状态反馈系统的特征多项式为

$$\Delta_K=\det(s\boldsymbol{I}-(\boldsymbol{A}-\boldsymbol{BK}))=\det\begin{pmatrix}s & -1\\2k_1 & s+1+2k_2\end{pmatrix}=s^2+(1+2k_2)s+2k_1$$

比较以上两式，有 $k_1=\dfrac{\omega_n^2}{2}$，$k_2=\dfrac{1.5\omega_n-1}{2}$

系统的传递函数为

$$G(s)=\boldsymbol{C}(s\boldsymbol{I}-(\boldsymbol{A}-\boldsymbol{BK}))^{-1}\boldsymbol{B}=(1\quad 0)\begin{pmatrix}s & -1\\\omega_n^2 & s+1.5\omega_n\end{pmatrix}^{-1}\begin{pmatrix}0\\2\end{pmatrix}=\frac{2}{s^2+1.5\omega_n s+\omega_n^2}$$

在阶跃输入 $R(s)=\dfrac{R}{s}$ 作用下，系统的稳态输出为

$$y(\infty)=\lim_{t\to\infty}y(t)=\lim_{s\to 0}sG(s)R(s)=\lim_{s\to 0}s\cdot\frac{2}{s^2+1.5\omega_n s+\omega_n^2}\cdot\frac{R}{s}=\frac{2R}{\omega_n^2}$$

要使稳态跟踪误差为零，即

$$e(\infty)=r(\infty)-y(\infty)=R-\frac{2R}{\omega_n^2}=0$$

所以 $\omega_n=\sqrt{2}$，故有状态反馈阵为

$$k_1=\frac{\omega_n^2}{2}=1,\quad k_2=\frac{1.5\omega_n-1}{2}=0.56$$

即 $\boldsymbol{K}=[k_1\quad k_2]=[1\quad 0.56]$

题型4 李雅普洛夫稳定性分析

【例9.4.1】 试求下列非线性系统 $\dot{x}_1=x_2$，$\dot{x}_2=-\sin x_1-x_2$ 的平衡点，并对各平衡点进行线性化，

然后判别这些平衡点是否稳定。

答:由题意,令 $\dot{x}_1=\dot{x}_2=0$,可以得到 $x_2=0$,$\sin x_1=0$,$x_1=k\pi k\in\mathbf{Z}$,对非线性方程进行线性化可得 $\dot{x}_1=x_2$,$\dot{x}_2=-(\cos x_{1e})x_1-x_2$,其中 x_{1e} 为 x_1 的平衡点。

(1) 当 k 为奇数时,$\cos x_{1e}=-1$,线性化后 $\dot{x}_1=x_2$,$\dot{x}_2=x_1-x_2$,写成状态空间形式即为

$$\begin{pmatrix}\dot{x}_1\\\dot{x}_2\end{pmatrix}=\begin{pmatrix}0&1\\1&-1\end{pmatrix}\begin{pmatrix}x_1\\x_2\end{pmatrix},\boldsymbol{A}=\begin{pmatrix}0&1\\1&-1\end{pmatrix},|\lambda\boldsymbol{E}-\boldsymbol{A}|=\lambda^2+\lambda-1=0,\lambda_1=-1.618,\lambda_2=0.618$$

系统在这些平衡点附近不稳定。

(2) 当 k 为偶数时,$\cos x_{1e}=1$,线性化后 $\dot{x}_1=x_2$,$\dot{x}_2=-x_1-x_2$,写成状态空间形式即为

$$\begin{pmatrix}\dot{x}_1\\\dot{x}_2\end{pmatrix}=\begin{pmatrix}0&1\\-1&-1\end{pmatrix}\begin{pmatrix}x_1\\x_2\end{pmatrix},\boldsymbol{A}=\begin{pmatrix}0&1\\-1&-1\end{pmatrix},|\lambda\boldsymbol{E}-\boldsymbol{A}|=\lambda^2+\lambda+1=0,\lambda_{1,2}=-\frac{1}{2}\pm\frac{\sqrt{3}}{2}\mathrm{j}$$

系统在这些平衡点附近稳定。

【例 9.4.2】 设线性系统定常离散系统状态方程为

$$\boldsymbol{x}(k+1)=\begin{pmatrix}0&1&0\\0&0&1\\\frac{k}{2}&0&0\end{pmatrix}\boldsymbol{x}(k),k>0$$

试求使系统渐近稳定的 k 值范围。

答:系统的平衡状态为 $\boldsymbol{x}_e=0$。

根据李雅普诺夫方程,选择 $\boldsymbol{Q}=\boldsymbol{I}$,即

$$\boldsymbol{G}^{\mathrm{T}}\boldsymbol{P}\boldsymbol{G}-\boldsymbol{P}=-\boldsymbol{I}$$

$$\begin{pmatrix}0&1&0\\0&0&1\\\frac{k}{2}&0&0\end{pmatrix}^{\mathrm{T}}\begin{pmatrix}P_{11}&P_{12}&P_{13}\\P_{12}&P_{22}&P_{23}\\P_{13}&P_{23}&P_{33}\end{pmatrix}\begin{pmatrix}0&1&0\\0&0&1\\\frac{k}{2}&0&0\end{pmatrix}-\begin{pmatrix}P_{11}&P_{12}&P_{13}\\P_{12}&P_{22}&P_{23}\\P_{13}&P_{23}&P_{33}\end{pmatrix}=\begin{pmatrix}-1&0&0\\0&-1&0\\0&0&-1\end{pmatrix}$$

解得

$$\boldsymbol{P}=\begin{pmatrix}P_{11}&P_{12}&P_{13}\\P_{12}&P_{22}&P_{23}\\P_{13}&P_{23}&P_{33}\end{pmatrix}=\begin{pmatrix}1&0&0\\0&\frac{8+k^2}{4-k^2}&0\\0&0&\frac{12}{2-k^2}\end{pmatrix}$$

系统渐近稳定时,$\boldsymbol{P}$ 应为正定。故有

$$4-k^2>0$$

即 $0<k<2$。

【例 9.4.3】 请给出线性定常系统李雅普诺夫意义下稳定、渐近稳定的判定条件,并判断如下系统是否稳定、渐近稳定:

(1) $\begin{aligned}\dot{x}_1&=-2x_1+x_2\\\dot{x}_2&=-x_1-3x_2\end{aligned}$　　(2) $\begin{aligned}\dot{x}_1&=-x_1+x_2\\\dot{x}_2&=-x_2\\\dot{x}_3&=-x_3\end{aligned}$

答:线性定常系统李雅普诺夫意义下的稳定、渐近稳定的判定条件为:设线性定常连续系统为 $\dot{x}=Ax$,在平衡状态 $x_e=0$ 为大范围渐近稳定的充要条件是:对任意给定的正定实对称矩阵 Q,必存在正定的实对称矩阵 $\boldsymbol{P}$,满足李雅普诺夫方程 $\boldsymbol{A}^{\mathrm{T}}\boldsymbol{P}+\boldsymbol{P}\boldsymbol{A}=-\boldsymbol{Q}$,并且 $V(x)=x^{\mathrm{T}}Px$ 是系统的李雅普诺夫函数。

(1)

$$\begin{pmatrix}\dot{x}_1\\ \dot{x}_2\end{pmatrix}=\begin{pmatrix}-2 & 1\\ -1 & -3\end{pmatrix}\begin{pmatrix}x_1\\ x_2\end{pmatrix},A=\begin{pmatrix}-2 & 1\\ -1 & -3\end{pmatrix}$$ 设 $P=\begin{pmatrix}p_{11} & p_{12}\\ p_{21} & p_{22}\end{pmatrix}$，代入 $A^{\mathrm{T}}P+PA=-Q$，取 $Q=E$，可以得到：

$$\begin{pmatrix}-2 & -1\\ 1 & -3\end{pmatrix}\begin{pmatrix}p_{11} & p_{12}\\ p_{21} & p_{22}\end{pmatrix}+\begin{pmatrix}p_{11} & p_{12}\\ p_{21} & p_{22}\end{pmatrix}\begin{pmatrix}-2 & 1\\ -1 & -3\end{pmatrix}=\begin{pmatrix}-1 & 0\\ 0 & -1\end{pmatrix}$$

求解得：$\boldsymbol{P}=\begin{pmatrix}0.243 & 0.014\\ 0.014 & 0.171\end{pmatrix}$，

根据希尔维斯特判据知：$\Delta_1=0.243>0,\Delta_2=\begin{vmatrix}0.243 & 0.014\\ 0.014 & 0.171\end{vmatrix}>0$

故矩阵 $\boldsymbol{P}$ 是正定的，因而系统的平衡点是大范围渐近稳定

(2)

$A=\begin{pmatrix}-1 & 1 & 0\\ 0 & -1 & 0\\ 0 & 0 & -1\end{pmatrix}$，设 $P=\begin{pmatrix}p_{11} & p_{12} & p_{13}\\ p_{21} & p_{22} & p_{23}\\ p_{31} & p_{32} & p_{33}\end{pmatrix}$，取 $Q=E$，代入 $A^{\mathrm{T}}P+PA=-Q$ 可以得到

$$\begin{pmatrix}-1 & 0 & 0\\ 1 & -1 & 0\\ 0 & 0 & -1\end{pmatrix}\begin{pmatrix}p_{11} & p_{12} & p_{13}\\ p_{21} & p_{22} & p_{23}\\ p_{31} & p_{32} & p_{33}\end{pmatrix}+\begin{pmatrix}p_{11} & p_{12} & p_{13}\\ p_{21} & p_{22} & p_{23}\\ p_{31} & p_{32} & p_{33}\end{pmatrix}\begin{pmatrix}-1 & 1 & 0\\ 0 & -1 & 0\\ 0 & 0 & -1\end{pmatrix}=\begin{pmatrix}-1 & & \\ & -1 & \\ & & -1\end{pmatrix}$$

得到 $P=\begin{pmatrix}0.5 & 0.25 & 0\\ 0.25 & 0.75 & 0\\ 0 & 0 & 0.5\end{pmatrix}$，$\Delta_1=0.5>0,\Delta_2=\begin{vmatrix}0.5 & 0.25\\ 0.25 & 0.75\end{vmatrix}=0.312\,5>0$

$\Delta_3=\begin{vmatrix}0.5 & 0.25 & 0\\ 0.25 & 0.75 & 0\\ 0 & 0 & 0.5\end{vmatrix}\approx0.156>0$，故矩阵 P 是正定的，因而系统的平衡点是大范围渐近稳定。

【例 9.4.4】 已知系统的状态空间描述如下，其中 a、b、c、d 均为实数

$$\dot{\boldsymbol{x}}=\begin{pmatrix}0 & 0 & 0\\ 1 & a & 0\\ 0 & 0 & b\end{pmatrix}\boldsymbol{x}+\begin{pmatrix}1\\ 0\\ c\end{pmatrix}u$$

$$y=(0\quad 1\quad d)\boldsymbol{x}$$

(1) 求当系统既可控又可观时，a、b、c、d 应满足的条件。

(2) 求系统的输入-输出传递函数 $G(s)$。

(3) 系统是否渐近稳定？是否可能输入/输出稳定？若可能，a、b、c、d 应满足什么条件？

答：

(1)系统能控性判据为

$$\boldsymbol{Q}_c=(\boldsymbol{B}\quad \boldsymbol{AB}\quad \boldsymbol{A}^2\boldsymbol{B})=\begin{pmatrix}1 & 0 & 0\\ 0 & 1 & a\\ c & bc & b^2c\end{pmatrix}$$

系统能控的条件为

$$\det\boldsymbol{Q}_c=b^2c-abc=bc(b-a)\neq0$$

即 $$b\neq0,c\neq0,a\neq b \qquad ①$$

系统能观测性矩阵为

$$Q_0=\begin{pmatrix}C\\CA\\CA^2\end{pmatrix}=\begin{pmatrix}0&1&d\\1&a&bd\\a&a^2&b^2d\end{pmatrix}$$

系统能观测的条件为

$$\det Q_0=abd-b^2d=bd(a-b)\neq 0$$

即 $$b\neq 0,d\neq 0,a\neq b \qquad ②$$

由式①和②得系统既能控又能观的条件为

$$a\neq b,b\neq 0,c\neq 0,d\neq 0$$

(2) 系统传递函数为

$$G(s)=C(sI-A)^{-1}B=(0\quad 1\quad d)\begin{pmatrix}s&0&0\\-1&s-a&0\\0&0&s-b\end{pmatrix}^{-1}\begin{pmatrix}1\\0\\c\end{pmatrix}$$

$$=\frac{cds^2+(1-acd)s-b}{s(s-a)(s-b)}$$

(3) 根据系统稳定性的定义，当系统特征值均具有负实部时，系统渐近稳定。而当 $G(s)$ 的所有极点均具有负实部时，系统输入/输出稳定。系统特征值由下式确定

$$\det(sI-A)=\det\begin{pmatrix}s&0&0\\-1&s-a&0\\0&0&s-b\end{pmatrix}=s(s-a)(s-b)=0$$

$$s_1=0,s_2=a,s_3=b$$

可见，系统不是渐近稳定的。

由系统的传递函数 $G(s)=\dfrac{cds^2+(1-acd)s-b}{s(s-a)(s-b)}$ 知，若取 $b=0$、$acd=1$、$a<0$，则传递函数为

$$G(s)=\frac{cd}{s-a}$$

可见有输入输出稳定。

【例 9.4.5★】 (中科院自动化所)已知某系统的传递函数如下，试分别给出满足以下条件的实现并分析实现的稳定性

$$g(s)=\frac{2(s+1)(s+4)}{(s+2)(s+3)}$$

(1) 求既能控又能观的约当型实现，分析该实现的渐近稳定性；

(2) 求一个维数尽可能低的能控但不能观，李雅普诺夫意义下稳定但非渐近稳定的实现，分析该实现的 BIBO 稳定性；

(3) 求一个维数尽可能低的既不能控又不能观，且李雅普诺夫意义下不稳定的实现，分析该实现的 BIBO 稳定性和渐近稳定性。

答：(1) 先将系统的传递函数进行化简可以得到

$$g(s)=\frac{2(s+1)(s+4)}{(s+2)(s+3)}=2+\frac{-4}{(s+2)(s+3)}=2+\frac{-4}{s+2}+\frac{4}{s+3}$$

满足条件的实现为：

$$\dot{x}=\begin{pmatrix}-2&0\\0&-3\end{pmatrix}x+\begin{pmatrix}-4\\4\end{pmatrix}u,\ y=(1\quad 1)x+2u$$

该实现渐近稳定。

(2) 满足条件的实现为

$$A=\begin{pmatrix}0 & 1 & 0\\0 & 0 & 1\\0 & -6 & -5\end{pmatrix}s+\begin{pmatrix}0\\0\\1\end{pmatrix}u,y=(0\quad -4\quad 0)x+2u$$

系统 BIBO 稳定

(3) 满足条件的实现为

$$A=\begin{pmatrix}-2 & 0 & 0\\0 & -3 & 0\\0 & 0 & 1\end{pmatrix}s+\begin{pmatrix}-4\\4\\0\end{pmatrix}u,y=(1\quad 1\quad 0)x+2u$$

系统 BIBO 稳定,但不渐近稳定

【例 9.4.6★】(大连理工大学) 已知离散系统的状态方程为 $X(k+1)=\begin{pmatrix}0 & 1 & 0\\0 & 0 & 1\\0 & 2a & 0\end{pmatrix}X(k)$,$a>0$,试用李雅普诺夫第二方法确定使平衡点渐近稳定的 a 取值范围。

答:

由题意,$G=\begin{pmatrix}0 & 1 & 0\\0 & 0 & 1\\0 & 2a & 0\end{pmatrix}$,$P=\begin{pmatrix}p_{11} & p_{12} & p_{13}\\p_{21} & p_{22} & p_{23}\\p_{31} & p_{32} & p_{33}\end{pmatrix}$,$P$ 为对称阵,由方程 $G^{T}PG-P=-E$ 以得到

$$\begin{pmatrix}0 & 0 & 0\\1 & 0 & 2a\\0 & 1 & 0\end{pmatrix}\begin{pmatrix}p_{11} & p_{12} & p_{13}\\p_{21} & p_{22} & p_{23}\\p_{31} & p_{32} & p_{33}\end{pmatrix}\begin{pmatrix}0 & 1 & 0\\0 & 0 & 1\\0 & 2a & 0\end{pmatrix}-\begin{pmatrix}p_{11} & p_{12} & p_{13}\\p_{21} & p_{22} & p_{23}\\p_{31} & p_{32} & p_{33}\end{pmatrix}=\begin{pmatrix}-1 & & \\ & -1 & \\ & & -1\end{pmatrix}$$

整理得

$$\begin{pmatrix}-p_{11} & -p_{12} & -p_{13}\\-p_{21} & p_{11}+2ap_{13}+2ap_{31}+4a^{2}p_{33}-p_{22} & p_{12}+2ap_{32}-p_{23}\\-p_{31} & p_{21}+2ap_{23}-p_{32} & p_{22}-p_{33}\end{pmatrix}=\begin{pmatrix}-1 & & \\ & -1 & \\ & & -1\end{pmatrix}$$

注意到 $p_{ij}=p_{ji}$,代入可以得到

$p_{11}=1$;$p_{12}=p_{21}=0$;$p_{13}=p_{31}=0$;$(2a-1)p_{23}=0$;$4a^{2}p_{33}-p_{22}=-2$;$p_{22}-p_{33}=-1$

若 $2a-1=0$,$a=\frac{1}{2}$,则此时 $4a^{2}p_{33}-p_{22}=-2$;$p_{22}-p_{33}=-1$ 不成立,于是 $a\neq\pm\frac{1}{2}$,得到

$$P=\begin{pmatrix}1 & 0 & 0\\0 & \frac{2+4a^{2}}{1-4a^{2}} & 0\\0 & 0 & \frac{3}{1-4a^{2}}\end{pmatrix}$$,P 正定时 $\frac{2+4a^{2}}{1-4a^{2}}>0$ 且 $\frac{3}{1-4a^{2}}>0$,得 $-\frac{1}{2}<a<\frac{1}{2}$,又 $a>0$

故 $0<a<\frac{1}{2}$

【例 9.4.7】 设系统方程为

$$\dot{x}_1(t)=x_2(t)$$
$$\dot{x}_2(t)=-x_1^{3}-x_2(t)$$

试用李雅普诺夫第二法分析系统的稳定性。

答:

(1) 确定系统的平衡点。令 $\dot{x}=0$,可得平衡点为 $x_e=0$,即原点。

(2) 设定梯度向量。令

$$\nabla\mathbf{V}=\begin{pmatrix}a_{11}x_1+a_{12}x_2\\a_{21}x_1+a_{22}x_2\end{pmatrix}$$

(3) 计算$\dot{\mathbf{V}}$

$$\dot{\mathbf{V}}=\nabla \mathbf{V}^T\dot{\boldsymbol{x}}=(a_{11}x_1+a_{12}x_2)x_2+(a_{21}x_1+a_{22}x_2)(-x_1^3-x_2)$$
$$=-a_{21}x_1^4+(a_{11}-a_{12}-2x_1^2)x_1x_2+(a_{12}-2)x_2^2$$

(4) 选择使$\dot{\mathbf{V}}<0$的系数。令x_1x_2的系数为零：

$$a_{11}-a_{12}-2x_1^2=0$$

得

$$a_{11}=a_{12}+2x_1^2$$
$$a_{21}>0$$
$$0<a_{12}<2$$

取$a_{22}=2,0<a_{21}=a_{12}<2$,此时$\dot{\mathbf{V}}=-a_{21}x_1^4-(2-a_{12})x_2^2<0$。

(5) 计算$\mathbf{V}(x)$。按以上所选择的系数,可得梯度向量：

$$\nabla \mathbf{V}=\begin{pmatrix}(a_{12}+2x_1^2)x_1+a_{12}x_2\\ a_{12}x_1+2x_2\end{pmatrix}$$

作线积分求$V(x)$,有

$$V(x)=\int_0^{x_1(x_2=0)}[(a_{12}+2x_1^2)x_1+a_{12}x_2]\mathrm{d}x_1+\int_0^{x_2(x_1=\mathrm{const})}(a_{12}x_1+2x_2)\mathrm{d}x_2$$
$$=\frac{a_{12}}{2}x_1^2+\frac{x_1^4}{2}+a_{12}x_1x_2+x_2^2$$
$$=\frac{x_1^4}{2}+(x_1\quad x_2)\begin{pmatrix}\frac{a_{12}}{2} & \frac{a_{12}}{2}\\ \frac{a_{12}}{2} & 1\end{pmatrix}\begin{pmatrix}x_1\\ x_2\end{pmatrix}$$

式中,第一项$\frac{x_1^4}{2}>0$;第二项的矩阵在$0<a_{12}<2$时是正定的。所以

$$V(x)>0,x\neq 0$$
$$\dot{V}(x)<0,x\neq 0$$

故$x_e=0$是一致渐近稳定的。又因为当$\|x\|\to\infty$时,$V(x)\to\infty$,所以原点是一致大范围渐近稳定的。

【例9.4.8】 给定系统运动微分方程$\dot{x}_1=-2x_1+2x_2^2,\dot{x}_2=-x_2$。

(1) 证明原点是系统的平衡点;

(2) 找出能表征原点时渐近稳定平衡点的李雅普诺夫函数,并使该函数满足李雅普诺夫函数条件的范围尽可能地大。

答：

(1) 令$\dot{x}_1=\dot{x}_2=0$,可以得到$x_1=x_2=0$,故原点即是系统的平衡点。

(2) 通常我们取的李雅普诺夫函数为$V(x)=x_1^2+x_2^2$,为了使该函数满足李雅普诺夫函数条件的范围尽可能地大,我们不妨取$V(x)=ax_1^2+bx_2^2$,其中a,b为大于零的常数,$\dot{V}(x)=2x_1\dot{x}_1+2x_2\dot{x}_2$,代入整理得$\dot{V}(x)=-4ax_1-2x_2^2(b-2ax_1)$,要使该函数满足李雅普诺夫函数条件的范围尽可能地大,$\dot{V}(x)$应负定,$b-2ax_1>0$,则$x_1<\frac{b}{2a},b\gg a$即可。

【例9.4.9】(浙江大学) 研究由方程$\begin{aligned}\dot{x}_1&=x_2-x_1(x_1^2+x_2^2)\\ \dot{x}_2&=-x_1-x_2(x_1^2+x_2^2)\end{aligned}$描述的系统的稳定性。

答：

由

$$\dot{x}_1=\dot{x}_2=0$$

可以得到

$$x_1 = x_2 = 0$$

故坐标原点是奇平衡点，选正定的标量函数为

$$V(x) = \dot{x}_1^2 + \dot{x}_2^2$$

则

$$\dot{V}(x) = 2x_1\dot{x}_1 + 2x_2\dot{x}_2$$

将 $\dot{x}_1 = x_2 - x_1(x_1^2 + x_2^2)$

$\dot{x}_2 = -x_1 - x_2(x_1^2 + x_2^2)$

代入可以得到：$\dot{V}(x) = -2(x_1^2 + x_2^2)^2$，显然 $\dot{V}(x)$ 负定，且当 $\|x\| \to \infty$ 时，$V(x) \to \infty$，系统在坐标原点处是大范围渐近稳定。

【例 9.4.10】 某二阶系统如图 9.16 所示，用李雅普诺夫稳定性理论分析其平衡状态的稳定性，并指出稳定的范围。图中的 $r(t)$ 为单位阶跃输入。

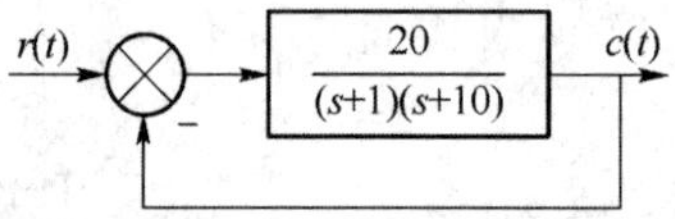

图 9.16　二阶系统

答：

由题意

$$\frac{c(s)}{r(s)} = \frac{\dfrac{20}{(s+1)(s+10)}}{1 + \dfrac{20}{(s+1)(s+10)}} = \frac{20}{s^2 + 11s + 30}$$

能控标准型实现为

$$\dot{x} = \begin{pmatrix} 0 & 1 \\ -30 & -11 \end{pmatrix} x + \begin{pmatrix} 0 \\ 1 \end{pmatrix} u, y = (20 \quad 0)x$$

由李雅普诺夫第一法，只需判断 $\boldsymbol{A} = \begin{pmatrix} 0 & 1 \\ -30 & -11 \end{pmatrix}$ 的特征根是否在左半平面即可，由 $|\lambda \boldsymbol{E} - \boldsymbol{A}| =$ 得到，$\lambda^2 + 11\lambda + 30 = 0$，易判断此方程的两根均在左半平面，故系统稳定，又本系统为线性系统，故系统是大范围渐近稳定的。

第 10 章

课程测试及考研真题

10.1 课程测试

一、单项选择题(每题 1 分,共 10 分)

1. 开环系统与闭环系统最本质的区别是(　　)。

A. 开环系统的输出对系统无控制作用,闭环系统的输出对系统有控制作用

B. 开环系统的输入对系统无控制作用,闭环系统的输入对系统有控制作用

C. 开环系统不一定有反馈回路,闭环系统有反馈回路

D. 开环系统不一定有反馈回路,闭环系统也不一定有反馈回路

2. 某系统的传递函数为 $G(s)=\dfrac{5}{s+2}$,则该系统的单位脉冲响应函数为(　　)。

A. $5t$　　B. $5e^{-2t}$　　C. $5e^{2t}$　　D. $\dfrac{5}{t}$

3. 一系统的传递函数为 $G(s)=\dfrac{K}{Ts+1}$,则该系统时间响应的快速性(　　)。

A. 与 K 有关　　B. 与 K 和 T 有关　　C. 与 T 有关　　D. 与输入信号大小有关

4. 二阶系统的传递函数为 $G(s)=\dfrac{2}{KS^2+2S+1}$,当 K 增大时,其(　　)。

A. 固有频率 ω_n 增大,阻尼比 ξ 增大　　B. 固有频率 ω_n 增大,阻尼比 ξ 减小

C. 固有频率 ω_n 减小,阻尼比 ξ 减小　　D. 固有频率 ω_n 减小,阻尼比 ξ 增大

5. 典型欠阻尼二阶系统超调量大于 5%,则其阻尼 ξ 的范围为(　　)。

A. $\xi>1$　　B. $0<\xi<1$　　C. $1>\xi>0.707$　　D. $0<\xi<0.707$

6. 单位反馈开环传函为 $\dfrac{2}{3s^2+5s+4}$,则其闭环系统的 ξ,ω_n 分别为(　　)。

A. $\dfrac{5}{6},\dfrac{4}{3}$　　B. $\dfrac{5}{6},\dfrac{2}{\sqrt{2}}$　　C. $\dfrac{5\sqrt{2}}{12},\sqrt{2}$　　D. $\dfrac{5}{6},\dfrac{2}{\sqrt{3}}$

7. 二阶系统的极点分别为 $S_1=-0.5, S_2=-4$，系统增益为 5，则其传递函数为(　　)。

A. $\dfrac{5}{(s-0.5)(s-4)}$　　B. $\dfrac{2}{(s+0.5)(s+4)}$

C. $\dfrac{10}{(s+0.5)(s+4)}$　　D. $\dfrac{5}{(s+0.5)(s+4)}$

8. 一阶系统的闭环极点越靠近 s 平面的原点，其(　　)。

A. 响应速度越慢　　B. 响应速度越快

C. 准确度越高　　D. 准确度越低

9. 二阶欠阻尼系统的上升时间 t_r 定义为(　　)。

A. 单位阶跃响应达到稳态值所需的时间

B. 单位阶跃响应从稳态值的 10%上升到 90%所需的时间

C. 单位阶跃响应从零第一次上升到稳态值时所需的时间

D. 单位阶跃响应达到其稳态值的 50%所需的时间

10. 当系统采用串联校正时，校正环节为 $G_c(s)=\dfrac{s+1}{2s+1}$，则该校正环节对系统性能的影响是(　　)。

A. 增大开环幅值穿越频率 ω_c　　B. 增大稳态误差

C. 减小稳态误差　　D. 稳态误差不变，响应速度降低

二、(10 分)系统结构图如图 10.1.1 所示。试用结构图变换求取传递函数$\dfrac{C(s)}{R(s)}$。

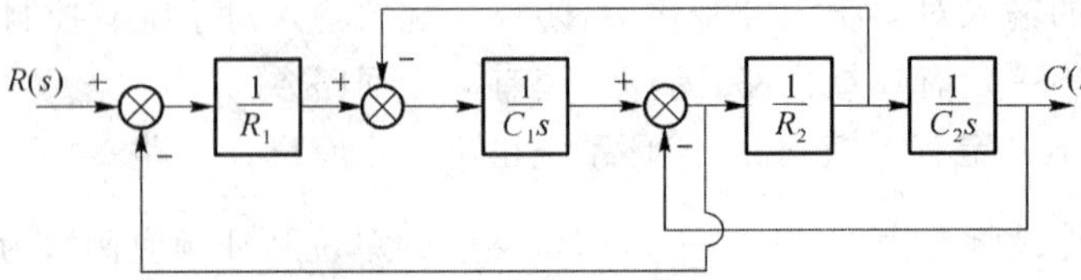

图 10.1.1　系统结构图

三、(10 分)已知系统的开环传递函数 $G(s)H(s)=\dfrac{K}{s(s+2)(s+10)}$ 为保证系统稳定，并且在 $r(t)=1(t)+2(t)$ 作用下的稳态误差 $e_{ss}\leqslant 0.2$，试确定 K 的取值范围。

四、(10 分)已知单位反馈系统的开环传递函数为

$$G(s)=\frac{K^*}{(s-1)(s^2+6s+10)}$$

绘制当 K^* 从 $0\to\infty$ 变化时系统的根轨迹。

五、(10 分)已知系统的开环传递函数为

$$G(s)=\frac{K(s+1)}{s(s-1)}$$

试用对数频率判据确定使闭环系统稳定的 K 值取值范围。

$$\Phi(j\omega)=\frac{C(j\omega)}{R(j\omega)}=\frac{3(j\omega)^2+8(j\omega)+8}{(j\omega+1)(j\omega+2)(j\omega+4)}$$

六、(10 分)如图 10.1.2 所示为某个开环系统的部分奈奎斯特图，试画出 ω 从 $-\infty$ 到 $+\infty$ 变化时完整的奈氏图。设此图对应的开环增益 $K=100$，且无右半平面开环极点，试判

断使闭环系统稳定的 K 值范围。

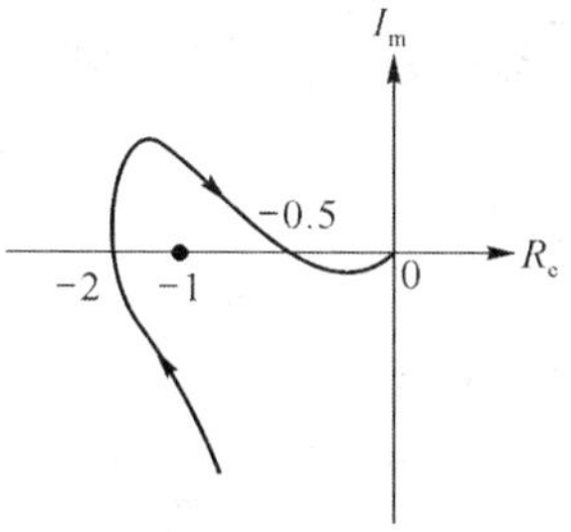

图 10.1.2 开环系统的部分奈奎斯特图

七、(10 分)已知单位反馈系统的开环传递函数为 $G(s)=\dfrac{k}{s(0.1s+1)}$,若要求系统在单位斜坡输入信号作用时,位置输出稳态误差 $e_{ss}\leqslant 0.005$,试设计串联校正环节,使系统的相角裕度不小于 45°,截止频率不低于 50 rad/s。

八、(10 分)已知离散系统结构图如图 10.1.3 所示,且

$$x(k)=e(k)-e(k-1)$$

$$c(k)=1.5c(k-1)-5c(k-2)+4x(k-1)$$

试确定系统的脉冲传递函数 $G_1(z)$ 和 $G_2(z)$,并判断系统的稳定性。

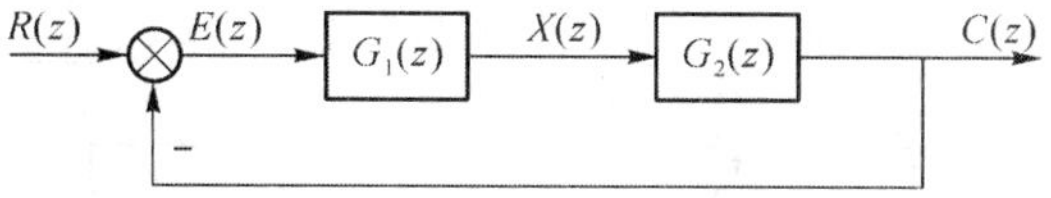

图 10.1.3 系统结构图

九、(10 分)已知非线性系统的结构图如图 10.1.4 所示,其中非线性环节的描述函数为 $N(A)=\dfrac{A+6}{A+2}$。试用描述函数法确定:

(1) 使该系统稳定、不稳定及产生周期运动时,线性部分的 K 的取值范围。

(2) 判断周期运动的稳定性,并计算稳定周期运动的振幅和频率。

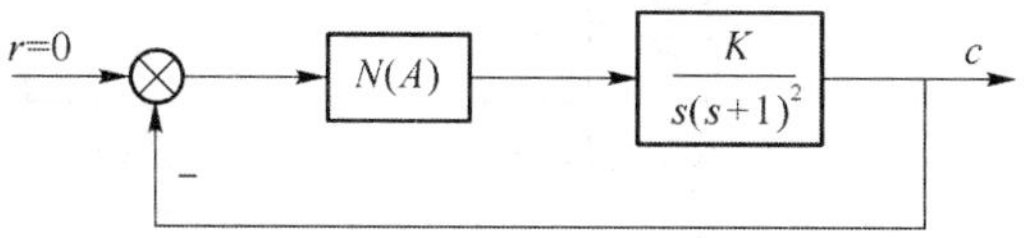

图 10.1.4 系统结构图

十、(10 分) 设控制系统的状态方程为

$$\dot{\boldsymbol{x}}(t)=\boldsymbol{A}\boldsymbol{x}(t)$$

已知当 $\boldsymbol{x}(0)=\begin{bmatrix}1\\-1\end{bmatrix}$时,$\boldsymbol{x}(t)=\begin{bmatrix}\mathrm{e}^{-2t}\\-\mathrm{e}^{-2t}\end{bmatrix}$;当 $\boldsymbol{x}(0)=\begin{bmatrix}2\\-1\end{bmatrix}$时,$\boldsymbol{x}(t)=\begin{bmatrix}2\mathrm{e}^{-t}\\-\mathrm{e}^{-t}\end{bmatrix}$,试求取系统矩阵 $\boldsymbol{A}$ 及系统的状态转移矩阵 $\boldsymbol{\Phi}(t)$。

10.2 课程测试参考答案

一、选择题

1. A 2. B 3. C 4. C 5. D 6. C 7. D 8. A 9. B 10. D

二、解：

将$\frac{1}{R_2}$之前和之后的引出点均引到$\frac{1}{C_2 s}$之后，即可消除交叉。结构图变换步骤如图 10.2.1 (a)、(b)、(c)、(d)所示。

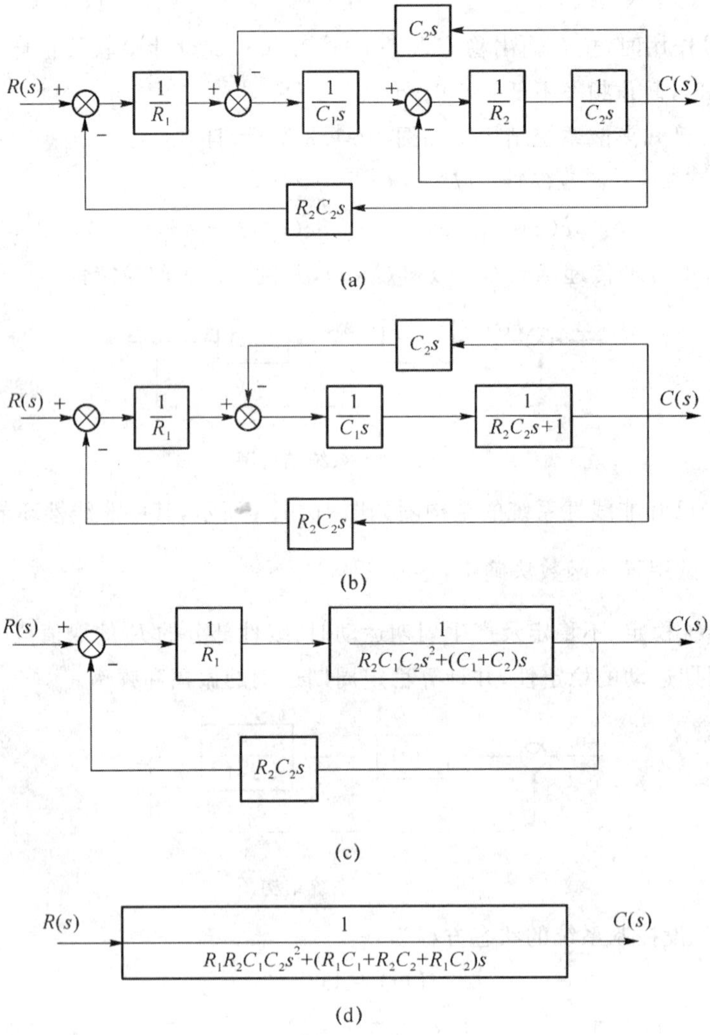

图 10.2.1　结构变换图

三、解：

要使系统稳定：$S(S+2)(S+10)+K=0$

即：$S^3+12S^2+20S+K=0$

$$
\begin{array}{lll}
S^3 & 1 & 20 \\
S^2 & 12 & K \\
S^1 & 20-\dfrac{K}{12} & \\
S^0 & K &
\end{array}
$$

$0<K<240$

要使 $r(t)=1+2t$ 时的 $e_{ss}\leqslant 0.2$；即 $\dfrac{1}{K_p}+\dfrac{2}{K_v}\leqslant 0.2$

一阶系统 $K_p=\infty, K_v=\dfrac{K}{20}$ 所以 $\dfrac{40}{K}\leqslant 0.2$

$$K\geqslant 200$$

综合得：$200\leqslant K<240$。

四、解：

系统开环传递函数为

$$G(s)=\frac{K^*}{(s-1)(s^2+6s+10)}=\frac{K^*}{(s-1)(s+3+j)(s+3-j)}$$

(1) 绘制根轨迹。

① 系统有三个开环极点：$p_1=1, p_{2,3}=-3\pm j$；无开环零点。

② 根轨迹的分支数：根轨迹有 3 条分支。

③ 实轴上的根轨迹。

实轴上的根轨迹区段为 $(-\infty,1]$。

④ 渐近线的位置与方向。

渐近线与实轴的交点

$$\sigma_a=\frac{\sum_{i=1}^{n}p_i-\sum_{j=1}^{m}z_j}{n-m}=-\frac{5}{3}$$

渐近线与正实轴的夹角

$$\varphi_a=\frac{(2k+1)\pi}{n-m}=\pm 60°, 180°(k=0,\pm 1)$$

⑤ 分离点。

根据分离点公式

$$\sum_{i=1}^{n}\frac{1}{d-p_i}=\sum_{j=1}^{m}\frac{1}{d-z_j}$$

$$\frac{1}{d-1}+\frac{1}{d+3+j}+\frac{1}{d+3-j}=0$$

$$3d^2+10d+4=0$$

解得 $d_1=-0.46, d_2=-2.87$。

⑥ 根轨迹的起始角和终止角。

起始角

$$\theta_{p_2}=(2k+1)\pi-\angle(p_2-p_1)-\angle(p_2-p_3)$$
$$=180°-166°-90°=-76°$$
$$\theta_{p_3}=76°$$

⑦ 与虚轴的交点。

系统的特征方程为

$$s^3+5s^2+4s+K^*-10=0$$

列写劳斯表

s^3	1	4
s^2	5	K^*-10
s^1	$\dfrac{30-K^*}{5}$	
s^0	K^*-10	

由劳斯判据得与虚轴相交时 $K_1^*=10, \omega_1=0$ 和 $K_2^*=30$、$\omega_2=2$。

根据以上所计算根轨迹参数,绘制根轨迹如图 10.2.2 所示。

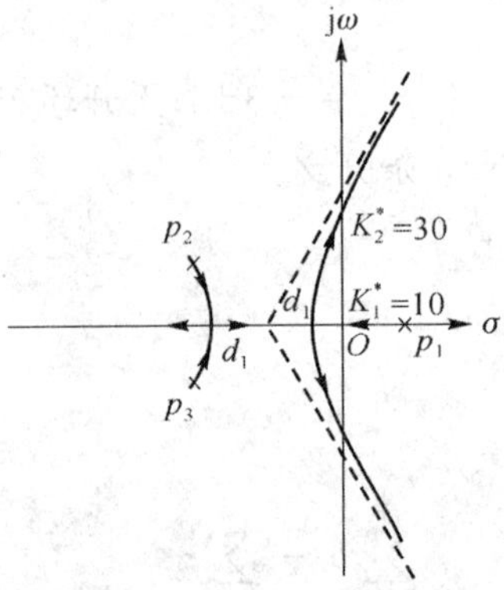

图 10.2.2　根轨迹图

从根轨迹可以看出,当 $10<K^*<30$ 时系统稳定。

五、解:

系统的开环对数幅频特性为

$$L(\omega)=20\lg K+20\lg\sqrt{\omega^2+1}-20\lg\omega-20\lg\sqrt{\omega^2+1}=20\lg K-20\lg\omega$$

相频特性为

$$\varphi(\omega)=-90°+\tan^{-1}\omega-(180°-\tan^{-1}\omega)=-270°+2\tan^{-1}\omega$$

绘制对数频率特性如附图 10.2.3 所示。

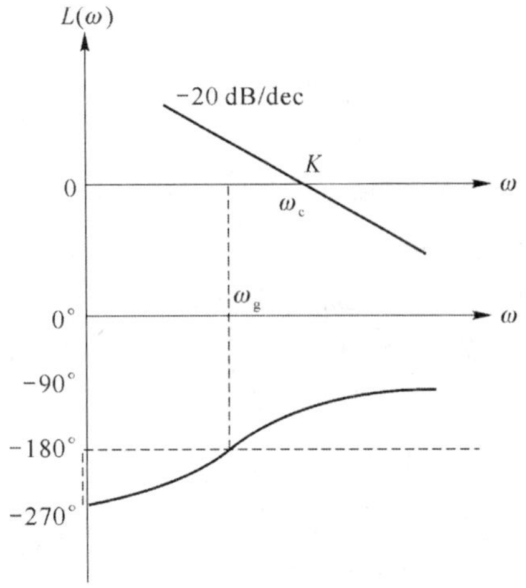

图 10.2.3 对数频率特性曲线

由 $$L(\omega_c)=20\lg K-20\lg\omega_c=0$$

得 $$\omega_c=K$$

由 $$\varphi(\omega_g)=-270°+2\tan^{-1}\omega_g=180°$$

得 $$\omega_g=1$$

可见，当 $K=1$ 时，系统临界稳定。因为系统为Ⅰ型，应从 $\omega=0^+$ 处向上补一个 $90°$ 的虚线，根据对数稳定判据，只有当 $K>1$ 时，$N=N^+-N^-=1-1/2=1/2$，$P=1$，系统右半 s 平面的闭环极点数 $Z=P-2N=0$，系统稳定。

六、**解：**

(1) 图 10.2.4 完整奈奎斯特图。

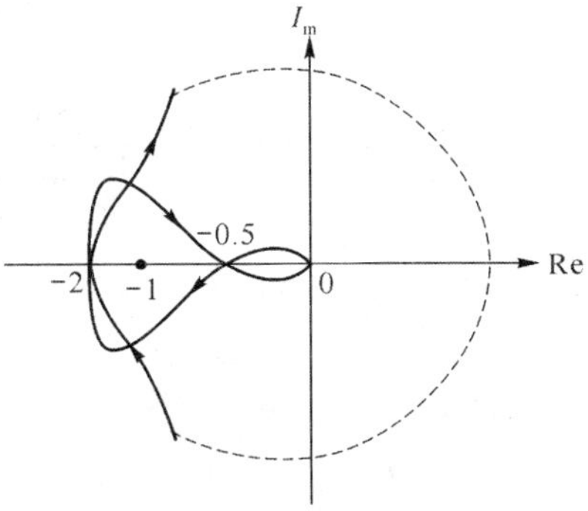

图 10.2.4 奈奎斯特图

(2) 因系统无右半平面开环极点，故只有当奈氏曲线不包围 -1 点时系统稳定。当增益 K 扩大 2 倍或减小为原来的一半时，系统处于临界稳定状态。所以系统稳定的范围为 $K<50$或 $K>200$。

七、**解：**

$$e_{ss}=\frac{1}{K}\leqslant\frac{1}{15}\Rightarrow K=15$$

$$G(s)=\frac{15}{s(s+1)}$$

$$|G(j\omega_c)|=1\Rightarrow\omega_c=3.81$$

（或用几何中点的概念来求 $\omega_c^2=1*15$）

$$\gamma'=90-\arctan\omega_c=14.71$$

不符合要求，进行串联超前校正。

$$\omega_m=\omega_c''=7.5$$

$$L'(7.5)=20\lg|G(j7.5)|=-11.56$$

$$10\lg a=-L'(7.5)=11.56\Rightarrow a=14$$

$$T=\frac{1}{\omega_m\sqrt{a}}=0.036$$

$$G_c(s)=\frac{0.504s+1}{0.036s+1}$$

$$G_c(s)G(s)=\frac{15}{s(s+1)}\frac{0.504s+1}{0.036s+1}$$

$$\gamma''=90-\arctan\omega_c''+\arctan 0.504\omega_c''-\arctan 0.036\omega_c''=67.7\geqslant 45$$

满足性能指标要求，设计合理。

八、解：

在零初始条件下，对差分方程取 Z 变换，并由实数位移定理得

$$X(z)=E(z)-z^{-1}E(z)$$

$$C(z)=1.5z^{-1}C(z)-5z^{-2}C(z)+4z^{-1}X(z)$$

$$G_1(z)=\frac{X(z)}{E(z)}=1-z^{-1}=\frac{z-1}{z}$$

$$G_2(z)=\frac{C(z)}{X(z)}=\frac{4z^{-1}}{1-1.5z^{-1}+5z^{-2}}=\frac{4z}{z^2-1.5z+5}$$

系统的开环脉冲传递函数为

$$G(z)=G_1(z)G_2(z)=\frac{4(z-1)}{z^2-1.5z+5}$$

系统的特征方程为

$$D(z)=z^2-1.5z+5+4(z-1)=z^2+2.5z+1=0$$

解得

$$z_1=-0.5,\quad z_2=-2$$

显然 $z_2=-2$ 位于单位圆外，故系统不稳定。

$$Y=\overline{B}D+\overline{A}B\,\overline{C}+B\,\overline{CD}$$

九、解：

负倒描述函数为 $-\frac{1}{N(A)}=-\frac{A+2}{A+6}$，是在负实轴上 $\left[-1,-\frac{1}{3}\right]$ 段。

线性部分与负实轴的交于 $-\frac{K}{2}$。当 $G(j\omega)$ 不包围 $-\frac{1}{N(X)}$ 时，系统稳定，此时 $K<\frac{2}{3}$。

当 $G(j\omega)$ 包围 $-\frac{1}{N(X)}$ 时，系统不稳定，此时 $K>2$。

当 $\frac{2}{3}<K<2$ 时，$G(j\omega)$ 与 $-\frac{1}{N(X)}$ 相交，系统产生周期运动。自振频率为 1 rad/s，振幅

$A=\frac{6K-4}{2-K}$。

十、解：

设 $\boldsymbol{\Phi}(t)=\begin{pmatrix}\varphi_{11}(t) & \varphi_{12}(t)\\ \varphi_{21}(t) & \varphi_{22}(t)\end{pmatrix}$。

齐次方程的解为 $\boldsymbol{x}(t)=\boldsymbol{\Phi}(t)\boldsymbol{x}(0)$，故有

$$\begin{pmatrix}e^{-2t}\\ -e^{-2t}\end{pmatrix}=\begin{pmatrix}\varphi_{11}(t) & \varphi_{12}(t)\\ \varphi_{21}(t) & \varphi_{22}(t)\end{pmatrix}\begin{pmatrix}1\\ -1\end{pmatrix}$$

$$\begin{pmatrix}2e^{-t}\\ -e^{-t}\end{pmatrix}=\begin{pmatrix}\varphi_{11}(t) & \varphi_{12}(t)\\ \varphi_{21}(t) & \varphi_{22}(t)\end{pmatrix}\begin{pmatrix}2\\ -1\end{pmatrix}$$

解得 $\boldsymbol{\Phi}(t)=\begin{pmatrix}2e^{-t}-e^{-2t} & 2e^{-t}-2e^{-2t}\\ -e^{-t}+e^{-2t} & -e^{-t}+2e^{-2t}\end{pmatrix}$。

因为状态转移矩阵的基本性质 $\dot{\boldsymbol{\Phi}}(t)=\boldsymbol{A\Phi}(t)$，有

$$\boldsymbol{A}=\dot{\boldsymbol{\Phi}}(t)\cdot\boldsymbol{\Phi}^{-1}(t)=\begin{pmatrix}-2e^{-t}+2e^{-2t} & -2e^{-t}+4e^{-2t}\\ e^{-t}-2e^{-2t} & e^{-t}-4e^{-2t}\end{pmatrix}\begin{pmatrix}2e^{-t}-e^{-2t} & 2e^{-t}-2e^{-2t}\\ -e^{-t}+2e^{-2t} & -e^{-t}+2e^{-2t}\end{pmatrix}$$

$$=\begin{pmatrix}0 & 2\\ -1 & -3\end{pmatrix}$$

教研真题　　课程测试及考研真题

10.3 考研真题

一、(10 分)系统结构图如附图 10.3.1 所示，求系统的传递函数 $\frac{C(s)}{R(s)}$、$\frac{E(s)}{R(s)}$。

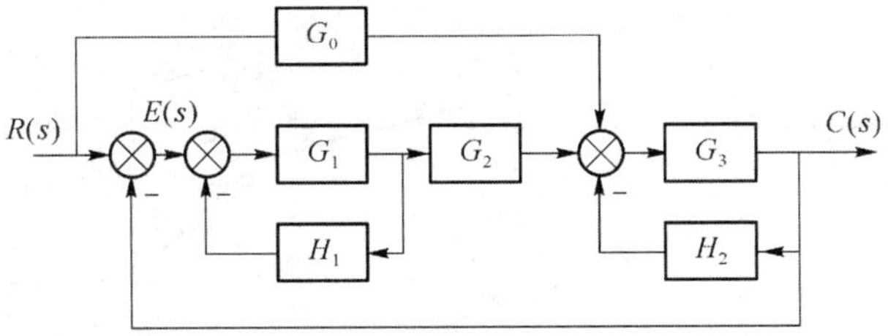

图 10.3.1　系统结构图

二、(15 分)系统的框图如附图 10.3.2 所示，其中 $\alpha=9$。

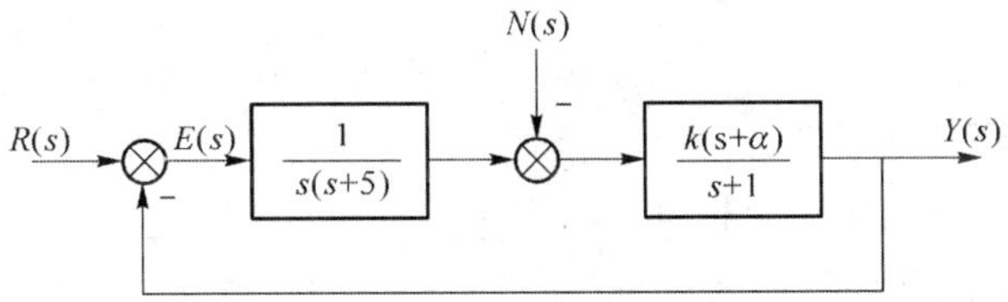

图 10.3.2　系统结构图

(1) 求误差传递函数 $G_{re}=\dfrac{E(s)}{R(s)}$ 和 $G_{ne}=\dfrac{E(s)}{N(s)}$，并由此求出 $r(t)=t(t>0)$ 和 $n(t)=0.1\cdot 1(t)$ 时的 $E(s)$，这里 $1(t)$ 为单位阶跃函数。

(2) $r(t)$ 和 $n(t)$ 同上，求 $Y(s)$。

(3) 分别说明 $k=5$，$k=15$ 能否计算稳态误差 e_{ss}？

(4) 若能计算稳态误差 e_{ss}，对于 1 中给定的 $r(t)$ 和 $n(t)$，分别求出 e_{ss}。

三、(15 分)某系统结构图如附图 10.3.3 所示。

(1) 绘制当 $K^*=0\to\infty$ 变化时的根轨迹。

(2) 要使系统的一对闭环复极点实部为 -1，试确定满足条件的开环增益 K 值及相应闭环极点的坐标。

(3) 当 $K^*=32$ 时，写出闭环传递函数表达式，并计算系统的动态指标(超调量 $\sigma\%$，调节时间 t_s)。

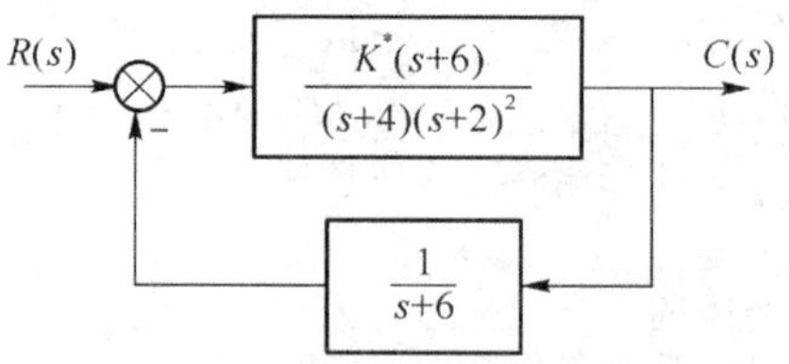

图 10.3.3　系统结构图

四、(10 分)某单位最小相位系统的开环折线幅频特性曲线如图 10.3.4 所示。

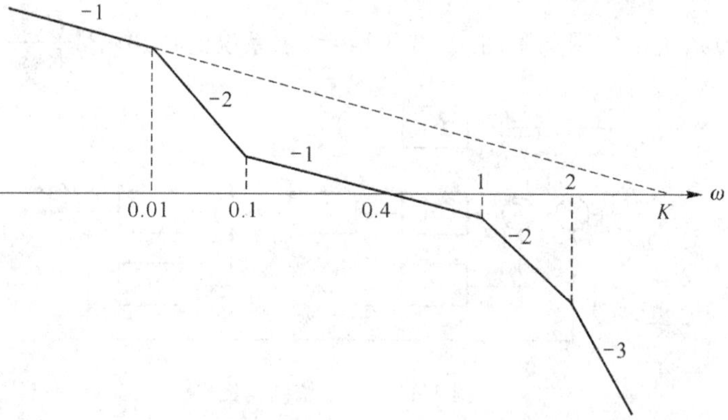

图 10.3.4　开环折线幅频特性曲线

试求：

1. 该系统的开环传递函数。

2. 相角稳定裕量和幅值稳定裕量。

五、(15 分)设系统开环传递函数为

$$G_0(s)=\frac{K(0.33s+1)}{s(s-1)},K=6$$

(1) 试画出系统奈奎斯特图，并判断在单位反馈下闭环系统的稳定性。

(2) 当放大系数 K 减小时,对闭环系统的稳定性有如何影响?并计算临界稳定时的 K 值。

(3) 若在开环系统中串入延时环节 $e^{-\tau s}$,即 $G_0'(s)=\dfrac{K(0.33s+1)}{s(s-1)}e^{-\tau s}$,$K=6$。闭环系统的稳定性会受到什么样的影响?

六、(10 分)采样系统结构图如附图 10.3.5 所示,图中 $T=1s$。试求闭环系统的脉冲传递函数$\dfrac{C(z)}{R(z)}$,并计算在 $r(t)=2\cdot 1(t)$时的稳态误差。

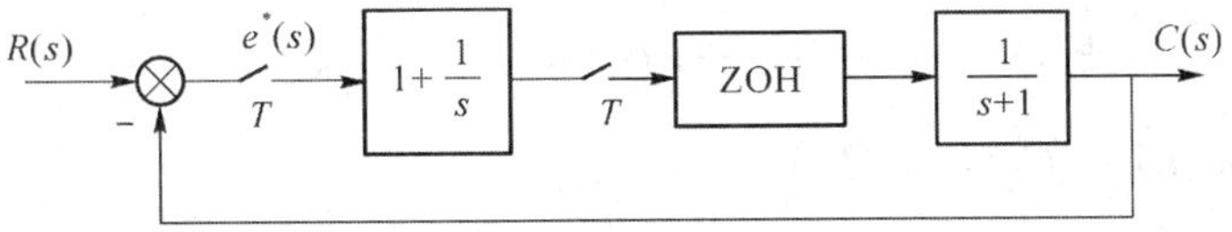

图 10.3.5 系统结构图

七、(15 分)非线性系统如附图 10.3.6 所示,其中非线性元件的描述函数为 $N(A)=\dfrac{4M}{\pi A}$,初始条件:$y(0)=h$,$\dot{y}(0)=0$。

要求:(1) 用描述函数法求系统的自振荡周期 $T_1=\dfrac{2\pi}{\omega}$。

(2) 用解析法求系统的自振荡周期 T_2(提示:y 由极大值 h 降至零时,正好经历 1/4 周期)。

(3) 求 T_1 与 T_2 的相对误差$\dfrac{T_2-T_1}{T_2}$。

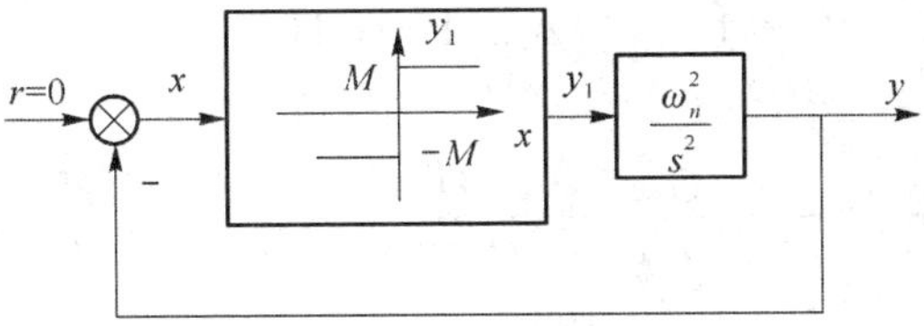

图 10.3.6 系统结构图

八、(15 分)控制系统如图 10.3.7 所示。

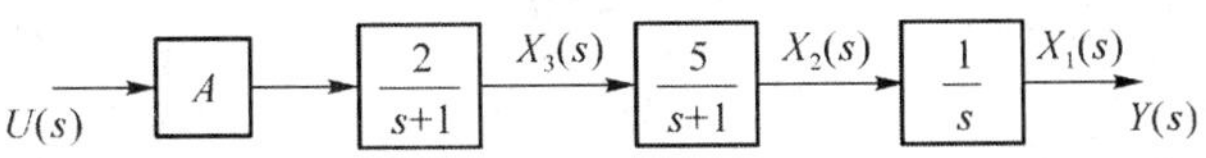

图 10.3.7 系统结构图

试用状态反馈的方法,使系统具有过渡过程时间 $t_s=5.65$ s,超调量 $\sigma\%=4.32\%$,及在单位阶跃信号作用下,系统无稳态误差的性能指标(设其中一个闭环特征根为 $s=-5$)。求

(1) 状态反馈矩阵。

(2) 求 A 值。

(3) 讨论 A 值对闭环系统稳定性的影响。

10.4 考研真题参考答案

一、解：

1. 系统有 3 个回路，一组两两不接触回路。

$$L_1=-G_1H_1\quad L_2=-G_3H_2\quad L_3=-G_1G_2G_3$$

$$\sum L_a=-G_1H_1-G_3H_2-G_1G_2G_3$$

$$\sum L_aL_b=G_1H_1G_3H_2$$

$$\Delta=1-\sum La+\sum L_aL_b=1+G_1H_1+G_3H_2+G_1G_2G_3+G_1H_1G_3H_2$$

(1) 求$\frac{C(s)}{R(s)}$。

前向通路 2 条，即

$$P_1=G_1G_2G_3\qquad \Delta_1=1$$

$$P_2=G_0G_3\qquad \Delta_2=1+G_1H_1$$

$$\frac{C(s)}{R(s)}=\frac{G_1G_2G_3+G_0G_3(1+G_1H_1)}{1+G_1H_1+G_3H_2+G_1G_2G_3+G_1H_1G_3H_2}$$

(2) 求$\frac{E(s)}{R(s)}$。

前向通路 2 条，即

$$P_1=1\qquad \Delta_1=1+G_1H_1+G_3H_2$$

$$P_2=-G_0G_3\qquad \Delta_2=1+G_1H_1$$

$$\frac{C(s)}{R(s)}=\frac{1+G_1H_1+G_3H_2-G_0G_3(1+G_1H_1)}{1+G_1H_1+G_3H_2+G_1G_2G_3+G_1H_1G_3H_2}$$

2. $$e(\infty)=\lim_{s\to0}s\cdot\frac{-\frac{10}{(0.1s+1)(0.2s+1)(0.5s+1)}}{1+\frac{10K}{(0.1s+1)(0.2s+1)(0.5s+1)}}\cdot\frac{1}{s}=-\frac{10}{1+10K}=0.099$$

$$K=10$$

二、解：

(1) 系统的误差传递函数为

$$G_{re}(s)=\frac{E(s)}{R(s)}=\frac{1}{1+\frac{k(s+\alpha)}{s(s+1)(s+5)}}=\frac{s(s+1)(s+5)}{s(s+1)(s+5)+k(s+9)}$$

$$G_{ne}(s)=\frac{E(s)}{N(s)}=\frac{\frac{k(s+\alpha)}{s+1}}{1+\frac{k(s+\alpha)}{s(s+1)(s+5)}}=\frac{ks(s+\alpha)(s+5)}{s(s+1)(s+5)+k(s+9)}$$

在 $R(s)=\frac{1}{s^2}$，$N(s)=\frac{0.1}{s}$时，系统误差的象函数为

$$E(s)=\frac{s(s+1)(s+5)}{s(s+1)(s+5)+k(s+\alpha)}R(s)+\frac{ks(s+\alpha)(s+5)}{s(s+1)(s+5)+k(s+\alpha)}N(s)$$

$$=\frac{s(s+1)(s+5)}{s(s+1)(s+5)+k(s+\alpha)}\cdot\frac{1}{s^2}+\frac{ks(s+\alpha)(s+5)}{s(s+1)(s+5)+k(s+\alpha)}\cdot\frac{0.1}{s}$$

$$=\frac{(s+1)(s+5)+0.1ks(s+9)(s+5)}{s(s+1)(s+5)+k(s+9)}\cdot\frac{1}{s}$$

(2) 系统对给定输入和干扰输入的传递函数分别为

$$G_r(s)=\frac{Y(s)}{R(s)}=\frac{\dfrac{k(s+\alpha)}{s(s+1)(s+5)}}{1+\dfrac{k(s+\alpha)}{s(s+1)(s+5)}}=\frac{k(s+9)}{s(s+1)(s+5)+k(s+9)}$$

$$G_n(s)=\frac{Y(s)}{N(s)}=\frac{-\dfrac{k(s+\alpha)}{s+1}}{1+\dfrac{k(s+\alpha)}{s(s+1)(s+5)}}=\frac{ks(s+9)(s+5)}{s(s+1)(s+5)+k(s+9)}$$

系统的输出为

$$Y(s)=\frac{k(s+\alpha)}{s(s+1)(s+5)+k(s+\alpha)}R(s)-\frac{ks(s+\alpha)(s+5)}{s(s+1)(s+5)+k(s+\alpha)}N(s)$$

$$=\frac{k(s+\alpha)}{s(s+1)(s+5)+k(s+\alpha)}\cdot\frac{1}{s^2}-\frac{ks(s+\alpha)(s+5)}{s(s+1)(s+5)+k(s+\alpha)}\cdot\frac{0.1}{s}$$

$$=\frac{k(s+9)-0.1ks^2(s+9)(s+5)}{s(s+1)(s+5)+k(s+9)}\cdot\frac{1}{s^2}$$

(3) 能否计算稳态误差，要看 $k=5$，$k=15$ 时系统是否稳定。用劳斯判据判断。系统的特征方程为

$$s^3+6s^2+(k+5)s+9k=0$$

列写劳斯表如下

$$\begin{array}{lll} s^3 & 1 & k+5 \\ s^2 & 6 & 9k \\ s^1 & \dfrac{6(k+5)-9k}{6} & \\ s^0 & 9k & \end{array}$$

系统稳定的条件为 $\begin{cases}30-3k>0\\k>0\end{cases}$，即 $0<k<10$。

所以 $k=5$ 时，系统稳定，可以计算稳态误差；$k=15$ 时系统不稳定，不能计算稳态误差。

(4) $k=5$ 时，稳态误差为

$$e_{ss}=\lim_{s\to0}sE(s)=\lim_{s\to0}s\cdot\frac{(s+1)(s+5)+0.1ks(s+9)(s+5)}{s(s+1)(s+5)+k(s+9)}\cdot\frac{1}{s}=\frac{1}{9}$$

三、**解**：

(1) 渐近线，$\sigma_a=-\dfrac{8}{3}$，$\varphi_a=\pm60°,180°$；

分离点：无

与虚轴的交点：$s=\pm j2\sqrt{5}$，$k^*=144$。根轨迹如图 10.4.1 所示。

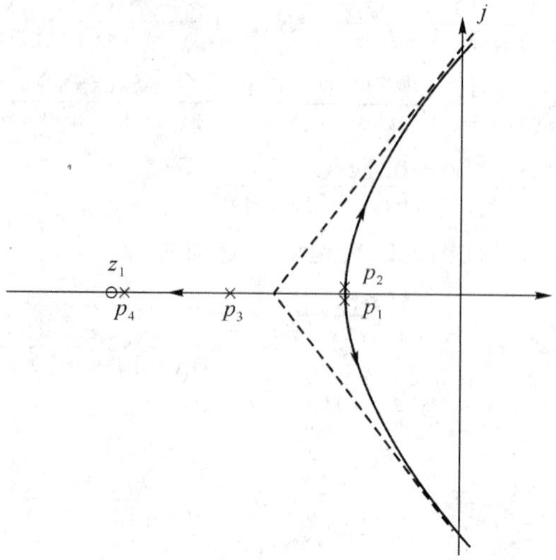

图 10.4.1 根轨迹图

(2) 依题意,设系统一对共轭复根为 $s_{1,2}=-1\pm j\omega$,另一根为 s_3,故有

$(s+1+j\omega)(s+1-j\omega)(s-s_3)=s^3+(2-s_3)s^2+(1+\omega^2-2s_3)s-(1+\omega^2)s_3=0$,系统闭环特征方程为

$$s^3+8s^2+20s+K^*=0$$

比较以上二式,得

$$s_3=-6,\omega=2.65,K=K^*=32$$

所以 $S_{1,2}=-1\pm j2.65, s_3=s_4=-6$。

(3) $K^*=32$ 时,闭环传递函数为

$$\Phi(s)=\frac{K^*(s+6)^2}{(s+6)(s^3+8s^2+20s+48)}$$

闭环增益$=\frac{32\times6}{48}=4$。$s_{1,2}=-1\pm j2.65$ 为主导极点,故有

$$\Phi(s)=\frac{4\times8}{s^2+2s+8}$$

此时,$\omega_n=\sqrt{8}=2.83, \xi=\frac{2}{2\omega_n}=0.35$,故有

$$\sigma\%=e^{-\frac{\xi\pi}{\sqrt{1-\xi^2}}}\times100\%=30.9\%$$

$$t_s=\frac{3.5}{\xi\omega_n}=3.5s$$

四、解:

此题考核的是由系统的开环对数幅频特性曲线确定系统的开环传递函数。根据开环对数幅频特性曲线的特点,由低频段的斜率和高度可确定积分环节个数 v 和开环增益 K;根据交接频率前后曲线斜率的变化确定该交接频率所对应的环节。

1. 由图 10.3.4 可知,低频段渐近线斜率为 -20 dB/dec,说明系统中积分环节个数 $v=1$,故作低频段延长线与 0 dB 线交于 K。

$$20\lg\frac{K}{0.01}=20\lg\frac{0.4}{0.1}+40\lg\frac{0.1}{0.01}$$

解得 $$K=4$$

在各交接频率处斜率的变化量,决定了各交接频率对应的环节类型。

在 $\omega_1=0.01,\omega_3=1,\omega_4=2$ 处,$L(\omega)$ 由 -20 dB/dec 变为 -40 dB/dec,是惯性环节的交接频率。

在 $\omega_2=0.1$ 处,$L(\omega)$ 由 -40 dB/dec 变为 -20 dB/dec。是一阶微分环节的交接频率。

因为最小相位系统的开环对数幅频特性和系统的开环传递函数是一一对应的关系,故可由开环对数幅频特性反求开环传递函数

$$G(s)H(s)=\frac{K\left(\frac{s}{\omega_2}+1\right)}{s\left(\frac{s}{\omega_1}+1\right)\left(\frac{s}{\omega_3}+1\right)\left(\frac{s}{\omega_4}+1\right)}$$
$$=\frac{4(10s+1)}{s(100s+1)(s+1)(0.5s+1)}$$

2. 求相角稳定裕量 γ 和幅值稳定裕量 L_h。

由图 10.3.4 可知,$\omega_c=0.4$,则相角稳定裕量

$$\begin{aligned}\gamma&=180°+\angle G(j\omega_c)H(j\omega_c)\\&=180°-90°-\tan^{-1}100\omega_c+\tan^{-1}10\omega_c-\tan^{-1}\omega_c-\tan^{-1}0.5\omega_c\\&=90°-88.6°+76°-21.8°-11.3°\\&=44.3°\end{aligned}$$

由 1 所求开环传递函数,有:

$$\angle G(j\omega)H(j\omega)=-90°-\tan^{-1}100\omega+\tan^{-1}10\omega-\tan^{-1}\omega-\tan^{-1}0.5\omega$$

$$\angle G(j\omega_g)H(j\omega_g)=-90°-\tan^{-1}100\omega_g+\tan^{-1}10\omega_g-\tan^{-1}\omega_g-\tan^{-1}0.5\omega_g=-180°$$

运用三角公式 $\tan^{-1}\alpha\pm\tan^{-1}\beta=\tan^{-1}\frac{\alpha\pm\beta}{1\mp\alpha\beta}$并整理,得

$$\tan^{-1}\frac{\frac{1.5\omega_g}{1-0.5\omega_g^2}+\frac{90\omega_g}{1+1\,000\omega_g^2}}{1-\frac{1.5\omega_g}{1-0.5\omega_g^2}\cdot\frac{90\omega_g}{1+1\,000\omega_g^2}}=90°$$

即 $$1-\frac{1.5\omega_g}{1-0.5\omega_g^2}\cdot\frac{90\omega_g}{1+1\,000\omega_g^2}=0$$

解得

$$\omega_g=1.32$$

$$|G(j\omega_g)\ H(j\omega_g)|=\frac{4\sqrt{(10\omega_g)^2+1}}{\omega_g\sqrt{(100\omega_g)^2+1}\cdot\sqrt{\omega_g^2+1}\cdot\sqrt{(0.5\omega_g)^2+1}}=0.15$$

幅值稳定裕量 $$h=\frac{1}{|G(j\omega_g)H(j\omega_g)|}=6.67$$

五、解:

系统开环频率特性为

$$G_0(j\omega)=-\frac{1.33K}{1+\omega^2}+j\frac{(1-0.33\omega^2)K}{\omega(1+\omega^2)}$$

$$|G_0(j\omega)|=\frac{K\sqrt{1+(0.33\omega)^2}}{\omega\sqrt{1+\omega^2}}$$

$\angle G_0(\mathrm{j}\omega)=-90°+\tan^{-1}0.33\omega-(180°-\tan^{-1}\omega)=-270°+\tan^{-1}0.33\omega+\tan^{-1}\omega$

① 起点：$G_0(\mathrm{j}0^+)=\infty\angle-270°$

$$\mathrm{Re}G_0(\mathrm{j}0^+)=-1.33K$$

② 终点：$G_0(\mathrm{j}\infty)=0\angle-90°$

③ 与实轴的交点：令 $\mathrm{Im}G_0(\mathrm{j}\omega)=0$，有 $\omega=\sqrt{3}$，此时 $\mathrm{Re}G_0(\mathrm{j}\omega)=-0.333K$。

(1) $K=6$ 时

$$\mathrm{Re}G_0(\mathrm{j}0^+)=-1.33K\approx-8$$

与实轴的交点

$$\mathrm{Re}G_0(\mathrm{j}\omega)=-0.333K\approx-2$$

由以上计算，绘制奈奎斯特图，如图 10.4.2 所示。

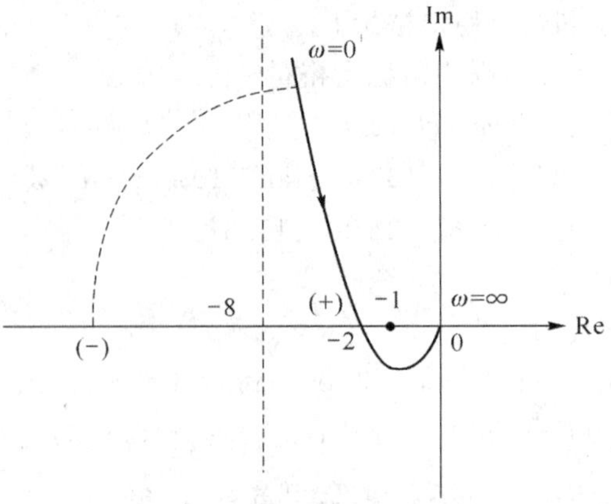

图 10.4.2　奈奎斯特图

由图 10.4.2 可知，在−1 左侧，$N^+=1$，$N^-=1/2$，故逆时针包围$(-1,\mathrm{j}_0)$点圈数 $N=N^+-N^-=1/2$，又右半平面开环极点数 $P=1$，所以闭环极点在右半平面数目为 $Z=R-2N=0$，系统稳定。

(2) 由奈氏图知，当 K 减小时，与负实轴交点向−1 点靠近，所以系统稳定性变差。当 $\mathrm{Re}G_0(\mathrm{j}\omega)=-0.333K=-1$，即 $K=3$ 时系统临界稳定。

(3) $G_0'(s)=\frac{K(0.33s+1)}{s(s-1)}\mathrm{e}^{-\tau s}$，$K=6$。

因延迟环节不改变系统幅频，只改变系统相频，故有

$$|G_0'(\mathrm{j}\omega)|=|G_0(\mathrm{j}\omega)|=\frac{K\sqrt{1+(0.33\omega)^2}}{\omega\sqrt{1+\omega^2}}$$

$$\angle G_0'(\mathrm{j}\omega)=-270°+\tan^{-1}0.33\omega+\tan^{-1}\omega-57.3°\times\omega\tau$$

未加入延迟环节时，$K=6$ 系统稳定。现在确定加入延迟环节后系统临界稳定的参数。

令 $|G_0'(\mathrm{j}\omega)|=\dfrac{K\sqrt{1+(0.33\omega)^2}}{\omega\sqrt{1+\omega^2}}=1$

得 $\omega=2.76$。令

$\angle G_0'(\mathrm{j}\omega)=-270°+\tan^{-1}0.33\omega+\tan^{-1}\omega-57.3°\times\omega\tau=-157.6°-158\tau=-180°$

得到 $\tau=0.14$ 时系统临界稳定。显然，若 $\tau>0.14$，系统则不稳定。由此可见，加入延迟环节使系统稳定性变差，甚至可能不稳定。

六、解：

脉冲传递函数

$$G(z)=Z\left[1+\frac{1}{s}\right]\cdot Z\left[\frac{1-\mathrm{e}^{-Ts}}{s}\cdot\frac{1}{s+1}\right]$$
$$=\left(1+\frac{z}{z-1}\right)\cdot(1-z^{-1})\cdot Z\left[\frac{1}{s(s+1)}\right]$$
$$=\frac{1.264z-0.632}{(z-1)(z-0.368)}$$

$$\Phi(z)=\frac{C(z)}{R(z)}=\frac{G(z)}{1+G(z)}=\frac{1.264z-0.632}{z^2-0.104z-0.264}$$

特征方程 $z^2-0.104z-0.264=0$

解得 $z_{1,2}=0.052\pm\mathrm{j}0.56$，在单位圆内，系统稳定。系统为Ⅰ型，故在阶跃信号作用下稳态误差为0。

七、解：

(1) 非线性负倒描述函数曲线与线性部分幅相曲线在负实轴重合，因此每一个频率点均自振。依题意，$y(0)=h$，自振幅值 $A=h$，自振频率 $\omega=\sqrt{\dfrac{4M}{\pi h}}\omega_n$，$T_1=\dfrac{2\pi}{\omega}=\dfrac{\pi}{\omega_n}\sqrt{\dfrac{\pi h}{M}}$。

(2) 解析法：

绘制 $y-\dot{y}$ 相平面。

$$\ddot{y}=\omega_n^2 y_1$$
$$y_1=\begin{cases}M & y<0\\-M & y>0\end{cases}$$

可见 $y=0$ 将相平面分成两个区域。

$y>0$ 区域，相轨迹方程为

$$\ddot{y}=-\omega_n^2 M$$

根据 $\ddot{y}=\dot{y}\dfrac{\mathrm{d}\dot{y}}{\mathrm{d}y}$，代入方程并积分得 $\dot{y}^2=-2\omega_n^2My+C$

式中，C 由初始条件决定，代入初始条件 $y(0)=h$，$\dot{y}(0)=0$，得 $C=2\omega_n^2Mh$。相轨迹为开口向左的抛物线。

同理，可得 $y<0$ 区的相轨迹为开口向右在左半平面上的抛物线，相轨迹方程为 $\dot{y}^2=-2\omega_n^2My+C$。绘制相轨迹，如图10.4.3所示。

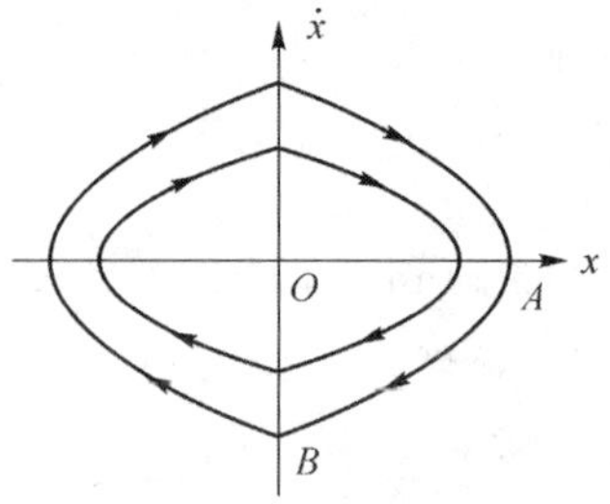

图 10.4.3 相轨迹图

在任何初始条件下，相轨迹都是开口向右或向左的两段抛物线组成，故得一簇封闭的极限环，只是振荡的周期和振幅不同。图中，由 A 到 B 的时间正好是周期的 1/4。

根据微分方程

$$\ddot{y}=-\omega_n^2 M$$

进行拉氏变换有 $$s^2Y(s)-sy(0)-\dot{y}(0)=-\frac{\omega_n^2 M}{s}$$

代入初始条件 $y(0)=h$、$\dot{y}(0)=0$，得

$$Y(s)=-\frac{\omega_n^2 M}{s^3}+\frac{h}{s}$$

$$y(t)=-\frac{1}{2}\omega_n^2 Mt^2+h$$

所以 $$0=-\frac{1}{2}\omega_n^2 M\left(\frac{T_2}{4}\right)^2+h$$

$$T_2=\frac{4}{\omega_n}\sqrt{\frac{2h}{M}}$$

(3) 相对误差：$\dfrac{T_2-T_1}{T_2}=\dfrac{\dfrac{4}{\omega_n}\sqrt{\dfrac{2h}{M}}-\dfrac{\pi}{\omega_n}\sqrt{\dfrac{\pi h}{M}}}{\dfrac{4}{\omega_n}\sqrt{\dfrac{2h}{M}}}=\dfrac{4\sqrt{2}-\pi\sqrt{\pi}}{4\sqrt{2}}=0.015\ 6$

八、解：

(1) 系统状态空间表达式为

$$\dot{\boldsymbol{x}}=\begin{pmatrix}0 & 1 & 0\\ 0 & -5 & 5\\ 0 & 0 & -1\end{pmatrix}\boldsymbol{x}+\begin{pmatrix}0\\ 0\\ 2\end{pmatrix}Au$$

$$y=(1\quad 0\quad 0)\boldsymbol{x}$$

系统能控性矩阵 $\boldsymbol{Q}_c=(\boldsymbol{b}\quad A\boldsymbol{b}\quad A^2\boldsymbol{b})=\begin{pmatrix}0 & 0 & 10A\\ 0 & 10A & -60A\\ 2A & 2A & 2A\end{pmatrix}$

$\text{rank}Q_c=3$，系统能控，极点可任意配置。设状态反馈阵 $\boldsymbol{K}=(k_1\quad k_2\quad k_3)$。

根据性能指标的要求，求得 $\zeta=0.707$，$\omega_n=1$。

故系统希望极点为 $s_{1,2}=-0.707\pm\text{j}0.707$，$s_3=-5$，系统希望特征多项式为

$$\Delta^*=(s+0.707+\text{j}0.707)(s+0.707-\text{j}0.707)(s+5)=s^3+6.4s^2+8.07s^2+5$$

反馈系统的特征多项式为

$$\Delta_{\boldsymbol{K}}(s)=\det(s\boldsymbol{I}-(\boldsymbol{A}-\boldsymbol{bK}))=s^3+(6+2Ak_3)s^2+(10Ak_2+10Ak_3+5)s+10Ak_1$$

$$\boldsymbol{K}=\begin{pmatrix}\dfrac{0.5}{A} & \dfrac{0.107}{A} & \dfrac{0.2}{A}\end{pmatrix}$$

反馈后系统方程为

$$\dot{\boldsymbol{x}}=\begin{bmatrix}0 & 1 & 0\\ 0 & -5 & 5\\ -1 & -0.214 & -1.4\end{bmatrix}\boldsymbol{x}+\begin{bmatrix}0\\ 0\\ 2A\end{bmatrix}V$$

$$\boldsymbol{y}=(1\quad 0\quad 0)\boldsymbol{x}$$

(2) 系统传递函数为

$$G(s)=\boldsymbol{C}(s\boldsymbol{I}-(A-\boldsymbol{bK}))^{-1}\boldsymbol{b}=\frac{10A}{s^3+6.4s^2+8.07s^2+5}$$

因系统要求在单位阶跃信号作用下无稳态误差，故有

$$y(\infty)=\lim_{t\to\infty}y(t)=\lim_{s\to 0}sG(s)R(s)=\lim_{s\to 0}s\cdot\frac{10A}{s^3+6.4s^2+8.07s^2+5}\cdot\frac{1}{s}=2A$$

$$e(\infty)=r(\infty)-y(\infty)=1-2A=0$$

所以有 $A=0.5$。状态反馈阵 $\boldsymbol{K}=(1\quad 0.214\quad 0.4)$。

(3) 由系统传递函数知，A 不会影响系统的闭环极点，故对系统稳定性没有影响。